AF253031

OEUVRES D'É. VERDET

PUBLIÉES PAR LES SOINS DE SES ÉLÈVES

TOME IV

CONFÉRENCES
DE PHYSIQUE

FAITES A L'ÉCOLE NORMALE

PAR

É. VERDET

PUBLIÉES PAR M. D. GERNEZ

ANCIEN ÉLÈVE DE L'ÉCOLE NORMALE

PREMIÈRE PARTIE

Verdet, Emile   4
Oeuvres d'Emile verdet   1
3400

PARIS

LIBRAIRIE DE G. MASSON

PLACÉ DE L'ÉCOLE-DE-MÉDECINE

1872

I. Vergoère
Elève de l'École Normale Supérieure

OEUVRES

DE

É. VERDET

PUBLIÉES

PAR LES SOINS DE SES ÉLÈVES

—

TOME IV

PREMIÈRE PARTIE

PARIS,

LIBRAIRIE DE G. MASSON,

PLACE DE L'ÉCOLE-DE-MÉDECINE.

Droits de traduction et de reproduction réservés.

CONFÉRENCES
DE PHYSIQUE

FAITES A L'ÉCOLE NORMALE

PAR

É. VERDET

PUBLIÉES PAR M. D. GERNEZ

ANCIEN ÉLÈVE DE L'ÉCOLE NORMALE

———

PREMIÈRE PARTIE

PARIS

IMPRIMÉ PAR AUTORISATION DE M. LE GARDE DES SCEAUX

À L'IMPRIMERIE NATIONALE

———

M DCCC LXXII

Parmi les nombreux sujets que Verdet a développés à diverses époques devant les élèves de troisième année de l'École Normale supérieure, on a réuni, sous le nom de *Conférences de physique*, quelques-uns de ceux sur lesquels il était revenu pendant les dernières années de sa vie. Ce sont :

1° L'étude de la propagation de la chaleur par conductibilité;

2° Plusieurs séries de leçons sur l'électricité produite par la pile, comprenant l'électro-magnétisme, la mesure de l'intensité des courants, l'électro-dynamique, la théorie électro-dynamique du magnétisme, l'aimantation par l'électricité, les machines électro-magnétiques, la théorie mathématique de la pile, l'induction et la vitesse de propagation de l'électricité;

3° L'exposé des travaux modernes relatifs au magnétisme terrestre;

4° Des leçons d'optique sur la détermination de la vitesse de propagation de la lumière, la météorologie optique, les instruments d'optique et la polarisation rotatoire magnétique.

A la suite de ces leçons se trouve le programme d'un *Cours de physique terrestre et de météorologie* en vue duquel Verdet avait amassé une grande quantité de matériaux et qu'il se proposait de publier.

Il a semblé utile de joindre à chaque sujet une notice bibliographique aussi précise et aussi complète que possible, pour faciliter les recherches des lecteurs qui voudraient recourir aux mémoires originaux.

On ne pouvait avoir la prétention de conserver à ces leçons le charme qu'ont goûté ceux qui ont eu la bonne fortune de les entendre; il eût fallu retrouver, avec l'ampleur des vues et la clarté des démonstrations, la finesse des aperçus critiques et l'élégance de la forme qui caractérisaient l'enseignement élevé que Verdet donnait à l'École Normale; mais rien n'a été négligé pour approcher autant que possible de la parole du maître. Indépendamment de notes et de rédactions personnelles, on a utilisé des rédactions faites à diverses époques et dues à l'obligeance d'anciens élèves de l'École Normale, principalement de MM. X. Stouff, Dellac, Gossin, Levistal, Maillot et Darboux; les analyses de mémoires étrangers, ces modèles de précision, de clarté et d'élégance que Verdet avait publiés dans les *Annales de chimie et de physique*, ont été souvent mises à contribution, et les programmes manuscrits de ses leçons scrupuleusement respectés.

On s'estimera très-heureux si ce travail ne paraît pas trop indigne de la mémoire d'un maître auquel on a voué d'autant plus de reconnaissance et d'admiration que l'on a pu apprécier plus longtemps et de plus près la droiture et la bienveillance de son caractère, l'étendue et la variété de ses connaissances et la supériorité de son esprit.

D. GERNEZ.

EXPLICATION DES PRINCIPALES ABRÉVIATIONS

EMPLOYÉES

DANS LES CITATIONS ET DANS LES NOTICES BIBLIOGRAPHIQUES.

Le chiffre arabe placé entre parenthèses à la suite du titre du recueil indique le numéro de la série, les chiffres romains qui suivent désignent le tome, et les chiffres arabes que l'on rencontre ensuite font connaître la page. Ainsi *Ann. de chim. et de phys.*, (3), XLI, 370, signifie : Annales de chimie et de physique, 3ᵉ série, tome XLI, page 370.

Abhandl. der Berliner Akademie d. W., Abhandlungen der königlichen Akademie der Wissenschaften in Berlin (Mémoires de l'Académie royale des sciences de Berlin). Depuis 1804, 5ᵉ suite de : 1° Miscellanea Berolinensia, Berlin, 7 vol., 1710-1743; 2° Histoire de l'Académie royale des sciences et belles-lettres de Berlin, 25 vol. de 1745 à 1769; 3° Nouveaux Mémoires de l'Académie royale des sciences de Berlin, 17 vol. de 1770 à 1786; 4° Mémoires de l'Académie royale des sciences et belles-lettres, 13 vol. de 1786 à 1804.

Abhandl. d. Leipziger Ges. d. Wiss., Abhandlungen der mathematisch-physischen Classe der königlich Sächsischen Gesellschaft der Wissenschaften (Mémoires de la classe mathématique et physique de la Société royale des sciences de Saxe). Leipzig, depuis 1852.

Abhandl. königl. Böhm. Gesellsch., Abhandlungen der königlichen Böhmischen Gesellschaft (Mémoires de la Société royale de Bohême). 1ʳᵉ série, 6 vol., Prague, 1775-1784; 2ᵉ série, 4 vol., 1785-1789; 3ᵉ série, 3 vol., 1790-1798; 4ᵉ série, 8 vol., 1804-1824; 5ᵉ série, 1827-1837; 6ᵉ série, 11 vol., 1841-1861.

Acta Acad. Petrop., Acta Academiæ scientiarum imperialis Petropolitanæ (Actes de l'Académie impériale des sciences de Saint-Pétersbourg). Saint-Pétersbourg, 15 vol. de 1777 à 1783. (Suite des *Novi Commentarii.*)

Acta Erud., Acta eruditorum publicata Lipsiæ (Actes des érudits, publiés à Leipzig), de 1695 à 1775.

Ann. de chim. et de phys., Annales de chimie et de physique. Paris, 1ʳᵉ série, 96 vol., 1789-1815, sous le titre : *Annales de chimie;* 2ᵉ série, par MM. Gay-

Lussac et Arago, 75 vol., 1816-1840; 3ᵉ série par MM. Gay-Lussac, Arago, Chevreul, Dumas, Boussingault, etc., 69 vol., 1841-1863; 4ᵉ série par MM. Chevreul, Dumas. Boussingault, Regnault, etc., depuis 1864.

Ann. der Chem. und Pharm., Annalen der Chemie und Pharmacie (Annales de chimie et de pharmacie). 1° Heidelberg, 1832 à 1839, t. I à XXXII (sous le titre : Annalen der Pharmacie), par Liebig, Geiger, etc.; 2° Heidelberg et Leipzig, de 1840 à 1850, t. XXXIII à LXXVI, par Liebig et Wöhler; 3° Heidelberg et Leipzig, depuis 1850, par Liebig, Wöhler et H. Kopp.

Ann. des mines, Annales des mines. Paris, depuis 1794.

Ann. of Elect., The Annals of electricity, magnetism and chemistry, and Guardian of experimental science (Annales d'électricité, magnétisme et chimie, par Sturgeon). Londres, 10 vol. d'octobre 1836 à 1843.

Ann. of Phil., Annals of Philosophy, etc. (Annales de philosophie, etc.), par Thomas Thomson, 16 vol., Londres, 1813 à 1820 (suite de *Nicholson's Journal*), et nouvelle série par Phillips, 12 vol., 1821 à 1826. Recueil réuni au Philosophical Magazine en 1827.

Ann. scient. de l'École Norm. sup., Annales scientifiques de l'École Normale supérieure. Paris, depuis 1864.

Annuaire, Annuaire du bureau des longitudes. Paris, depuis 1796.

Ant. Fiorent., Antologia, Giornale di scienze, lettere e arti (Anthologie, Journal des sciences, des lettres et des arts). 48 vol. Florence, 1821-1832.

Arch. de l'élect., Archives de l'électricité, supplément à la Bibliothèque universelle de Genève, par A. de la Rive. Paris et Genève, 5 vol., 1841-1845.

Arch. des sc. phys. et nat., Archives des sciences physiques et naturelles, suite de la Bibliothèque universelle de Genève, par A. de la Rive, Marignac, etc. Genève, 1ʳᵉ série, 36 vol., 1846-1857; 2ᵉ série depuis 1858.

Astr. Nachr., Astronomische Nachrichten (Nouvelles astronomiques), par Schumacher. Altona, 30 vol. de 1823 à 1850. Recueil continué par Petersen, puis par Peters.

Athenæum, The Athenæum, Journal of literature, science and the arts (L'Athenæum, Journal de littérature, science et arts). 18 vol., Londres, 1837-1854, et 16 vol. 1855-1862.

Baumgartner's Zeitschrift, Zeitschrift für Physik und Mathematik (Journal de physique et de mathématiques), par Baumgartner avec Von Ettingshausen, Wien, 1826-1832; par Baumgartner seul, de 1832 à 1837, et avec Holzer, 1837.

Bibl. univ., Bibliothèque universelle de Genève. Genève, 1ʳᵉ série, 60 vol., 1816-1835; 2ᵉ série, 60 vol., 1836-1845.

Bode astr. Jahrb., Astronomisches Jahrbuch (Annuaire astronomique par Bode), de 1776 à 1829. Berlin. 1774-1826; continué par Encke.

Bull. de l'Acad. de Bruxelles, Bulletin de l'Académie royale des sciences de Bruxelles, depuis 1832.

Bull. de la Soc. phil., Bulletin de la Société philomathique de Paris, depuis 1788.

Bull. des sc. math., Bulletin des sciences mathématiques, astronomiques, physiques et chimiques, par De Férussac. Paris, 16 vol. de 1824 à 1831.

Bull. phys.-math. de l'Acad. de Saint-Pétersb., Bulletin de la classe physico-mathématique de l'Académie impériale de Saint-Pétersbourg, 17 vol., 1843-1859.

Bull. scient. de l'Acad. de Saint-Pétersb., Bulletin scientifique de l'Académie impériale des sciences de Saint-Pétersbourg, 10 vol., 1836-1842.

Coll. Acad., Collection académique, composée des mémoires, actes, journaux des plus célèbres Académies et Sociétés étrangères, etc. Dijon, puis Paris, de 1755 à 1779.

Comm. Acad. Petrop., Commentarii Academiæ scientiarum imperialis Petropolitanæ (Commentaires de l'Académie impériale des sciences de Saint-Pétersbourg). Saint-Pétersbourg, 14 vol. de 1726 à 1746.

Comm. Soc. Götting., Commentationes Societatis regalis scientiarum Göttingensis recentiores (Nouveaux Commentaires de la Société royale des sciences de Göttingue), par Gauss, Haussmann, Tychsew, etc. Göttingue, 8 vol., 1811-1841.

Comptes rendus, Comptes rendus hebdomadaires des séances de l'Académie des sciences de Paris. Paris, depuis 1835.

Crelle's Journ., Journal für die reine und angewandte Mathematik (Journal de mathématiques pures et appliquées), par Crelle. Berlin, 69 vol. de 1826 à 1868.

Danske Selsk. Skrift, Danske Videnskabernes Selskabs Forhandlingar (Mémoires de la Société des sciences de Danemark). Copenhague. (Voir *Skrift. der Kobenh. Selsk.*)

Denkschr. d. Bay. Akad., Denkschriften der königlichen Akademie der Wissenschaften zu München (Mémoires de l'Académie royale des sciences de Munich). Munich, depuis 1808, 4ᵉ suite de : 1° Abhandlungen der churfürstlich-baierischen Akademie der Wissenschaften, 10 vol., 1763-1777; 2° Neue philosophische Abhandlungen der baierischen Akademie der Wissenschaften, 7 vol., 1778-1801; 3° Physikalische Abhandlungen der königlich-baierischen Akademie der Wissenschaften, 9 vol., 1802-1807; 4° Abhandlungen der mathematisch-physikalischen Classe der königlich-baierischen Akademie der Wissenschaften, depuis 1832.

Denkschr. der Wien. Akad., Denkschriften der Wiener Akademie (Mémoires de l'Académie de Vienne). Vienne, depuis 1850.

Dove's Repert. d. Phys., Repertorium der Physik (Répertoire de physique), par Dove et Moser. Berlin, 8 vol., 1837-1849.

Edinb. Phil. Journ., Edinburgh philosophical Journal (Journal philosophique d'Édimbourg), par Brewster et Jameson. Édimbourg, 14 vol., 1819-1826.

Edinb. new Phil. Journ., Edinburgh new philosophical Journal (Nouveau Journal philosophique), par Jameson. Édimbourg, 57 vol., 1826-1854.

Gilb. Ann., Annalen der Physik (Annales de physique), par Gilbert. Halle, puis Leipzig, 76 vol. de 1799 à 1824.

Gould's Astron. Journ., The astronomical Journal (Journal astronomique), par Gould. Cambridge (Massachusets), depuis 1850.

Grünert's Arch., Archive der Mathematik und Physik (Archives de mathématiques et de physique), par Grünert. Greifswald, depuis 1841.

Hist. de l'Acad. des sc., Histoire de l'Académie des sciences de Paris avec les Mémoires de mathématiques et de physique. Paris, de 1699 à 1790.

Hist. de l'Acad. roy. de Berlin, Histoire de l'Académie royale des sciences et belles-lettres de Berlin. Berlin, 25 vol. 1745-1769. Suite des *Miscellanea Berolinensia.*

Journ. de l'Éc. polytech., Journal de l'École Polytechnique. Paris, depuis 1794.

Journ. de Liouville, Journal de mathématiques pures et appliquées, par Liouville. Paris, 1re série, 20 vol., 1837-1855; 2e série, depuis 1856.

Journ. de phys., Journal de physique, fondé par Gautier d'Agoty, 1752-1755; continué par Toussaint, 1756-1757; repris par l'abbé Rozier seul, 1771-1784, et avec Mongez et De la Métherie jusqu'en 1793; continué par De la Métherie seul jusqu'en 1817, et par De Blainville jusqu'en 1823.

Journ. of Sc., Quarterly Journal of science, literature and art (Journal trimestriel de science, littérature et art). Londres, 1816-1830.

Kastner Arch., Archive für Chemie und Meteorologie (Archives de chimie et de météorologie), par Kastner. Nüremberg, 9 vol. de 1830 à 1835.

L'Inst., L'Institut, Journal des Académies et Sociétés scientifiques de la France et de l'étranger. Paris, depuis 1833.

Magasyn for Naturvidenskaberne das er mit G. F. Lundh und H. H. Maschmann herausgabe (Magasin des sciences naturelles, publié par G. F. Lundh et Hans Henrik Maschmann). Christiania, depuis 1823.

Mém. de l'Acad. des sciences, Mémoires de l'Académie des sciences de Paris, collection composée des séries suivantes : 1° Histoire de l'Académie royale des sciences, depuis son établissement en 1666 jusqu'à 1699, 11 vol.; à partir du tome III, les volumes portent le titre de Mémoires de l'Académie royale des sciences; 2° Histoire de l'Académie royale des sciences, avec les Mémoires de mathématiques et de physique, 1 vol. par année, de 1699 à 1790; 3° Mémoires de l'Institut national des sciences et arts, classe des sciences, depuis 1795 (t. I à VI), parus sous le titre de Mémoires de la classe des sciences mathématiques et physiques de l'Institut de France (t. VII à XIV), de 1807 à 1814; 4° Mémoires de l'Académie des sciences de l'Institut de France, depuis 1816.

Mém. de l'Acad. de Saint-Pétersb., Mémoires de l'Académie impériale des sciences de Saint-Pétersbourg. Saint-Pétersbourg, 5e série, 11 vol. de 1809 à 1830 (suite des *Nova Acta*); 6e série, 9 vol. de 1830 à 1858; 7e série, 13 vol. de 1859 à 1869.

Mém. de Saint-Pétersb. Sav. étrangers, Mémoires présentés à l'Académie de Saint-Pétersbourg par des savants étrangers à l'Académie. Saint-Pétersbourg, depuis 1831.

Mém. de la Soc. de Genève, Mémoires de la Société de Genève. Genève, depuis 1821, 14 vol. jusqu'en 1858.

Mém. de la Soc. des sc. de Lille, Mémoires de la Société des sciences de Lille. Lille, 1re série, 33 vol. de 1806 à 1853; 2e série, 5 vol., 1854-1865; 3e série, depuis 1866.

Mém. de l'Inst., Mémoires de la classe des sciences mathématiques et physiques de l'Institut de France, 14 vol. de 1795 à 1814.

Mem. del Regno Lomb.-Venet., Memorie del Imp. R. Istituto del Regno Lombardo-Veneto (Mémoires de l'Institut impérial royal du royaume lombardo-vénitien). Milan, 5 vol., 1819-1838.

Mém. des Sav. étr., 1° Mémoires de mathématiques et de physique présentés à l'Académie royale des sciences de Paris par divers savants, 11 vol., Paris, 1750-1786; 2° Mémoires présentés à l'Institut des sciences, lettres et arts par divers savants et lus dans les assemblées : sciences mathématiques et physiques, 2 vol., 1806-1811; 3° Mémoires présentés par divers savants à l'Académie royale des sciences de l'Institut de France, depuis 1827.

Mem. di Torino, 1° Miscellanea philosophico-mathematica Societatis privatæ Taurinensis (Mélanges de la Société philosophico-mathématique libre de Turin), 5 vol., Turin (t. I-V), de 1759 à 1773; 2° Mémoires de l'Académie royale des sciences de Turin (1re série, t. VI-XXII). 17 vol., 1774-1814; 3° Memorie della reale Academia delle scienze di Torino, suite de la 1re série, t. XXIII à XL, 1818-1838, et 2e série, t. I-XXIV, 24 vol. de 1839 à 1869.

Mem. Soc. Ital., Memorie di mathematica e fisica della Societa Italiana (Mémoires de mathématiques et de physique de la Société Italienne). Vérone, depuis 1782, et Modène depuis 1799.

Monat. Corresp. von Zach, Monatliche Correspondenz zur Beförderung der Erd- und Himmelskunde (Correspondance mensuelle pour développer les connaissances relatives à la terre et au ciel), par le baron F. X. de Zach. Gotha, 28 vol. de 1800 à 1813.

Monatsb. d. Akad. zu Berlin, Monatsbericht der königlichen preussischen Akademie der Wissenschaften zu Berlin (Comptes rendus mensuels de l'Académie royale des sciences de Berlin). Depuis 1836.

Nicholson's Journal, A Journal of natural philosophy, chemistry and the arts (Journal de physique, de chimie et des arts), par Nicholson. Londres, 5 vol., 1796-1801, et 36 vol., 1802-1813.

Nouv. Mém. de Berlin, Nouveaux Mémoires de l'Académie royale des sciences et des belles-lettres de Berlin, 17 vol. de 1770 à 1786, suite de l'Histoire de l'Académie des sciences et des belles-lettres.

Nova Acta Acad. Petrop., Nova Acta Academiæ scientiarum imperialis Petropolitanæ (Nouveaux Actes de l'Académie impériale de Saint-Pétersbourg). Saint-Pétersbourg, de 1783 à 1808. (Suite des *Acta.*)

Novi Comment. Acad. Petrop., Novi Commentarii Academiæ scientiarum imperialis Petropolitanæ (Nouveaux Commentaires de l'Académie impériale des sciences de Saint-Pétersbourg). Saint-Pétersbourg, 20 vol. de 1747 à 1776. (Suite des *Commentarii.*)

Nyt Mag. f. Naturvid., Nyt Magasyn for Naturvidenskaberne (Nouveau Magasin des sciences naturelles). Christiania, depuis 1838.

Ofversigt over det kongl. danske Videnskabernes Selskabs Forhandlingar, Résumé des Mémoires de l'Académie royale des sciences de Danemark. Copenhague, 1 vol. in-4°, 1814-1841, et 1 vol. in-8°, 1842-1851.

Phil. Mag., Philosophical Magazine and Journal of science (Magasin philosophique et Journal de science), fondé par Tilloch en 1798. Londres, 1ᵉ série. 68 vol. jusqu'en 1826; 2ᵉ série, par R. Taylor et R. Phillips, 11 vol., 1827-1832 (en même temps, suite des *Annals of Philosophy*); 3ᵉ série, par D. Brewster, R. Taylor et R. Phillips, 37 vol., 1832-1850; 4ᵉ série par D. Brewster, R. Taylor, R. Phillips, W. Francis, etc., depuis 1850.

Phil. Trans., Philosophical Transactions of the Royal Society of London (Transactions philosophiques de la Société Royale de Londres). Londres, depuis 1665.

Pièces de prix de l'Acad. de Paris, Recueil des pièces qui ont remporté le prix de l'Académie royale des sciences de Paris, 9 vol. Paris, depuis 1720 jusqu'à 1772.

Pogg. Ann., Annalen der Physik und Chemie (Annales de physique et de chimie), suite des Annales de Gilbert par Poggendorff. Berlin, depuis 1824.

Proceed. Amer. Phil. Soc., Proceedings of the American philosophical Society (Comptes rendus des séances de la Société philosophique américaine). Philadelphie, depuis 1848.

Proceed. of the Irish Acad., Proceedings of the Irish Academy (Comptes rendus de l'Académie irlandaise). Dublin, depuis 1836.

Proceed. of the Roy. Soc., Proceedings of the Royal Society of London (Comptes rendus des séances de la Société Royale de Londres), depuis 1854. Londres, 1856 et suiv.

Quetelet, Corresp. math., Correspondance mathématique et physique par Garnier et Quetelet. Gand, 8 vol., 1825-1835.

Repert. of pat. inv., Repertory of patent inventions (Répertoire de brevets d'invention). Londres.

Result. aus d. Beob. des magn. Ver., Resultate aus den Beobachtungen des magnetischen Vereins in den Jahren 1836-1841 (Résultats des observations de l'Association magnétique depuis l'année 1836 jusqu'en 1841), par Gauss et W. Weber. Göttingue, 6 vol. et 3 atlas, de 1837 à 1843.

Schumach. astr. Jahrb., Astronomisches Jahrbuch (Annuaire astronomique), par Schumacher. Stuttgard et Tubingue, de 1836 à 1844.

Schwed. Vetensk. Acad. Handl., Der kongl. Svenska Vetenskaps Academiens Handlingar (Mémoires de l'Académie royale des sciences de Stockholm), suite des Schwed. Abhandl. der königl. Schwedischen Akademie der Wissenschaften :

1° Abhandlungen aus der Naturlehre, Haushaltungskunst und Mechanik (Mémoires de l'Académie des sciences de Suède sur l'histoire naturelle, les arts économiques et la mécanique), Hambourg, 41 vol.. 1739-1779; 2° Neue Abhandlungen, etc. (Nouveaux Mémoires), 12 vol., 1780-1791.

Schweig. Journ., Journal für Chemie und Physik (Journal de chimie et de physique). par Schweigger, Nüremberg, t. I-XXVII, 1811-1819; avec Meinecke jusqu'à t. XXXVIII, 1823; seul jusqu'à t. XLIV, 1825; puis, jusqu'à t. LIV, 1828, avec Schweigger-Seidel qui continua seul jusqu'à t. LXIX, 1833.

Sillim. Amer. Journ., The American Journal of science and arts (Journal américain de sciences et arts), par B. Silliman. New-Haven, 50 vol., 1820-1845; 2° série avec B. Silliman junior, Dana, Gibbs, etc., depuis 1846.

Sitzungsber. d. Wien. Akad., Sitzungsberichte der kaiserlichen Akademie der Wissenschaften zu Wien (Comptes rendus des séances de l'Académie impériale des sciences de Vienne). Vienne, depuis 1848.

Skrift der Köbenh. Selsk., Det kongelige Danske Videnskabernes Selskabs Skrifter, naturvidenskabelige og mathematiske (Mémoires de la Société royale de Copenhague, sciences naturelles et mathématiques). Copenhague, 5 vol. de 1849 à 1859; 5° suite de : 1° Scriptorum a Societate Hafniensi bonis artibus promovendis dedita danice editorum, nunc autem in latinum sermonem conversorum interprete, 3 vol.. 1745-1747 ; 2° Nye Samling af der kongelige Danske Videnskaberns Selskabs Skrifter, 1781-1799; 3° Det kongelige Danske Videnskaberns Selskabs Skrifter. 1800-1823; 4° Det kongelige Danske Videnskaberns Selskabs Skrifter, naturvidenskabelige og matematiske, 12 vol., 1824-1846.

Trans. Amer. Philos. Soc., Transactions of the American philosophical Society (Mémoires de la Société philosophique américaine). Philadelphie, 1re série. de 1769 à 1818, 6 vol., et 2e série depuis 1818.

Trans. Edinb. Soc., Transactions of the royal Society of Edinburgh (Mémoires de la Société royale d'Édimbourg). Édimbourg, depuis 1788.

Trans. Irish Acad., Transactions of the royal Irish Academie (Transactions de l'Académie royale d'Irlande). Dublin, depuis 1787.

Trans. of the Soc. of Cambr., Transactions of the Cambridge philosophical Society (Mémoires de la Société philosophique de Cambridge). Depuis 1819.

Verhandl. der k. Nederl. Akad. d. Wetensch., Verhandelingen der koniglijke Akademie van Wetenschappen (Mémoires de l'Académie royale des sciences des Pays-Bas). Amsterdam, depuis 1854, 4° suite de : 1° Verhandelingen der eerste Klasse van het Hollandsch Instituut van Wetenschappen, Letterkunde en schoone Kunsten te Amsterdam (Mémoires de la première classe de l'Institut hollandais des sciences, belles-lettres et arts d'Amsterdam), 7 vol. de 1812 à 1825; 2° Nieuwe Verhandelingen der eerste Klasse van het koninglijk-nederlandsche Institut van Wetenschappen, Letterkunde en schoone Kunsten te Amsterdam, 13 vol. de 1827 à 1848; 3° Verhandelingen der eerste Klasse. etc.. 5 vol., 1849-1854.

Voigt's Mag., Magazin für das Neueste aus der Physik und Naturgeschichte
(Magasin des progrès de la physique et de l'histoire naturelle), fondé par
Lichtenberg. Gotha, de 1786 à 1799; continué par Voigt, à partir de 1800.

Zeitschr. f. Math., Zeitschrift für Mathematik und Physik (Revue de mathématiques et de physique), publiée par Schlömilch, Wetzschel et Cantor. Leipzig,
depuis 1856.

CONFÉRENCES

DE PHYSIQUE.

LEÇONS

SUR LA PROPAGATION DE LA CHALEUR

PAR CONDUCTIBILITÉ.

1. Définition. — On appelle *propagation de la chaleur par conductibilité* ou *par contact* un mode de propagation tel, que la chaleur d'un point du corps dont la température est supérieure ou inférieure à celle des autres points ne se transmet à une molécule quelconque prise à l'intérieur du corps qu'après avoir agi sur toutes les molécules intermédiaires.

Chacun sait qu'un corps soumis en un de ses points à l'action d'une source de chaleur finit par s'échauffer entièrement; il n'est donc pas besoin d'expériences spéciales pour démontrer ce mode de propagation de la chaleur. On sait aussi que dans ce cas l'échauffement du corps dépend de sa nature : on peut, en effet, tenir entre ses doigts une tige de bois enflammée à quelques centimètres de l'extrémité incandescente, ce que l'on ne pourrait faire avec une tige métallique dont l'extrémité serait seulement portée à une température de 200 degrés. Au lieu d'une barre métallique, si l'on emploie un fil très-fin, on n'éprouve aucune sensation de chaleur à une distance peu considérable du point chauffé. Les dimensions du corps, et par suite sa forme, ont, comme sa nature, de l'influence sur la propagation de la chaleur.

Il semble résulter de ces premières remarques une complication extrême de la question que nous abordons, et il faudrait pour la résoudre des études sans fin, si l'on ne rencontrait des principes pouvant s'appliquer à tous les corps, quelles que soient leur nature et leur forme.

C'est à Fourier que l'on doit la théorie complète de la propagation de la chaleur par contact. Il a montré qu'il suffisait d'un très-petit nombre de données expérimentales pour déterminer tous les autres éléments par le calcul. La difficulté du problème est alors ramenée à une question d'analyse : les résultats calculés étant vérifiés par l'expérience dans les cas facilement réalisables, on peut en conclure que les calculs sont exacts. L'ouvrage que Fourier a intitulé *Théorie analytique de la chaleur* n'est que la théorie mathématique de la transmission de la chaleur par voie de conductibilité. Cette théorie et les travaux de Bernoulli sur l'acoustique peuvent être considérés comme le fondement de la physique mathématique.

2. Problème général de la transmission de la chaleur par contact. — La question à résoudre est la suivante : étant donné un système de corps en contact qui, à un instant déterminé, présentent en divers points des températures inégales distribuées suivant une loi connue, trouver l'état calorifique de tous les points de chacun de ces corps à un moment quelconque; si, de plus, les corps rayonnent de la chaleur par leurs surfaces, le problème se trouve compliqué de ces effets, dont il faudra calculer en même temps l'influence, mais par d'autres principes.

3. Principes de la théorie de Fourier. — Sans vouloir exposer toute la théorie de Fourier, nous devons au moins indiquer les principes sur lesquels elle repose. Ces principes n'ont rien d'hypothétique; ce sont plutôt des faits expérimentaux que Fourier déduit de l'examen des conditions du phénomène. La transmission de la chaleur s'effectuant *graduellement* d'un point à un autre, Fourier en déduit : 1° que l'état thermique d'un point n'a d'influence que sur l'état des points très-voisins; 2° que les points les plus chauds tendent à élever la température des points les plus froids, et réciproquement. Pour exprimer analytiquement ces principes, on peut admettre qu'un élément quelconque du corps envoie aux éléments dont la température est plus basse, et dont la distance n'excède pas une certaine limite très-petite, une quantité de chaleur qui est fonction de la différence des températures. Mais, la différence des températures des éléments qui s'influencent réciproquement étant toujours très-petite à cause de la petitesse des distances, on peut, dans une première approximation, et quelle que soit du reste la loi réelle, considérer la quantité de chaleur ainsi envoyée comme proportionnelle à la différence des températures. Le coefficient par lequel s'exprime cette proportionnalité varie avec la nature du corps; il varie aussi avec la direction que l'on considère à l'intérieur du corps, si toutes les directions ne sont pas physiquement identiques, comme cela arrive, en général, dans les corps cristallisés; mais dans les fluides, dans les milieux non cristallisés, et dans les cristaux qui appartiennent au système cubique, la transmission de la chaleur se fait de la même manière en tous sens; la quantité de chaleur cédée par un élément aux éléments voisins ne dépend que d'un seul coefficient caractéristique du corps et des lois suivant lesquelles sa surface rayonne de la chaleur ou en communique aux corps en contact avec lui.

A l'aide de ces principes, on peut résoudre quelques questions qui permettent de bien définir les constantes de Fourier.

4. Distribution de la température dans un corps solide homogène terminé par deux faces planes indéfinies. — Considérons d'abord un cas extrêmement simple, celui d'un mur ou d'une plaque formée d'une matière conductrice homogène, à faces parallèles, d'épaisseur finie et de dimensions transversales indéfinies, et dont chaque face est maintenue à une température constante dans toute son étendue : on se rapprochera d'autant plus de ce cas idéal que l'on considérera une plaque plus étendue. Nous nous proposons de chercher comment se distribuent les températures lorsqu'il y a équilibre dans le système.

Les deux faces de la plaque sont entretenues à des températures uniformes et constantes; on peut regarder l'une comme une source de chaleur, l'autre comme une source de froid, ou, si l'on veut, toutes deux comme des sources de chaleur à températures constantes et inégales. De leur action va résulter une modification de la chaleur intérieure, variable avec le temps. On pourrait chercher l'état des températures aux diverses époques successives; nous déterminerons seulement les températures des divers points au bout d'un temps très-grand, quand il y aura équilibre à l'intérieur de la plaque. Représentons la plaque ou le mur par les traces AA' et BB' (fig. 1)

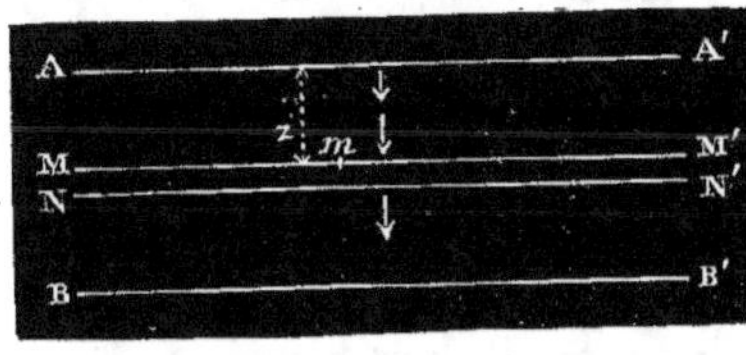

Fig. 1.

de ses deux faces parallèles, et menons à l'intérieur un plan parallèle aux parois dont la trace sera MM'. Ces plans étant illimités, tout sera identique pour tous les points de MM', et, par conséquent, la température de ce plan sera uniforme dans toute son étendue; il en sera de même pour tous les autres plans parallèles aux faces, de sorte que la température d'un point quelconque de la plaque ne dépendra que de la distance de ce point à l'une des faces. Soit z la distance d'un point quelconque m de la plaque à la face AA' du mur, la température u de ce point sera simplement fonction de z, et l'on aura

$$u = f(z).$$

Il suffit donc, pour résoudre le problème qui nous occupe, de déterminer la loi de la variation de la température avec la distance aux faces de la plaque, c'est-à-dire la forme de la fonction $f(z)$.

, Menons dans la plaque un deuxième plan NN' parallèle aux parois, à une distance quelconque de MM'. Si les températures a et b des faces sont différentes, les températures de MM' et NN' seront différentes, car $f(z)$ n'est pas une constante; supposons que, dans les plans situés au-dessus de MM' et de NN', les températures soient plus élevées que dans les plans inférieurs : il y aura transmission incessante de chaleur à travers MM' et NN'. Supposons que la chaleur traverse MM' et NN' dans le sens des flèches : il faut pour l'équilibre que, par des surfaces égales de ces plans, il passe dans l'unité

de temps des quantités égales de chaleur. Cette condition est nécessaire, car, si elle n'était pas remplie, la température moyenne
de l'espace compris entre les deux surfaces éprouverait une variation : il n'y aurait donc pas équilibre ; elle est, du reste, suffisante,
car la position des deux plans est quelconque, et entre les deux il
n'y aura aucune augmentation de chaleur, et, par suite, aucune
variation de température.

Il résulte de là qu'une surface déterminée, prise sur un des plans,
est traversée par une quantité de chaleur indépendante de z, et que
nous allons évaluer.

Cette quantité de chaleur provient des actions qu'exercent les
unes sur les autres les molécules très-voisines. L'expérience montre,
en effet, que les phénomènes qui se passent dans un corps de petites dimensions ne sont pas changés si l'on entoure ce corps d'un
corps plus grand ; de plus, si l'on a un fil dans lequel la distribution de la température suive une certaine loi, cette loi sera la même
lorsqu'on recourbera le fil plusieurs fois sur lui-même. Cette proposition est peut-être douteuse pour les corps diathermanes ; mais
si l'on considère que le pouvoir absorbant d'un corps est maximum
pour les rayons qu'il émet, on sera porté à croire que, même pour
ces corps, l'effet du rayonnement des molécules n'est sensible que
sur les molécules extrêmement voisines. Tel est le principe qu'il
faut appliquer.

Considérons deux molécules m, m' (fig. 2) aux distances $z - \zeta$,
$z + \zeta'$ de AA' ; elles ne pourront agir l'une sur l'autre que si mm' est
très-petit, ce qui exige que ζ
et ζ' le soient. Les températures de ces molécules diffèrent donc très-peu de celles
de MM', et, par suite, très-peu entre elles. On peut donc
admettre, quelle que soit
la loi de la propagation de la chaleur dans les corps, que la quantité de chaleur qui passe de l'une à l'autre est proportionnelle à la
différence supposée très-faible des températures, le coefficient de
proportionnalité pouvant être dépendant ou non de la température

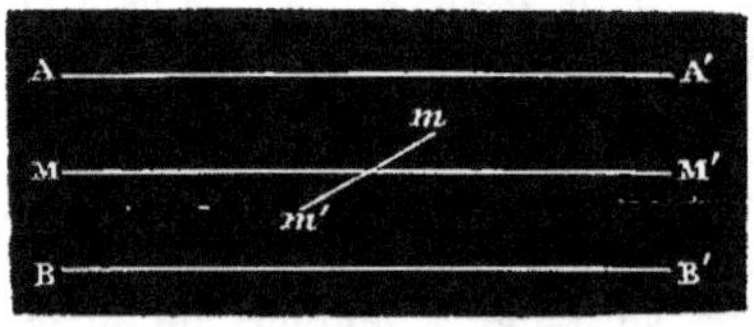

Fig. 2.

absolue de l'une d'elles. On déduit de là l'expression de la quantité
de chaleur qui dans l'unité de temps, passe de m en m' dans l'état
stationnaire. Les températures de m et m' sont

$$u - v = f(z) - \zeta f'(z),$$
$$u + v' = f(z) + \zeta' f'(z).$$

La différence est donc

$$-(v + v') = -(\zeta + \zeta')f'(z).$$

Or la quantité de chaleur envoyée de m à m' dans l'unité de temps
est proportionnelle à cette différence de températures. Le coefficient
de proportionnalité sera une fonction de la distance $mm' = \delta$, et
non de la direction de la droite mm', si l'on suppose le corps identique dans toutes les directions, ce qui exclut les corps cristallisés
dans un autre système que le système cubique. Soit $\varphi(\delta)$ cette fonction, la quantité de chaleur transmise sera

$$-(\zeta + \zeta')f'(z)\,\varphi(\delta).$$

Le signe $-$ veut dire que $\varphi(\delta)$ étant un nombre, si $f'(z)$ est < 0,
le transport de la chaleur a lieu dans le sens des z positifs.

Prenons sur le plan MM' (fig. 3) une étendue limitée de forme
quelconque pq d'une surface égale à l'unité. Il existe une infinité de
groupes tels que mm', et, tant
que la distance des deux molécules telles que m et m'
n'excède pas une limite déterminée Δ, l'une envoie à l'autre
de la chaleur suivant une
droite qui traverse pq. L'en-

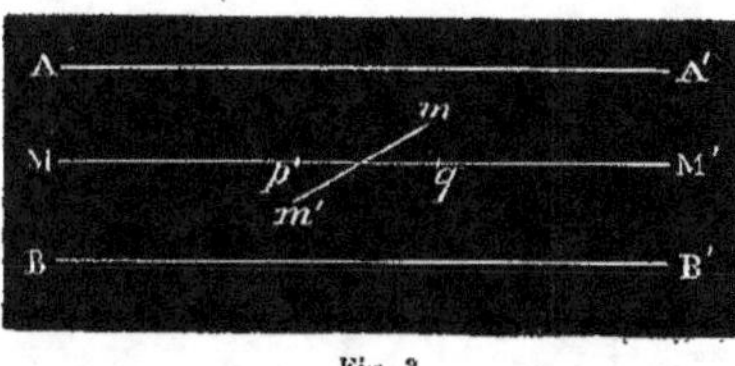

Fig. 3.

semble de ces flux calorifiques constitue la quantité totale de chaleur
traversant l'unité de surface pq pendant l'unité de temps; on peut
la représenter par

$$-\Sigma(\zeta + \zeta')f'(z)\,\varphi(\delta).$$

Cette sommation est double : en attribuant d'abord à ζ' une valeur
déterminée, elle doit comprendre toutes les molécules telles que

leur distance à m' soit inférieure à la limite Δ. On aura donc à faire la sommation $-\Sigma_{\zeta'}^{\Delta}$, ζ étant une fonction de ζ'. On fera ensuite une deuxième sommation où ζ' sera la variable, et cette somme s'étendra à toutes les molécules analogues à m' et qui forment sensiblement un cylindre de base pq (en négligeant un volume infiniment petit sur les bords). On aura ainsi

$$- \Sigma\Sigma\Sigma\Sigma_{\zeta'}^{\Delta}(\zeta+\zeta')f'(z)\,\varphi(\delta).$$

Ce sont ces quatre sommations que nous représentons par une seule. et en mettant $f'(z)$ en facteur commun il vient

$$-f'(z)\,\Sigma\,(\zeta+\zeta')\,\varphi(\delta).$$

L'expression $\Sigma\,(\zeta+\zeta')\,\varphi(\delta)$ est une caractéristique du corps qui ne contient plus rien dépendant des températures, si nous supposons que $\varphi(\delta)$ ne varie pas avec la température du point m. La sommation étant indépendante de z, on peut représenter $\Sigma\,(\zeta+\zeta')\,\varphi(\delta)$ par le coefficient constant k qui dépend de la nature du corps. L'expression de la quantité de chaleur qui traverse l'unité de surface du plan MM' pendant l'unité de temps est donc

$$-kf'(z) = -k\frac{du}{dz}.$$

Or nous avons vu que pour l'équilibre il faut et il suffit que cette quantité soit la même quel que soit le plan que l'on considère, c'est-à-dire qu'elle soit indépendante de z; on en conclut

$$f'(z) = c,$$
$$u = cz + c'.$$

Il est donc nécessaire et suffisant pour l'équilibre que la température varie proportionnellement à la distance à l'une des faces de la plaque.

On détermine les constantes par la considération des valeurs extrêmes: e étant l'épaisseur du mur,

$$\text{pour } z = 0. \qquad u = a = c',$$
$$\text{pour } z = e, \qquad u = b = ce + a.$$

On a donc, pour la température stationnaire u d'un point quelconque situé à une distance z de AA′,

$$u = a - \frac{a - b}{e} z.$$

Le flux de chaleur qui traverse l'unité de surface d'un plan quelconque dans l'unité de temps est

$$- k \frac{du}{dz} = Q = k \frac{a - b}{e}.$$

De là ce théorème, qui découle uniquement de la notion expérimentale qu'il n'y a d'action sensible qu'entre deux molécules séparées par un petit intervalle :

La quantité de chaleur qui traverse une plaque indéfinie dont chaque face est maintenue à une température constante est, dans un temps donné, proportionnelle à la différence des températures des deux faces et en raison inverse de l'épaisseur de la plaque.

Cette conclusion n'est vraie que si k est indépendant de z et par conséquent de u. Si k était une fonction de u représentée par $\psi(u)$, on aurait pour l'équilibre $\psi(u) \frac{du}{dz} = c$; il faudrait donc, pour intégrer, connaître la forme de $\psi(u)$, c'est-à-dire la loi suivant laquelle k dépend de la température; mais si l'on suppose que les différences de température sont petites, on peut admettre que k est indépendant de la température, et le théorème subsiste.

5. Coefficient de conductibilité intérieure. — Le flux de chaleur qui passe par l'unité de surface étant représenté par

$$Q = k \frac{a - b}{e},$$

supposons $a - b = 1$ et $e = 1$: le flux de chaleur est alors représenté par k; on peut donc définir k : la quantité de chaleur qui, dans l'unité de temps, traverserait l'unité de surface d'une plaque à faces parallèles, d'épaisseur égale à 1, et dont les deux faces sont maintenues à des températures différant de 1 degré, l'état stationnaire de température étant établi. Cette constante k ainsi définie est appelée *coefficient de conductibilité intérieure*.

6. Propagation de la chaleur à l'intérieur d'un corps quelconque.

— La connaissance du coefficient de conductibilité intérieure pourra conduire à la solution d'un grand nombre de problèmes sur la distribution de la chaleur dans un corps quelconque. Il suffit en effet de multiplier $\frac{du}{dz}$ par $-k$ pour avoir le flux de chaleur qui pendant l'unité de temps traverse l'unité de surface d'un plan pris à l'intérieur d'une plaque indéfinie et parallèle à ses faces. Si donc, dans un corps quelconque, la température est constante tout le long d'un plan, nous pourrons employer la même expression $-k\frac{du}{dz}$ pour représenter le flux calorifique; par une surface σ de ce plan, la quantité de chaleur qui passera pendant l'unité de temps sera $-k\sigma\frac{du}{dz}$. En général cette expression convient à une surface σ quelconque, pourvu que, de part et d'autre de la surface σ, les températures des molécules soient distribuées comme nous supposons qu'elles le sont dans un mur indéfini.

Si le flux de chaleur est fonction du temps, il pourra être représenté pendant un temps infiniment petit par

$$-k\sigma\frac{du}{dz}\,dt.$$

Supposons que dans un corps quelconque nous considérions une surface élémentaire de dimensions très-petites, mais considérable par rapport à Δ : la quantité de chaleur qui traverse cette surface pendant un temps infiniment petit est

$$-k\sigma\frac{du}{dN}\,dt,$$

$\frac{du}{dN}$ étant la dérivée de u calculée par rapport à une coordonnée comptée suivant la normale. Connaissant cette quantité de chaleur, nous pouvons calculer la quantité de chaleur $d\varphi$ qui s'accumule pendant le temps dt dans un petit parallélipipède rectangle, et, en divisant $d\varphi$ par la densité D, la chaleur spécifique c et le volume ω, nous aurons la variation de température du du parallélipipède pendant un temps infiniment petit.

$$du = \frac{d\varphi}{D\,c\omega}.$$

On voit comment on pourra procéder pour tous les éléments parallélipipédiques d'un corps.

7. Coefficient de conductibilité extérieure. — Il n'y a d'exception que pour les éléments dont la surface fait partie de la paroi du corps. Pour faire le calcul relatif à ces éléments, il faut connaître la loi suivant laquelle la chaleur passe d'un corps au milieu ambiant. Cette loi n'est pas connue avec certitude; mais, toutes les fois que l'excès de température d'un corps sur un corps voisin est peu considérable, les effets du contact et du rayonnement peuvent s'exprimer avec une approximation suffisante par un seul terme, et l'on peut considérer la quantité de chaleur perdue par cette double cause comme proportionnelle à la surface du corps et à l'excès de sa température sur la température ambiante. Cette double transmission de chaleur est ce que Fourier a appelé *conductibilité extérieure*. Le coefficient de conductibilité extérieure est la quantité de chaleur perdue pendant l'unité de temps par l'unité de surface du corps maintenu à une température supérieure de 1 degré à la température extérieure.

Au moyen de ce coefficient on supplée dans certains cas à la connaissance exacte de la loi suivant laquelle s'effectue cette conductibilité extérieure.

Il est un certain nombre de questions que l'on peut résoudre sans connaître le coefficient de conductibilité extérieure : ce sont celles dans lesquelles on suppose la surface du corps maintenue dans un état calorifique constant. Cette condition ne peut être réalisée absolument, mais on peut la remplir d'une manière suffisamment exacte en mettant la surface en contact avec un liquide de chaleur spécifique considérable maintenu à une température constante. Si le milieu ambiant a une faible chaleur spécifique ou une faible conductibilité intérieure, et, par conséquent, si les couches en contact avec la surface du corps ne sont pas susceptibles d'enlever rapidement beaucoup de chaleur, on doit admettre qu'il y a une différence notable entre la température de la surface et celle du milieu: il faut alors tenir compte de la conductibilité extérieure et la corriger par la loi de Newton.

8. Distribution des températures dans une plaque indéfinie dont les deux faces sont mises en contact avec deux milieux. — Les considérations précédentes permettent de déterminer l'état des températures dans une plaque indéfinie dont les deux faces sont en contact avec deux milieux dont les températures sont a, b et les coefficients de conductibilité extérieure h, h'. Soient a', b' les températures inconnues que prennent les deux faces du mur quand l'équilibre s'établit; on rentre dans le cas précédent, et la température d'un point quelconque de la plaque ou du mur est

$$u = a' - \frac{a' - b'}{c} z.$$

Pour déterminer a' et b', on remarque que du milieu dont la température est $a > a'$ il entre dans la plaque, par chaque unité de surface, une quantité de chaleur $h(a - a')$. Pour qu'il y ait équilibre, il faut que cette quantité soit égale au flux de chaleur qui traverse l'unité de surface d'un plan quelconque du mur pendant l'unité de temps. On verrait comme plus haut que cette condition est nécessaire et suffisante. On a ainsi

$$h(a - a') = k \frac{a' - b'}{c},$$

$$h'(b' - b) = k \frac{a' - b'}{c}.$$

Ces deux équations déterminent a' et b' en fonction de a, b, k, h, h'. On voit ainsi comment il est possible de résoudre le problème des températures stationnaires.

9. Évaluation des coefficients de conductibilité. — Il est important d'évaluer les deux coefficients de conductibilité. Pour déterminer le coefficient de conductibilité extérieure, on emploie la méthode suivie dans les expériences calorimétriques pour apprécier l'influence du refroidissement.

Pour déterminer le coefficient de conductibilité intérieure, on a proposé plusieurs méthodes dont aucune n'est satisfaisante.

10. Méthode de Dulong. — La plus connue, quoiqu'elle n'ait jamais été réalisée d'une manière satisfaisante, a été indiquée par Dulong [1]. Elle consiste à mesurer la quantité de chaleur qui traverse, pendant l'unité de temps, une couche sphérique très-peu épaisse, dont les deux faces sont à une température constante. La substance considérée est donc comprise entre deux sphères concentriques de rayon très-peu différent (fig. 4). Si on limite une certaine surface sur l'une des sphères par des normales aux deux sphères, ces normales en détacheront des surfaces projetées en SS', S_1S_1' sensiblement égales, et on pourra assimiler ce qui se passe dans cette couche sphérique à ce qui a lieu dans une plaque indéfinie. La distribution des températures sera seulement fonction de la distance z des points

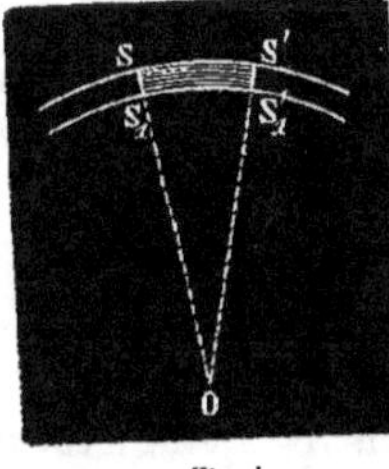

Fig. 4.

considérés au centre. La quantité de chaleur passant par une surface σ appartenant à une sphère concentrique aux deux sphères extrêmes et comprise entre les deux sera, pendant l'unité de temps, $- k\sigma\dfrac{du}{dz}$.

Pour une deuxième surface prise sur une autre sphère et limitée par les mêmes normales que la précédente, le flux de chaleur sera $- k\sigma\left(\dfrac{du}{dz}\right)'$.

Ces deux quantités de chaleur devant être égales pour l'équilibre, il faut donc que $\sigma\dfrac{du}{dz}$ soit indépendant de z, et, comme σ varie proportionnellement à z^2, $z^2\dfrac{du}{dz}$ doit être constant. Si z est très-grand par rapport à l'épaisseur de la couche, on peut regarder z comme constant et on a approximativement

$$\frac{du}{dz} = c,$$

[1] Dulong et Petit, *Annales de chimie et de physique*, [2], t. VIII, p. 113 et 225 (1818), et *Journal de l'École polytechnique*, t. XVIII.

ce qui conduit à regarder les températures comme croissant proportionnellement à z. Ce n'est là qu'une loi approchée, mais, avec $z = 1$ mètre, pour une épaisseur de la couche $e = 3$ ou 4 millimètres, elle comporte toute l'exactitude désirable.

Pour réaliser l'expérience, on plongeait la sphère dans un grand vase plein de glace et l'on faisait passer à l'intérieur un courant continu de vapeur d'eau à 100 degrés. En pesant l'eau provenant de la fusion de la glace pendant un temps donné, on mesurait la quantité de chaleur qui avait traversé la sphère; on jugeait que l'équilibre était établi lorsque la quantité de chaleur correspondant à un même intervalle de temps était constante. On exprimait alors que la quantité de chaleur sortie était égale à celle qui déterminait la fusion du poids p de glace, et l'on avait

$$\frac{4\pi z^2 k \cdot 100}{e} = p \cdot 79,25,$$

d'où l'on déduisait k, les autres quantités étant connues.

Il vaudrait mieux remplir la sphère de glace et la placer dans la vapeur émise par de l'eau maintenue en ébullition.

L'expérience n'a pas été faite avec soin, et du reste elle n'est pas susceptible de précision à cause de l'indécision de toute mesure calorimétrique basée sur la fusion de la glace. Les fragments de glace retiennent toujours une quantité notable d'eau; le poids de la glace fondue n'est connu qu'à $\frac{1}{20}$ et même $\frac{1}{16}$ de sa valeur. C'est cette même cause d'erreur qui a rendu inexactes les expériences exécutées par Lavoisier et Laplace avec le calorimètre à glace.

Ce procédé ne doit donc être cité que pour mémoire.

11. Méthode de Péclet. — Péclet a employé, pour déterminer le coefficient de conductibilité intérieure, une méthode dans laquelle il a cherché à réaliser le mieux possible les conditions de la définition[1]. Il s'est proposé de mesurer la quantité de chaleur qui traverse, dans un temps donné, une plaque métallique dont les deux faces sont maintenues chacune à une température sinon constante, au moins ne variant qu'entre des limites très-resserrées.

[1] *Annales de chimie et de physique*, [3], t. II, p. 107 (1841).

Supposons donc une plaque métallique assez grande pour que la région voisine des bords, dans laquelle les phénomènes ne se passent pas comme dans une plaque indéfinie, soit négligeable.

Soient a, b les températures des deux faces extrêmes, k le coéfficient cherché, s la surface, e l'épaisseur.

Si dans l'intérieur de la plaque les températures sont distribuées suivant la progression arithmétique qui convient à l'équilibre, $ks\dfrac{a-b}{e}$

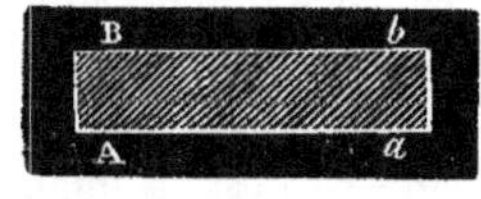

Fig. 5.

est le flux de chaleur qui traverse la plaque dans la direction des températures croissantes. La face inférieure A (fig. 5), étant supposée en contact avec une grande masse liquide de chaleur spécifique considérable, ne prendra jamais une température sensiblement différente de celle de ce liquide.

La face supérieure est en contact avec un liquide enfermé dans une enceinte ne perdant de chaleur ni par rayonnement ni par conductibilité; ce liquide est brassé par un agitateur, et un thermomètre en indique la température. A mesure que la chaleur du liquide inférieur traverse la plaque, elle élève la température du liquide supérieur, et par suite la face supérieure de la plaque passe par des températures graduellement croissantes. La quantité de chaleur transmise pendant un temps infiniment petit dt sera seule représentée exactement par la formule $ks\dfrac{a-b}{e}dt$. Et même cela suppose que la distribution des températures dans la plaque est à chaque instant la même que dans l'état d'équilibre. Mais, si la plaque est peu épaisse, on peut bien admettre que la variation de température d'une couche à l'autre suit la même loi que lorsqu'il y a équilibre; quelle que soit la loi réelle de la variation, la température $u = f(z)$ varie proportionnellement à z; on a, en effet, pour une petite valeur de z,

$$f(z) = f(o) + zf'(o).$$

La loi se réduit donc à la proportionnalité, quelle que soit la forme de la fonction, si la plaque est assez mince. On peut dire encore que $-kf'(z)$ n'est pas rigoureusement constant, et que si la plaque est assez mince on peut remplacer ce terme, sans erreur sensible, par sa valeur moyenne. La différence entre le nombre réel et celui qui résulterait du raisonnement peu exact que nous venons de faire sera inférieure aux erreurs d'observation si nous prenons une plaque très-conductrice, très-large et très-mince, en supposant même qu'il s'agisse d'expériences rigoureuses.

Pour réaliser une opération, on observe pendant un temps t la variation de température du liquide placé au-dessus de la plaque. Soient θ_0, θ_1 les températures initiale et finale, M le poids de l'eau placée sur la plaque, y compris la valeur en eau de l'agitateur, du thermomètre et du vase qui les renferme. $M(\theta_1 - \theta_0)$ est la quantité de chaleur transmise par conductibilité à l'appareil pendant le temps t : cette quantité doit être égale à $\int_0^t ks\,\dfrac{a-b}{e}\,dt$.

Si l'on observait, non-seulement les températures initiale et finale θ_0 et θ_1, mais encore les valeurs successives de la température b du vase supérieur, on connaîtrait la fonction b et on pourrait effectuer l'intégration. Mais, dans la pratique, θ_0 et θ_1 sont peu différents, car on prend une masse d'eau un peu grande ; il n'y a pas alors de différence sensible entre la quantité de chaleur réellement transmise par conductibilité et celle qui l'aurait été si la température b eût été constante et égale à la moyenne $\dfrac{\theta_0 + \theta_1}{2}$. On peut donc écrire

$$ks\,\frac{\left(a - \dfrac{\theta_0 + \theta_1}{2}\right) t}{e} = M(\theta_0 - \theta_1),$$

équation qui détermine k.

Pour que cette équation, par laquelle on évite l'intégration, soit suffisamment exacte, il suffit que $a - \dfrac{\theta_0 + \theta_1}{2}$ soit très-grand par rapport à la différence des températures extrêmes.

Telle est la méthode de Péclet. Mais ce physicien n'a pas réalisé d'une manière bien satisfaisante les conditions supposées par le raisonnement ; ainsi les plaques eurent des dimensions insuffisantes, 15 à 20 centimètres de diamètre sur 1 centimètre d'épaisseur. La plaque AB (fig. 6) fermait l'extrémité inférieure d'un cylindre de bois ABCD, contenant de l'eau, un agitateur et un thermomètre. Ce vase de bois était placé dans un autre vase très-grand EFGH plein

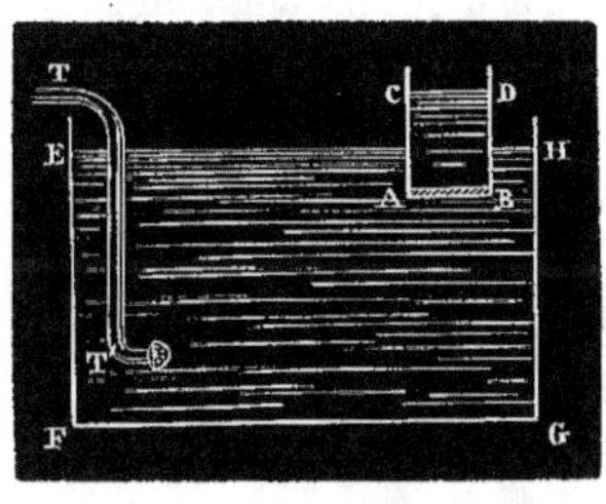
Fig. 6.

d'eau maintenue à une température constante; on échauffait cette eau à l'aide d'un courant de vapeur qui arrivait par un tube TT' terminé en pomme d'arrosoir. On admettait que la conductibilité des parois de bois était assez faible pour ne laisser passer aucune quantité de chaleur, hypothèse qui n'était pas légitime, et on évaluait la chaleur perdue par le refroidissement de la face supérieure du liquide en contact avec l'air.

Il eût bien mieux valu, comme l'indiquait la théorie, placer le calorimètre au-dessus d'un grand réservoir que de le mettre à l'intérieur.

12. Résultat de ces expériences. — Quoi qu'il en soit, ces expériences présentèrent un résultat remarquable : lorsqu'on voulut calculer les coefficients de conductibilité, on trouva pour tous les métaux employés des nombres égaux. On savait si bien d'avance que les métaux n'avaient pas la même conductibilité, et ce résultat étrange était si nettement accusé, qu'on ne put se dispenser d'en chercher l'explication.

En examinant attentivement les nombres trouvés, Péclet fut frappé de la faiblesse des coefficients de conductibilité ainsi obtenus, et fut porté à conclure qu'un corps beaucoup moins conducteur que le métal exerçait dans le mode d'expérimentation employé une influence prédominante. Ce corps était l'eau, qui servait à communiquer la chaleur à la plaque et à mesurer la chaleur transmise. On regardait sans doute comme démontré qu'un liquide, mis en mouvement continuel par un agitateur, se renouvelait sans cesse au contact d'une plaque métallique plongée dans ce liquide, et que, par conséquent, cette plaque en prenait nécessairement la température. Mais en réalité l'eau présente toujours une certaine viscosité qui ne permet pas au liquide de se renouveler facilement sur les deux faces de la

plaque. La chaleur a donc à traverser un système de trois plaques :
la plaque métallique et les deux plaques d'eau qui la comprennent ;
la quantité de chaleur transmise par ce système est infiniment
moindre que celle qui passerait uniquement par la plaque métallique dont les deux faces posséderaient exactement les températures
des deux milieux. La chaleur rencontre en effet un triple obstacle
dont le plus faible, de beaucoup, est la plaque métallique; il en
résulte que la nature et même l'épaisseur de cette plaque sont in-
différentes.

13. Étude des corps médiocrement conducteurs. — Pour
qu'une épaisseur modérée de cette enveloppe produise un effet comparable à celui de la lame fluide, il faut abandonner les enveloppes
métalliques et les remplacer par des lames de bois, de pierre,
d'étoffe, de papier, etc. C'est à cette étude des corps médiocrement
conducteurs que s'est attaché Péclet[1], et il a entrepris pour cela
deux sortes de recherches : 1° celle de la loi du refroidissement d'une
sphère creuse à parois peu conductrices contenant un liquide conducteur agité continuellement; 2° celle de la transmission de la
chaleur à travers une lame peu conductrice, à l'état stationnaire.

La disposition des expériences dans le premier cas est facile à
comprendre : deux enveloppes sphériques concentriques très-minces
et d'un métal quelconque ont leur intervalle rempli de filaments
textiles, ou de la matière à étudier, dans un état de tassement convenable (fig. 7).

La sphère intérieure est remplie d'eau chaude constamment
agitée, et tout le système est renfermé dans une enceinte contenant
une grande quantité d'eau froide maintenue à une température
constante. Afin d'augmenter le rayonnement, on a recouvert de noir
de fumée la surface extérieure de la petite sphère et la surface intérieure de la grande.

Ajoutons, comme détails d'expérience, qu'un agitateur formé
d'une série de plaques, et qui se meut très-près de la surface intérieure de la sphère, assure l'uniformité de la température du liquide, en même temps qu'il détruit l'adhérence des couches en con-

[1] *Traité de la chaleur*, 3ᵉ édition, t. III, p. 454; Paris (1860).

tact avec le métal. Un thermomètre, dont la tige traverse l'axe de
l'agitateur, a son réservoir au centre de la sphère. L'eau qui baigne
extérieurement l'enveloppe sphérique est aussi agitée par un sys-

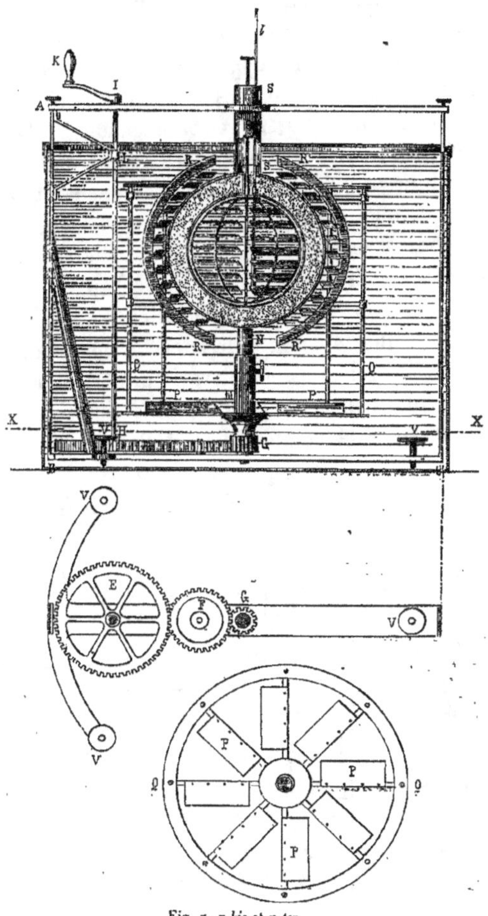

Fig. 7, 7 bis et 7 ter.

tème de palettes PP, qui sont projetées dans la figure 7 ter : ces
palettes, voisines de la sphère, sont fixées au support RR, R'R', so-

lidaire lui-même de traverses qui le font communiquer avec le pignon G. Le mouvement du pignon est déterminé par la manivelle K, qui agit par l'intermédiaire de l'axe IH et de deux roues dentées EF représentées en projection dans la figure 7 *bis*.

On démontre que, pour certaines relations entre les températures des divers points de l'enveloppe sphérique au commencement des expériences, relations auxquelles satisfont les corps qui ne sont pas trop mauvais conducteurs, le refroidissement de l'eau chaude suit la loi de Newton : on peut donc, dans ce cas, déduire le coefficient de conductibilité du coefficient de refroidissement mesuré directement. En opérant sur divers corps tels que le sable quartzeux, la poudre de bois d'acajou, etc., Péclet a vérifié que la vitesse du refroidissement suivait exactement la loi de Newton, et a déterminé le coefficient de conductibilité de ces matières; mais en essayant d'autres corps, tels que le coton et le charbon en poudre, il a reconnu que la vitesse du refroidissement varie plus vite que ne l'indique la loi, de sorte que l'on ne peut plus rien déduire des expériences.

Le second procédé employé par Péclet est une modification de

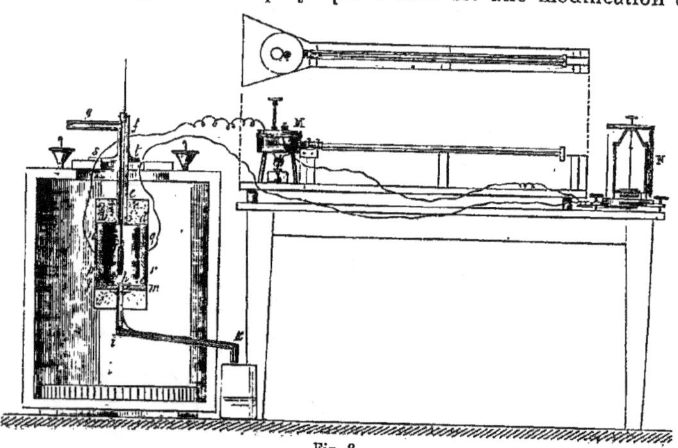

Fig. 8.

l'idée de Dulong. Une enveloppe cylindrique *abcd* (fig. 8) renfermant de la matière peu conductrice (bois ou pierre), ou bien un manchon formé par deux cylindres concentriques en métal de faible

2.

épaisseur et contenant la substance à étudier, constitue un système qui peut être assimilé à un cylindre indéfini, pourvu que les bases soient assez peu conductrices et assez épaisses pour ne laisser échapper aucune quantité de chaleur, et pourvu que, d'autre part, les rayons des bases des cylindres soient assez peu différents. On réalise assez bien ces conditions en faisant ces fonds *ad, bc* en bois, et en les recouvrant d'une couche épaisse de duvet ou de coton. Un courant de vapeur d'eau arrive dans le cylindre, l'échauffe et se condense à mesure contre les parois. Tout l'appareil est plongé dans une enceinte à température constante. On fait circuler le courant de vapeur d'eau dans le cylindre par les tubes *gfeik*, pendant plusieurs heures, de manière à être sûr que l'on est arrivé à l'état stationnaire. Dans ces conditions, la quantité de chaleur qui traverse l'enveloppe est égale à celle qui s'échappe par sa surface. Or on peut établir une relation simple entre les rayons des cylindres de l'enveloppe, la température de la vapeur, celles de la surface extérieure de l'enveloppe et de l'air qui l'environne, les coefficients de conductibilité de la matière employée et le coefficient de refroidissement de la surface extérieure.

La température de la vapeur est donnée par un thermomètre à mercure qui est placé suivant l'axe du cylindre. Pour obtenir la température de la surface du cylindre, Péclet s'est servi d'un élément thermo-électrique, fer et cuivre, formé d'un ruban de fer de 1 centimètre de largeur et de 2 mètres de longueur, aux extrémités duquel étaient soudés deux rubans de cuivre rouge aussi identiques que possible, mis en communication avec un galvanomètre N. On ajustait l'une des soudures contre la surface du cylindre, en *n* par exemple, et l'autre soudure contre la surface extérieure d'un vase cylindrique M, placé en dehors de l'appareil et rempli d'eau dont on élevait graduellement la température jusqu'à ce que la déviation de l'aiguille du galvanomètre fût réduite à zéro; la température de l'eau du vase, donnée par un thermomètre, était alors égale à celle de la surface du cylindre *abcd*. Connaissant le coefficient de refroidissement, on pouvait obtenir le coefficient de conductibilité.

Enfin, au lieu d'un cylindre, Péclet a encore employé une grande plaque (fig. 9) de la substance peu conductrice, disposée de manière à servir de fond à un grand cylindre, et à rayonner vers un appareil dont le rôle est celui d'un calorimètre. Cet appareil se compose d'une pile thermo-électrique PP, abritée par des écrans à

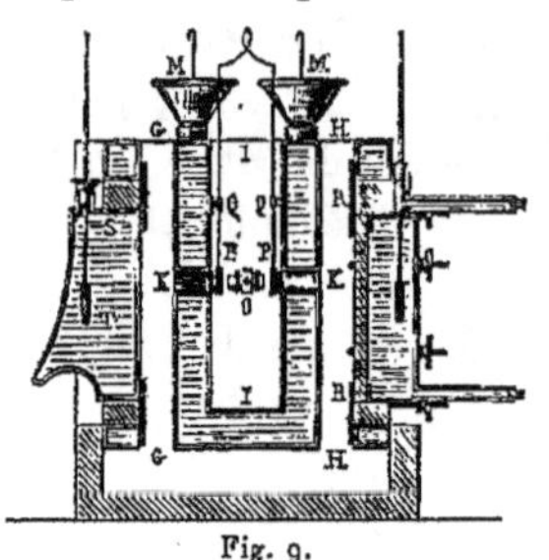
Fig. 9.

eau GG, HH; des ouvertures cylindriques KK, ménagées devant les faces de la pile, permettent de l'exposer d'un côté à l'action de la plaque RR, sur laquelle on opère, de l'autre à celle d'un vase S rempli d'eau, que l'on chauffe jusqu'à ce que l'on ait neutralisé l'action de la plaque. Comme la pile est à égale distance des deux surfaces rayonnantes et que celles-ci ont été enduites du même vernis, on doit admettre qu'au moment de l'équilibre la température de la surface de la plaque est égale à celle de l'eau chauffée : on a donc ainsi la température de la surface.

Aucun de ces procédés ne peut servir à déterminer avec précision la valeur de k; ils ne sont en aucune façon applicables aux métaux; cependant les nombres que l'on en déduit lorsqu'il s'agit de corps mauvais conducteurs ont une exactitude suffisante pour les besoins de la pratique. Nous en réunissons quelques-uns dans le tableau suivant, dans lequel l'unité de temps est l'heure, l'unité d'épaisseur le mètre, l'unité de surface le mètre carré, et l'unité de chaleur la quantité de chaleur nécessaire pour élever de 1 degré centigrade la température de 1 kilogramme d'eau.

NOMS DES SUBSTANCES.	COEFFICIENTS DE CONDUCTIBILITÉ.
Plomb	13,83
Charbon des usines à gaz	4,96
Marbre	2,78 à 3,48
Pierre calcaire	1,69 à 2,08
Pierre de liais	1,27 à 1,32
Plâtre	0,33 à 0,52
Terre cuite	0,51 à 0,69
Verre	0,75 à 0,88
Bois de diverses natures	0,09 à 0,21
Caoutchouc	0,17
Gutta-percha	0,17

14. Thermomètre de Fourier. — Avant Péclet, Fourier avait suivi un procédé assez complexe pour déterminer le coefficient de conductibilité intérieure[1]. Nous n'indiquerons pas les calculs développés par Fourier, qui lui-même en faisait peu de cas, mais nous décrirons sommairement l'instrument qu'il a proposé et qui peut rendre des services. On l'a nommé *thermomètre de contact*. C'est un vase de forme conique, terminé inférieurement par une membrane et plein de mercure : au milieu de ce vase plonge le réservoir d'un thermomètre (fig. 10). Pour s'en servir, on l'applique contre une plaque de façon à l'aplatir le plus possible. Si la face inférieure de la plaque est chauffée d'une manière constante, le thermomètre accusera des températures d'autant plus élevées que celle de la face supérieure le sera davantage. On pourra ainsi avoir quelques indications sur la valeur relative des coefficients de conductibilité des métaux. Mais, si l'on prétend calculer ces coefficients eux-mêmes, on est amené à

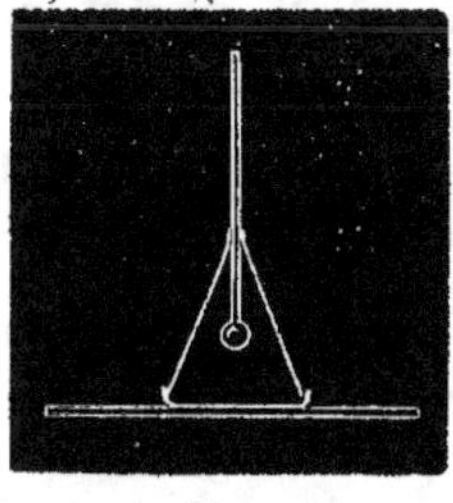

Fig. 10.

supposer que la masse mercurielle a une température uniforme, la peau une homogénéité parfaite, etc., hypothèses fort peu plausibles.

15. Distribution de la température dans une barre de petites dimensions transversales. — On peut déterminer aussi les coefficients de conductibilité par une méthode fondée sur l'observation des phénomènes qui se passent dans les barres métalliques de section assez petite pour que tous les points d'une même section puissent être considérés comme ayant une température identique.

Cherchons la loi de la variation de la température dans une telle barre, qu'elle soit d'ailleurs finie ou infinie, rectiligne ou curviligne, ou même recourbée en anneau.

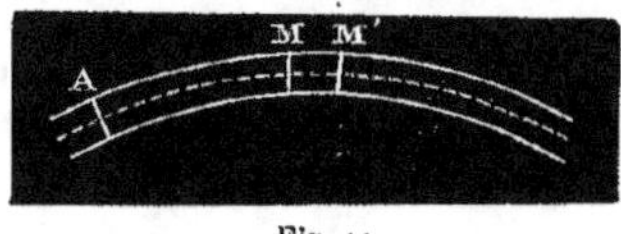

Fig. 11.

Soit au point M (fig. 11) de la barre une section normale de

[1] *Annales de chimie et de physique*, [2], t. XXXVII, p. 291 (1828).

surface s et de périmètre p; k étant le coefficient de conductibilité intérieure et h celui de conductibilité extérieure, hu est la quantité de chaleur que perdrait dans l'unité de temps l'unité de surface extérieure, si tous les points de cette surface avaient une température dont l'excès sur la température ambiante fût égal à u.

Le point M est défini par sa distance x à une section A, distance comptée sur l'axe de la barre. Si l'on suppose que tous les points de la tranche M ont même température, on peut assimiler le flux calorifique qui passe par M pendant l'unité de temps au flux qui traverserait une plaque indéfinie dans laquelle la distribution des températures correspondrait à celle qui a lieu au voisinage de M. En un point M' voisin de M, l'excès de température est $u + \dfrac{du}{dx}\alpha$; il croît en progression arithmétique pour des sections dont la distance à M croît en progression arithmétique. Le flux de chaleur qui traverse M pendant l'unité de temps est $- ks\dfrac{du}{dx}$ et, pendant le temps dt, $- ks\dfrac{du}{dx}dt$. Cela posé, considérons dans la barre l'espace limité par les deux sections très-voisines M et M', dont les distances à l'origine sont x et $x + \alpha$. Pendant le temps dt, la quantité de chaleur qui traverse M est $- ks\dfrac{du}{dx}dt$, celle qui traverse M' est $- ks\left(\dfrac{du}{dx} + \alpha\dfrac{d^2u}{dx^2}\right)dt$; cette dernière est une perte de chaleur, la première est un gain; le gain total est donc $ks\dfrac{d^2u}{dx^2}\alpha\,dt$, mais en même temps la tranche MM' rayonne vers l'extérieur et de plus est en contact avec l'air. Cette double cause lui fait perdre par chaque unité de surface $hu\,dt$, et, par la surface αp, $hpu\alpha\,dt$. Le gain définitif de la tranche est donc

$$ks\frac{d^2u}{dx^2}\alpha\,dt - hpu\alpha\,dt.$$

La variation de température $\dfrac{du}{dt}dt$ de cette tranche pendant le temps dt s'exprimera donc par

$$\frac{du}{dt}\,dt = \frac{ks\dfrac{d^2u}{dx^2}\alpha\,dt - hpu\alpha\,dt}{\alpha sc\Delta},$$

c désignant la chaleur spécifique de la barre, Δ sa densité. On a donc, en supprimant le facteur commun dt,

$$\frac{du}{dt} = \frac{k}{c\Delta}\frac{d^2u}{dx^2} - \frac{hpu}{sc\Delta},$$

équation aux différences partielles qui donne la solution générale du problème de la distribution des températures dans la barre.

Si l'on veut qu'il y ait équilibre, c'est-à-dire que les températures soient stationnaires, chaque tranche de la barre perdant autant de chaleur qu'elle en reçoit, $\frac{du}{dt} = 0$, et l'on a alors l'équation différentielle ordinaire

$$ks\frac{d^2u}{dx^2} - hpu = 0:$$

en posant $\frac{hp}{ks} = a^2$, on peut l'écrire

$$\frac{d^2u}{dx^2} - a^2u = 0,$$

équation dont l'intégrale est de la forme

$$u = Me^{ax} + Ne^{-ax},$$

M et N étant deux constantes que l'on déterminera par les conditions initiales du problème. *La loi de la distribution de la température dans la barre peut donc se représenter par la somme de deux progressions géométriques, l'une qui est croissante avec x, l'autre décroissante, chacune étant multipliée par un facteur constant.*

De là résulte une propriété s'appliquant à toutes les barres qui sont enveloppées d'un milieu de température uniforme et qui ont des dimensions transversales assez petites pour que la température de tous les points d'une même section soit identique, quelles que puissent être d'ailleurs les conditions particulières relatives aux extrémités, c'est-à-dire quelle que puisse être la manière dont la chaleur entre et sorte. Si l'on considère trois points séparés par des intervalles égaux, le quotient de la somme des excès stationnaires des températures des deux points extrêmes par l'excès du point milieu est constant, et fonction seulement de la grandeur de l'intervalle choisi.

Soient en effet

$$u_{x-i}, \quad u_x, \quad u_{x+i}$$

les excès stationnaires des points dont les distances à l'origine sont
$x - i$, x et $x + i$, on aura

$$\frac{u_{x-i} + u_{x+i}}{u_x} = \frac{Me^{ax-ai} + Ne^{-ax+ai} + Me^{ax+ai} + Ne^{-ax-ai}}{Me^{ax} + Ne^{-ax}}$$

$$= \frac{(e^{ai} + e^{-ai})(Me^{ax} + Ne^{-ax})}{Me^{ax} + Ne^{-ax}} = e^{ai} + e^{-ai},$$

expression qui n'est fonction que de i et de a. Or a n'est fonction
lui-même que des dimensions transversales de la barre et des deux
coefficients de conductibilité du corps.

De là un procédé pour déterminer le rapport de ces deux coeffi-
cients; en effet, $a^2 = \frac{hp}{ks}$: si l'on connaît a^2, on en déduit $\frac{h}{k}$. Pour cela
on place une barre dans un état tel, que la température des divers
points soit supérieure à la température ambiante; lorsqu'elle est
devenue stationnaire, on prend le quotient de la somme des excès
de la température de deux points de la barre sur l'excès du point
situé au milieu de l'intervalle qui les sépare; ce quotient étant égal
à $e^{ai} + e^{-ai}$, on pourra calculer a : tel est le principe des expériences
de Despretz et de M. Wiedemann.

16. Expériences de Despretz. — Les barres métalliques employées par Despretz avaient 1 ou 2 mètres de longueur; leur
section transversale était un cercle ou un carré de 1 ou 2 centimètres de largeur[1]. Ces dimensions transversales, un peu trop
grandes si l'on voulait que la température fût constante en tous les
points d'une même section, avaient pour objet de permettre d'introduire des thermomètres dans la barre sans en altérer sensiblement l'homogénéité. A cet effet, on avait creusé dans la barre AB
(fig. 12) de petites cavités équidistantes que l'on avait remplies de
mercure et dans lesquelles on plongeait le réservoir des thermomètres. L'une des extrémités A de la barre traversait un écran MN
aussi athermane que possible, et était chauffée par un quinquet que
l'on pouvait regarder comme donnant une température constante.
Les températures des divers points de la barre s'élevaient graduel-

<hr>

[1] *Annales de chimie et de physique*, [2], t. XIX, p. 97 (1822), et t. XXXVI, p. 422
(1827).

lèment et tendaient vers un état final qui ne pouvait être exprimé par aucune loi simple, puisqu'il devait nécessairement être représenté par la somme de deux progressions géométriques, l'une croissante, l'autre décroissante. Cependant la loi d'une progression géo-

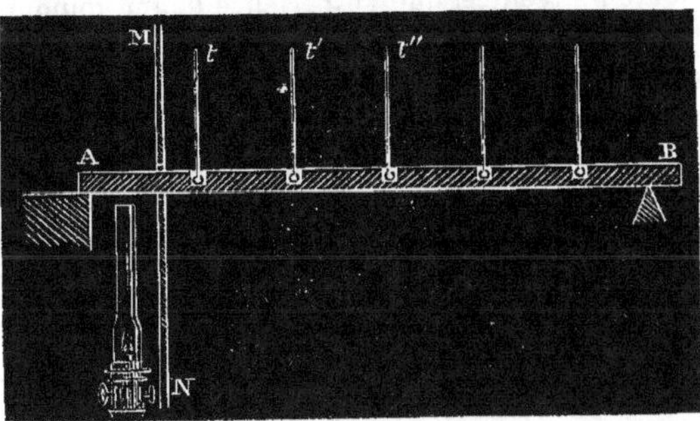

Fig. 12.

métrique décroissante méritait d'être examinée, car elle avait été déduite par Lambert d'une théorie à la vérité très-incomplète de la conductibilité, mais Biot avait cru pouvoir la vérifier par ses expériences. Aussi Despretz mit-il le plus grand soin dans l'exécution des expériences : il attendait une demi-journée que l'état d'équilibre fût établi et n'observait les températures indiquées par les thermomètres que lorsqu'elles ne variaient plus d'une manière sensible pendant un temps assez long. En observant les excès u_1, u_2,... des thermomètres successifs, on reconnut que les quotients d'un excès par le suivant ne sont pas constants; la loi n'est donc pas celle d'une progression géométrique décroissante; au contraire, en prenant les quotients

$$\frac{u_1 + u_3}{u_2}, \qquad \frac{u_2 + u_4}{u_3}, \ldots,$$

on trouva des nombres sensiblement égaux. Soit $2n$ la moyenne de ces nombres,

$$e^{ai} + e^{-ai} = 2n,$$

d'où, en multipliant les deux membres par e^{ai},

$$e^{2ai} - 2ne^{ai} + 1 = 0,$$

équation du second degré en e^{ai}; le produit des racines étant 1, si l'une est e^{ai}, l'autre est e^{-ai}; on peut donc écrire sans ambiguïté de signe

$$e^{ai} = n + \sqrt{n^2 - 1},$$

quantité toujours réelle et que l'expérience donne toujours positive, $2n$ étant toujours plus grand que 2, c'est-à-dire la température d'un point de la barre n'étant jamais, comme dans une plaque indéfinie, la moyenne des températures de deux points équidistants, mais étant inférieure à cette moyenne.

En prenant les logarithmes népériens, on a

$$ai = \log\left(n + \sqrt{n^2 - 1}\right);$$

avec une deuxième barre de dimensions différentes, on aura

$$a'i' = \log\left(n' + \sqrt{n'^2 - 1}\right),$$

d'où

$$\frac{ai}{a'i'} = \frac{\log\left(n + \sqrt{n^2 - 1}\right)}{\log\left(n' + \sqrt{n'^2 - 1}\right)} = m.$$

Le deuxième membre étant connu et représenté par m, l'équation peut s'écrire

$$\frac{i^2 \dfrac{hp}{ks}}{i'^2 \dfrac{h'p'}{k's'}} = m^2,$$

d'où

$$\frac{\dfrac{h}{k}}{\dfrac{h'}{k'}} = m^2 \frac{i'^2 \dfrac{p'}{s'}}{i^2 \dfrac{p}{s}} \cdot$$

Si h et h' étaient les mêmes, on en déduirait $\frac{k'}{k}$. Si de plus on donne aux deux barres même section et même périmètre, $s = s'$, $p = p'$, si l'on prend les intervalles i et i' égaux, et si l'on s'arrange pour que les conductibilités extérieures soient les mêmes, l'équation se réduit à

$$\frac{k'}{k} = m^2.$$

Pour satisfaire à toutes ces conditions, Despretz prenait des barres de dimensions transversales aussi égales que possible, y pratiquait les cavités à la même distance, et les enduisait extérieurement de noir de fumée pour leur donner même conductibilité extérieure. Il a cru pouvoir ainsi déduire les rapports des coefficients de conductibilité des divers métaux.

17. Objections aux expériences de Despretz. — On a fait à ces expériences diverses objections dont la plupart ne sont nullement fondées. On lui a reproché d'abord de remplacer une barre continue par une barre discontinue. Toute la question revient à savoir si cette discontinuité est assez notable pour qu'il faille en tenir compte, car il est bien évident qu'un trou microscopique pratiqué dans une barre n'y changera pas la distribution de la température. La concordance des résultats obtenus avec des barres de nature diverse prouve que ces trous n'étaient pas trop grands. On peut d'ailleurs considérer cette barre comme une suite de barres limitées aux trous et dont chacune remplit exactement les conditions exigées par la théorie; ces diverses barres sont réunies par un diaphragme formé en partie de mercure, en partie du métal de la barre; si ces diaphragmes sont très-petits, la température de la barre discontinue différera très-peu de celle d'une barre continue. Un trou de 2 millimètres de diamètre, percé au milieu de l'une des faces d'une barre dont la section est un carré de 1 à 2 centimètres de côté, ne peut amener aucune perturbation. Pour opérer en toute rigueur, il n'y aurait d'ailleurs qu'à faire varier le diamètre de ce trou et à voir à partir de quelle limite une diminution dans le diamètre n'amène plus de changements dans les résultats.

On a dit encore qu'en couvrant ses barres de noir de fumée Despretz ne se plaçait plus dans les conditions du problème théorique; mais si l'épaisseur de cette couche est assez faible pour n'avoir entre ses deux faces aucune différence sensible de température, tout se passe comme si l'on avait réalisé ce résultat impossible, de donner aux barres même conductibilité extérieure.

Une critique plus sérieuse consiste à remarquer que le noir de fumée augmente beaucoup la conductibilité extérieure et diminue

si rapidement les excès de la température des divers points de la
barre, qu'à une certaine distance ils deviennent très-difficiles à
observer exactement. La température extérieure est du reste toujours
assez difficile à bien mesurer, et Despretz n'a peut-être pas assez
cherché à la déterminer avec précision, ni à la maintenir parfaitement constante.

Ce qu'il y a de plus imparfait dans ces expériences, c'est que l'on
ne s'était pas assez préoccupé de l'identité physique de ces barres,
qui étaient trop grosses pour présenter une homogénéité parfaite.
On opérait sur des corps mal définis, et l'on ne pourrait, en toute
rigueur, appliquer à d'autres barres les résultats obtenus.

18. Expériences de Langberg. — La même méthode fut encore employée par plusieurs expérimentateurs, notamment par Langberg, qui a publié un travail étendu sur la mesure des conductibilités calorifiques des métaux [1]. Ce travail paraît avoir été fait dans de
mauvaises conditions, et, si l'on en admettait les conclusions, on
serait conduit à regarder les expériences de Despretz comme entièrement inexactes, et à révoquer en doute les principes de la théorie
de Fourier.

La méthode expérimentale de Langberg diffère de celle qu'avaient
suivie les observateurs précédents, et, en particulier, Biot et Despretz, par la substitution des appareils thermo-électriques aux thermomètres à mercure. Au lieu d'introduire le réservoir d'un thermomètre sensible dans une petite cavité pratiquée dans la barre
métallique qu'on étudie, Langberg applique contre cette barre la
soudure d'un élément thermo-électrique, bismuth et antimoine, et
détermine l'intensité du courant produit par l'échauffement de la
soudure.

On peut d'abord reprocher à Langberg de ne s'être pas préoccupé
des moyens de rendre toujours également intime le contact de la
tige métallique et de la soudure thermo-électrique. Ensuite on doit
remarquer qu'il a toujours attendu, avant de faire l'observation, que
l'élément thermo-électrique eût pris une température constante : il
s'est généralement écoulé trois minutes entre l'établissement du con-

[1] *Poggendorff's Annalen*, t. LXVI, p. 1 (1845).

tact et l'observation définitive, de façon que la température de la barre au point touché a eu le temps d'être sensiblement modifiée par la présence de l'élément thermo-électrique. La longue durée du contact a un autre inconvénient : la chaleur se propage dans le bismuth et l'antimoine à une certaine distance de la soudure et peut développer, dans les points où la structure de ces métaux est hétérogène, des forces électro-motrices qui modifient l'intensité du courant qu'il s'agirait d'observer. On peut également révoquer en doute la proportionnalité que Langberg a admise, sans preuve expérimentale, entre l'échauffement de la soudure et l'intensité du courant électrique correspondant. Enfin, en substituant aux barres métalliques de Despretz des fils très-fins, Langberg a rendu beaucoup plus sensible l'influence des causes accidentelles, telles que les courants d'air, le rayonnement du corps de l'observateur, etc.

19. Expériences de MM. Wiedemann et Franz. — Les recherches de MM. Wiedemann et Franz ont eu pour but principal d'examiner le degré de confiance qu'on doit accorder aux conclusions de Langberg [1]. Ces physiciens perfectionnèrent le procédé de Despretz de la manière suivante. Pour donner même conductibilité extérieure aux barres métalliques, ils les enduisirent, par les procédés de la galvanoplastie, d'une couche mince d'or qu'ils amenèrent au même degré de poli; cette couche, d'ailleurs inaltérable, n'a qu'un très-faible pouvoir rayonnant. De plus ils levèrent tous les doutes sur la température ambiante en opérant dans une enceinte vide environnée d'un liquide maintenu à une température donnée : c'était une grande cloche cylindrique en verre (fig. 13), dans laquelle on pouvait faire le vide et qui plongeait dans une cuve contenant de l'eau à une température constante.

La barre, que l'on introduisait suivant l'axe de la cloche, sortait de la caisse par une de ses extrémités A que l'on chauffait par une source calorifique quelconque, un courant de vapeur d'eau à 100 degrés, par exemple. Pour évaluer les températures, on em-

---

[1] *Poggendorff's Annalen*, t. LXXXIX, p. 497 (1853). — Verdet a donné une analyse du mémoire de MM. Wiedemann et Franz dans les *Annales de chimie et de physique*, [3], t. XLI, p. 107 (1854).

ployait un élément thermo-électrique P qu'on appliquait successivement aux divers points de la barre avec une pression assez forte pour
assurer un contact parfait: les deux fils de cet élément se rendaient

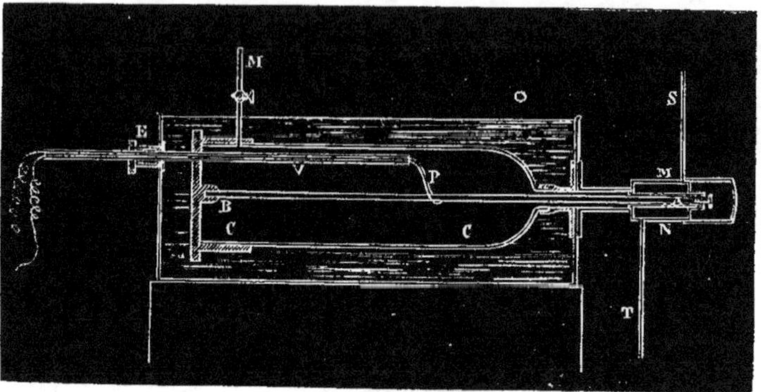

Fig. 13.

à un galvanomètre situé à distance. On avait reconnu, par des expériences préalables, que le contact était suffisamment assuré, parce
qu'on pouvait, en appliquant l'élément sur un corps avec cette pression, déterminer sa température aussi exactement qu'en le faisant
pénétrer à l'intérieur du corps.

Mais comme les intensités des courants thermo-électriques observés
ne pouvaient être regardées *à priori* comme proportionnelles aux
élévations de température de la soudure, il était nécessaire de transformer en températures les indications immédiates du galvanomètre.
Pour déterminer les données nécessaires à cette transformation, on
a pris un cylindre d'acier de 2 centimètres de longueur sur 5
millimètres de diamètre; on y a creusé une cavité d'environ 1 centimètre de profondeur, où l'on a introduit le réservoir d'un thermomètre à mercure gradué en dixièmes de degré, en ayant soin de
verser du mercure dans l'espace qui séparait le réservoir des parois
de la cavité: le thermomètre étant maintenu avec de la cire, on a
fixé le cylindre d'acier à l'extrémité d'une tige de cuivre qui servait
aux expériences sur les tiges peu conductrices; on a mis le tout en
place dans l'appareil général des expériences et on a chauffé la tige

de cuivre. Au bout de quelque temps, on a arrêté l'action de la chaleur, et alors, en appliquant la soudure thermo-électrique contre le cylindre d'acier, on a pu comparer les indications du galvanomètre avec celles du thermomètre et établir ainsi le tableau des températures correspondantes aux intensités des courants observés.

Du reste, dans des expériences ultérieures, M. Wiedemann revint à la méthode de Despretz : il plongea la soudure de l'élément thermo-électrique dans des cavités pleines de mercure.

Dans ces deux séries d'expériences, il vérifia, comme Despretz, que le quotient de la somme des excès de température de deux points de la barre, divisée par l'excès du point milieu, est constant. La fonction cherchée $f(x)$ est donc telle que $f(x-i)+f(x+i)=2nf(x)$. Si l'on cherche quelle est la fonction qui jouit de cette propriété, on trouve facilement qu'elle est de la forme $Me^{ax}+Ne^{-ax}$. La loi de la distribution de la température dans la barre, déduite de l'expérience, est donc la même que la loi théorique démontrée par Fourier. On a donc pu calculer les rapports des coefficients de conductibilité par les formules qui se déduisent de cette loi.

Parmi les nombres ainsi obtenus, ceux qui offrent le plus d'incertitude sont ceux qui se rapportent aux métaux les plus conducteurs. En effet, la donnée immédiate de l'expérience est la valeur constante du quotient de la somme des excès de température de deux points qui ne se suivent pas immédiatement, divisée par l'excès de température du point intermédiaire. Dans les corps très-conducteurs, ce quotient est très-peu différent de 2, et la plus petite erreur dont il peut se trouver affecté modifie beaucoup la valeur qui s'en déduit pour le coefficient de conductibilité. Lorsqu'on opère dans le vide, le décroissement des températures est moins rapide que lorsqu'on opère dans l'air; la valeur du quotient dont il s'agit est donc plus voisine de 2, et les expériences offrent moins de garantie d'exactitude. MM. Wiedemann et Franz attribuent, en conséquence, la plus grande probabilité aux valeurs des coefficients déduites des expériences faites dans l'air.

20. Proportionnalité des conductibilités calorifique et électrique. — Ces expériences ont conduit à un résultat considérable. En comparant les coefficients de conductibilité calorifique déterminés par la méthode précédente avec les coefficients de conductibilité électrique mesurés par divers expérimentateurs, on a reconnu que *les conductibilités calorifiques sont proportionnelles aux conductibilités électriques.* Il ne peut être question d'identité entre les nombres qui les représentent, puisque les unités qui servent à les mesurer n'ont entre elles aucun rapport.

Ce résultat ne ressort pas d'une manière absolue des expériences de MM. Wiedemann et Franz, comme on peut en juger par le tableau suivant :

	COEFFICIENTS DE CONDUCTIBILITÉ	
	CALORIFIQUE. (Expériences faites dans l'air.)	ÉLECTRIQUE d'après Lenz.
Argent	100,0	100,0
Cuivre	73,6	73,3
Or	53,2	58,5
Laiton	23,6	21,5
Étain	14,5	22,6
Fer	11,9	13,0
Plomb	8,5	10,7
Platine	8,4	10,3
Bismuth	1,8	1,9

La proportionnalité ne peut pas être établie rigoureusement, car il n'y a rien de plus difficile à obtenir que l'identité absolue de deux barres d'un même métal. La structure des métaux et le travail auquel ils ont été soumis ont une telle influence sur leurs propriétés physiques qu'il pourra y avoir entre deux échantillons d'un même métal autant de différence au point de vue de la conductibilité qu'entre deux barres de métaux dont les conductibilités diffèrent peu. Ainsi la différence entre les coefficients de conductibilité de deux barres de cuivre dépasse, dans certains cas, la différence des nombres que l'on trouve pour deux échantillons convenablement choisis de cuivre et d'argent. Mais si les coefficients donnés par l'expérience ne sont pas exactement proportionnels, on voit, à l'inspection des deux colonnes du tableau précédent, non-seulement que l'ordre des métaux est le même, mais aussi que les nombres relatifs au même métal sont peu différents, et, comme il n'y aurait pas de raison pour supposer une proportionnalité approximative, on doit admettre, avec MM. Wiedemann et Franz, que la loi réelle est la proportionnalité exacte.

21. Passage de la chaleur d'un corps dans un autre, par contact. — Les expériences de MM. Wiedemann et Franz ont aussi rectifié une assertion de Despretz relative au passage de la chaleur d'un corps dans un autre mis en contact avec lui. Nous avons admis jusqu'ici qu'il peut y avoir une différence finie de température entre le corps chauffé et le milieu qui l'entoure, mais ce milieu était toujours un gaz ou un liquide, c'est-à-dire un corps très-peu conducteur. Cette hypothèse convient-elle encore lorsque la barre en expérience est touchée par un corps bon conducteur, et y a-t-il alors une différence finie entre les températures de deux points infiniment voisins du point de contact? Pour résoudre la question, Despretz disposait à la suite l'une de l'autre deux barres métalliques qu'il réunissait par pression ou au moyen d'une soudure. La température d'un point quelconque de la première barre était donnée par la formule

$$u = Me^{ax} + Ne^{-ax},$$

celle d'un point de la seconde par

$$u = M'e^{ax} + N'e^{-ax},$$

x désignant toujours la distance d'un point quelconque de cette barre à l'origine de la première. La question à résoudre était celle-ci : Les deux formules donnent-elles les mêmes valeurs de u quand on y fait $x = l$ (l étant la longueur de la première barre)? Si les températures étaient différentes, les lois de la propagation de la chaleur dans les deux barres seraient telles, qu'en les supposant applicables jusqu'à la surface de contact il y aurait près de cette surface un saut brusque de température. Despretz trouva en effet deux valeurs différentes; ce résultat erroné tient sans doute à ce que les barres n'étaient pas suffisamment pressées, et à ce que le contact n'avait pas lieu par un assez grand nombre de points. Dans le cas où les deux barres étaient soudées, la différence provenait de la faible conductibilité de la soudure.

MM. Wiedemann et Franz, en employant la méthode de Despretz, c'est-à-dire en plongeant la soudure de l'élément thermo-électrique dans de petites cavités pleines de mercure, n'ont rien trouvé qui indiquât une différence finie de température sur les deux surfaces en contact : on doit donc les regarder comme ayant exactement la même température.

22. Variation du coefficient de conductibilité avec la température. — Les procédés expérimentaux décrits précédemment sont propres à déterminer, non pas les valeurs absolues des coefficients de conductibilité, mais seulement leurs rapports, et cela dans l'hypothèse où ces coefficients seraient indépendants de la température, ce qui est en effet notre hypothèse fondamentale.

Or, les coefficients de conductibilité électrique étant sensiblement variables avec la température, il doit en être de même des coefficients de conductibilité calorifique. Il est donc inexact de représenter le flux calorifique traversant l'unité de surface par le produit $- k \frac{du}{dx}$ dans lequel k serait constant; et l'équation différentielle qui nous a donné la distribution des températures dans une barre manque d'exactitude. Cependant cette équation conduit à des résultats assez exacts tant que l'excès u n'est pas trop grand.

Nous avons de même admis, pour représenter la perte par conductibilité extérieure, la loi de Newton, qui est évidemment inexacte.

Tous les résultats précédents ne sont donc qu'une première approximation. Mais ils sont très-suffisants pour représenter ce qui se passe dans des corps qui ne sont pas à une température de beaucoup supérieure à celle de l'air ambiant. Il serait d'ailleurs tout à fait inutile, dans l'état actuel de nos connaissances, de pousser l'approximation plus loin, l'impossibilité où l'on est de se procurer des métaux homogènes déterminant des différences bien plus grandes que celles qui résulteraient de la comparaison de la théorie exacte avec celle que nous avons établie.

23. Cas particuliers de la distribution des températures dans une barre homogène. — Il est intéressant d'étudier quelques cas particuliers du problème qui nous a servi de point de départ. Nous avons trouvé que, dans une barre homogène de petite section, les excès de la température des divers points sur la tempéture ambiante sont donnés par la formule

$$u = Me^{ax} + Ne^{-ax}.$$

Les conclusions que nous en avons tirées jusqu'ici sont indépendantes des valeurs des constantes M, N et, par suite, des circonstances qui les déterminent.

. Ces circonstances dépendent des conditions de l'expérience. Prenons, par exemple, celle de Despretz : l'une des extrémités est à une température présentant un excès T sur celle de l'air; T se rapporte, non à la température de la lampe, mais à celle d'une couche voisine de l'extrémité et que nous supposons à une température constante. Dans les expériences d'Ingen-Housz et de MM. Wiedemann et Franz, T est précisément l'excès de la température de la source calorifique sur celle du milieu ambiant. Si nous comptons x à partir de cette tranche où nous supposons la température constante, nous devons avoir, pour $x = 0$,

$$u = T.$$

Pour trouver la valeur de u correspondant à $x = l$, menons un plan infiniment voisin de l'extrémité, et considérons le flux calorifique $-ks\dfrac{du}{dx}dt$ dans cette tranche. Il y aura équilibre si ce flux est égal à la quantité de chaleur perdue par l'air, laquelle est $hus\,dt$; u est donc déterminé par l'équation

$$k\frac{du}{dx} + hu = 0 \qquad \text{pour } x = l.$$

Ainsi se trouvent déterminées M et N. Pour en avoir les expressions, il suffit de faire les substitutions indiquées.

L'équation $u = Me^{ax} + Ne^{-ax}$, dans laquelle on fait $x = 0$, $u = T$, donne

$$T = M + N.$$

Si de même on fait $x = l$ dans u et $\frac{du}{dx}$, on a

$$k\left(Mae^{al} - Nae^{-al}\right) + h\left(Me^{al} + Ne^{-al}\right) = 0.$$

De ces deux équations du premier degré on peut tirer M et N : en effet, on a

$$M + N = T,$$
$$M\left(ak + h\right)e^{al} - N\left(ak - h\right)e^{-al} = 0.$$

On en déduit

$$N\left(1 + e^{-2al}\frac{ak - h}{ak + h}\right) = T.$$

N est une quantité en général finie, car c'est le quotient de T par une quantité plus grande que zéro, $\frac{ak - h}{ak + h}$ étant, comme e^{-2al}, une quantité < 1 dans le cas où ak est $> h$, aussi bien que si ak est $< h$.

Si al est très-grand, M est extrêmement petit et N se réduit sensiblement à T ; alors u est représenté à très-peu près par la formule

$$u = Te^{-ax}.$$

Ainsi, *les excès de température se réduisent aux termes d'une progression géométrique décroissante quand les distances croissent en progression arithmétique.*

La loi que Lambert et Biot regardaient comme générale n'est donc vraie que dans un cas particulier, celui où al est très-grand ; or on a

$$a^2 l^2 = \frac{hp\,l^2}{ks}.$$

Toutes les fois que l'on disposera des données initiales de manière à rendre cette quantité très-grande, la loi de la progression géométrique pourra s'appliquer. Il suffit pour cela que l soit très-grand ou que les dimensions transversales de la barre soient très-petites, auquel cas $\frac{p}{s}$ est très-grand.

Pour une barre donnée, il y aura toujours une longueur telle que le phénomène se réduise à cette loi, et cette longueur sera d'autant plus petite que la section sera moindre.

Cette loi s'appliquera encore sensiblement quand $\frac{h}{k}$ sera très-grand, c'est-à-dire lorsque k sera petit; aussi, lors de ses premières expériences, Despretz s'attendait-il à voir des corps mauvais conducteurs, tels que la craie, le bois, le marbre, rentrer dans la loi de la progression géométrique; si en réalité il ne put observer aucune loi relative à leur conductibilité, cela tenait principalement à ce que, ces corps n'étant pas parfaitement homogènes, les diverses sections de la barre n'étaient pas identiques, et les différents points d'une même section ne pouvaient même pas avoir la même température.

23 *bis*. Expériences d'Ingen-Housz. — Considérons une série de barres de mêmes dimensions implantées dans l'une des parois d'une cuve rectangulaire (fig. 14) que l'on pourra remplir d'eau bouillante pour porter les extrémités des barres à une même température;

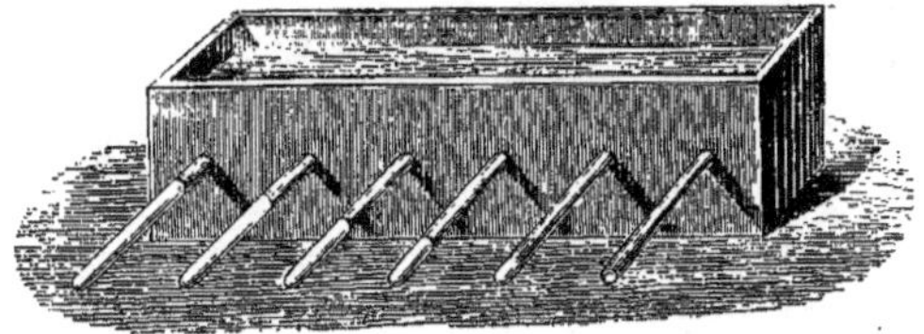

Fig. 14.

admettons qu'elles aient une assez petite section et une assez grande longueur pour qu'on puisse leur appliquer la loi de décroissement des excès en progression géométrique. Si ces barres sont recouvertes d'une mince couche de cire qui leur donne même conductibilité extérieure, on peut déduire des longueurs de cire fondues les rapports des conductibilités des corps. On a en effet pour les diverses tiges

$$u = Te^{-ax}, \quad u' = Te^{-a'x}, \quad u'' = Te^{-a''x}, \ldots,$$

T étant l'excès, sur la température ambiante, de la température de l'eau chaude dans laquelle plongent les tiges par une de leurs extrémités.

L'excès stationnaire des points où la fusion s'arrête est évidemment le même pour toutes les barres; on a donc, en appelant d, d', d'', .. les distances des points où s'arrête la fusion à l'origine,

$$Te^{-al} = Te^{-a'l} = Te^{-a''l} = \cdots,$$

d'où l'on conclut

$$ad = a'd' = a''d'' = \cdots.$$

Si toutes les barres ont même longueur, même section, même conductibilité extérieure, cette équation devient, en remplaçant a par sa valeur,

$$\frac{d}{\sqrt{k}} = \frac{d'}{\sqrt{k'}} = \frac{d''}{\sqrt{k''}} = \cdots.$$

Ainsi, *les racines carrées des coefficients de conductibilité intérieure sont proportionnelles aux longueurs de cire fondues sur chaque tige.* La détermination des coefficients de conductibilité intérieure par la mesure de ces longueurs n'est évidemment susceptible d'aucune précision.

24. Expériences de M. Forbes. — Pour déterminer ces coefficients, M. Forbes a publié des expériences qui ne sont pas exactes mais qui reposent sur un principe très-ingénieux que nous allons faire connaître [1].

Une barre chauffée, à l'une de ses extrémités plonge dans l'air maintenu à une température constante; au bout d'un certain temps l'état stationnaire des températures s'établit dans la barre : alors la quantité de chaleur qui traverse la section située à une distance x de l'origine, c'est-à-dire $-ks\dfrac{du}{dx}$, est égale à la chaleur perdue dans le même temps par la surface extérieure du reste de la barre; or chaque élément de surface $p\,dx$ perd $hpu\,dx$, donc la surface latérale, à partir de la tranche considérée, perd $\displaystyle\int_x^l hpu\,dx$; de plus la surface extrême perd hsu_l; on a donc

$$ks\frac{du}{dx} + h\left(p\int_x^l u\,dx + su_l \right) = 0.$$

h se détermine par le refroidissement de la barre, comme on le verra

[1] *Transactions Edinburgh Society,* t. XXIII, p. 133 (1862).

plus loin; p, s, u_i par l'observation. En observant du reste les températures de points rapprochés pris sur la barre, on a la loi qui donne u en fonction de x, et, par suite, $\frac{du}{dx}$ en un point quelconque, notamment au point qui correspond à la section considérée. On aura donc k au moyen de cette équation; puis, comme u varie aux divers points de la barre, on pourra déterminer les valeurs de k correspondantes aux diverses sections.

L'idée de cette méthode est assurément fort ingénieuse, mais M. Forbes s'est trompé dans la détermination de h, ou plutôt des quantités qui donnent ce coefficient. En effet, pour obtenir les vitesses de refroidissement qui correspondent à divers excès de température, il chauffait uniformément tous les points de la barre, puis l'abandonnait au refroidissement et observait un seul thermomètre placé en son milieu. Il déduisait de ces observations la quantité de chaleur perdue par l'unité de surface de la barre. Si la loi de Newton n'est pas applicable, il faut, au lieu de $hp \int u\, dx$, écrire $hp \int f(u)\, dx$, et déterminer $f(u)$. Or une barre de longueur finie qui se refroidit ne conserve pas la même température en tous ses points; le refroidissement est plus rapide aux extrémités : les vitesses déterminées sont donc inexactes. Il ne serait pas difficile de remédier à cette cause d'erreur en assurant l'identité de température de tous les points du corps qui se refroidit; il suffirait d'opérer avec un petit cube de la substance de la barre, ou bien de couvrir un thermomètre du même enduit.

M. Forbes a trouvé que le coefficient de conductibilité k varie très-rapidement avec la température : les erreurs de ses déterminations peuvent n'être pas très-grandes; elles existent cependant, et il faudrait en tenir compte.

25. Distribution de la température dans une plaque indéfinie à un instant quelconque. — Considérons encore au point de vue de la théorie un problème de propagation de la chaleur par conductibilité qui se rapporte à un état variable de la température. Nous le traiterons, non en vue des expériences auxquelles il peut donner lieu, mais à cause des analogies qu'il présente avec des problèmes relatifs à la propagation de l'électricité.

Soit un mur indéfini ou une plaque limitée par deux faces parallèles AA′, BB′ (fig. 15) dont les températures sont invariables et

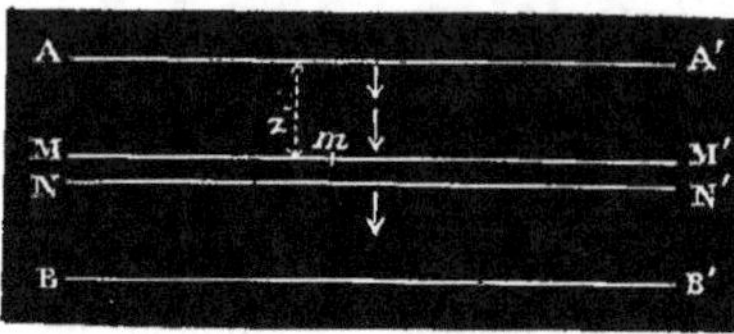

Fig. 15.

égales à a et à b. Admettons que la température soit distribuée dans l'intérieur de ce mur suivant une loi quelconque, mais connue, avec cette restriction toutefois qu'à l'origine du temps la température des points de chacun des plans parallèles aux faces soit la même. Ainsi la température initiale d'un point quelconque m est $u_0 = f(z)$, fonction de z seul.

Étant donnée cette fonction de z, nous nous proposons de trouver la loi suivant laquelle la température passe de cette distribution à celle qui convient à l'équilibre, c'est-à-dire à la distribution suivant une progression arithmétique.

Pour résoudre ce problème, il faut prendre l'équation différentielle complète, relative à la distribution des températures dans une plaque. Considérons dans la plaque deux plans MM′, NN′ parallèles aux faces et dont la distance α soit infiniment petite. Sur le premier, prenons une surface égale à l'unité : le flux calorifique qui la traverse pendant le temps dt est

$$- k \frac{du}{dz} dt.$$

Sur le deuxième, la surface interceptée par les normales qui limitent la précédente est traversée par le flux

$$- k \left(\frac{du}{dz} + \alpha \frac{d^2 u}{dz^2} \right) dt.$$

Par la périphérie de ce petit cylindre, il n'entre ni ne sort de chaleur, puisque nous avons supposé que la température était la même pour tous les points d'un même plan parallèle aux faces, et il n'y a aucune raison pour que u, qui n'était fonction que de z, le devienne d'autre chose.

La différence des flux $k\alpha \dfrac{d^2u}{dz^2}\,dt$ représente la quantité de chaleur accumulée dans le petit cylindre : comme cette quantité détermine l'élévation de température $\dfrac{du}{dt}\,dt$ du poids αD du corps, elle est égale à $\dfrac{du}{dt}\,dt\alpha DC$, C étant la chaleur spécifique de la substance. On a donc

$$k\alpha \frac{d^2u}{dz^2}\,dt = \frac{du}{dt}\,dt\,\alpha DC$$

ou

$$\frac{du}{dt} = \frac{k}{DC}\frac{d^2u}{dz^2},$$

équation aux différences partielles qui permettra de résoudre les problèmes relatifs à l'état variable des températures, lorsqu'on connaîtra le coefficient de conductibilité k et la chaleur spécifique sous l'unité de volume (DC) du corps. Si l'on pose $\dfrac{k}{DC} = c^2$, l'équation devient

$$\frac{du}{dt} = c^2 \frac{d^2u}{dz^2}.$$

On a toujours $u_0 = f(z)$, équation qui signifie qu'au temps $t = 0$ les températures sont réparties suivant la loi connue $f(z)$.

Pour résoudre l'équation différentielle, on pose

$$u = a - \frac{a-b}{l}\,z + v,$$

l représentant l'épaisseur de la plaque, v une fonction de t et de z. On a alors

$$\frac{du}{dt} = \frac{dv}{dt}, \qquad \frac{d^2u}{dz^2} = \frac{d^2v}{dz^2}.$$

L'équation différentielle qui donne v est donc la même que celle qui donne u,

$$\frac{dv}{dt} = c^2 \frac{d^2v}{dz^2}$$

Mais, d'après les conditions initiales, on a

$$v_0 = f(z) - a + \frac{a-b}{l}\,z.$$

En second lieu on a,

$$\text{pour } z = 0, \qquad u = a, \qquad v = 0,$$
$$\text{pour } z = l, \qquad u = b, \qquad v = 0.$$

Le problème est donc transformé en celui-ci :

Déterminer la loi des températures dans une plaque dont les faces sont maintenues constamment à la même température que celle du milieu ambiant, et dans laquelle la distribution initiale des températures est

$$v_0 = f(z) - a + \frac{a - b}{l} z,$$

et l'équation différentielle qui convient à ce problème est

$$\frac{dv}{dt} = c^2 \frac{d^2 v}{dz^2}.$$

Pour résoudre cette équation on pose

$$v = e^{-m^2 t} w,$$

w étant une fonction de z indépendante de t; on aura ainsi une solution particulière de l'équation. Il vient alors

$$\frac{dv}{dt} = - m^2 e^{-m^2 t} w.$$

$$\frac{d^2 v}{dz^2} = e^{-m^2 t} \frac{d^2 w}{dz^2}.$$

D'où il résulte que $v = e^{-m^2 t} w$ sera une solution de l'équation aux différences partielles, si w satisfait à l'équation

$$m^2 w + c^2 \frac{d^2 w}{dz^2} = 0$$

ou

$$\frac{d^2 w}{dz^2} + \frac{m^2}{c^2} w = 0,$$

équation dont la solution générale est évidemment

$$w = A \sin \frac{m}{c} z + B \cos \frac{m}{c} z.$$

On a donc une solution particulière de l'équation aux différences partielles en posant

$$v = e^{-m^2 t}\left(\mathrm{A}\sin\frac{m}{c}z + \mathrm{B}\cos\frac{m}{c}z\right).$$

Pour qu'elle soit admissible, il faut qu'elle satisfasse aux conditions relatives aux limites. Pour $z = 0$, v doit être nul; donc $\mathrm{B} = 0$. Pour $z = l$, il faut que l'on ait encore $v = 0$; donc $\sin\frac{m}{c}l = 0$. On en déduit $\frac{m}{c}l = n\pi$, n étant entier et positif.

La solution particulière est donc

$$v = \mathrm{A}e^{-m^2 t}\sin\frac{n\pi}{l}z = \mathrm{A}e^{-\frac{n^2\pi^2 c^2}{l^2}t}\sin\frac{n\pi}{l}z.$$

Une solution de cette forme n'est évidemment pas celle qui répond au problème que nous traitons, car, pour $t = 0$, elle ne donne pas v_0; mais les équations aux différences partielles jouissent de cette propriété que la somme de plusieurs solutions particulières est encore une solution de l'équation; on aura donc encore une solution en prenant la somme d'autant de termes qu'on voudra de la forme

$$v = \Sigma\, \mathrm{A}e^{-\frac{n^2\pi^2 c^2}{l^2}t}\sin\frac{n\pi}{l}z.$$

Si, en choisissant convenablement les constantes A, on peut obtenir une expression qui pour $t = 0$ se réduise à v_0, on aura résolu le problème, car on aura trouvé une valeur de v satisfaisant aux conditions initiales, et les variations successives avec le temps de la fonction v seront déterminées par l'équation différentielle du problème.

Tout se réduit donc à déterminer A de telle sorte que, pour $t = 0$, $v = v_0$, c'est-à-dire que

$$v_0 = \Sigma\, \mathrm{A}\sin\frac{n\pi}{l}z.$$

n a telle valeur entière positive qu'on voudra, les valeurs négatives étant inutiles à considérer. Soit p une valeur particulière de n; il faut attribuer à A une valeur telle, que la condition initiale soit satisfaite. Multiplions les deux membres de l'équation précédente par $\sin \frac{p\pi}{l} z$, nous aurons

$$v_0 \sin \frac{p\pi}{l} z = \Sigma A_p \sin \frac{n\pi}{l} z \sin \frac{p\pi}{l} z.$$

Intégrons de zéro à l. Dans le second membre, toutes les intégrales, sauf

$$\int_0^l A_p \sin^2 \frac{p\pi}{l} z \, dz,$$

s'annuleront, car elles sont de la forme

$$A_p \int_0^l \sin \frac{n\pi}{l} z \sin \frac{p\pi}{l} z \, dz = \frac{1}{2} A_p \int_0^l \left[\cos \frac{(n-p)}{l} \pi z - \cos \frac{(n+p)}{l} \pi z \right] dz.$$

On a donc

$$\int_0^l v_0 \sin \frac{p\pi}{l} z \, dz = A_p \int_0^l \sin^2 \frac{p\pi}{l} z \, dz = A_p l,$$

$$A_p = \int_0^l \frac{v_0}{l} \sin \frac{p\pi}{l} z \, dz.$$

On peut ainsi trouver toutes les constantes A. Cela posé, pour déterminer la variable u, on a l'équation

$$u = a - \frac{a-b}{l} z + \Sigma A e^{-\frac{n^2 \pi^2 c^2}{l^2} t} \sin \frac{n\pi}{l} z.$$

On voit que la limite vers laquelle tend la valeur de u quand le temps augmente donne précisément la loi que nous avions établie pour les températures stationnaires; car les termes qui composent la fonction Σ décroissent indéfiniment quand le temps augmente. Il suit de là qu'après un temps indéfini il n'y a pas de différence appréciable entre l'état réellement variable des températures et l'état stationnaire. Supposons qu'après un temps θ la différence entre les deux états devienne inappréciable, en sorte qu'on puisse regarder l'état stationnaire comme établi; à ce moment tous les termes de Σ, le plus grand en particulier, sont devenus négligeables. Or on a

$$e^{-\frac{n^2\pi^2 c^2}{l^2}t} = e^{-\frac{\pi^2 c^2}{l^2}t} \, e^{-(n^2-1)\frac{\pi^2 c^2}{l^2}t}.$$

Donc tous les termes compris dans le signe Σ ont pour facteur commun le terme $e^{-\frac{\pi^2 c^2}{l^2}t}$; si donc ce facteur est suffisamment petit pour une valeur de t égale à θ, on pourra regarder l'état stationnaire comme établi après ce temps θ. Supposons maintenant que deux murs ou deux plaques arrivent à l'état stationnaire après des temps différents θ, θ', et qu'en outre les coefficients A relatifs aux deux plaques aient des valeurs à peu près égales; on pourra regarder comme évident qu'au moment où l'état stationnaire sera établi les deux facteurs

$$e^{-\frac{\pi^2 c^2}{l^2}\theta}, \qquad e^{-\frac{\pi^2 c'^2}{l'^2}\theta'}$$

seront égaux, et par suite qu'on aura

$$\frac{c^2}{l^2}\theta = \frac{c'^2}{l'^2}\theta',$$

équation qui donne

$$\frac{\theta}{\theta'} = \frac{c'^2}{c^2}\frac{l^2}{l'^2}.$$

Donc, *dans des murs de même nature et d'épaisseur différente, les durées nécessaires pour établir l'état stationnaire sont proportionnelles aux carrés des épaisseurs.*

Cette loi a son importance : elle peut aider à comprendre que le temps nécessaire pour l'établissement de l'état stationnaire dans un courant électrique est en raison inverse du carré de la longueur du circuit.

De plus, *si les plaques sont de nature différente et de même épaisseur, les durées nécessaires pour arriver à l'état stationnaire sont en raison inverse des quantités* c^2. Et comme on a $c^2 = \frac{k}{DC}$, on voit que *ces du-*

rées sont en raison inverse du coefficient de conductibilité, et en raison directe de la chaleur spécifique DC, sous l'unité de volume.

26. **Importance des observations sur l'état variable.**

— Le cas que nous venons d'examiner montre comment des observations sur l'état variable, en général, pourront conduire à la détermination des coefficients de conductibilité. Ainsi, considérons une plaque dont tous les points seraient primitivement maintenus à une même température, et dont les faces seraient supposées acquérir en un temps inappréciable les températures a, b. On pourra alors déterminer les coefficients A en fonction des quantités n, c, l. Or, si l'observation nous faisait connaître la loi de variation des températures dans l'intérieur de la plaque, cette loi de variation une fois connue permettrait de déterminer k. En effet, les termes $A \sin \frac{n\pi}{l} z$

sont multipliés par des exponentielles $e^{-\frac{n^2\pi^2 c^2}{l^2} t}$ qui décroissent très-vite quand le temps augmente.

Le rapport de chacune de ces exponentielles à la précédente, qui est $e^{-\frac{\pi^2 c^2}{l^2} t}$, décroît lui-même rapidement avec le temps. Alors le premier terme de la somme $\Sigma A e^{-\frac{n^2\pi^2 c^2}{l^2} t} \sin \frac{n\pi}{l} z$ sera le seul sensible. Donc la portion de l'excès de température qui varie avec le temps se réduira au premier terme de cette somme,

$$A e^{-\frac{\pi^2 c^2}{l^2} t} \sin \frac{\pi}{l} z.$$

La valeur du coefficient A s'obtiendra aisément par la règle qui a été donnée.

Si l'on pouvait, avec une plaque indéfinie, attendre l'époque où la variation de la température peut être représentée exactement par une progression géométrique décroissante, il suffirait de déterminer en un même point la raison de cette progression pour obtenir la quantité $\frac{\pi^2 c^2}{l^2}$ et par suite c^2, c'est-à-dire $\frac{k}{DC}$, et, comme DC est connu, on aurait k. L'expérience avec une plaque est impraticable,

mais on pourrait l'essayer avec une barre dépourvue de toute conductibilité extérieure. On observerait l'état variable de cette barre,
et, quand il serait arrivé à un point tel que la portion variable dans
l'expression de la température pût être représentée par une progression géométrique, on déterminerait la raison de cette progression.
Cette méthode expérimentale s'applique à tous les problèmes analogues. Soit, par exemple, une barre de section suffisamment petite
et dont nous avons étudié l'état stationnaire; appelons u l'excès de la
température, variable avec le temps, d'un point de cette barre sur
celle du milieu ambiant, et U l'excès de température que nous
avons trouvé être égal à

$$Me^{ar} + Ne^{-ar}.$$

On a

$$u = U + \Sigma A e^{-mt} \sin n\, (x + d),$$

les coefficients A étant définis par l'état initial. Au bout d'un certain
temps, le phénomène de la variation de température se simplifie et
la loi peut être observée. Alors, si l'on retranche à chaque instant
l'excès u de U qu'on aura déterminé par d'autres expériences, on
pourra déterminer la raison de la progression géométrique que
suivra la différence obtenue. Cette raison, étant fonction du coefficient de conductibilité extérieure, pourra servir à le déterminer.

27. Expériences de M. Neumann. — Ces considérations nous
conduisent à dire un mot des expériences de M. Neumann. Ce physicien chauffe une barre par une de ses extrémités à une température qui ne diffère pas assez de celle du milieu ambiant pour que
la série récurrente de Fourier et de Despretz cesse d'être applicable;
alors k est le même dans toute la longueur de la barre. On cesse
de chauffer et on observe le refroidissement : l'expérience montre
qu'il s'opère inégalement aux divers points, et, comme la loi des
variations de température est liée à k et à h, il suffit d'observations
bien exactes à des époques diverses pour obtenir la valeur de ces
coefficients.

Tout le mérite de ces expériences doit être dans leur exactitude, car le principe sur lequel elles reposent ne présente aucune difficulté d'invention.

28. Expériences de M. Angström. — Il n'en est pas ainsi de celles que l'on doit à M. Angström, physicien suédois, et qui sont très-ingénieuses [1].

Soit AB (fig. 16) une barre de longueur assez grande pour que l'influence des extrémités soit négligeable, et soumise dans une région peu étendue à des alternatives d'échauffement et de refroi-

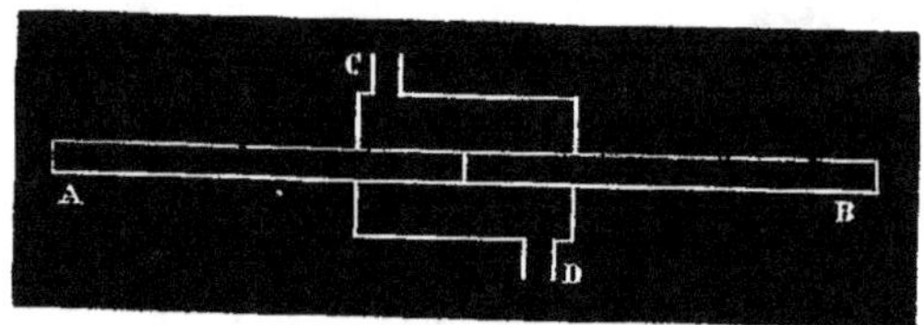

Fig. 16.

dissement périodiques. Les températures de tous les points de la barre finiront par être périodiques lorsque ces alternatives auront été répétées un nombre de fois suffisant [2], et elles présenteront alors les unes avec les autres des relations simples, qui conduiront à la valeur absolue du coefficient de conductibilité. Soit en effet T la durée d'un échauffement et d'un refroidissement successifs, l'excès périodique de la température d'un point déterminé de la barre sur la température ambiante pourra, en vertu d'un théorème connu sur la représentation des fonctions périodiques, s'exprimer toujours par une série de la forme

$$u_0 = a + b \sin\left(2\pi \frac{t}{T} + \beta\right) + b' \sin\left(4\pi \frac{t}{T} + \beta'\right) + b'' \sin\left(6\pi \frac{t}{T} + \beta''\right) + \ldots$$

Prenons le point dont il s'agit pour origine des abscisses, l'excès

<hr>

[1] *Poggendorff's Annalen*, CXIV, 513 (1861). — Le Mémoire de M. Angström a été analysé par Verdet dans les *Annales de chimie et de physique*, [3], LXVII, 379.

[2] A parler rigoureusement, l'état périodique des températures ne s'établit qu'au bout d'un temps infini, comme l'état stationnaire.

de température d'un point quelconque de la barre, séparé du précédent par un intervalle égal à x, sera représenté par une fonction satisfaisant à l'équation différentielle

$$\frac{du}{dt} = \frac{k}{c\delta} \frac{du^2}{dx^2} - \frac{hp}{c\delta s} u.$$

et se réduisant, pour $x = 0$, à la valeur précédente de u_0[1].

Rappelons que dans l'équation différentielle k et h désignent les coefficients de conductibilité intérieure et extérieure, c la chaleur spécifique, δ la densité, p le périmètre et s la section de la barre. On déduit de là pour u l'expression suivante :

$$u = ae^{-x\sqrt{\frac{hp}{ks}}} + be^{-gx} \sin\left(2\pi\frac{t}{T} - qx + \beta\right).$$
$$+ b'e^{-g'x} \sin\left(4\pi\frac{t}{T} - q'x + \beta'\right)$$
$$+ b''e^{-g''x} \sin\left(6\pi\frac{t}{T} - q''x + \beta''\right)$$
$$+ \ldots\ldots\ldots\ldots$$

où l'on fait en général

$$g^{(n-1)} = \sqrt{\sqrt{\frac{\frac{h^2p^2}{4k^2s^2} + \frac{n^2\pi^2}{k^2}T^2}{c^2\delta^2}} + \frac{hp}{2ks}},$$

$$q^{(n-1)} = \sqrt{\sqrt{\frac{\frac{h^2p^2}{4k^2s^2} + \frac{n^2\pi^2}{k^2}T^2}{c^2\delta^2}} - \frac{hp}{2ks}}.$$

Dans la pratique, on peut se borner à prendre les premiers termes de chaque série, tant à cause du décroissement des valeurs de b, b', b'',... qu'à cause de l'accroissement des valeurs de g, g', g'',.... On représente, par exemple, avec une exactitude suffisante, l'état périodique des températures au point arbitrairement choisi pour

[1] Il est bien entendu que cette valeur ne convient qu'aux points situés d'un même côté de la région peu étendue qu'on échauffe et qu'on refroidit périodiquement.

origine des abscisses, au moyen d'une formule à quatre termes

$$u = a + b \sin\left(2\pi \frac{t}{T} + \beta\right) + b' \sin\left(4\pi \frac{t}{T} + \beta'\right)$$
$$+ b'' \sin\left(6\pi \frac{t}{T} + \beta''\right).$$

Supposons les constantes a, b, b', b'', β, β', β'' déduites par la méthode des moindres carrés d'une série d'observations effectuées de minute en minute. Supposons qu'on détermine de la même façon les constantes qni sont propres à représenter l'état périodique d'un point situé à la distance l du premier. lorsqu'on les met dans la formule

$$u_l = a_l + b_l \sin\left(2\pi \frac{t}{T} + \beta_l\right) + b_l' \sin\left(4\pi \frac{t}{T} + \beta_l'\right)$$
$$+ b_l'' \sin\left(6\pi \frac{t}{T} + \beta_l''\right).$$

On déduira de ce qui précède

$$b = b_l e^{gl} \quad \text{et} \quad \beta - \beta_l = ql,$$

ce qui permettra de calculer g et q. Il suffira ensuite de remarquer que

$$gq = \frac{n\pi}{\dfrac{k}{c\delta}} T$$

pour avoir une formule qui donne k en fonction de quantités directement mesurables, savoir

$$k = \frac{n\pi c \delta T}{gq}.$$

Pour appliquer cette méthode, M. Angstörm a fait usage de barreaux de 570 millimètres de longueur, qui avaient pour section un carré de $23^{mm},75$ de côté; dans ces barreaux étaient pratiquées, de 50 en 50 millimètres, de petites cavités dont la profondeur était de 15 millimètres et la largeur de $2^{mm},25$. Les cavités contenaient du mercure dans lequel plongeaient les réservoirs de thermomètres à échelle arbitraire. L'échauffement et le refroidissement alternatifs d'une section donnée du barreau résultaient d'un afflux alternatif de vapeur d'eau bouillante et d'eau froide circulant de C en D. La durée de chaque réchauffement et de chaque refroidissement était de douze minutes; la durée d'une période entière était donc de vingt-quatre minutes.

En prenant pour unité de longueur le centimètre, pour unité de poids le gramme, et pour unité de temps la minute, les expériences ont donné, à une température moyenne d'environ 50 degrés, 54,62 pour le coefficient de conductibilité du cuivre, 9,77 pour celui du fer.

Une seconde série d'expériences, exécutées avec un barreau de cuivre de 1180 millimètres de longueur sur 35 millimètres de côté, a donné une valeur du coefficient de conductibilité égale à 55,72. à une température moyenne d'environ 38 degrés.

Le rapport des deux coefficients du cuivre et du fer est donc 5,65 pour la première expérience et 5,70 pour la seconde. Déterminé directement par la méthode des températures stationnaires, il a été trouvé égal à 5,59. Péclet avait obtenu seulement 11,4 pour le coefficient de conductibilité du cuivre et 4,35 pour celui du fer; le rapport de ces deux nombres est seulement 2,62.

On voit par là combien ses expériences étaient demeurées imparfaites malgré les précautions qu'il avait prises pour faire disparaître l'influence nuisible de la couche d'eau adhérente aux plaques métalliques.

29. Conductibilité des liquides. — On a longtemps contesté la conductibilité des liquides, car de nombreuses expériences peuvent servir à démontrer que le plus souvent la chaleur se transmet dans les liquides par voie de transport moléculaire. Ainsi, lorsqu'on chauffe un liquide par la partie inférieure du vase qui le contient, de manière que tous les points d'une même section horizontale aient la même température, la couche chauffée devenant plus légère, l'équilibre devient instable; et comme d'ailleurs le pourtour du vase est refroidi par le contact de l'air, dans chaque tranche horizontale la partie centrale présente la plus faible densité; il n'y a donc plus égalité de pression. De là un mouvement des couches centrales, qui s'élèvent verticalement jusqu'à la surface, puis se rapprochent de la périphérie, descendent le long des parois du vase et se rapprochent du centre. Il s'établit donc dans la masse liquide des courants ascendants au centre du vase et descendants le long des parois; il en résulte un mélange des couches inégalement chaudes qui tend à amener toutes les portions du liquide à une température uniforme. Aussi, dans un bain liquide soumis par sa partie inférieure à l'action d'un foyer de chaleur, l'homogénéité de la température est toujours plus assurée que dans une masse solide qui ne peut jamais être chauffée que par sa surface. Quant à la propagation de la chaleur dans les liquides par voie de conductibilité, elle a été longtemps révoquée en doute; Rumford avait même cru démontrer que les liquides ne conduisaient pas la chaleur. Lorsqu'on place un liquide dans des conditions telles qu'il s'échauffe par sa surface, les couches les plus légères étant à la partie supérieure, il n'y a évidemment pas échauffement des couches inférieures par transport moléculaire; si donc leur température s'élève, ce doit être un effet de la conductibilité du liquide. Rumford opérait sur un vase contenant de l'eau maintenue à zéro et au fond de laquelle était fixé un morceau de glace. A la surface de l'eau il plaçait un vase métallique rempli d'eau bouillante. Au bout d'un quart d'heure, il constatait qu'aucune portion de la glace ne s'était fondue, d'où il concluait que la conductibilité de l'eau pour la chaleur était nulle. Cette expérience durait trop peu de temps pour être concluante : du reste, la conductibilité des liquides a été mise hors de doute et même mesurée par des expériences qu'on ne peut réfuter.

30. Expérience de Murray. — Murray, physicien écossais, et avant lui Nicholson et Pictet, ont démontré la conductibilité des liquides, en chauffant par le haut un liquide placé dans un vase qu'on pouvait regarder comme ne transmettant pas la chaleur. C'était en effet un vase de glace : s'il s'échauffait, la glace fondait sans changer de température, et par suite ne communiquait au liquide contenu aucune quantité de chaleur. Le vase était rempli d'huile, et un thermomètre dont le réservoir plongeait dans les couches inférieures en indiquait la température : on chauffait la surface du liquide à l'aide d'un vase rempli d'eau bouillante, et bientôt le thermomètre accusait une élévation de température que l'on ne pouvait attribuer qu'à la conductibilité du liquide.

On pouvait penser à une transmission de chaleur par rayonnement, mais ce qu'on sait aujourd'hui sur la chaleur rayonnée par les corps à basse température enlève à cette objection toute sa valeur.

31. Expériences de Despretz. — Les expériences de Despretz [1] firent disparaître toute difficulté. On doit à ce physicien une étude complète de la conductibilité de l'eau. Il employait un vase cylindrique de bois B (fig. 17) rempli d'eau, de 1 mètre de hauteur et d'environ 20 centimètres de diamètre. De 5 en 5 centimètres

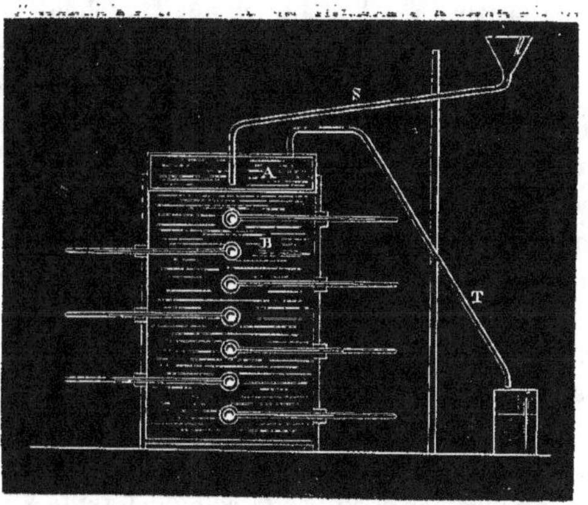

Fig. 17.

étaient placés des thermomètres dont les réservoirs pénétraient jusqu'à l'axe du cylindre, et dont les tiges sortaient à l'extérieur alternativement dans des sens opposés. Cette disposition était commode pour les observations et avantageuse pour compenser les petites inégalités de température résultant de l'imparfaite symétrie de l'appareil.

On chauffait la colonne liquide par la partie supérieure, au moyen

[1] *Annales de chimie et de physique*, [2], LXXI, 206, et *Comptes rendus de l'Académie des sciences*, VII, 933 (1839).

d'eau presque bouillante contenue dans un vase de fer-blanc A, et amenée d'une chaudière placée dans une pièce différente par un long tube S; on n'avait pas ainsi à redouter l'échauffement de l'appareil par le foyer qui portait l'eau à l'ébullition.

En opérant la nuit, dans une cave, on était assuré contre toute agitation du liquide et toute irrégularité de température pouvant déterminer des courants. Les couches supérieures ne tendent pas à descendre, au moins tant que la température est supérieure à 4 degrés, ce que nous pouvons supposer. Alors, si les thermomètres indiquent une élévation de température, on doit l'attribuer uniquement à la conductibilité du liquide, à moins qu'il n'y ait propagation de la chaleur par les parois du cylindre. Mais on peut éviter cette objection en disposant une série de petits thermomètres au voisinage de la paroi. Si l'on trouve qu'ils s'échauffent moins que ceux qui sont placés suivant l'axe du cylindre, on pourra conclure que l'élévation de la température ne provient pas de la conductibilité des parois.

L'expérience a montré que les thermomètres dont les réservoirs sont disposés suivant l'axe s'échauffent plus que ceux qui sont disposés auprès des parois, et arrivent à un état stationnaire conforme à celui qu'indique la théorie. Pour atteindre cet état stationnaire, il fallait renouveler l'eau bouillante de cinq en cinq minutes pendant trente-six à quarante heures, tandis qu'il suffit souvent d'une heure lorsqu'il s'agit d'un corps solide. Il y a là une manifestation de cette loi, que le temps nécessaire à l'établissement de l'état stationnaire est d'autant plus grand que la conductibilité est plus faible.

Mais on ne doit pas assimiler la colonne liquide à une barre métallique assez petite pour qu'en tous les points d'une même section la température soit la même. On ne peut donc sans justification appliquer les lois qu'on a trouvées dans le cas d'une barre. Fourier a traité le cas d'une barre dont la section est quelconque, et il a reconnu que, dans l'état stationnaire, les températures de l'axe étaient précisément celles que donne la formule

$$u = M e^{\alpha x} + N e^{-\alpha x}.$$

Dès lors, assimilant la colonne d'eau à un cylindre solide homogène, on pouvait s'attendre à trouver cette loi vérifiée par expérience, et même, avec l'appareil de Despretz, on devait trouver que M a des valeurs insensibles, pour des raisons que nous avons données à propos de la discussion de la formule précédente.

On explique quelquefois ce fait en remarquant que l'eau est très-peu conductrice, et que la colonne d'eau peut, par conséquent, être considérée comme une barre de longueur infinie. On peut dire simplement que le coefficient a devient alors très-grand, et que la valeur déterminée pour M d'après les conditions initiales est très-petite.

D'ailleurs, en déterminant les raisons des progressions géométriques obtenues avec un même liquide dans des cylindres de différents diamètres, on arrive à la loi suivante.

Soient les deux formules

$$u = Ne^{-ax}, \qquad u' = N'e^{-a'x}.$$

Supposons que l'on observe les températures de points placés à des distances i. Les raisons des deux progressions seront

$$q = e^{-ai}, \qquad q' = e^{-a'i},$$

d'où

$$-ai = l.q, \qquad -a'i = l.q',$$

$$\frac{a}{a'} = \frac{l.q}{l.q'} = \frac{\log q}{\log q'};$$

or

$$\frac{a}{a'} = \frac{\sqrt{\dfrac{hp}{ks}}}{\sqrt{\dfrac{h'p'}{k's'}}},$$

h et k ayant la même valeur que h' et k'; on a donc

$$\frac{a}{a'} = \frac{\sqrt{\dfrac{p}{s}}}{\sqrt{\dfrac{p'}{s'}}}.$$

Les quotients du périmètre p par la section s sont en raison inverse des diamètres; on a donc

$$\frac{\log q}{\log q'} = \frac{a}{a'} = \frac{\sqrt{D'}}{\sqrt{D}}.$$

Les logarithmes des raisons des progressions géométriques sont donc en raison inverse des racines carrées des diamètres.

La conformité des résultats donnés par l'expérience avec les lois précédentes détruit toutes les objections qu'on serait tenté de faire à la méthode.

32. Conductibilité des gaz. — Expériences diverses. — La conductibilité des gaz pour la chaleur est moindre encore que celle des liquides : elle n'a pu être constatée qu'avec une grande difficulté.

Une série d'expériences faites par Péclet, uniquement dans un but pratique, avait donné une valeur grossière de la conductibilité des gaz [1]. Péclet l'avait déduite d'une expérience dont nous avons déjà parlé, et qu'il a répétée un grand nombre de fois. Il plaçait dans un bain liquide à température constante des vases formés de deux enveloppes métalliques concentriques dont l'intervalle était rempli de coton ou de toute autre matière filamenteuse rendant l'air immobile. En notant la variation de température de l'eau contenue dans le cylindre central, il prétendait d'abord déterminer ainsi la conductibilité du coton. Mais en faisant varier la nature de la substance il trouva ce résultat curieux et inattendu, que le coton et toutes les matières analogues produisaient un effet identique. alors même qu'il doublait ou triplait la quantité de matière. Il en conclut que la conductibilité de la matière filamenteuse était tellement faible qu'on pouvait la négliger et admettre que l'effet observé ne devait pas être attribué au mouvement du gaz à travers la masse, puisque des courants gazeux ne peuvent exister au milieu de filaments très-nombreux serrés les uns contre les autres, et que de plus il fallait l'attribuer uniquement à la conductibilité du gaz retenu dans les interstices.

Dulong et Petit avaient depuis longtemps fait voir que l'hydrogène conduit mieux la chaleur que les autres gaz, car ils avaient observé qu'un corps chaud se refroidit plus vite dans l'hydrogène que dans l'air atmosphérique.

M. Grove a imaginé une expérience un peu complexe qui met le même fait en évidence d'une manière assez élégante. On introduit

[1] Péclet, *Traité de la chaleur.* 3ᵉ édition, Paris, 1860; t. Iᵉʳ, p. 396, et t. III, p. 418.

dans deux éprouvettes A, B (fig. 18), reposant sur le mercure,

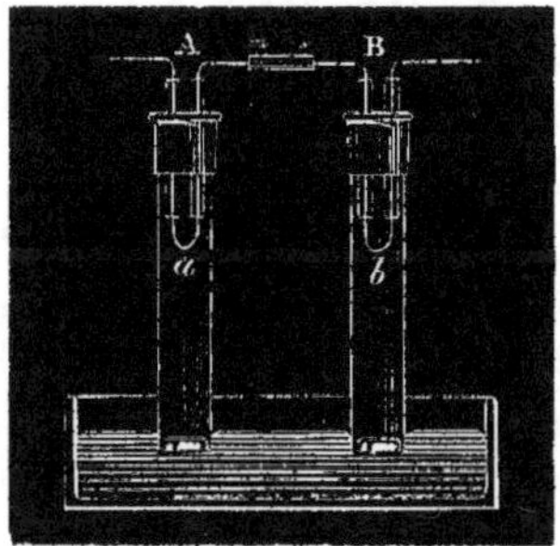

Fig. 18.

deux bouts de fil de platine a, b de même diamètre, appartenant à un même circuit communiquant avec les pôles d'une pile assez puissante pour amener au rouge les deux fils a et b, lorsque les deux éprouvettes contiennent de l'air ou de l'acide carbonique. Si l'on remplace l'air de l'une des éprouvettes A par de l'hydrogène, et qu'on recommence l'expérience, le fil b reste incandescent comme précédemment, tandis que le fil a, refroidi par l'hydrogène, cesse d'être lumineux.

33. Expériences de M. Magnus. — Les expériences les plus précises qui aient été faites sur la conductibilité des gaz sont dues à

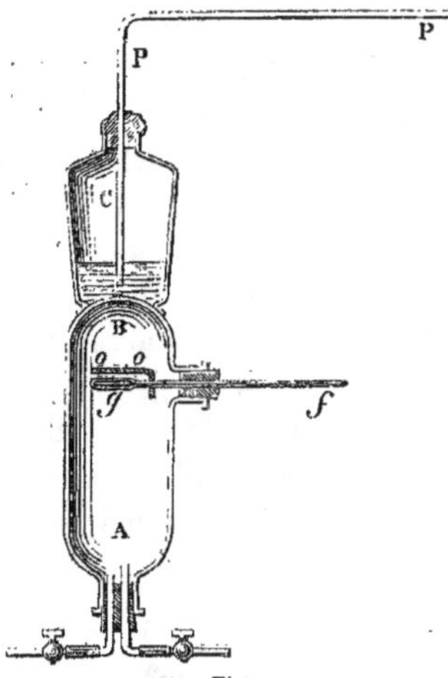

Fig. 19.

M. Magnus [1]. Le mode expérimental est plus direct que celui de Péclet, mais il ne permet de constater que des différences, par la comparaison des élévations de température d'un thermomètre placé dans un espace échauffé par le haut, successivement vide et rempli de divers gaz.

Un cylindre de verre AB (fig. 19), terminé à la partie supérieure par une calotte hémisphérique, à la partie inférieure par une tubulure A, et muni d'une tubulure latérale, était la pièce essentielle de l'appareil. Sa partie supérieure était soudée dans une large ouverture pratiquée au fond d'un flacon C. Par

<hr>

[1] *Poggendorff's Annalen*, CXII, 351 et 497. Verdet a analysé le travail de M. Magnus dans les *Annales de chimie et de physique*, [3], LXI, 380, et LXII, 499 (1861).

la tubulure A pénétraient deux tubes qui servaient à faire le vide ou
à introduire un gaz quelconque; par la tubulure latérale passait la
tige d'un thermomètre *gf*, dont le réservoir se trouvait à peu près à
35 millimètres au-dessous du sommet de la calotte hémisphérique.
Le vase C recevait un peu d'eau bouillante qu'on maintenait en
ébullition par l'arrivée d'un courant de vapeur traversant le tube PP.
Un écran *oo* protégeait le réservoir du thermomètre contre le rayonnement direct des parois supérieures de AB. Tout le système,
enfin, était placé dans un grand vase environné d'eau maintenue à
la température de 15 degrés centigrades, qu'on n'a pas représenté
sur la figure.

Le vase AB étant rempli d'un gaz quelconque, lorsqu'on fait
arriver le courant de vapeur d'eau en C, le thermomètre s'élève et
atteint une température stationnaire au bout d'un temps qui varie
de 20 à 40 minutes, suivant la nature et la pression du gaz. Cette
température dépend d'un assez grand nombre de circonstances, notamment de la conductibilité et du pouvoir rayonnant du vase
AB, de la conductibilité, de l'épaisseur et du pouvoir rayonnant de
l'écran *oo*, de la conductibilité du gaz et de sa plus ou moins grande
diathermanéité. Néanmoins les résultats des expériences s'interprè-
tent assez simplement. Lorsque le gaz contenu dans le cylindre AB
a été assez raréfié pour que sa force élastique soit inférieure à
15 millimètres, l'élévation de température a été sensiblement indépendante de la nature du gaz, et n'a pu différer, par conséquent,
que bien peu de celle qui s'observerait dans un espace absolument
vide. Dans le cas où l'on a fait usage d'un écran de liége de 2 millimètres d'épaisseur, cette élévation moyenne a été de 11°,7. Si on
la représente par 100, les élévations de température observées dans
les divers gaz sous la pression atmosphérique, l'écran *oo* demeurant
le même[1], sont représentées par les nombres suivants :

        Acide sulfureux.......................... 66,6
        Gaz ammoniac 69,2
        Acide carbonique........................ 70,0

[1] Avec un écran métallique poli qui supprimait plus complétement l'effet du rayonnement, les températures observées ont été moindres que les précédentes, mais elles se sont
rangées dans le même ordre pour les différents gaz.

Protoxyde d'azote. 75,2
Cyanogène. 75,2
Gaz oléfiant. 76,9
Gaz des marais. 80,3
Oxyde de carbone. 81,2
Air atmosphérique. 82,0
Oxygène. 82,0
Hydrogène. 111,0

On voit que la température stationnaire finale a été, dans tous les gaz autres que l'hydrogène, moindre que dans le vide. Il suffit, pour se rendre compte de ce résultat, d'admettre que ces gaz sont imparfaitement diathermanes pour la chaleur obscure, et il n'y a rien à conclure quant à l'existence ou à l'absence d'une conductibilité indépendante des courants moléculaires. On peut néanmoins regarder comme certain que cette conductibilité est très-petite, car, dans un gaz donné, les températures finales sont d'autant plus élevées que le gaz est plus raréfié, c'est-à-dire à la fois plus diathermane et moins conducteur. L'hydrogène, au contraire, donne lieu à une température finale plus élevée que celle qui s'observe dans le vide. Comme il est, d'ailleurs, impossible que la chaleur rayonnée à travers l'hydrogène soit en quantité plus grande que la chaleur rayonnée à travers le vide, il faut bien admettre que ce gaz possède une conductibilité propre, analogue à celle des solides et des liquides. Cette conclusion est fortifiée par l'observation des effets de la raréfaction de l'hydrogène, qui sont contraires à ceux de la raréfaction des autres gaz; dans l'hydrogène, la température finale est d'autant plus élevée que le gaz est plus dense, c'est-à-dire à la fois plus conducteur et moins diathermane. Voici une série de nombres qui établissent ce fait remarquable [1].

FORCES ÉLASTIQUES DE L'HYDROGÈNE.	TEMPÉRATURES STATIONNAIRES DU THERMOMÈTRE.
9,6	11,6
11,7	11,8
195,4	12,1
517,7	12,5
760,0	13,0

[1] Dans ces expériences, l'écran *oo* était en liége.

Enfin, en remplissant le cylindre AB de coton ou d'édredon, de manière à rendre tout à fait impossibles les courants moléculaires, on a obtenu dans l'air très-raréfié une élévation de température de 7 degrés; dans l'air à la pression ordinaire, une élévation d'environ 7°,5, et, dans l'hydrogène, une élévation de 11 degrés, ce qui confirme les résultats précédents.

La conductibilité propre de l'hydrogène est ainsi mise hors de doute, et celle des autres gaz reconnue comme à peu près insensible.

34. Conductibilité des cristaux. — Expériences de H. de Senarmont. — De Senarmont a envisagé la conductibilité à un autre point de vue que celui que nous avons adopté jusqu'ici [1]. Il considère un point pris à l'intérieur du corps, et porté à une température donnée différente de celle du milieu ambiant : à partir de ce point, la chaleur se propage de tous côtés par conductibilité, et, si le milieu ambiant est identique dans toutes les directions, il est évident qu'à une époque déterminée les lieux des points également échauffés, c'est-à-dire les surfaces isothermes, seront des sphères; elles n'auront pas cette forme en général, si la conductibilité n'est pas la même dans toutes les directions.

Or, si l'on analyse les conditions dont dépend la propagation de la chaleur dans des corps non identiques dans toutes les directions, en appliquant la théorie de Fourier, on trouve que la propagation dépend de trois coefficients distincts, et que les surfaces isothermes ont la forme d'ellipsoïdes à trois axes inégaux, soit lorsqu'on échauffe un petit espace pris dans l'intérieur du corps et qu'on considère les points qui l'entourent, soit lorsqu'on maintient constante la température de ce point central. La direction des trois axes ne dépend que de la nature du corps, et elle est constante, quel que soit le mode d'échauffement : ces trois axes, qui constituent une caractéristique du corps, s'appellent les *axes de conductibilité*.

La quantité de chaleur qui se propage parallèlement à un axe ne dépend que de la distribution de la température le long de cet axe, et nullement de celle qui existe dans les plans perpendiculaires.

[1] *Annales de chimie et de physique*, [3], XXI, 457 (1847), XXII, 179, et XXIII, 257 (1848).

On appelle *coefficient de conductibilité suivant un axe*, l'axe des x par exemple, la constante k par laquelle il faut multiplier $-\dfrac{dv}{dx}\,\sigma\,dt$ pour avoir la quantité de chaleur qui, dans le temps dt, traverse l'élément σ, perpendiculaire à l'axe de conductibilité qui coïncide axec Ox. On définit de même les deux autres coefficients k', k''.

Les trois axes des ellipsoïdes isothermes sont proportionnels aux racines carrées $\sqrt{k}$, $\sqrt{k'}$, $\sqrt{k''}$.

Ne pouvant se placer dans les conditions mêmes de son hypothèse, de Senarmont opéra sur des plaques d'épaisseur assez faible pour que les divers points d'une même normale à sa surface pussent être considérés comme étant à la même température. Si l'on chauffe un point pris au milieu de la plaque, les points qui auront en même temps la même température formeront des lignes isothermes, qu'on pourra considérer comme des sections planes de la surface isotherme.

De Senarmont n'a opéré que sur des substances peu conductrices, vitreuses ou de la nature des pierres, de façon qu'on peut négliger l'influence de la forme du contour des plaques et les considérer comme indéfinies, ainsi que le suppose la théorie.

La plaque AB (fig. 20), percée d'un trou vers son centre, est placée sur la pointe d'une tige ou d'un tube étroit d'argent recourbé

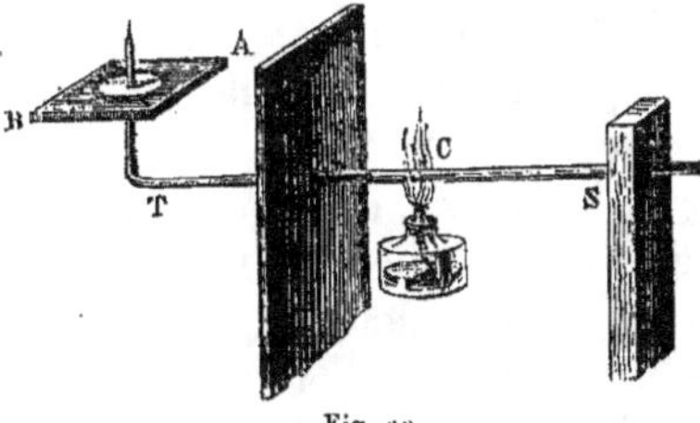

ST, dont l'autre extrémité est chauffée en C par la flamme d'une lampe à alcool. Un écran la protége contre le rayonnement de la lampe. On pourrait aussi chauffer le centre de la plaque en la faisant traverser par un fil métallique dans lequel circulerait le courant de la pile; mais on a renoncé à ce procédé, parce qu'il est difficile de graduer l'échauffement du fil, et que l'élévation brusque de la température détermine très-facilement la rupture de la plaque. Un procédé meilleur consiste à projeter sur le centre de la plaque l'image du soleil formée par une première lentille de large ouverture, et rétrécie par une seconde lentille d'un court foyer. Cette méthode aurait l'avantage de

laisser intacte la plaque cristallisée, mais elle a l'inconvénient d'exiger l'emploi des rayons solaires, dont on ne peut pas toujours disposer. Pour observer la forme des lignes isothermes, on enduisait
la plaque d'une couche de cire; à cet effet, on la chauffait sur
une petite pelle métallique, puis on projetait dessus quelques fragments de cire, et, par des mouvements convenables, on répan-
dait la cire fondue uniformément sur la surface de la plaque. On
chauffait au rouge l'extrémité du tube ou de la tige d'argent; la
pointe s'échauffait à la fois par conductibilité et par le courant d'air
qui passait à l'intérieur du tube et communiquait la chaleur à la
plaque; la cire, dont le point de fusion est vers 70 degrés, fondait de
proche en proche, et, par suite du refroidissement dû à l'air, l'équilibre ne tardait pas à s'établir et la cire cessait de fondre. Mais on peut
très-bien ne pas attendre l'état stationnaire, et observer presque immédiatement la forme des courbes qui restent semblables à elles-
mêmes. Il faut avoir soin, dans tous les cas, de garantir la plaque
des rayonnements et des courants d'air par des écrans convenablement disposés, et de la faire de temps en temps tourner autour de
son centre, afin d'éviter les irrégularités qui proviendraient d'un
contact plus ou moins parfait des parois du trou central avec la
source de chaleur.

Sur les substances amorphes, telles que le verre, ou appartenant
au système cubique ou tétraédrique, comme le spath-fluor, le sel
gemme, le fer oxydulé, la pyrite, la galène, la blende, le cuivre oxydulé, les courbes isothermes sont des cercles, quelle que soit la direction suivant laquelle la plaque ait été taillée (A, fig. 21).

De Senarmont l'a vérifié au moyen de plaques de ces substances
taillées parallèlement aux faces du cube, de l'octaèdre et du dodé-
caèdre rhomboïdal. Il résulte de là que la conductibilité est égale en
tous sens, et que les surfaces isothermes sont des sphères.

Dans les cristaux du système rhomboédrique, comme le spath
d'Islande, le cristal de roche, le béryl, le fer oligiste, le corindon,
et du système tétragonal, comme l'oxyde d'étain, le rutile, l'idocrase,
le protochlorure de mercure, la surface isotherme est un ellipsoïde
de révolution autour de l'axe unique de son espèce : sur des plaques
perpendiculaires à cet axe, on a donc encore des courbes circulaires;

sur des plaques inclinées, on a des ellipses (C, fig. 21) dont un axe
est dirigé suivant la projection de l'axe du cristal sur la plaque, et
dont l'autre est perpendiculaire à cette direction; tantôt c'est le pre-

Fig. 21.

mier, tantôt c'est le second qui est le grand axe : les ellipsoïdes
isothermes sont donc de révolution et tantôt allongés (quartz,
spath), tantôt aplatis (tourmaline). Pour une plaque, l'excentricité
de l'ellipse atteint son maximum quand la plaque est parallèle à
l'axe de cristallisation. Avec une plaque mixte, mi-partie perpendiculaire à l'axe, mi-partie inclinée sur l'axe, on observe une discontinuité dans la courbe aux points où les deux plaques sont juxtaposées (B, fig. 21).

Dans les cristaux à axes rectangulaires appartenant au système
rhombique, comme l'aragonite, la staurotide, le sulfure d'antimoine,
la topaze, les courbes isothermes sont elliptiques, sauf dans le cas
où la plaque a été taillée parallèlement aux sections circulaires de
l'ellipsoïde isotherme à trois axes inégaux. Dans un cristal à trois
axes rectangulaires inégaux, les axes de conductibilité sont dirigés
suivant les axes de cristallisation; mais, comme les longueurs de
ceux-ci sont arbitraires, celles qu'on leur attribue ordinairement
n'étant données que pour faciliter les calculs, il n'y a pas lieu de
chercher une relation entre eux et les coefficients de conductibilité.

Pour ce qui est des cristaux à axes obliques, l'expérience a conduit aux résultats suivants : dans les cristaux du système monocli-
noédrique, comme ceux de feldspath, de gypse, de glaubérite, de
pyroxène augite, etc., il y a un axe de conductibilité qui coïncide
avec l'axe de cristallisation perpendiculaire au plan de symétrie;
les deux autres axes de conductibilité, situés dans le plan de ces
derniers, sont rectangulaires et n'ont pas de rapport dans leur direction avec les axes obliques de cristallisation.

Il en est de même des cristaux du système diclinoédrique; les
axes obliques de cristallisation ne sont, en effet, déterminés que par

des questions de convenance de calcul dont le choix est arbitraire ; il serait absurde de chercher une relation entre ces axes et les axes de conductibilité.

Mais de Senarmont voulut aller plus loin, et voir si la différence des conductibilités ne dépendrait pas de différences de structure autres que celles qui déterminent la direction des axes cristallographiques. Il comprimait une plaque de verre : les courbes isothermes, jusque-là circulaires, prenaient la forme d'ellipses dont le petit axe était dans le sens de la compression, ce qui semblerait indiquer que les molécules agissent plutôt par résistance que par conductibilité ; on a obtenu des résultats tout à fait semblables pour les corps artificiellement dilatés, mais on n'a pas fait assez d'expériences dans cette voie pour en tirer des conclusions certaines.

Nous citerons enfin les expériences relatives aux cristaux hémitropes, comme le gypse, etc.; on trouve pour lignes isothermes des portions d'ellipse raccordées en cœur et symétriques par rapport au plan d'hémitropie.

BIBLIOGRAPHIE.

1779. LAMBERT, *Pyrométrie, ou De la mesure du feu et de la chaleur*, Augsbourg, 1779.

1785. INGEN-HOUSZ (Jean), *Nouvelles expériences et observations sur divers objets de physique*, Paris, 1785.

1786. ACHARD, *Nouv. Mém. de Berlin*, 1786.

1789. INGEN-HOUSZ (Jean), Sur les métaux comme conducteurs de la chaleur, *Journ. de phys.*, XXXIV, 68 et 380.

1790. PICTET, *Essai sur le feu*, Tubingue, 1790.

1792. RUMFORD, New experiments on heat, *Phil. Trans.*, f. 1792.

1796. RUMFORD, *Experimental Essays*, London, 1796-1803; Genève, 1799-1806; Weimar, 1800-1805.

1797. RUMFORD, An account of the manner in which heat is propagated in fluids and its general consequences in the economy of the universe, *Nicholson's Journal*, I, 1797.

1799. RUMFORD, On the conducting power of liquids, etc., *Phil. Mag.*, II, 1799.

1799. DALTON, On the power of fluids to conduct heat, with reference to count Rumford's seventh essay on the same subject, *Mem. of the Soc. of Manchester*, V, 473.

1801. THOMSON (Th.), Experiments to determine whether or not fluids be conductors of caloric, *Nicholson's Journ.*, IV, 1801.

1801. SOCQUET (J.-M.), *Essai sur le calorique, ou Recherche sur les causes physiques et chimiques des phénomènes que présentent les corps soumis à l'action du fluide igné, etc.*, Paris, 1801, et *Journ. de Phys.*, VI, 441.

1802. MURRAY, Experiments and remarks on the passage of heat through fluids downwards, etc., *Nicholson's Journ.*, I, 1802.

1802. MURRAY, Experiments on the transmission of heat downwards through mercury and through oil contained in vessels of ice, *Nicholson's Journ.* I, 1802.

1804. RUMFORD, An inquiry concerning the nature of heat and the mode of its communication, *Phil. Trans.*, f. 1804, 77.

1804. RUMFORD, An account of a curious phenomen observed in the glaciers of Chamouny together with same occasional observations on the propagation of heat in fluids, *Phil. Trans.*, f. 1804, 23.

1804. PARROT, Prüfung von Rumford's Hypothese über die Fortpflanzung der Wärme in Flüssigkeiten, *Gilbert's Ann.*, XVII, 257.

1804. BIOT (J.-B.), Mémoire sur la propagation de la chaleur et sur un moyen simple et exact de mesurer les hautes températures, *Journal des Mines*, XVII, 203.

1806. RUMFORD, Inquiries concerning the mode of propagation of heat in liquids, *Nicholson's Journ.*, XIV, 1806.

1807. FOURIER, *Mémoire sur la théorie de la chaleur*, présenté à l'Académie à la fin de 1807. Un extrait a été publié dans le *Bulletin des séances de la Société philomathique*, année 1808, p. 112.

1809. PRÉVOST (Pierre), *Essai sur le calorique rayonnant*, Halle, 1809.

1811. FOURIER, *Mémoire sur la propagation de la chaleur*, présenté à l'Académie le 28 septembre 1811, couronné en 1812, imprimé en 1821. Voir *Mém. de l'Acad. des sciences*, IV, 1824, et V, 1826. — *Ann. de chim. et de phys.*, (2), III, 350, 1816; (2), IV, 128, 1817; (2), VI, 259, 1817. — *Bull. des séances de la Soc. philomathique*, année 1818, p. 1, et année 1820, p. 60. — *Analyse des travaux de l'Académie des sciences*, par Delambre, années 1820, etc. — *Théorie analytique de la chaleur*, in-4°, Paris, 1822.

1811. PRÉVOST (Pierre), Mémoire sur la transmission du calorique à travers l'eau et d'autres substances, *Journ. de phys.*, LXXII, 68.

1816. BREWSTER, New properties of heat, *Phil. Trans.*, f. 1816, 106.

1816. BIOT (J.-B.), *Traité de physique expérimentale et mathématique*, Paris, 1816.

1817. DESPRETZ, Sur le refroidissement de quelques métaux pour déterminer leur chaleur spécifique et leur conductibilité extérieure, *Ann. de chim. et de phys.*, (2), VI, 184.

1818. DULONG et PETIT, Recherches sur la mesure des températures et sur les lois de la communication de la chaleur, *Ann. de chim. et de phys.*, (2), VII, 113, 225, et *Journ. de l'Éc. polytech.*, cah. XVIII, 189.

1822. DESPRETZ, Sur la conductibilité de plusieurs substances solides, *Ann. de chim. et de phys.*, (2), XIX, 97.

1823. POISSON, Mémoire sur la distribution de la chaleur dans les corps solides (deux parties), *Journ. de l'Éc. polytechn.*, cah. XIX, 1, 145, 249, et par extrait *Ann. de chim. et de phys.*, (2), XIX, 337, 1822.

1823. LAPLACE, Sur la diminution de la durée du jour par le refroidissement de la terre, *Connaissance des temps*, 1823.

1825. DESPRETZ, *Traité élémentaire de physique*, Paris, 1825; 4° édit., 1836.

1826. POISSON, Sur la distribution de la chaleur dans un anneau homogène, *Connaissance des temps*, 1826.

1827. DESPRETZ, Sur la conductibilité de quelques métaux et de quelques substances terreuses, *Ann. de chim. et de phys.*, (2), XXXVI, 422.

1828. FOURIER, Recherches expérimentales sur la faculté conductrice des corps minces soumis à l'action de la chaleur, et description d'un nouveau thermomètre de contact, *Ann. de chim. et de phys.*, (2) XXXVII, 291.

1828. CAUCHY, Sur la division d'une masse solide ou fluide en couches homogènes, *Exercices mathém.*, III, 121 et 146.

1828. A. DE LA RIVE et A. DE CANDOLLE, Sur la conductibilité relative pour le calorique des différents bois, *Mém. de la Société de Genève*, IV, 1828, et *Bibl. univ.*, XXXIX, 206.

1829. FOURIER, Mémoire sur la théorie analytique de la chaleur, *Mém. de l'Acad. des sciences*, VIII, 581, 1829.

1829. PRÉVOST (Pierre), Sur la durée du refroidissement d'un corps dans divers gaz, *Ann. de chim. et de phys.*, (2), XL, 332.

1829. PÉCLET, *Traité de la chaleur considérée dans ses applications*, 1″ édit., Paris, 1829; 3° édit., Paris, 1860.

1830. FISCHER (N.-W.), Ueber Wärmeleitung der Platins, Kupfers und Eisens, *Pogg. Ann.*, XIX, 507.

1830. QUÉTELET, *Correspondance mathématique et physique de Bruxelles*, VI, 324.

1832. DUHAMEL (J.-M.-C.), Sur les équations générales de la propagation de la chaleur dans les corps solides dont la conductibilité n'est pas la même dans tous les sens, *Journ. de l'École polytechn.*, cah. XXI, 356.

1833. LAMÉ et CLAPEYRON, Sur la propagation de la chaleur dans les polyèdres, *Mém. des Savants étrang.*, IV, 463, et *Journ. de l'École polytechn.*, cah. XXII, 183.

1835. Poisson, *Théorie mathématique de la chaleur*, Paris, 1835, et *Ann. de chim. et de phys.*, (2), LIX, 71.

1836. Lamé, Sur l'équilibre des températures dans les corps solides de forme cylindrique, *Journ. de Liouville*, I, 77.

1837. Poisson, *Supplément à la théorie mathématique de la chaleur*, Paris, 1837.

1837. Lamé, Sur les surfaces isothermes dans les corps solides homogènes en équilibre de température, *Journ. de Liouville*, II, 147, et *Mém. des Sav. étr.*, V, 174 et 418.

1838. Despretz, Recherches expérimentales sur le passage de la chaleur d'un corps solide dans un autre corps solide, *Comptes rendus*, VII, 833.

1838. Mousson, Wärme-Erzeugung in einigen Körpern durch plötzliche Erkältung, *Pogg. Ann.*, XLVIII, 410.

1839. Despretz, Sur la propagation de la chaleur dans les liquides, *Ann. de chim. et de phys.*, (2), LXXI, 206, et *Comptes rendus*, VII, 933.

1839. Lamé, Sur l'équilibre des températures dans un ellipsoïde à trois axes inégaux, *Journ. de Liouville*, IV, 100.

1839. Cauchy, Mémoire où l'on montre comment une seule et même théorie peut fournir les lois de la propagation de la lumière et de la chaleur, *Comptes rendus*, IX, 283.

1839. Schröder (H. G. Fr.), Ob plötzliche Abkühlung eines Theiles einer Metallmasse Erwärmung eines andren Theiles bewirken könne? *Pogg. Ann.*, XLVI, 135.

1839. Duhamel (J.-M.-C.), Sur les surfaces isothermes dans les corps solides dont la conductibilité n'est pas la même dans tous les sens, *Journ. de Liouville*, IV, 63.

1841. Péclet, Mémoire sur la détermination des coefficients de conductibilité des métaux pour la chaleur, *Ann. de chim. et de phys.*, (3), II, 107.

1843. Lamé, Sur les surfaces orthogonales et isothermes, *Journ. de Liouville*, VIII, 397.

1845. Langberg, Ueber die Bestimmung der Temperatur und Wärmeleitung fester Körper, *Pogg. Ann.*, LXVI, 1.

1847. Grove (W. R.), On certain Phenomena of voltaïc ignition and the decomposition of water into its constituent gases by heat, *Bakerian Lecture; Phil. Trans.*, f. 1847, 1, et *Phil. Mag.*, XXVII, 445.

1847. Senarmont (H. Hureau de), Mémoire sur la conductibilité des substances cristallisées pour la chaleur, *Ann. de chim. et de phys.*, (3), XXI, 457.

1848.   Senarmont (H. Hureau de), Deuxième mémoire sur la conductibilité des substances cristallisées pour la chaleur, *Ann. de chim. et de phys.*, (3), XXII, 179.

1848.   Senarmont (H. Hureau de), Expériences sur les modifications que les agents mécaniques impriment à la conductibilité des corps homogènes pour la chaleur, *Ann. de chim. et de phys.*, (3), XXIII 257.

1848.   Duhamel (J.-M.-C.), Sur la propagation de la chaleur dans les cris taux, *Journ. de l'École polytechn.*, cah. XXXII, 155.

1849.   Grove (W. R.), On the effect of surrounding media on voltaïc ignition, *Phil. Mag.*, (3), XXXV, 114.

1853.   Wiedemann et Franz, Ueber die Wärmeleitungsfähigkeit der Metalle, *Pogg. Ann.*, LXXXIX, 497, et *Ann. de chim. et de phys.*, (3), XLI, 107, 1854.

1853.   Tyndall, Transmission of heat through organic structures, *Phil. Trans.*, f. 1853, 217, et *Ann. de chim. et de phys.*, (3), XXXIX, 348.

1853.   Helmersen, Mémoire sur la conductibilité calorifique de quelques roches, *Pogg. Ann.*, LXXXVIII, 461, et *Ann. de chim. et de phys.*, (3), XLVI, 126, 1856.

1855.   Wiedemann, Ueber die Fortpflanzung der Wärme in den Metallen, *Pogg. Ann.*, XCV, 337, et *Ann. de chim. et de phys.*, (3), XLV, 277.

1856.   Gouillaud (H.), Expériences sur la conductibilité des métaux pour la chaleur, *Ann. de chim. et de phys.*, (3), XLVIII, 47.

1857.   Hopkins, Experimental Researches on the conductive powers of various substances with the application of the results to the problem of terrestrial temperature, juin 1857, *Phil. Mag.*, IV, 310.

1858.   Knoblauch, Ueber den Zusammenhang zwischen den physikalischen Eigenschaften und den Structurverhältnissen bei verschiedenen Holzarten, *Pogg. Ann.*, CV, 623.

1859.   Wiedemann, Ueber die Leitungsfähigkeit einiger Legirungen für Wärme und Elektricität, *Pogg. Ann.*, CVIII, 393, et *Ann. de chim. et de phys.*, (3), LVIII, 126.

1861.   Magnus, Leitung der Wärme durch die Gase, *Pogg. Ann.*, CXII, 351 et 497, et *Ann. de chim. et de phys.*, (3), LXI, 380, et LXII, 499.

1861.   Angström, Neue Methode das Wärmeleitungsvermögen der Körper zu bestimmen, *Pogg. Ann.*, CXIV, 513, et *Ann. de chim. et de phys.*, (3), LXVII, 379.

1861.   Lamé, *Leçons sur la théorie analytique de la chaleur*, Paris, 1861.

1862.   Forbes, Experimental inquiry into the laws of the conduction of heat in bars, etc., *Trans. Edinb. Soc.*, XXIII, 133.

1862.   Neumann (F.), Expériences sur la conductibilité calorifique des solides, *Ann. de chim. et de phys.*, (3), LXVI, 183.

1864.   Angström, Nachtrag zu dem Aufsatz : Neue Methode das Wärmeleitungsvermögen der Körper zu bestimmen, *Pogg. Ann.*, CXXIII, 628.

1866.   Dumas (W.), Ueber die Bestimmung der Wärmeleitungsfähigkeit dünner Metallstäbe, *Pogg. Ann.*, CXXIX, 272.

1868.   Paulzow, Ueber das Leitungsvermögen einiger Flüssigkeiten für Wärme, *Pogg. Ann.*, CXXXIV, 618, et *Ann. de chim. et de phys.*, (4), XV, 473.

LEÇONS SUR L'ÉLECTRICITÉ.

LEÇONS SUR L'ÉLECTRICITÉ.

I.

ÉLECTRO-MAGNÉTISME.

35. Action des courants sur les aimants. — Expérience d'Œrsted. — Loi d'Ampère. — L'action des courants sur les aimants a été découverte par Œrsted, qui publia, en 1820, les résultats fournis par l'expérience suivante. Un fil conducteur NS étant dirigé dans le plan du méridien magnétique au-dessus d'une aiguille aimantée AB horizontale en équilibre (fig. 22), si l'on réunit

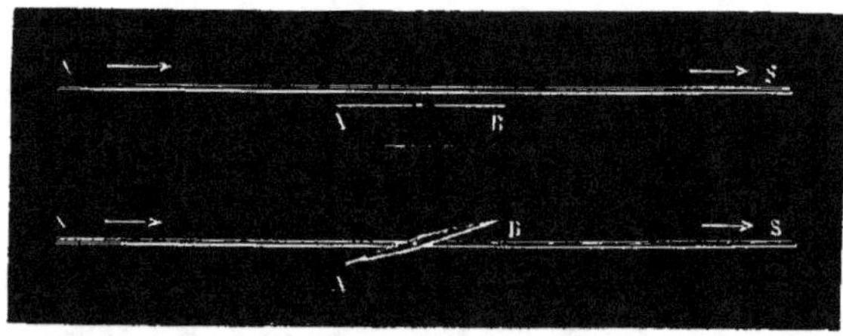

Fig. 22.

les extrémités du fil avec les pôles d'une pile de manière que le courant soit dirigé du nord vers le sud, l'aiguille est aussitôt déviée et son pôle austral se dirige vers l'ouest. La déviation change de sens si l'on fait passer le courant du sud au nord. Enfin elle change aussi de sens quand on place le fil conducteur au-dessous de l'aiguille.

Dès que l'expérience d'Œrsted fut connue en France, Ampère fit voir que ces quatre cas particuliers se réduisent à un seul énoncé que l'on a nommé *loi d'Ampère* :

Le pôle austral est, dans tous les cas, dévié vers la gauche de l'obser-
vateur, que l'on peut concevoir étendu sur le fil conjonctif et ayant la face
tournée vers l'aiguille, les pieds du côté du pôle positif et la tête du côté
opposé.

Ampère a démontré aussi par expérience que, si les deux pôles
d'une pile sont réunis par un fil conducteur, la pile elle-même dévie
l'aiguille aimantée comme le faisait le fil conducteur, mais en apparence dans un sens contraire à celui qu'indique la loi précédente. Il
suffit pour le constater de disposer une aiguille aimantée AB (fig. 23)
au-dessus d'une région quelconque d'une pile orientée suivant le

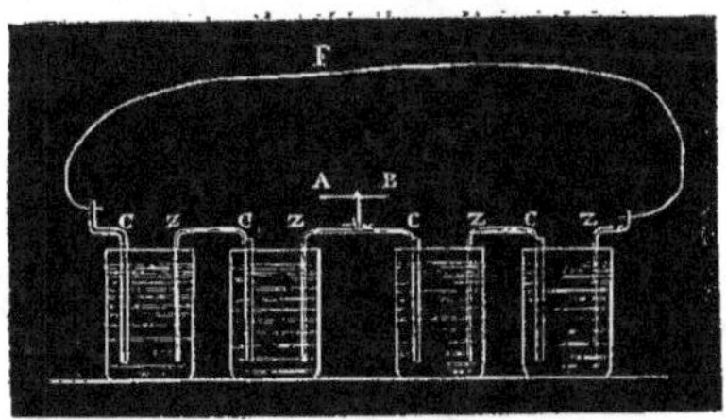

Fig. 23.

méridien magnétique. Pour faire rentrer ce résultat dans la loi d'Ampère, il suffit d'admettre que la pile est traversée par un courant
dirigé du pôle négatif au pôle positif, c'est-à-dire que dans le circuit
mixte formé par le conducteur et la pile le courant continue à circuler dans le même sens. Il résulte de là que la pile, au point de vue
des phénomènes électro-magnétiques, peut être considérée comme
un conducteur hétérogène agissant comme un fil métallique : il n'y
aura donc pas à chercher deux systèmes de lois, les unes qui seraient relatives à l'action de la pile, et les autres qui se rapporte-
raient à celle du courant.

36. Position de la question. — L'électro-magnétisme a
pour objet l'étude des actions que les courants et les aimants exercent entre eux.

Ampère s'est proposé de chercher la loi de ces phénomènes, et
c'est à lui que l'on doit tout ce qu'on connaît d'essentiel sur la ques-

tion. Au lieu de procéder comme l'avaient fait OErsted et d'autres physiciens, qui variaient au hasard les conditions de l'expérience, il s'est proposé de déterminer la loi du phénomène dans le cas le plus simple et d'en déduire la solution des problèmes plus compliqués en utilisant les ressources de l'analyse.

Il est évident, et l'expérience le montre du reste surabondamment, que les phénomènes dépendent des situations relatives de l'aiguille et de toutes les parties du courant; mais si nous parvenons à trouver une loi qui nous permette de calculer l'action d'un petit élément de courant sur l'aiguille aimantée, nous pourrons calculer successivement l'influence de toutes les parties du courant. Il est vrai que l'aiguille est elle-même un système complexe. Cependant, si nous considérons une aiguille dont les dimensions sont petites, et si nous remarquons qu'en réduisant considérablement sa longueur les résultats observés ne varient pas, nous pourrons regarder ces résultats comme s'appliquant à un élément magnétique et assimiler les lois obtenues aux lois élémentaires cherchées.

37. **Actions réciproques exercées par les aimants sur les courants.** — Le premier fait à établir, c'est que l'aiguille aimantée agit sur le courant, et que cette réaction est égale à l'action

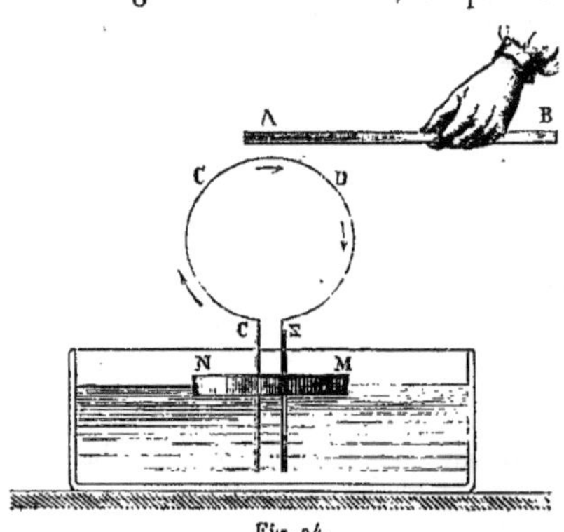

Fig. 24.

du courant. Cela est évident : au reste, on peut facilement manifester par l'expérience cette réciprocité d'action; il suffit de faire agir un aimant sur un fil conducteur traversé par un courant et mobile. Ces conditions se trouvent réalisées dans les appareils flotteurs imaginés par Gaspard de la Rive, et formés d'une plaque de liége MN (fig. 24) percée de deux fentes qui laissent passer une lame de cuivre C et une lame de zinc Z soigneusement isolées l'une de l'autre. On plonge le système dans l'eau acidulée, et l'on réunit les deux lames en dehors du liquide par un fil conducteur CD, qui est alors traversé par un courant. On peut constater d'abord, en le maintenant immobile, qu'il agit sur l'aiguille aimantée; puis on laisse le flotteur libre, et on approche du courant un barreau assez fortement aimanté : on constate facilement que le courant se déplace, et que, sous l'influence d'un pôle austral, il marche vers sa propre droite. Il y a donc réaction de l'aimant, de sens opposé à l'action; on peut admettre *a priori* qu'elle lui est égale.

Dès lors, on pourra réaliser les expériences en faisant agir indifféremment un courant sur un aimant, ou un aimant sur un courant. Cette dernière manière de procéder sera même plus utile, car elle permettra de faire des expériences directes sur l'action élémentaire : il suffira pour cela de rendre mobile un petit élément de courant, et si, en diminuant graduellement la longueur de cet élément, on obtient des résultats constants, on pourra l'assimiler à un élément infiniment petit, et déduire de l'expérience la loi relative à l'action d'un barreau sur un élément de courant. On peut même diminuer la complication des actions de l'aimant, et réduire l'action du barreau à celle d'un seul pôle, en employant des aimants assez longs pour qu'on puisse rendre la distance du deuxième pôle très-grande par rapport à celle du premier. On s'assurera que l'action de ce deuxième pôle est négligeable, en faisant varier sa distance sans déplacer le premier, et, si rien ne varie dans le phénomène, on pourra supposer que le pôle voisin agit seul. Ainsi l'action élémentaire du pôle d'un aimant sur un élément de courant peut être considérée, dans le sens que nous venons d'indiquer, comme directement observable; la théorie de l'électro-magnétisme peut donc être établie sans que l'on soit obligé de faire intervenir aucune hypothèse ni d'admettre aucun postulatum.

38. L'action du pôle d'un aimant sur un élément de courant n'est pas dirigée suivant la droite qui joint le pôle à l'élément de courant. — Cherchons donc l'action d'un pôle magnétique sur un élément de courant. Et d'abord voyons quelle est la direction de cette force. La première hypothèse que l'on soit na-

turellement conduit à faire, c'est que cette force est dirigée suivant
la droite qui joint le pôle au centre de l'élément. Mais l'expérience
montre qu'il ne peut en être ainsi. En effet, prenons un conducteur DCD' (fig. 25) mobile autour d'un axe vertical CE qui passe par

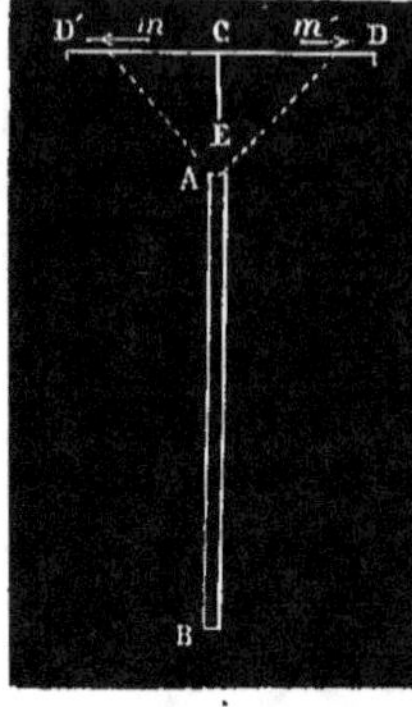
Fig. 25.

son milieu, et faisons arriver par EC un courant qui se partagera au point C en deux portions égales cheminant en sens contraire, et
qui ira se perdre par les deux pointes D, D'
dans de l'eau acidulée. Si l'on met un aimant
AB sur le prolongement de l'axe de rotation,
on voit le conducteur prendre un mouvement
de rotation continu. Ce mouvement serait impossible si l'action du pôle A sur chaque élément de courant était dirigée suivant la droite
qui joint ce point au centre de l'élément. En
effet, les actions de A sur deux éléments m, m'
symétriques par rapport au point C, étant
égales, donneraient une résultante dirigée suivant la bissectrice AC
de l'angle mAm' que font leurs directions ; donc la résultante totale
serait dirigée suivant AC, et cette résultante passant par un point
fixe C ne pourrait imprimer aucun mouvement au conducteur.

Ainsi l'action d'un pôle sur un élément de courant ne peut être
dirigée suivant la droite qui les joint. Ce résultat paraît être en contradiction avec le principe admis depuis Newton, que les actions
mutuelles de deux parties élémentaires sont dirigées suivant la droite
qui les joint ; mais il faut remarquer que le pôle d'un aimant ne
peut être considéré comme une partie élémentaire, parce qu'il y a
des centres attractifs et des centres répulsifs ; et il est facile de concevoir que l'action d'un système composé de centres attractifs et ré-

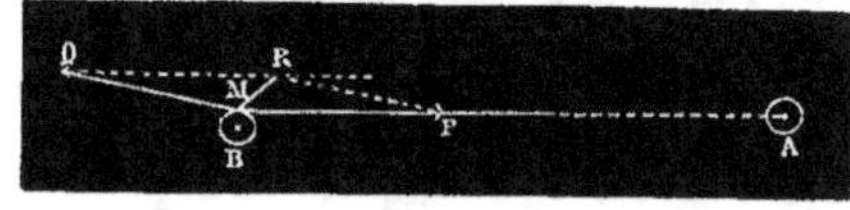
Fig. 26.

pulsifs sur un point extérieur peut avoir telle direction que l'on
voudra. Soient en effet A (fig. 26) un tel système et M un point ex-

térieur : la résultante des actions des centres attractifs sera une certaine force dirigée suivant MP ; la résultante des actions des centres répulsifs sera une force MQ presque égale et directement opposée ; de sorte que la résultante totale sera une force très-petite MR pouvant avoir une direction quelconque.

Si le système B dont le point M fait partie est aussi composé de centres attractifs et répulsifs, les actions de A' sur les divers points de B seront des forces très-petites, ayant des directions quelconques et ne passant pas par le même point. On conçoit donc qu'il puisse arriver que ces actions ne soient pas réductibles à une force unique. Mais, dans tous les cas, on pourra les réduire à deux forces dont l'une passe par un point arbitraire, ou bien à une force et à un couple.

39. Principes fondamentaux : 1° Égalité de l'attraction et de la répulsion. — Énonçons d'abord quelques principes très-simples qui nous seront utiles pour établir la loi élémentaire.

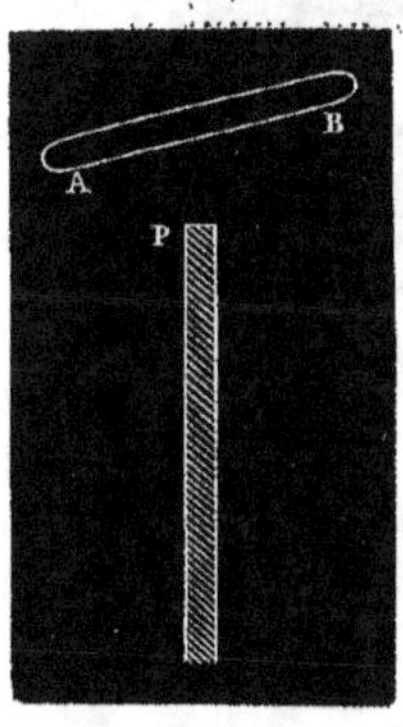

Fig. 27.

Si l'on a deux éléments de courants égaux opposés et coïncidant entre eux, *les actions d'un pôle sur ces deux éléments sont égales et opposées.* Pour le démontrer, on prend un conducteur mobile AB (fig. 27) composé de deux parties séparées, mais très-rapprochées, dans lesquelles le même courant circule dans des directions contraires. Si l'on approche de ce conducteur le pôle P d'un aimant, on reconnaît que ce pôle n'exerce aucune action, quelle que soit sa position.

40. 2° Nullité d'action d'un barreau non aimanté. — Les actions exercées par des masses égales de fluide austral et de fluide boréal, placées en un même point sur un même élément de courant, sont égales et de sens contraires.

En effet, si l'on présente à un conducteur mobile, de forme quelconque, traversé par un courant, un morceau d'acier fortement trempé, on reconnaît qu'il n'y a pas d'action. Or, en chaque point du barreau existent les deux fluides en quantités égales : leurs actions sont donc égales et elles se détruisent. L'expérience ne réussirait pas avec du fer doux, car l'influence du courant séparerait les deux fluides; mais cette séparation ne peut avoir lieu avec l'acier trempé, à moins que le courant ne soit très-énergique.

41. 3° Principe des courants sinueux. — L'action d'un pôle sur un courant est la même que sur un courant sinueux qui s'écarterait peu du premier. En effet, si l'on fait agir un aimant sur un système mobile (fig. 28) composé d'une partie rectiligne et d'une

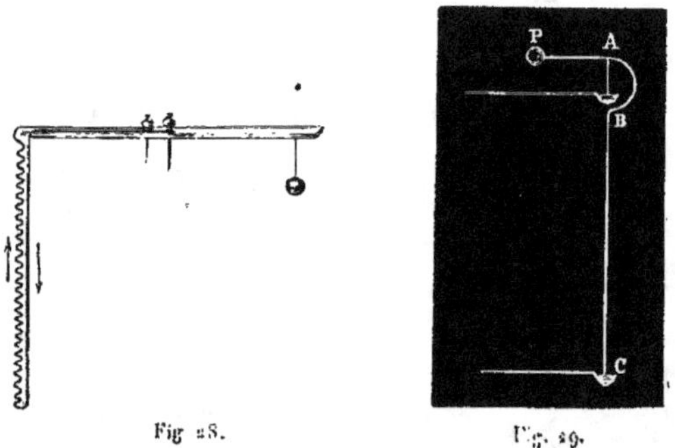

Fig. 28.　　　　Fig. 29.

autre sinueuse de même ordre de grandeur terminée aux mêmes points et traversée par le même courant en sens contraire, l'action est toujours nulle. Il suit de là qu'un élément de courant peut toujours être remplacé par ses projections sur trois axes menés par un de ses points.

42. 4° Les actions se réduisent à deux forces appliquées sur l'élément ou sur son prolongement. — Lorsqu'un courant rectiligne ne peut que tourner sur lui-même, il reste en équilibre sous l'action d'un pôle magnétique quelconque.

Cette expérience est due à M. Liouville [1]. Pour l'effectuer, on prend un conducteur ABC (fig. 29), reposant à sa partie supérieure,

[1] *Annales de chimie et de physique*, [2], t. XLI, p. 415 (1829).

par une pointe, dans une coupe remplie de mercure, tandis que son autre extrémité C plonge dans le mercure d'une autre coupe. Un contre-poids P sert à maintenir le conducteur vertical. On fait traverser ce conducteur par un courant, et, si l'on en approche un pôle magnétique, on reconnaît qu'il ne se produit aucun mouvement du conducteur.

Il résulte de là que l'action du pôle sur le courant se réduit à une ou plusieurs forces rencontrant le conducteur BC. Car si les forces qui résultent de l'action du pôle sur le courant ne rencontraient pas le conducteur BC, on pourrait les transporter sur ce conducteur, où elles seraient détruites par sa résistance, et ce transport donnerait lieu à des couples qui communiqueraient au conducteur un mouvement de rotation.

Comme cette expérience réussit, quelles que soient les dimensions du conducteur, on en conclut qu'elle est applicable au cas d'un élément de courant. Nous arrivons donc à cette conséquence qu'on aura l'idée la plus générale de l'action d'un pôle sur un élément de courant, en admettant qu'elle se réduit à deux forces passant par l'élément de courant ou son prolongement. Il est aisé de voir que ces deux forces peuvent toujours être remplacées par deux autres, l'une perpendiculaire à l'élément, l'autre ayant une direction quelconque mais passant par son milieu. En effet, ces deux forces peuvent être

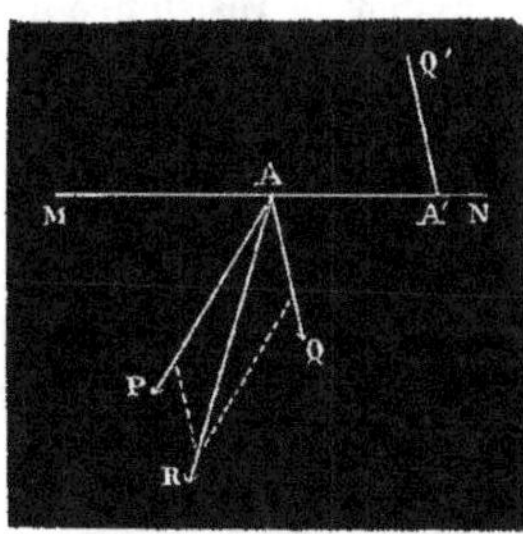

Fig. 3o.

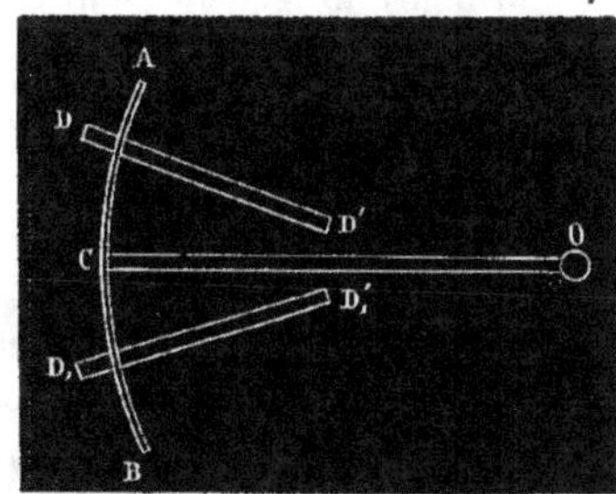

Fig. 31.

transportées au milieu A (fig. 3o) où elles donnent une résultante P, et en même temps elles engendrent deux couples dont les plans passent par MN, et qui se composent en un seul. Ce couple peut être remplacé par un autre (AQ, A'Q') choisi de telle manière que les forces Q, Q' soient perpendiculaires à MN, l'une d'elles passant par le point A, milieu de MN. Les deux forces AP, AQ donnent alors une résultante AR de direction quelconque, et la seconde force A'Q' est perpendiculaire à MN.

43. 5° Les forces dont il s'agit sont perpendiculaires à l'élément de courant. — Les deux forces que nous venons de considérer sont toutes les deux normales à l'élément de courant. Voici comment on peut le démontrer par expérience. Sur une table de bois horizontale on place deux bandes de cuivre DD', $D_1D'_1$ (fig. 31) dont on a amalgamé la surface afin de les rendre plus glissantes; sur ces bandes on dispose un conducteur de cuivre ACB courbé en arc de cercle et fixé par une tige de bois OC à un axe vertical très-mobile qui passe par le centre O de l'arc ACB. Une action même très-faible peut faire tourner l'arc ACB tout en le laissant appuyé sur les deux bandes de cuivre. On fait arriver un courant voltaïque par l'une des bandes et on le reçoit par l'autre, de sorte que l'arc AB est traversé par le courant; si l'on approche alors un pôle magnétique, on reconnaît que le conducteur AB reste immobile quelle que soit la position que l'on donne au pôle magnétique. Il résulte bien de là que l'action du pôle sur le courant doit se réduire à des forces normales au courant, qui sont détruites par la résistance de l'axe vertical, car toute force oblique ferait tourner le conducteur. Comme ceci a lieu quelles que soient les dimensions du conducteur AB, on en conclut que le même théorème s'applique à un élément de courant.

44. Conséquences. — 1° *L'action exercée sur un élément dont le prolongement passe par le pôle est nulle.* On peut encore aller plus loin, et, pour cela, il suffit d'examiner les deux cas particuliers suivants. Prenons un élément mn (fig. 32), et cherchons quelle est l'action qu'exerce sur lui un pôle magnétique A placé sur le prolongement de l'élément. Il est clair que si l'on fait tourner mn

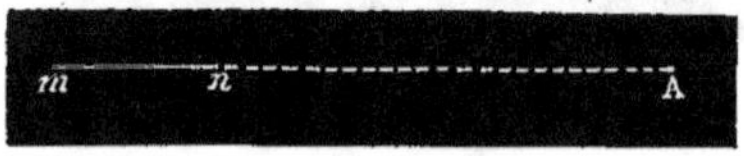

Fig. 32.

autour de lui-même, d'un angle quelconque, l'action n'aura pas
changé. Or il n'y a qu'un couple perpendiculaire à la droite *mn* qui
ne change pas quand on fait tourner cette droite. Mais l'expérience
de M. Liouville montre qu'un tel couple n'existe pas : il faut donc
que l'action soit nulle.

2° *L'action exercée sur un élément perpendiculaire à la droite qui joint
son milieu au pôle est perpendiculaire au plan de l'élément et du pôle, et
appliquée au milieu de l'élément.* Examinons quelle est l'action d'un
pôle sur un élément de courant *mn* (fig. 33) perpendiculaire à la
droite qui joint le pôle à son milieu. Si l'on fait tourner le système (1) de 180 degrés autour de A*p* comme charnière, il devient
le système (2), et, d'après notre premier principe, l'action du pôle
sur l'élément ne doit avoir fait que changer de sens. Or il n'y a
qu'une force perpendiculaire à un plan passant par A*p* et appliquée en un point de A*p* qui n'ait fait que changer de sens par cette

Fig. 33.   Fig. 34.

rotation. Mais nous savons déjà que toutes les forces qui naissent
de l'action du pôle A doivent rencontrer *mn* et lui être perpendiculaires. Donc elles doivent se réduire à une force unique, passant
par le point *p*, milieu de *mn*, et perpendiculaire au plan A*pmn*.

3° *Même conclusion dans le cas d'un élément quelconque.* Il est facile
de voir ce qui a lieu dans le cas d'un élément quelconque.

Joignons le point A (fig. 34) au milieu *p* de l'élément *mn*. D'après
le principe des courants sinueux, l'élément *mn* peut être remplacé
par le courant sinueux *mrr'n*; d'un autre côté, *mr* et *nr'* peuvent
être remplacés par *pq* et *pq'* qui leur sont égaux et parallèles et qui
en sont infiniment rapprochés. Ainsi, en général, un élément de
courant peut être remplacé par ses projections sur deux axes pas-

sant par son milieu, c'est-à-dire que l'action du pôle A sur *mn* est la même que la résultante des actions qu'il exerce sur *rr'* et *qq'*. Or nous avons démontré que l'action du pôle A sur l'élément *rr'* est nulle, et que celle du pôle A sur *qq'* est une force appliquée en *p* et perpendiculaire au plan A*pqq'*. Donc *l'action du pôle A sur l'élément mn est une force appliquée au centre de l'élément et perpendiculaire au plan passant par le pôle et l'élément de courant.*

45. Recherche de l'intensité de l'action élémentaire. Expériences de Biot et Savart. — Nous connaissons maintenant la direction de la force, il nous reste à déterminer son intensité. Nous nous servirons pour cela des expériences de Biot et Savart[1].

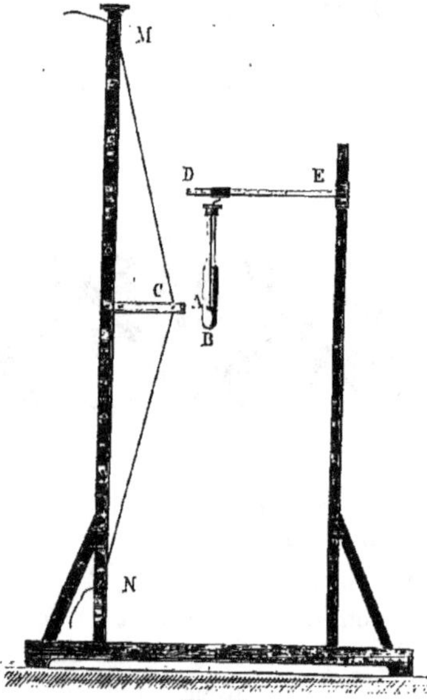

Fig. 35.

On fait osciller un barreau aimanté très-court sous l'action d'un courant rectiligne indéfini (fig. 35). Les actions des éléments du courant sur chaque pôle sont des forces parallèles; par suite, elles se réduisent à une seule. Si le barreau aimanté est très-court, les actions du courant sur ses deux pôles sont deux forces qui forment sensiblement un couple de grandeur et de direction constantes; par suite, le barreau aimanté oscille sous l'action du courant comme un pendule composé sous l'action de la pesanteur. Pour annuler l'action de la terre sur le barreau aimanté, on se servait d'un aimant que l'on plaçait à une distance convenable dans le plan du méridien magnétique passant par le barreau mobile. On préservait ce barreau de l'agitation de l'air en le disposant

[1] *Annales de chimie et de physique*, [2], t. XV, p. 22; et Biot, *Précis élémentaire de physique*, 3° édition, t. II, p. 740.

dans une cage de verre, et on l'écartait de sa position d'équilibre à l'aide d'un aimant. Pour compter le nombre des oscillations, on avait tendu un fil vertical devant la position de repos de l'un des pôles, et on faisait commencer l'oscillation à partir du moment où l'aiguille passait derrière ce fil : en ce moment elle avait sa plus grande vitesse, et l'instant du passage était par suite mieux déterminé. Enfin, comme on n'avait pas de piles à courant constant, on était obligé d'avoir recours à la méthode des alternatives.

Sans nous arrêter davantage à la description des expériences que l'on trouvera ailleurs, nous en indiquerons immédiatement les résultats.

Dans la première série d'expériences, le barreau avait 20 millimètres de longueur, 8 de largeur, 1 d'épaisseur, en entendant par épaisseur la dimension perpendiculaire au plan d'oscillation.

DISTANCES DU CENTRE DU BARREAU AU COURANT.	DURÉES DE 10 OSCILLATIONS.
	s
30^{mm}	42,25
40	48,85
30	42,00
20	33,50
30	41,00
50	54,75
30	42,25
60	56,75
30	41,75
120	89,00
30	42,50
15	30,00
30	43,15

On voit que, malgré les variations de l'intensité du courant, les expériences sont assez concordantes. Cela tient sans doute à ce que l'on opérait avec une pile de Wollaston dont on retirait le couple après chaque expérience. De plus, on avait soin de ne commencer à compter les oscillations que quatre ou cinq minutes après que le courant avait été refermé; on sait, en effet, que c'est dans les premières minutes que l'intensité du courant fourni par cette pile est le plus variable.

Pour soumettre au calcul le résultat de ces expériences, on prend la moyenne entre le nombre des oscillations trouvé pour la distance 3o millimètres avant et après avoir observé à une autre distance, et d'après ce nombre on calcule l'intensité de la force pour la distance 3o millimètres à l'époque de l'expérience intermédiaire; puis, admettant la loi de la raison inverse de la distance, on calcule le nombre d'oscillations qui correspond à la distance que l'on a prise dans l'expérience intermédiaire, et on compare ce nombre avec celui qu'a fourni l'observation.

Voici le résultat de cette comparaison.

DISTANCES.	DURÉES DE 10 OSCILLATIONS		EXCÈS DU CALCUL.
	CALCULÉES.	OBSERVÉES.	
20^{mm}	33,88	33,5o	+ o,38
4o	48,6₂	48,85	— o,₂3
5o	53,74	5₂,75	— 1,01
6o	59,4o	56,75	+ ₂,65
1₂0	84,75	89,oo	— 4,75
15	3o,99	3o,oo	+ o,99

On voit que pour les petites distances la différence entre l'observation et le calcul est très-faible. Pour les distances plus grandes elle est plus marquée; mais cela tient sans doute à ce que, les oscillations étant alors très-lentes, on peut facilement se tromper sur leur durée : d'ailleurs les erreurs sont de sens variables; par conséquent ce sont de très-bonnes expériences qui ne laissent aucun doute sur la loi supposée.

46. Autre série d'expériences où l'action de la terre est simplement diminuée et non détruite. — Biot et Savart ont fait une autre série d'expériences dans laquelle ils employaient un barreau aimanté de 1o millimètres de longueur, 5 de largeur et $o^{mm},5$ d'épaisseur. Au lieu de détruire entièrement l'action de la terre, ils s'étaient contentés de la réduire beaucoup et de la mesurer pour en tenir compte. La terre agissait en sens contraire du courant.

DISTANCES DU COURANT AU CENTRE DU BARREAU.	DURÉES DE 40 OSCILLATIONS SOUS L'ACTION	
	DE LA TERRE.	DE LA TERRE ET DU BARREAU.
mm	s	s
32,9	67,5	101,0
62,9	66,0	78,5
32,9	66,0	98,5

Cette série ne vaut pas la précédente, car il y a moins d'accord entre les résultats des observations faites à la même distance. Si l'on prend pour unité l'intensité de l'action terrestre, on trouve pour celle du courant :

1ʳᵉ EXPÉRIENCE.	2ᵉ EXPÉRIENCE.	3ᵉ EXPÉRIENCE.
1,2145	0,6729	1,2650

La moyenne des deux intensités extrêmes, divisée par l'intensité moyenne, donne pour quotient 1,842 : le rapport inverse des distances est du reste 1,911. Ces deux nombres, qui devraient être identiques, ne diffèrent que de 0,07 ou $\frac{1}{20}$ de leur valeur. Cette différence est encore assez petite pour qu'on puisse regarder cette expérience comme vérifiant la loi.

47. Expériences de vérification sur des lames et des tuyaux. — Biot et Savart ont encore fait d'autres expériences. Si la loi de la raison inverse est bien exacte, une lame doit agir comme un fil idéal qui coïnciderait avec son axe de symétrie. Pour le vérifier ils ont pris un tuyau creux de 45 millimètres de diamètre, et l'ont fait agir sur le barreau pendant qu'il était traversé par un courant. Les distances du centre du barreau à l'axe du tuyau ont été successivement $37^{mm},84$, $52^{mm},84$, $82^{mm},84$. En représentant par 1 la force relative à la première distance, les forces relatives aux deux autres auraient dû être

$$\frac{37,84}{52,84}, \qquad \frac{37,84}{82,84},$$

et l'expérience a donné

$$\frac{37,84}{52,84}\ 1,019, \qquad \frac{37,84}{82,84}\ 0,978.$$

Comme les deux multiplicateurs 1,019 et 0,978 diffèrent très-peu de l'unité, on doit regarder cette expérience comme très-satisfaisante.

48. Expérience où l'on a comparé l'action d'un tuyau à celle d'un fil. — Biot et Savart ont voulu comparer l'action d'un tuyau à celle d'un fil : le courant qui les traversait était fourni par la même pile et se partageait entre le fil et le tuyau. Mais le résultat de l'expérience a été bien différent de celui auquel ils s'attendaient. Comme à cette époque les lois de la conductibilité des métaux et du partage des courants dérivés n'étaient pas bien connues, ils n'ont pu que soupçonner la cause de la différence entre les résultats de leurs prévisions et ceux de l'expérience.

49. Comparaison d'un fil brisé avec un fil droit. — La même remarque s'applique à l'expérience dans laquelle ils ont comparé l'action d'un courant rectiligne à celle d'un courant angulaire (fig. 35). Cependant, comme la longueur des fils était peu différente, ils ont pu vérifier la loi de la tangente. Ainsi, les deux branches du conducteur angulaire faisant entre elles un angle de 90 degrés, ils ont reconnu que le rapport des deux actions était 0,824, tandis que la tangente de l'angle de 22°30′ est 0,828. On voit que les deux nombres diffèrent très-peu. Mais nous n'aurons pas besoin de cette loi de la tangente pour trouver la loi élémentaire : elle n'est nécessaire que lorsqu'on ne fait pas intervenir le principe des courants sinueux.

50. Conclusions à déduire de ces expériences. — Cela posé, nous pouvons établir la loi de l'action d'un pôle sur un élément de courant.

Soient A (fig. 36) un pôle magnétique et MN un courant rectiligne indéfini. Prenons un point m quelconque à une distance s du point P, et, à partir de ce point, un élément $mn = ds$. Nous pouvons le remplacer par ses projections np, mp menées par ses deux extrémités. Or l'action du pôle A sur np est nulle; il reste donc celle de A sur l'élément mp, lequel est perpendiculaire à la droite qui joint son milieu au point A. Cette action est évidemment proportionnelle à la longueur $ds \sin \omega$, et elle ne peut en outre dépendre que de la

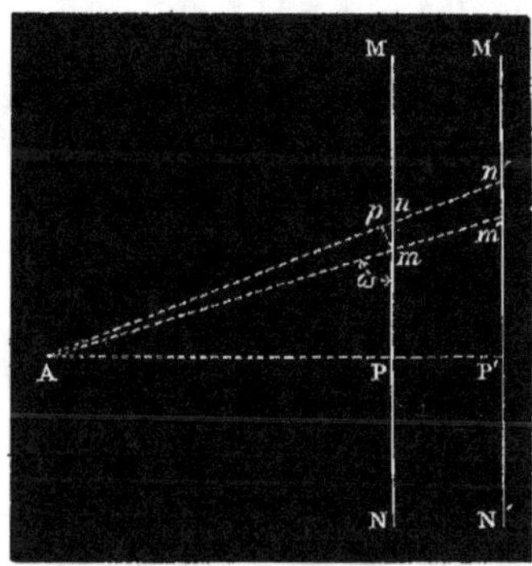

Fig. 36.

distance, de sorte qu'elle est proportionnelle à une certaine fonction $f(r)$ de la distance : on peut donc la représenter par

$$\mu \, ds \sin \omega f(r),$$

μ étant un coefficient qui ne dépend pas de la position de l'élément, mais qui dépend du courant qui le traverse.

Prenons un autre courant indéfini M'N' parallèle au premier, et, pour plus de simplicité, supposons-le dans le plan AMN. En prolongeant Am, An, on obtient un élément $m'n'$ sur lequel le pôle A exerce une action

$$\mu \, ds' \sin \omega f(r').$$

Nous mettons le même coefficient μ, parce que nous supposons que le courant qui traverse M'N' est identique à celui qui traverse MN; on peut imaginer que ce soit le même. Le rapport de ces deux actions est

$$\frac{ds}{ds'} \frac{f(r)}{f(r')} = \frac{r f(r)}{r' f(r')}.$$

Si maintenant on imagine que la ligne Amm' tourne autour du point A, le rapport $\frac{r}{r'}$ reste constant; le rapport $\frac{f(r)}{f(r')}$ restera aussi constant, car le rapport des actions mutuelles ne dépend pas des distances absolues, mais seulement de leurs rapports, du moins lorsqu'il s'agit d'actions qui restent sensibles à toute distance. On aura donc la suite de rapports égaux

$$\frac{r f(r)}{r' f(r')} = \frac{r_1 f(r_1)}{r_1' f(r_1')} = \frac{r_2 f(r_2)}{r_2' f(r_2')} = \cdots$$

Les actions exercées par le pôle A sur les deux courants sont des forces parallèles et de même sens; par conséquent elles s'ajoutent, et donnent pour chacun une résultante unique égale à la somme des forces élémentaires. Or, en multipliant haut et bas la première fraction par $\mu \sin \omega$, la deuxième par $\mu \sin \omega_1$, la troisième par $\mu \sin \omega_2$, etc., et ajoutant membre à membre, on a, en appelant a et a' les distances AP, AP',

$$\frac{r f(r)}{r' f(r')} = \frac{\mu \sin \omega \, r f(r) + \mu \sin \omega_1 \, r_1 f(r_1) + \cdots}{\mu \sin \omega \, r' f(r') + \mu \sin \omega_1 \, r_1' f(r_1') + \cdots} = \frac{a'}{a} = \frac{r'}{r},$$

d'où

$$\frac{f(r)}{f(r')} = \frac{r'^2}{r^2}.$$

Si l'on donne à r' une valeur constante, par exemple l'unité, et que l'on pose $f(1) = c$, on a

$$f(r) = \frac{c}{r^2}.$$

Par suite, l'action élémentaire est représentée par l'expression

$$\frac{\mu \, ds \sin \omega}{r^2},$$

μ comprenant la constante c.

51. Théorème fondamental relatif à l'action d'un courant fermé. — Connaissant la loi élémentaire, on en déduit tous les phénomènes connus par le moyen de l'analyse.

1° *L'action d'un pôle sur un courant fermé se réduit à une force unique qui passe par le pôle.*

Pour le démontrer, on cherche la somme des moments des forces élémentaires du courant MN (fig. 37) par rapport à un axe quelconque AS passant par le pôle A.

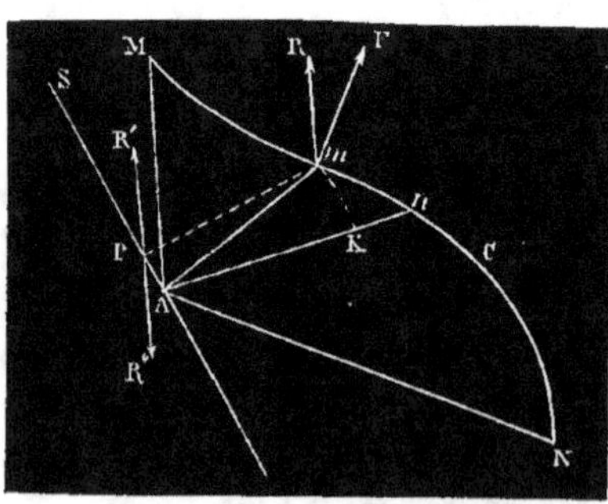

Fig. 37.

Désignons par θ_1 l'angle MAS et par θ_2 l'angle NAS, ce moment est

$$\mu\left(\cos\theta_1 - \cos\theta_2\right).$$

En effet, soient mn ou ds un élément du courant, r la distance Am, ω l'angle Amn, θ l'angle mAS, $\theta + d\theta$ l'angle nAS, l'action F du pôle A sur l'élément mn sera perpendiculaire au plan mAn et aura pour expression

$$\mathrm{F} = \frac{\mu \sin\omega \, ds}{r^2}.$$

Décomposons cette force en deux autres, l'une contenue dans le plan mAS, et par conséquent rencontrant l'axe AS, ou parallèle à cet axe (cette force n'est pas représentée dans la figure ci-contre), l'autre R perpendiculaire à ce plan; cette composante aura pour expression, en désignant par ε l'angle FmR supplémentaire de l'angle des deux plans mAn et mAS,

$$\mathrm{R} = \frac{\mu \sin\omega \, ds \cos\varepsilon}{r^2}.$$

On peut substituer à la force R le système formé d'une force R′ égale, parallèle et de même sens, appliquée sur l'axe de rotation, et d'un couple (R, R″) perpendiculaire à l'axe de rotation et ayant pour moment

$$\frac{\mu \sin\omega \, ds \cos\varepsilon}{r^2} \, r \sin\theta$$

ou bien

$$\mu \sin\theta \, \frac{\sin\omega \, ds}{r} \cos\varepsilon.$$

En traitant de même l'action exercée sur chacun des éléments du courant, on obtiendra une série de forces passant par l'axe de rotation, et une série de couples perpendiculaires à l'axe; ces couples se combineront en un seul ayant pour moment l'intégrale

$$\int \frac{\mu \sin\theta \sin\omega \cos\varepsilon \, ds}{r},$$

cette intégrale étant étendue au courant MN tout entier. Pour effectuer l'intégration, il suffit de remarquer que dans le triangle sphérique correspondant à l'angle trièdre ASmn on a

$$\cos(\theta + d\theta) = \cos\theta \cos mAn + \sin\theta \sin mAn \cos(\pi - \varepsilon).$$

Il est aisé de voir d'ailleurs que $\sin mAn$, sensiblement égal à l'arc qui mesure l'angle mAn, a pour valeur

$$\frac{\sin \omega \, ds}{r}.$$

Quant à $\cos mAn$, on peut le remplacer par l'unité ; il vient alors, en développant $\cos(\theta + d\theta)$ et remplaçant de même $\cos d\theta$ par l'unité et $\sin d\theta$ par $d\theta$,

$$\sin\theta \, d\theta = \sin\theta \frac{\sin \omega \, ds}{r} \cos\varepsilon ;$$

l'intégrale précédente se réduit ainsi à

$$\int \mu \sin\theta \, d\theta.$$

. Donc le moment du couple résultant sera

$$\mu\left(\cos\theta_1 - \cos\theta_2\right).$$

On voit donc que toutes les forces qui agissent sur le courant se réduisent à un système de forces qui rencontrent l'axe et à un couple dont le moment par rapport au même axe est

$$\mu\left(\cos\theta_1 - \cos\theta_2\right).$$

Si les deux points M et N se confondent, c'est-à-dire si le courant est fermé, on a $\theta_1 = \theta_2$; le moment du couple est nul, et, comme il en est de même quelle que soit la direction de l'axe AS, l'action se réduit à celle de forces qui rencontrent toutes une infinité d'axes passant par le point A. Donc elle se réduit, en réalité, à une force unique menée par le pôle de l'aimant.

52. 2° *L'action d'un pôle sur un courant fermé se réduit à l'action d'un pôle sur deux surfaces magnétiques.* — L'action d'un pôle sur un courant fermé est identique à celle qu'il exercerait sur deux surfaces

magnétiques infiniment voisines, ayant pour limite commune le contour du courant et chargées l'une de fluide austral, l'autre de fluide boréal, la densité variant en chaque point en raison inverse de la distance normale des deux surfaces.

Prenons en effet pour axes de coordonnées trois droites rectangulaires passant par le pôle magnétique. Soit $\varepsilon\, d^2\sigma$ la quantité de fluide accumulée sur l'élément superficiel $d^2\sigma$ d'une première surface que l'on se donne arbitrairement, en la faisant passer par le contour du circuit, où elle se termine. Supposons que le pôle soit boréal, ainsi que le fluide dont est chargée la surface considérée. L'action du pôle sur cette quantité de fluide sera $\dfrac{\varepsilon\, d^2\sigma}{r^2}$, et les composantes de cette force seront

$$\frac{\varepsilon x d^2\sigma}{r^3}, \qquad \frac{\varepsilon y d^2\sigma}{r^3}, \qquad \frac{\varepsilon z d^2\sigma}{r^3}.$$

Ce coefficient ε est ce qu'on peut appeler la densité du fluide sur l'élément considéré; il varie d'un point à l'autre. Les trois composantes de l'action du pôle sur la surface magnétique seront représentées par

$$\iint \frac{\varepsilon x}{r^3}\, d^2\sigma, \qquad \iint \frac{\varepsilon y}{r^3}\, d^2\sigma, \qquad \iint \frac{\varepsilon z}{r^3}\, d^2\sigma.$$

Soient ξ, η, ζ les angles que fait la normale à l'élément $d^2\sigma$ avec les trois axes de coordonnées et h la distance comptée sur cette normale entre la surface considérée et la surface infiniment voisine. Sur tout le contour de l'élément $d^2\sigma$ imaginons des normales à l'une des surfaces : ces normales déterminent sur l'autre surface un élément correspondant égal au premier, car, en négligeant les infiniment petits d'ordre supérieur, on peut regarder ces deux éléments comme des sections parallèles faites dans un cylindre. Les coordonnées du centre de cet autre élément seront

$$x + h\cos\xi, \qquad y + h\cos\eta, \qquad z + h\cos\zeta,$$

de sorte qu'en passant du premier élément au second les coordonnées reçoivent les accroissements

$$\delta x = h\cos\xi, \qquad \delta y = h\cos\eta, \qquad \delta z = h\cos\zeta.$$

L'action du pôle sur le second élément aura pour composante, suivant l'axe des x, $-\varepsilon\dfrac{x+\delta x}{(r+\delta r)^3}d^2\sigma$, en regardant la seconde surface comme chargée de fluide austral. En supposant que sur deux éléments correspondants la densité soit la même, on peut dire que $\varepsilon d^2\sigma$ reste constant, c'est-à-dire que la quantité de fluide est la même. Alors l'action exercée par le pôle sur le second élément n'est autre chose que l'action exercée sur le premier changée de signe, et dans laquelle on augmente x de δx, car on peut regarder les accroissements δy et δz comme fonctions de δx. Cette action est donc $-\varepsilon d^2\sigma\left(\dfrac{x}{r^3}+\delta\dfrac{x}{r^3}\right)$. Les composantes de l'action du pôle sur les deux éléments correspondants sont donc

$$-\varepsilon d^2\sigma\,\delta\frac{x}{r^3}, \qquad -\varepsilon d^2\sigma\,\delta\frac{y}{r^3}, \qquad -\varepsilon d^2\sigma\,\delta\frac{z}{r^3}.$$

Or on a
$$\delta\frac{x}{r^3}=\frac{\delta x}{r^3}-3\frac{x}{r^4}\delta r=\delta x\left(\frac{1}{r^3}-\frac{3x}{r^4}\frac{\delta r}{\delta x}\right),$$

et, comme $\delta x = h\cos\xi$, il vient
$$X=\iint \varepsilon h\cos\xi\,d^2\sigma\left(\frac{3x}{r^4}\frac{\delta r}{\delta x}-\frac{1}{r^3}\right).$$

Puisqu'on suppose que ε varie en raison inverse de h, εh est égal à une constante g; donc
$$X=g\iint\cos\xi\,d^2\sigma\left(\frac{3x}{r^4}\frac{\delta r}{\delta x}-\frac{1}{r^3}\right).$$

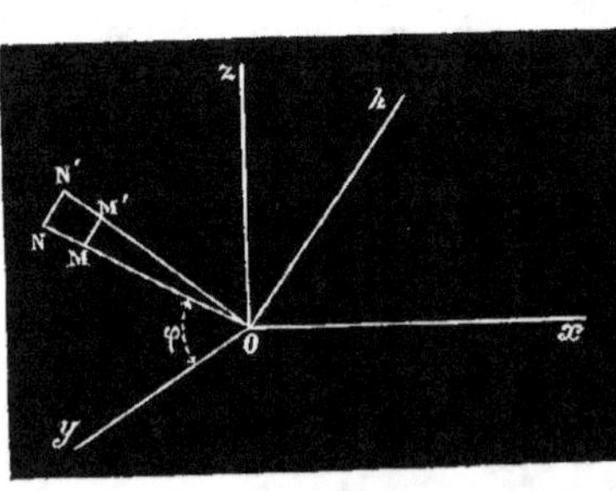

Fig. 38.

Pour réduire cette intégrale double à une intégrale simple, changeons le système d'axes de coordonnées.

Soient OM $=u$ (fig. 38) la projection sur le plan $z\mathrm{O}y$ du rayon vecteur r, qui va d'un point quelconque de l'espace à l'origine, et φ l'angle que fait cette projection avec l'axe $\mathrm{O}y$. Nous prendrons pour coordonnées u, φ et x, que nous désignerons pour un moment par x', afin de bien distinguer l'abscisse associée aux coordonnées u, φ de la même abscisse associée aux coordonnées y, z. Les formules de transformation seront

$$x = x', \qquad y = u \cos \varphi, \qquad z = u \sin \varphi,$$
$$r^2 = u^2 + x'^2.$$

Si l'on passe d'un point à un autre infiniment voisin, on a

$$\frac{\delta r}{\delta x} = \frac{\delta r}{\delta x'} \frac{\delta x'}{\delta x} + \frac{\delta r}{\delta u} \frac{\delta u}{\delta x} + \frac{\delta r}{\delta \varphi} \frac{\delta \varphi}{\delta x}.$$

Or
$$\delta x = \delta x'$$

et
$$\frac{\delta \varphi}{\delta x} = 0,$$

donc
$$\frac{\delta r}{\delta x} = \frac{\delta r}{\delta x'} + \frac{\delta r}{\delta u} \frac{\delta u}{\delta x}.$$

Les d sont relatifs aux déplacements sur la même surface et les δ aux déplacements d'une surface à l'autre. On a

$$\frac{\delta r}{\delta x'} = \frac{x'}{r}, \qquad \frac{\delta r}{\delta u} = \frac{u}{r};$$

donc
$$\frac{\delta r}{\delta x} = \frac{x'}{r} + \frac{u}{r} \frac{\delta u}{\delta x}.$$

Ces formules conviennent à un déplacement quelconque : introduisons maintenant la condition qu'il soit normal à la surface et par conséquent perpendiculaire au déplacement que l'on obtient en faisant varier x' et u seulement, ce qui laisse φ constant. Imaginons un troisième axe Oh perpendiculaire à Ox et à OM. Lorsqu'on se déplace sur la normale, le déplacement suivant Oh a pour projections sur Ox, OM, On

$$\delta x', \qquad \delta u, \qquad \delta h;$$

lorsqu'on se déplace sur la surface en laissant φ constant, il a pour projections

$$dx', \qquad du; \qquad 0,$$

et, pour exprimer que ces deux déplacements sont rectangulaires, on a la condition

$$dx'\,\delta x' + du\,\delta u = 0\,;$$

d'où

$$\frac{\delta u}{\delta x'} = \frac{\delta u}{\delta x} = -\frac{dx'}{du},$$

et par suite

$$\frac{\delta r}{\delta x} = \frac{x'}{r} - \frac{u}{r}\frac{dx'}{du}\,. \quad \Big\rangle$$

Multiplions cette dernière équation par $x = x'$ et remplaçons x'^2 par $r^2 - u^2$, nous aurons

$$x\frac{\delta r}{\delta x} = r - \frac{u}{r}\left(u + x'\frac{dx'}{du}\right)\,.$$

Si l'on différentie l'équation $r^2 = u^2 + x'^2$ en regardant x' comme fonction de u, en vertu de l'équation de la surface, on a

$$u + x'\frac{dx'}{du} = r\frac{dr}{du}\,.$$

Donc enfin

$$x\frac{\delta r}{\delta x} = r - u\frac{dr}{du}\,.$$

Il est facile d'exprimer l'élément de surface au moyen de nouvelles coordonnées, car $d^2\sigma\cos\xi$ est la projection de cet élément sur le plan zOy, et comme nous n'avons fait aucune hypothèse sur la forme de cet élément, nous pouvons regarder MM′ NN′ comme étant cette projection, de sorte que $d^2\sigma\cos\xi = u\,du\,d\varphi$. On a donc, en substituant,

$$X = g\int\!\!\int u\,du\,d\varphi\left(\frac{3r - 3u\dfrac{dr}{du}}{r^4} - \frac{1}{r^3}\right)$$

ou bien

$$X = g\int\!\!\int d\varphi\left(2u\frac{du}{r^3} - \frac{3u^2\dfrac{dr}{du}\,du}{r^4}\right)\,.$$

On doit remarquer que la quantité placée entre parenthèses est $\dfrac{d\dfrac{u^2}{r^3}}{du}\,du$, de sorte qu'on peut effectuer une intégration par rapport à u.

. Si l'on intègre depuis une valeur de u pour laquelle r soit égal à r_1 et u à u_1, jusqu'à $r = r_2$, $u = u_2$, on a

$$X = g \int d\varphi \left(\frac{u_2^2}{r_2^3} - \frac{u_1^2}{r_1^3} \right).$$

Soient ABC (fig. 39) le contour auquel se termine la surface, mm', nn' les intersections de la surface avec les plans φ et $\varphi + d\varphi$;

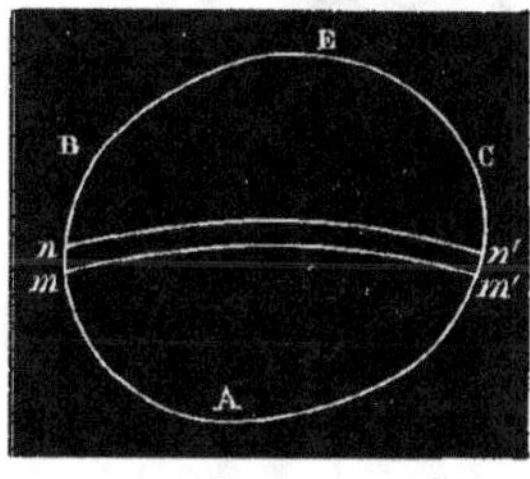

Fig. 39.

l'intégration que nous avons faite se rapporte à toute la partie de la surface comprise entre ces deux intersections. Pour avoir X, il faudra faire la somme de tous les éléments $\left(\frac{u_2^2}{r_2^3} - \frac{u_1^2}{r_1^3} \right) d\varphi$, u_1, r_1, u_2, r_2 étant des valeurs de u pour le contour ABC. Or cette somme est égale à l'intégrale $\int \frac{u^2}{r^3} d\varphi$ prise tout le long du contour ABC. En effet, soient A, E les points où le contour est touché par le plan passant par Ox. Le long de l'arc ABE, φ ira, par exemple, en croissant de A en E, et par suite $d\varphi$ sera positif, de sorte que dans cette partie de l'intégration on aura fait la somme de tous les éléments $\frac{u_2^2}{r_2^3} d\varphi$. Dans l'arc ECA, φ ira en décroissant, et par suite $d\varphi$ sera négatif : si l'on met le signe en évidence, on a pour expression de l'élément différentiel $-\frac{u^2}{r^3} d\varphi$, et, si l'on fait l'intégration du point E au point A, on aura bien fait la somme de tous les éléments $-\frac{u_1^2}{r_1^3} d\varphi$. Donc

$$X = g \int \frac{u^2}{r^3} d\varphi,$$

l'intégrale étant prise tout le long du contour ABC. Si l'on désigne par v et w les projections de r sur les plans zOx, yOx et par χ et ψ les angles de ces projections avec les axes Oz et Ox, on aura de même

$$Y = g \int \frac{v^2}{r^3} d\chi,$$
$$Z = g \int \frac{w^2}{r^3} d\psi,$$

les intégrales étant encore prises tout le long du contour ABC de la surface magnétique.

Imaginons que l'on joigne à l'origine O (fig. 40) les extrémités m et n d'un élément mn du contour considéré : on forme ainsi un

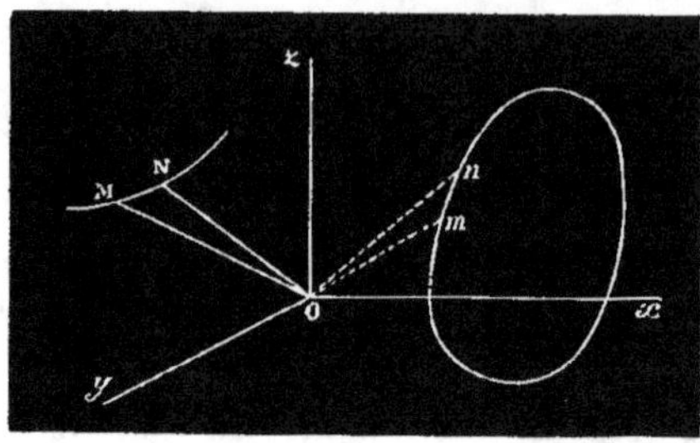

Fig. 40.

secteur Omn dont l'aire est égale à sa base, $mn = ds$, multipliée par la moitié de la perpendiculaire abaissée de l'origine sur mn. Si l'on appelle ω l'angle que fait l'élément avec le rayon vecteur Om, cette perpendiculaire est $r \sin \omega$ et on a

$$Omn = \frac{1}{2} r \sin \omega \, ds.$$

Soit OMN la projection de Omn sur le plan zOy; on a $OMN = u^2 d\varphi$. D'un autre côté, en appelant λ, μ, ν les angles que fait avec les axes une perpendiculaire au secteur Omn, on a aussi

$$OMN = Omn \cos \lambda;$$

donc

$$u^2 d\varphi = \frac{1}{2} r ds \sin \omega \cos \lambda.$$

De même,

$$v^2 d\chi = \frac{1}{2} r ds \sin \omega \cos \mu,$$

$$w^2 d\psi = \frac{1}{2} r ds \sin \omega \cos \nu,$$

et, par suite,

$$X = g \int \frac{ds \sin \omega}{r^2} \cos \lambda, \qquad Y = g \int \frac{ds \sin \omega}{r^2} \cos \mu, \qquad Z = g \int \frac{ds \sin \omega}{r^2} \cos \nu,$$

les intégrales étant prises tout le long du contour.

Remarquons que toutes les actions du pôle placé à l'origine O sur les éléments de surfaces magnétiques sont des forces passant par le pôle O; donc elles donnent une résultante unique appliquée en O.

Cela posé, il est clair qu'on obtiendrait la même résultante en grandeur et en direction, si l'on supposait chaque élément du contour ABC sollicité par une force $g\dfrac{ds\sin\omega}{r^2}$ appliquée au point O et perpendiculaire au plan du secteur Omn, qui passe par le pôle et par l'élément, car les composantes de cette force sont

$$g\frac{ds\sin\omega}{r^2}\cos\lambda, \qquad g\frac{ds\sin\omega}{r^2}\cos\mu, \qquad g\frac{ds\sin\omega}{r^2}\cos\nu,$$

ce qui donne la même résultante totale.

Or ce sont précisément là les forces que l'on aura si l'on suppose le contour traversé par un courant voltaïque. Il est vrai que chaque force élémentaire sera appliquée à l'élément de courant; mais comme nous savons que la résultante des actions du pôle sur un courant fermé est appliquée au pôle, on voit que cela ne change rien à la résultante totale. Donc l'action du pôle sur le courant fermé est la même que celle qu'il exerce sur le système de surfaces précédemment défini.

53. Conséquences : application du théorème des forces vives. — De ce théorème résulte une conséquence importante. Les forces électro-magnétiques dépendant des angles, le théorème des forces vives ne leur est pas applicable en général. Cependant, si les actions s'exercent entre un système quelconque de molécules magnétiques et un courant fermé, on peut remplacer ces forces, dépendant des angles, par un système équivalent de forces qui ne dépendent que des distances. Or le théorème des forces vives conduit à cette conclusion que, s'il peut se produire un mouvement de rotation, chaque point du système reprendra la même vitesse en reprenant la même position. Mais si l'on tient compte des frottements et de la résistance des milieux, on voit que la vitesse ira constamment en diminuant, et le système finira bientôt par s'arrêter. Donc l'action d'un pôle sur un courant fermé ne peut produire un mouvement continu de rotation.

54. Action sur les courants non fermés. — Rotation. —
Mais, avec des courants non fermés, on peut obtenir des mouvements
de rotation qui persistent indéfiniment avec une certaine vitesse,
malgré les frottements et les résistances du milieu. Il faut donc qu'il
se développe à chaque instant une force capable de faire équilibre aux
résistances. Si donc ces résistances n'existaient pas, le mouvement
de rotation irait en s'accélérant indéfiniment.

Les deux théorèmes fondamentaux que nous
venons d'établir peuvent servir à démontrer la
possibilité ou l'impossiblilité de mouvements de
rotation de portions de courants sous l'action
d'un aimant.

Par exemple, on reconnaîtra que si un courant est libre de tourner autour de ses deux extrémités M et N (fig. 41) et que l'on place en A
et B les pôles d'un aimant fixe, le courant se
mettra à tourner jusqu'à ce que le conducteur
ait rencontré l'aimant fixe. Si alors on enlève
l'aimant pour laisser passer le conducteur, et
qu'on le remette ensuite à sa place, le conducteur fera une révolution de plus. et ainsi de suite.

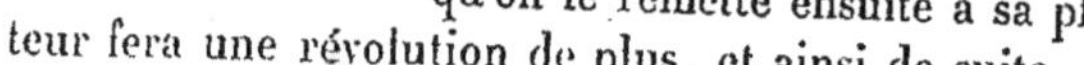
Fig. 41.

**55. Discussion contenue dans la lettre d'Ampère à
Gherardi.** — Il semble donc que ce soit seulement un obstacle
physique qui empêche le mouvement de rotation indéfiniment
accéléré d'être produit par l'action mutuelle d'un aimant et d'un fil
conducteur, et qu'à considérer les choses au point de vue purement
mathématique où le fil conducteur passerait à travers l'aimant,
entre les éléments magnétiques qui agissent sur lui, ce mouvement
indéfiniment accéléré aurait lieu. Cependant ceci est en contradiction avec le théorème que nous venons de démontrer, puisque le
courant MN peut être supposé fermé: car si on ajoute la portion
rectiligne MN, l'aimant n'exercera sur elle aucune action. Cette difficulté a été présentée par le professeur S. Gherardi à Ampère, qui l'a
résolue de la manière suivante [1].

[1] *Annales de chimie et de physique*, (2), t. XXIX, p. 373 (1825).

Dans l'application que l'on fait du premier théorème à la recherche du moment de rotation d'un conducteur autour de la ligne des pôles d'un aimant, on admet que l'action de l'aimant tout entier sur le conducteur peut être remplacée par celle de ses pôles sur le même conducteur. Cela est vrai, tant que toutes les portions du conducteur sont à une distance finie de l'aimant. Mais si, comme dans le cas qui nous occupe, une portion du conducteur vient se placer à une distance infiniment petite de l'aimant, il faudra alors tenir compte de

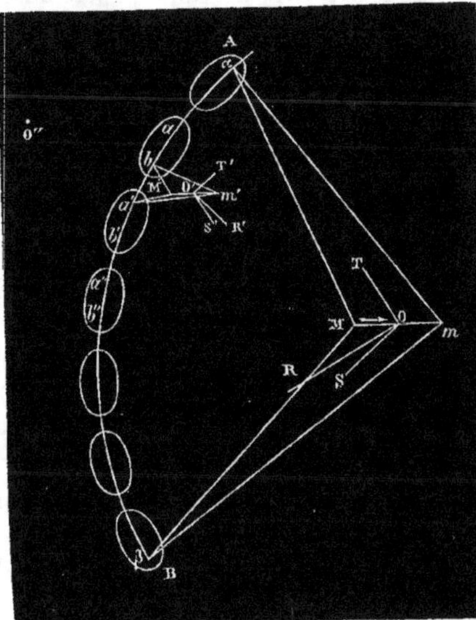

Fig. 42.

l'action mutuelle de ces deux parties infiniment rapprochées; or il est ici facile de voir que cette dernière action est opposée à celle des pôles, et, comme elle peut devenir pour ainsi dire infiniment grande, elle finira toujours par l'emporter sur l'action des pôles et par arrêter le mouvement. C'est ce que nous allons expliquer en détail sur un exemple assez simple pour que cette explication soit facile à suivre.

Cet exemple consiste à ne considérer, au lieu de l'aimant, qu'une seule série d'éléments magnétiques de même intensité, à égale distance les uns des autres, et dont les axes sont situés sur une ligne quelconque AB (fig. 42). Si l'on suppose d'abord que les pôles de ces éléments soient aux points a, b pour l'un d'eux, a', b' pour le suivant, et ainsi de suite, on pourra, sans changer l'action exercée par ces éléments sur un point situé à une distance que l'on puisse considérer comme infinie par rapport aux intervalles ab, ba', etc., imaginer que les deux pôles d'un élément magnétique s'écartent l'un de l'autre en variant d'intensité en raison inverse de leur distance mutuelle, jusqu'à ce que le pôle boréal de l'élément ab se confonde avec le pôle austral de l'élément $a'b'$, et que la même chose ait lieu pour les pôles de tous les autres éléments. Les pôles qui se trouveront ainsi superposés, ayant même intensité, se neutraliseront mutuellement, en sorte qu'il ne restera que l'action des deux pôles extrêmes, c'est-à-dire du pôle austral α de l'élément A, et du pôle boréal β de l'élément B, précisément comme si, au lieu de tous les éléments magnétiques de la ligne AB, il n'y avait qu'un pôle austral à l'extrémité A de cette ligne et un pôle boréal à son extrémité B.

Un aimant peut donc être remplacé par une ligne de forme quelconque occupée ainsi par des éléments de même intensité équidistants et dont les deux extrémités seraient aux deux pôles de cet aimant.

Concevons donc une pareille série d'éléments magnétiques, et voyons ce qui doit arriver à un élément d'un courant voltaïque Mm, dirigé comme l'indique la flèche de la figure, et placé à une distance suffisante pour que l'action de AB se réduise, d'après ce que nous venons de dire, à celle des deux pôles extrêmes α et β. L'action du pôle austral α sera une force dirigée suivant OS, celle du pôle β sera dirigée suivant OT, et la résultante, dirigée suivant OR, tend à faire tourner de gauche à droite par rapport à AB. On peut voir que si l'élément était en O'', au delà de la ligne courbe, l'action des pôles tendrait à faire tourner dans ce sens. Mais, pour passer de la position O à O'', il faudrait que le circuit fermé passât au travers des éléments magnétiques, entre ab et $a'b'$ par exemple. Considérons l'élément $M'm'$ voisin de ces éléments magnétiques. Dans cette position, la ligne des éléments magnétiques ne peut plus être remplacée par les deux pôles α et β; il faut en outre tenir compte des éléments voisins ab, $a'b'$: or il est visible que, l'élément de courant ayant la même direction en O' qu'en O, la résultante $O'R'$ des actions des deux pôles b, a' tend à faire tourner en sens contraire de la résultante OR, par rapport au même axe AB, et, lorsque les distances bO', $a'O'$ deviennent infiniment petites, la résultante $O'R'$ devient comme infinie et l'emporte de beaucoup sur la résultante de toutes les autres actions. Le circuit sera donc violemment repoussé, et, à considérer les choses à un point de vue purement mathématique, le circuit

devra osciller autour d'une position d'équilibre. Ainsi, toute difficulté se trouve levée, et l'on voit bien que, dans ce cas, il ne
saurait se produire de mouvement de rotation indéfiniment accéléré.

56. Propriétés d'un courant rectiligne indéfini. — Nous
avons dit que l'action d'un pôle sur un courant fermé est toujours
une force appliquée au pôle. Par exem-
ple, si l'on prend un circuit dont une
partie rectiligne très-longue soit très-
rapprochée du pôle, tandis que le circuit va ensuite se fermer plus loin, on
peut négliger la partie non rectiligne
dans l'évaluation de l'intensité de la résultante, mais on ne le peut pas dans
l'évaluation de son point d'application.
Cela est aisé à comprendre : pour plus
de simplicité, supposons que le circuit
MNN'M' soit plan, et menons par le
pôle A (fig. 43) deux droites qui inter-

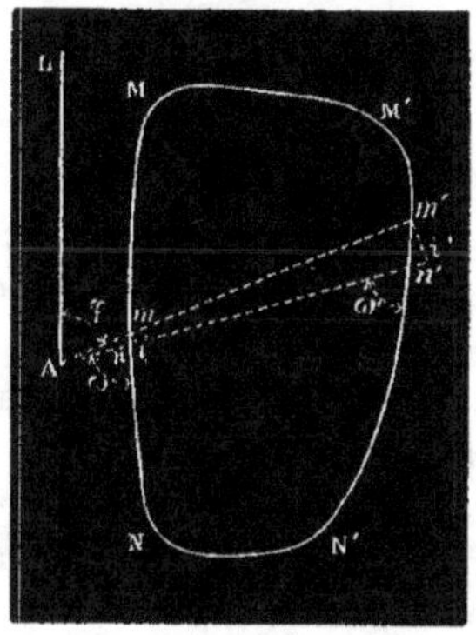
Fig. 43.

ceptent sur ce circuit deux éléments $mn = ds$, $m'n' = ds'$; en désignant par r, r' les distances Am, Am' des éléments au point A, le
pôle A exerce sur ces éléments les actions

$$\frac{ds \sin \omega}{r^2}, \qquad \frac{ds' \sin \omega'}{r'^2}.$$

Du point A comme centre, avec Am et Am' comme rayons, décri-
vons entre les deux droites des arcs de cercle que nous désignerons
par $d\sigma$, $d\sigma'$, et nous aurons

$$ds \sin \omega = d\sigma, \qquad ds' \sin \omega' = d\sigma',$$

et par conséquent les deux forces ont pour expression

$$\frac{d\sigma}{r^2}, \qquad \frac{d\sigma'}{r'^2}.$$

Enfin, si nous désignons par $d\alpha$ l'angle des deux droites, nous
aurons

$$d\sigma = r\, d\alpha, \qquad d\sigma' = r'\, d\alpha,$$

et, par suite. les deux forces seront

$$\frac{d\alpha}{r}, \qquad \frac{d\alpha}{r'}.$$

On voit que, si r' est beaucoup plus grand que r, on pourra sans erreur sensible négliger la force $\frac{d\alpha}{r'}$ en faisant la somme de toutes les forces élémentaires.

Mais il n'en sera pas de même quand on voudra prendre les moments par rapport à une droite quelconque AL passant par le point A; car, ces forces étant perpendiculaires au plan LAmm', il suffit, pour avoir ces moments, de les multiplier par leurs distances $r\sin\varphi$, $r'\sin\varphi$ à l'axe AL. Ces moments sont donc tous deux représentés par $d\alpha\sin\varphi$.

On voit qu'ils sont égaux. D'ailleurs, le courant circule nécessairement dans des sens opposés en mn et $m'n'$; par suite, ces deux moments se détruisent, et la somme des moments par rapport à AL est nulle, ce que nous savions déjà. Le point d'application de la résultante totale peut donc différer beaucoup du point d'application de la résultante des parties rectilignes, tandis que la valeur des deux résultantes est sensiblement la même.

BIBLIOGRAPHIE.

ÉLECTRO-MAGNÉTISME.

1820.   OErsted. *Experimenta circa effectum conflictus electrici in acum magneticum*, in-4°, Hafn, 21 juillet 1820, et *Ann. de chim. et de phys.*, (2), XIV, 417.

1820.   OErsted, Neuere elektromagnetische Versuche, *Schweigg. Journ.*, XXIX, 364, et *Gilb. Ann.*, LXVI, 295.

1820.   Ampère, Mémoire sur l'action des courants voltaïques, *Ann. de chim. et de phys.*, (2). XV, 59 et 170.

1820.   Boisgiraud, De l'action de la pile sur l'aiguille aimantée. *Mém. de l'Acad. des sciences*, 9 octobre 1820, et *Ann. de chim. et de phys.*, (2), XV, 279.

1820.   Biot, Note sur le magnétisme de la pile de Volta, *Ann. de chim. et de phys.*, (2), XV, 222.

1820.   Biot et Savart, Mémoire sur la mesure de l'action exercée à distance sur une particule de magnétisme par un fil conjonctif, *Journ. de phys.*, XCI, 151, *Ann. de chim. et de phys.*, (2), XV, 222, et *Précis élément. de phys.*, 3ᵉ édition, II, 740-745.

1820-21.   Seebeck, Ueber das Magnetismus der galvanischen Kette, *Abhandl. der Berliner d. W. Academie*, 1820-1821, et *Schweigg. Journ.*, XXXII, 26.

1821.   OErsted, Betracht über den Elektromagnetismus, *Schweigg. Journ.*, XXXII, 199, et XXXIII, 123.

1821.   Kastner, *Observationes de Electromagnetismo*, Erlangen, 1821.

1821.   Berzélius, Lettre sur l'état magnétique des corps qui transmettent un courant d'électricité, *Ann. de chim. et de phys.*, (2), XVI, 113.

1821.   Ampère, Sur l'état magnétique des corps qui transmettent un courant d'électricité, *Ann. de chim. et de phys.*, (2), XVI, 119.

1821.   Prechtl, Ueber die wahre Beschaffenheit des magnetischen Zustandes des Schliessungsdrahtes in der voltaschen Saüle, *Gilb. Ann.*, LXVII, 259.

1821.   Bechstein, Versuche über die Einwirkung der galvanischen Elektricität auf die Magnetnadel, *Gilb. Ann.*, LXVII, 371.

1821.   Gazzeri, Ridolfi et Antinori, Expériences électro-magnétiques, *Bibl. univ.*, XVI, 101.

1821.   Erman, Umrisse zu physischen Verhältnissen des von OErsted entdeckten elektrochemischen Magnetismus, Berlin, 1821, *Gilb. Ann.*, LXVII, 381, et *Bibl. univ.*, XVII, 181.

1821.   Ampère, Lettre à M. Erman, secrétaire de l'Académie de Berlin, *Bibl. univ.*, XVII, 181.

1821.   H. Davy, Extrait d'une lettre à M. Ampère, *Bibl. univ.*, XVII, 191.

1821.   Ampère, Extrait d'une lettre au professeur de la Rive, *Bibl. univ.*, XVII, 192.

1821.   De la Rive (Ch.-G.), Mémoire sur quelques nouvelles expériences électro-magnétiques, et en particulier sur celles de M. Faraday, *Bibl. univ.*, XVIII, 269.

1821.   Faraday, Sur les mouvements électro-magnétiques et la théorie de l'électro-magnétisme, *Ann. de chim. et de phys.*, (2), XVIII, 337.

1821.   Ampère et Savary, Note sur ce mémoire, *Ann. de chim. et de phys.*, (2), XVIII, 370.

1821.   De la Rive (Ch.-G.), Études sur l'action des aimants sur les flotteurs électriques, *Bibl. univ.*, XVI, 201.

1821.   Althauss, *Versuche über den Elektromagnetismus nebst einer kurzen Prüfung der Theorie des H. Ampère*, Heidelberg, 1821.

1821.   Pohl, Versuche und Bemerkung über den Zusammenhang des Magnetismus mit der Elektricität und dem Chemismus, *Gilb. Ann.*, LXIX, 171.

1821. Raschig, Einfachste Darstellung eines Magneten durch einen galvanisch-elektrischen Strom, *Gilb. Ann.*, LXIX, 206.

1821. Ampère, Réponse à la lettre de M. Van Beck sur une nouvelle expérience électro-magnétique, *Journ. de phys.*, XCIII, 447.

1821-22. Faraday, A historical Sketch of Electromagnetism, *Ann. of Phil.*, II, 200 et 290.

1821-22. OErsted, Galvanometriske Undersögelser, *Oversigt over det kongl. Danske Videnskabernes Selskabs Forhandlinger, etc.*, Kopenhagen (1821-1822).

1821-22. OErsted, Forsatte Forsög over Vandets Sammentrykning, *Oversigt over det kongl. Danske Videnskabernes Selskabs Forhandlinger, etc.*, Kopenhagen (1821-1822).

1822. Muncke, Versuch über den Elektromagnetismus zur Begründung einer genügenden Theorie desselben, *Gilb. Ann.*, LXX, 141.

1822. Hansteen, Ueber einen Versuch des Herrn D. Seebeck, und das daraus abzuleitende Gesetz der elektromagnetischen Kraft, *Gilb. Ann.*, LXX, 175.

1822. Schmidt, Einige elektrisch-magnetische Versuche, und Wiederholung von Volta's fundamental Versuchen, *Gilb. Ann.*, LXX, 227.

1822. Schmidt, Beschreibung einer einfach eingerichteten astatischen Magnetnadel und einiger damit angestellten Versuche, das Gesetz der elektromagnetischen Anziehungen und Abstossungen betreffend, *Gilb. Ann.*, LXX, 243.

1822. Ampère, Notice sur de nouvelles recherches relatives aux phénomènes électro-magnétiques, *Bibl. univ.*, XIX, 244.

1822. Van Beck, Van Rees et Moll, On some electro-magnetical experiments, *Edinb. Phil. Journ.* (avril 1822), et *Bibl. univers.*, XX, 123.

1822. Ampère, Expériences relatives à de nouveaux phénomènes électrodynamiques, *Bibl. univ.*, XX, 173.

1822. Ampère, Extrait d'une lettre adressée à M. de la Rive sur des expériences électro-magnétiques, *Bibl. univ.*, XX, 185.

1822. Raschig, Versuche zur Prüfung von Muncke's Erklärung des Elektromagnetismus, *Gilb. Ann.*, LXXI, 39.

1822. Kriess, Ueber Müncke's Ansicht, *Gilb. Ann.*, LXXI, 58.

1822. Gilbert, Ueber Müncke's Ansicht, *Gilb. Ann.*, LXXI, 64.

1822. Pohl, Versuche und Bemerkung über den Zusammenhang des Magnetismus mit der Elektricität und dem Chemismus, *Gilb. Ann.*, LXXI, 147.

1822. Schmidt, Gesetze der Anziehung eines galvanisch-elektrischen Stroms und eines Prechtl'schen transversal Magneten auf die Magnetnadel, *Gilb. Ann.*, LXXI, 387.

1822.   Hansteen, Mathematiske Theorie over de of OErsted up dagede elektromagnetiske Phenomener, *Mag. for Naturwidenskaberne das er mit G.-F. Lundh und H.-H. Maschmann herausgabe*, I et II, et *Gilb. Ann.*, LXX, 175.

1822.   De la Rive (A.), Mémoire sur l'action qu'exerce le globe terrestre sur une portion mobile du circuit voltaïque, *Ann. de chim. et de phys.*, (2), XXI, 24, et *Bibl. univ.*, XXI, 29 et 48.

1822.   Pouillet, Sur les phénomènes électro-magnétiques, *Ann. de chim. et de phys.*, (2), XXI, 77.

1822.   Seebeck, *Ueber den Magnetismus der galvanischen Kette*, Berlin, 1822.

1822.   Ampère et Babinet, Exposé des nouvelles découvertes sur l'électricité et le magnétisme (*Supplément à la Chimie de Thomson* traduite par Riffault), Paris, 1822.

1822.   Faraday, On some new electromagnetical motions and on the theory of magnetism, *Quart. Journ. of sc.*, XII, et *Gilb. Ann.*, LXXI, 124.

1822.   Faraday, On a new apparatus for the exhibition of rotatory magnetic motion, *Quart. Journ. of sc.*, XII, et *Gilb. Ann.*, LXXII, 113.

1822.   Seebeck, Nouvelles expériences sur les actions électro-magnétiques, *Ann. de chim. et de phys.*, (2), XXII, 199.

1823.   OErsted, Expérience électro-magnétique, *Ann. de chim. et de phys.*, (2), XXII, 201.

1823.   Ampère, Lettre à M. Faraday sur l'électro-magnétisme, *Ann. de chim. et de phys.*, (2), XXII, 389.

1823.   De Monferrand, *Manuel d'électricité dynamique*, Paris, 1823.

1823.   Pfaff, Ueber das verschiedene Verhalten verschiedener Stellen einer und derselben Häffte einer Magnetnadel im electromagnetischen Conflicte, etc., *Gilb. Ann.*, LXXIV, 249.

1823.   Faraday, Historical statement respecting electromagnetic rotations, *Quart. Journ. of sc.*, XV.

1823.   Barlow, *An essay on magnetic attractions and on the laws of terrestrial electromagnetism*, London, 1823.

1823.   Davy, Sur un nouveau phénomène électro-magnétique, *Philos. Trans. f.* 1823, 153, et *Ann. de chim. et de phys.*, (2), XXV, 64.

1823.   Pepys, Sur un appareil d'une construction particulière propre à faire des expériences électro-magnétiques, *Phil. Trans. f.* 1823, 187, et *Ann. de chim. et de phys*, (2), XXV, 217.

1823.   Pohl, Versuche über die Einwirkung des Erdmagnetismus auf bewegliche Elektromagnete (Leiter), *Gilb. Ann.*, LXXIV, 74 et 389, et LXXV, 269.

1824.   Pfaff, *Der Elektromagnetismus, eine historisch-kritische Darstellung der bisherigen Entdeckungen auf dem Gebiete desselben, nebst eigenthümlichen Versuchen*, in-8°, Hambourg, 1824.

1826. Schweigger, Ueber Elektromagnetismus, *Schweigg. Journ.*, XLVI, 1. et XLVIII, 289.

1826. Sturgeon, Account of an improved electromagnetic apparatus, *Ann. of Phil.*, XII, 357.

1826. Colladon, Déviation de l'aiguille aimantée par le courant d'une machine électrique ordinaire, *Ann. de chim. et de phys.*, (2), XXXIII, 62.

1827. Müncke, Article Elektromagnetismus du *Dictionnaire de physique* de Gehler, Leipzig, 1825-1845.

1827. Ampère, Mémoire sur l'action mutuelle d'un conducteur voltaïque et d'un aimant, *Mém. de Brux.*, IV, 1827.

1827. Lewthwaite, New form of an experiment in electromagnetism, *Ann. of Phil.*, II, 459.

1828. Ampère, Note sur l'action mutuelle d'un aimant et d'un conducteur, *Ann. de chim. et de phys.*, (2), XXXVII, 113.

1828-29. OErsted, Elektromagnetiske Forsög for at ud finde om galvaniske Redskaber kunne bruges til at frembringe meget Stärke Magneter, *Oversigt over det kongl. Danske Videnskabernes Selskabs Forhandlinger*, etc., Kopenhagen, 1828-1829.

1829-30. OErsted, Et elektromagnetik Forsög som strider im od Ampère's Theorie, *Oversigt over det kongl. Danske Videnskabernes Selskabs Forhandlinger*, etc., 1829-1830.

1830. Fechner, *Elementarlehrbuch des Elektromagnetismus nebst Beschreibung der hauptsächlichsten elektromagnetischen Apparate*, Leipzig, 1830.

1830. Pohl, *Der Elektromagnetismus theoretisch-praktisch dargestellt*, Berlin, 1830.

1830. Sturgeon, *Recent experimental Researches in electromagnetism, galvanism*, etc., London, 1830.

1830. Dove, Ueber elektromagnetische Anziehung und Abstossung, *Pogg. Ann.*, XXVIII, 586, et XXIX, 461 (1833).

1831. Nobili, Sur la force électro-motrice du magnétisme, *Ann. de chim. et de phys.*, (2), XLVIII, 412.

1831. Dal Negro, Nuove esperienze ed osservazioni elettro-magnetische, *Nov. Saggi di Padova*, III.

1832. Nobili, Nouvelles expériences électro-magnétiques, *Ann. de chim. et de phys.*, (2), L, 280.

1832. Faraday, Lettre adressée à M. Gay-Lussac sur les phénomènes électro-magnétiques, *Ann. de chim. et de phys.*, (2), LI, 404.

1832. Pouillet, Condition d'équilibre d'une aiguille aimantée soumise à l'action d'un courant rectiligne indéfini, *Éléments de physique* (2° édition), I, 247.

1833. Sturgeon, On the theorie of magnetic electricity, *Phil. Mag.*, (2), II.

1834.   Nobili, *Memorie ed osservazioni edite et inedite colla descrizione ed analisi de suoi apparati ed instrumenti*, Firenze, 1834.

1834.   Roget, *Treatise on electricity, galvanism, magnetism and electromagnetism*, London, 1834.

1835.   Peltier, Expériences électro-magnétiques, *Ann. de chim. et de phys.*, (2), LX; 261.

1838.   Nobili, *Questioni sul magnetismo*, Modena, 1838.

1838.   Lenz, Ueber einige Versuche im Gebiete des Galvanismus, *Bulletin scient. de l'Acad. de Saint-Pétersbourg*, III, 1838.

1838.   Nobili, *Novi trattati sopra il calorico, l'elettricita e il magnetismo*, Modena, 1838.

1838-39.   Lenz et Jacobi, Ueber die Gesetze der Electromagnete, *Bulletin scient. de l'Acad. de Saint-Pétersbourg*, IV, 1838, et V, 1839.

1839.   De la Rive (A.), Sur les courants magnéto-électriques, *Mém. soc. Genève*, VIII.

1839.   Lenz, Ueber eine Erscheinung die an einer grossen Wollastonschen Batterie beobachtet wurde, *Pogg. Ann.*, XLVII, 46.

1840.   Lenz, Ueber die Eigenschaft der magneto-elektrischen Ströme, *Bull. scient. de l'Acad. de Saint-Pétersbourg*, VI (1840).

1840.   Zantedeschi, *Relazione storico-critica sperimentale nell' elettro-magnetismo*, Venezia, 1840.

1853.   Buff, *Grundzüge der experimental Physik*, Heidelberg, 1853.

1854.   De la Rive, *Traité de l'électricité théorique et appliquée*, Paris, 1854-1858.

1858.   Müller (J.-H.), Untersuchungen über Elektromagnetismus, *Pogg. Ann.*, CV, 547.

1859.   Plücker, Note sur une nouvelle manière de considérer l'action qu'exerce un aimant sur un courant électrique, *Ann. de chim. et de phys.*, LV, 241.

1868.   Villari, Ueber einige eigenthümliche elektromagnetische Erscheinungen und über die Weber'sche Hypothese vom Elektromagnetismus, *Pogg. Ann.*, CXXXIII, 322.

II.

MESURE DE L'INTENSITÉ DES COURANTS.

Dans l'étude des procédés que l'on emploie pour mesurer l'intensité des courants, nous distinguerons deux cas, le cas des courants permanents et celui des courants dont la durée est assez courte pour qu'on les ait appelés instantanés.

1. COURANTS PERMANENTS.

57. Principe général du galvanomètre à une aiguille : il n'y a pas proportionnalité entre la déviation et l'intensité. — Pour mesurer l'intensité des courants continus, on se sert des galvanomètres. La position d'équilibre que prend l'aiguille aimantée sous l'influence de la terre et d'un courant étant liée à l'intensité du courant, il était naturel de songer à faire servir l'angle de la déviation à la mesure de l'intensité du courant. La relation qui existe entre l'intensité du courant et l'angle de déviation est en général très-complexe : pour en donner un exemple, nous allons calculer cette relation dans le cas le plus simple, celui d'un courant rectiligne indéfini contenu dans le plan du méridien magnétique

Fig. 44.

et parallèle à la position d'équilibre de l'aiguille aimantée. Soient MN (fig. 44) ce courant, AB la direction d'équilibre de l'aiguille aimantée sous l'influence de la terre seule, et A'B' la position d'équilibre qu'elle prend sous l'action du courant et de la terre.

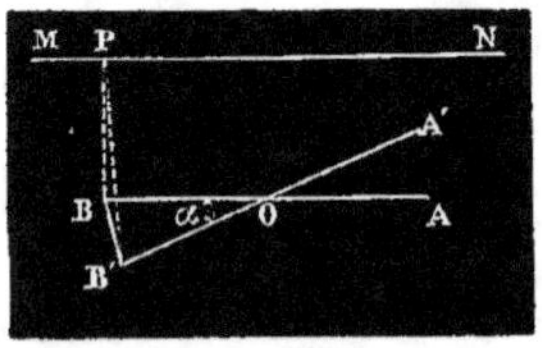

Appelons T la composante horizontale du magnétisme terrestre, m le moment magnétique de l'aiguille, α l'angle de déviation B'OB, et supposons que l'aiguille ne soit mobile que dans un plan mené par AB perpendiculairement au plan ABMN que nous regarderons comme vertical, de sorte que l'autre sera horizontal. Alors le couple terrestre qui tend à ramener l'aiguille dans sa position d'équilibre a pour moment

$$T m \sin \alpha.$$

L'action du courant indéfini sur le pôle B′ est une force appliquée en B′, perpendiculaire au plan B′MN et en raison inverse de la simple distance : son intensité est donc $\frac{\mu}{\text{B'P}}$; B′P étant la perpendiculaire abaissée de B′ sur MN. La composante efficace est celle qui est perpendiculaire au plan méridien ABMN; elle a pour intensité

$$\frac{\mu}{\text{B'P}} \frac{\text{BP}}{\text{B'P}}.$$

L'action du courant indéfini sur le pôle A′ se réduit à une force égale à la précédente, parallèle et de sens contraire, formant avec elle un couple dont le moment est

$$\frac{2\mu}{\text{B'P}} \frac{\text{BP}}{\text{B'P}} \text{OB} = \frac{2 l \mu}{\text{B'P}} \frac{\text{BP}}{\text{B'P}} \cos\alpha,$$

en posant OB′ = l. Donc l'équation d'équilibre est

$$T m \sin\alpha = \frac{2\mu l}{(\text{B'P})^2} \text{BP} \cos\alpha.$$

Posons BP = d, nous aurons $(\text{B'P})^2 = d^2 + l^2 \sin^2\alpha$; de plus $2\mu l = kim$, i étant l'intensité du courant et k une constante. Donc

$$T \sin\alpha = \frac{ki d \cos\alpha}{d^2 + l^2 \sin^2\alpha},$$

d'où

$$i = \frac{T}{k} \frac{d^2 + l^2 \sin^2\alpha}{d} \tan g\alpha.$$

On voit que l'intensité s'exprime au moyen de l'angle de déviation par une formule très-compliquée.

Il est clair qu'on arriverait à une formule encore plus compliquée si, au lieu d'un courant rectiligne indéfini, on avait un courant faisant autour de l'aiguille plusieurs révolutions.

58. Instruments où, par suite de la construction, une fonction simple de la déviation représente l'intensité du courant. — Il est donc indispensable d'imaginer des instruments dans lesquels la relation entre l'intensité du courant et la déviation soit plus simple, ou bien de graduer ces instruments d'une manière empirique.

On emploie, comme on sait, deux espèces de boussoles inventées par Pouillet [1], et qui donnent directement la mesure de l'intensité des courants, la boussole des sinus et celle des tangentes. Sans nous arrêter à décrire et à expliquer ces instruments, nous allons faire à leur sujet quelques remarques importantes.

59. Boussole des sinus. Avantage principal : aucune hypothèse sur l'exactitude de la construction n'est nécessaire. — Dans la boussole des sinus (fig. 45) l'intensité du courant qui dévie l'aiguille est liée à cette déviation par la relation fort simple

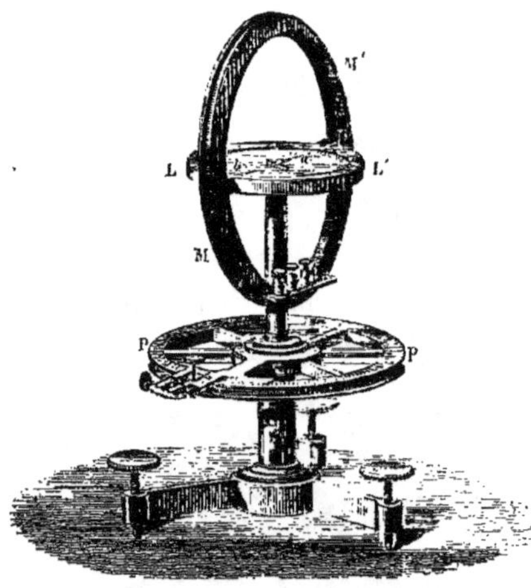

Fig. 45.

$$i = k \sin \alpha,$$

k étant une quantité constante pour la même boussole.

Les seules conditions que doive remplir une boussole des sinus sont les suivantes : l'axe de rotation de l'aiguille doit être vertical, et de plus l'aiguille aimantée doit, pendant toute la durée de l'expérience, occuper la même position par rapport au courant. Cette dernière condition est facile à remplir; la première l'est aussi, et d'ailleurs une petite erreur serait sans influence sur le résultat de la mesure. Il n'est pas nécessaire, comme

[1] *Comptes rendus de l'Académie des sciences*, t. IV, p. 267 (1837).

on l'a dit quelquefois, que le plan d'équilibre de l'aiguille soit parallèle au plan de symétrie du cadre du galvanomètre.

Les deux extrémités de l'aiguille doivent être munies d'un vernier; on peut, de cette manière, faire deux lectures et corriger les erreurs provenant du défaut de centrage de la boussole.

60. Discussion sur le maximum de sensibilité relative et absolue. — La sensibilité de l'instrument n'est pas la même pour toutes les déviations; pour trouver les circonstances dans lesquelles on réalise le maximum de sensibilité, prenons la relation

$$i = k \sin \alpha;$$

nous en tirons

$$\delta\alpha = \frac{\delta i}{k \cos \alpha}.$$

Pour une même variation de i, la variation $\delta\alpha$ sera d'autant plus grande que $\cos\alpha$ sera plus petit, c'est-à-dire que α sera plus voisin de 90 degrés. Il y aura donc avantage à s'arranger de manière à obtenir des déviations plus grandes que 45 degrés. Si l'on veut trouver le maximum d'intensité relative, on déduira des équations précédentes

$$\frac{\delta\alpha}{\sin\alpha} = \frac{\delta i}{i} \frac{1}{\cos\alpha}, \qquad \delta\alpha = \frac{\delta i}{i} \tang\alpha;$$

le maximum a donc encore lieu pour α voisin de 90 degrés.

61. Boussole des tangentes. — Le principe de la boussole des tangentes est très-simple, mais il n'est pas facile de réaliser d'une manière satisfaisante les conditions que suppose cet appareil. Ces conditions sont les suivantes : le courant doit être contenu dans le plan vertical qui passe par l'axe magnétique de l'aiguille, lorsque celle-ci est en équilibre sous l'action de la terre. De plus, le courant doit avoir de très-grandes dimensions en largeur par rapport à l'aiguille, de telle sorte que sa largeur puisse être considérée comme indéfinie.

62. Maximum de sensibilité relative et absolue. — Au premier abord, cette boussole présente l'avantage de pouvoir servir à la mesure de courants d'intensité indéfiniment croissante; mais un examen plus attentif fait voir que cet avantage est illusoire. Cherchons en effet quelle est la sensibilité absolue de la boussole. On a la relation

$$i = h \tang\alpha,$$

d'où l'on déduit

$$\delta\alpha = \frac{1}{h} \cos^2\alpha \, \delta i.$$

On voit par là que le maximum de sensibilité a lieu pour $\alpha = o$, et que, lorsque l'angle α est très-voisin de 90 degrés, la sensibilité devient à peu près nulle. Pour la sensibilité relative, on a

$$\delta\alpha = \frac{1}{2} \sin 2\alpha \, \frac{\delta i}{i}.$$

Par suite, le maximum de la sensibilité a lieu pour $\alpha = 45$ degrés. Il faudra donc, dans les expériences, tâcher de donner aux déviations une valeur voisine de la précédente.

Il résulte de ce qui précède que, si l'on veut avoir une très-grande sensibilité absolue, il faudra chercher à obtenir de très-petites déviations et compenser la petitesse des angles par la précision de la mesure.

63. Inconvénient de la boussole des tangentes sous sa forme ordinaire. — Examinons maintenant la boussole des tangentes au point de vue des deux conditions qu'elle suppose remplies. On peut dire que, pendant très-longtemps, aucune de ces deux conditions n'a été réalisée, même grossièrement. Les dimensions du courant étaient beaucoup trop petites par rapport à celles de l'aiguille; de plus, la direction du plan de symétrie de ce courant n'était pas parallèle au méridien magnétique. On se contentait de le rendre parallèle à l'axe de figure de l'aiguille, qui d'ailleurs ne coïncide pas avec son axe magnétique.

64. Méthode de vérification et de graduation de M. Poggendorff. — M. Poggendorff est le premier qui ait indiqué les défauts de la boussole des tangentes, et voici le mode de correction empirique qu'il a proposé.

Si les conditions fondamentales étaient satisfaites, en faisant tourner d'un angle ω le cadre autour duquel circule le courant, on aurait

$$T m \sin (\alpha + \omega) = i m k \cos \alpha;$$

d'où

$$i = \frac{T}{k} \frac{\sin (\alpha + \omega)}{\cos \alpha}.$$

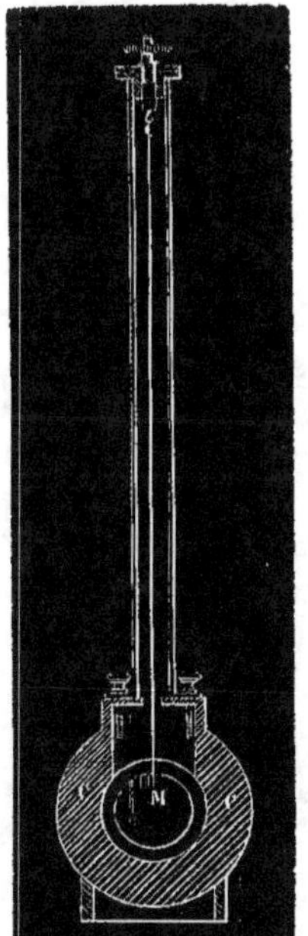
Fig. 46.

Supposons que l'on fasse varier ω : l'angle α variera aussi, mais le rapport $\dfrac{\sin (\alpha + \omega)}{\cos \alpha}$ devra rester constant. L'expérience prouve qu'avec les boussoles ordinaires il n'en est pas ainsi; on en conclut que les conditions essentielles ne sont pas remplies. On peut construire une table de corrections par l'expérience.

La boussole des tangentes est un instrument commode pour les observations, car elle permet de déterminer l'intensité d'un courant au moyen d'une seule lecture que l'on peut faire de loin à l'aide d'une lunette. Aussi a-t-on cherché à faire disparaître les défauts que nous venons de signaler : deux méthodes ont été proposées à cet effet.

65. Boussole de Weber : ses deux formes distinctes. — Weber a augmenté considérablement les dimensions de la boussole[1] et a assujetti l'aiguille à ne faire que de très-petites déviations que l'on mesure avec beaucoup de précision; alors les conditions essentielles sont faciles à remplir. D'abord il est clair que l'ac-

[1] *Poggendorff's Annalen*, LV, p. 32 et 55 (1841).

tion du courant sur l'aiguille est constante en grandeur et en direction pendant toute la durée de l'oscillation. Quant à l'autre con-

dition, elle sera remplie exactement si l'on
place le courant à une grande distance de
l'aiguille, de manière que son plan contienne
le fil de suspension de l'aiguille et soit parallèle au méridien magnétique. L'aiguille et le
courant sont complétement indépendants l'un
de l'autre.

Fig. 47.

Weber a donné à la boussole deux formes
différentes. Dans la première forme, l'aiguille est un disque d'acier

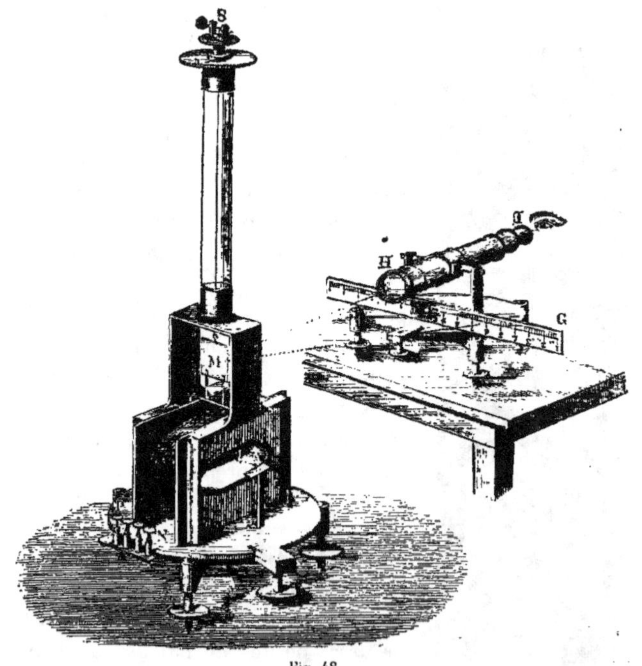

Fig. 48.

circulaire M (fig. 46) aimanté de telle manière qu'un de ses diamètres soit la ligne des pôles: il est suspendu de champ à un fil de

8.

cocon perpendiculaire à ce diamètre; l'une des faces verticales de ce disque est polie et fait l'office de miroir. Pour éteindre très-vite les os-

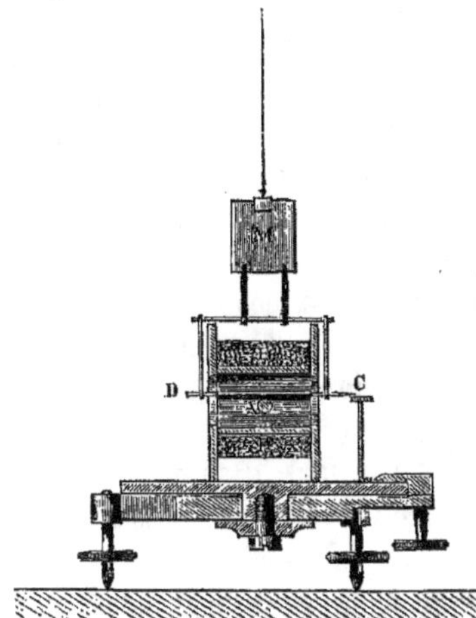

Fig. 49.

cillations, Weber place dans le voisinage de l'aiguille des masses de cuivre considérables. Il est le premier qui ait rendu ce procédé très-efficace, en employant de grandes masses de cuivre enveloppant complétement l'aiguille. Dans la boussole qui nous occupe, la masse de cuivre CC est sphérique; elle est percée d'une cavité rectangulaire dans laquelle on place l'aiguille, et de deux trous par l'un desquels passe le fil de suspension, tandis que l'autre donne accès au rayon de lumière qui va se réfléchir sur le miroir; ce dernier trou a la forme d'un tronc de cône. Une section de la masse de cuivre faite par un plan horizontal présenterait l'aspect indiqué par la figure 47. Une lunette sert à observer les divisions d'une échelle réfléchies dans le miroir. L'instrument est placé à $0^m,60$ environ d'une spirale fixe, de manière que son plan coïncide avec celui de la spirale. La tangente des déviations peut servir de mesure à l'intensité du courant.

Dans la seconde forme donnée par Weber à la boussole (fig. 48 et 49), l'aiguille aimantée est un barreau cylindrique ou rectangulaire AB suspendu par un faisceau de fils de soie sans torsion et entouré d'un manchon de cuivre très-épais : le barreau est lié invariablement à un miroir M qui se trouve sur l'axe de suspension.

66. Moyen de tenir compte de la torsion et des variations diurnes du magnétisme terrestre. — Dans cette boussole, on pousse la précision très-loin; aussi devient-il nécessaire d'avoir égard à quelques causes d'erreur que l'on néglige lorsqu'on emploie des appareils moins parfaits; elles sont les mêmes que celles

que l'on rencontre en mesurant la déclinaison à l'aide du magnétomètre à un seul fil. La première cause d'erreur est la torsion du fil ;
on en tient compte absolument comme dans le cas du magnétomètre,
en se servant d'un cercle de torsion dont la boussole doit être mu-
nie. La seconde cause d'erreur tient à la variation du magnétisme
terrestre, qui se compose de la variation en déclinaison et de la variation d'intensité. La variation en déclinaison se mesure à l'aide du
magnétomètre à un seul fil, et la variation d'intensité à l'aide du
magnétomètre à deux fils. Lorsque les époques auxquelles on mesure les intensités des deux courants que l'on veut comparer ne
sont pas très-éloignées, on n'a pas besoin de tenir compte du changement d'intensité. Quant au changement en déclinaison, on peut
l'évaluer à l'aide de la boussole elle-même : il suffit de voir pour
cela les indications qu'elle donne avant et après le passage du courant.

**67. Boussole de M. Gaugain. — Démonstration expéri-
mentale du principe par M. Gaugain.** — Le principe de la
boussole de M. Gaugain est aussi remarquable que l'appareil est
ingénieux [1].

Considérons un barreau aimanté disposé comme une aiguille de
déclinaison', et un courant circulant dans un anneau. M. Gaugain
plaçait l'anneau parallèlement au plan du méridien magnétique, de
manière qu'il entourât l'aiguille en équilibre. Il faisait circuler dans
cet anneau des courants d'intensité variable qu'il mesurait avec une
boussole des sinus ; il reconnut ainsi que la loi des tangentes n'est
pas satisfaite. Après cela, il eut l'idée de déplacer l'aiguille, de manière que son centre décrivît une ligne droite perpendiculaire au plan
de l'anneau et passant par son centre ; il reconnut que la loi des
tangentes s'approchait d'autant plus d'être exacte qu'on s'éloignait
davantage de l'anneau, jusqu'à ce que sa distance à l'aiguille fût
égale au quart du diamètre de l'anneau. A cette distance, la loi est
très-sensiblement satisfaite ; mais si l'on s'éloigne davantage, les
écarts reparaissent et croissent de plus en plus.

[1] *Comptes rendus*, janvier 1853, t. XXXVI, p. 191, et *Annales de chimie et de physique*, (3), t. XLI, p. 66 (1854).

D'après cela imaginons un cône ABS (fig. 5o) dont la hauteur soit le quart du diamètre de la base, et supposons qu'une aiguille de déclinaison ait son centre au sommet S du cône. Si l'on enroule un fil conducteur près de la base de ce cône, on aura une boussole des tangentes réalisant la condition que nous venons d'indiquer. En effet, pour une spire quelconque ab, il est clair que l'on a

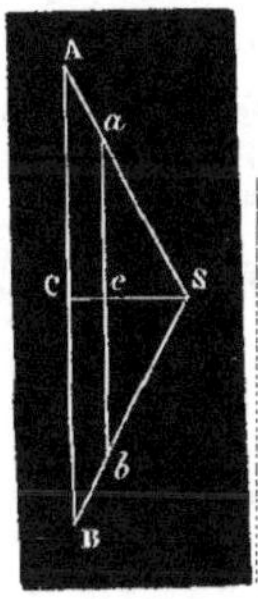

$$Sc = \frac{1}{4}\, ab,$$

et, par suite, la loi des tangentes est satisfaite pour cette spire. Donc elle doit l'être pour la boussole tout entière.

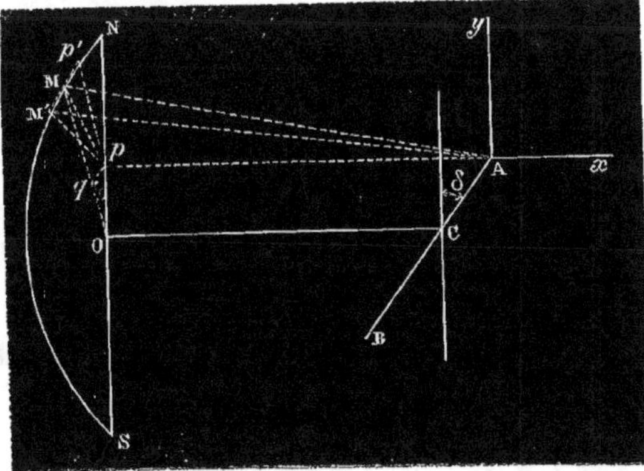

Fig. 5o.

Cette boussole ingénieuse est peu employée; on donne la préférence dans les applications à celle de Weber.

68. Démonstration théorique par Bravais. — Bravais a démontré par le calcul le principe sur lequel M. Gaugain a fondé sa boussole[1].

Considérons un courant circulaire NS (fig. 51.) ayant son centre

Fig. 51.

en O; menons la perpendiculaire OC au plan de ce courant, et sup-

[1] *Annales de chimie et de physique*, t. XXXVIII, p. 3o1 (1853).

posons qu'en C soit placé le centre d'une aiguille de déclinaison. Nous supposons le courant circulaire parallèle au plan du méridien magnétique, et l'aiguille mobile dans un plan horizontal.

Sous l'influence du courant qui traverse le conducteur NMS, l'aiguille est déviée d'un angle δ et prend la position AB. Il s'agit de trouver les conditions d'équilibre de cette aiguille. Cherchons l'action du courant circulaire sur le pôle A.

Prenons sur le conducteur NMS un élément de courant MM': son action sur le pôle A a pour expression

$$\frac{\mu\,ds\,\sin\omega}{r^2} = \frac{if\,\sin\omega}{r^2}\,ds,$$

et elle est perpendiculaire au plan AMM', de sorte qu'elle a une direction oblique dans l'espace. Si nous prenons sur l'autre moitié du courant un élément symétrique par rapport à NS, nous aurons une force égale à celle-ci, et ayant une direction symétrique par rapport au plan CNS; donc les composantes perpendiculaires à ce plan se détruisent, et nous n'avons pas besoin de nous en occuper : il suffit de considérer les composantes dirigées dans le plan horizontal CNS.

Par le point A menons deux axes, l'un Ax parallèle à CO, l'autre Ay parallèle à NS. Soient α et β les angles de la direction de la force $\dfrac{if\,\sin\omega}{r^2}\,ds$ avec les axes Ax, Ay. Les composantes horizontales sont

$$\frac{if\,\sin\omega}{r^2}\cos\alpha\,ds, \qquad \frac{if\,\sin\omega}{r^2}\cos\beta\,ds.$$

Considérons le petit triangle AMM' dont l'aire est $\frac{1}{2}\,r\sin\omega\,ds$, et appelons du_x, du_y les projections de ce triangle sur les plans perpendiculaires aux axes Ax, Ay; nous aurons

$$du_x = \frac{1}{2}\,r\sin\omega\cos\alpha\,ds, \qquad du_y = \frac{1}{2}\,r\sin\omega\cos\beta\,ds,$$

dont les composantes sont

$$\frac{2if\,du_x}{r^3}, \qquad \frac{2if\,du_y}{r^3}.$$

Il est aisé de calculer du_x. Par le point A menons une parallèle

Ap à OC; le point p sera la projection du sommet du triangle sur le plan du courant : donc pMM′ est la projection da_x. Joignons le point M au point O, et désignons par φ l'angle NOM, et par R le rayon OM du courant circulaire.

Alors MM′ $=$ R$d\varphi$, et la perpendiculaire abaissée du point p sur MM′ est

$$pp' = Mq = MO - Oq = R - Op\cos\varphi,$$

et, en désignant par l la demi-longueur de l'aiguille,

$$pp' = R - l\cos\delta\cos\varphi.$$

Donc

$$da_x = \frac{1}{2}R\left(R - l\cos\delta\cos\varphi\right)d\varphi.$$

Pour avoir da_y, il faut projeter le triangle AMM′ sur un plan perpendiculaire à l'axe des y : la projection de MN sera R$\cos\varphi\,d\varphi$; la hauteur du triangle projeté sera évidemment A$p = $ D $+ l\sin\delta$, en posant OC $=$ D; donc

$$da_y = \frac{1}{2}R\left(D + l\sin\delta\right)\cos\varphi\,d\varphi;$$

les deux composantes sont donc

$$if\,\frac{R\left(R - l\cos\delta\cos\varphi\right)}{r^3}\,d\varphi, \qquad if\,\frac{R\left(D + l\sin\delta\right)}{r^3}\cos\varphi\,d\varphi.$$

Enfin on a

$$r^2 = Ap^2 + Mp^2 = \left(D + l\sin\delta\right)^2 + R^2 + l^2\cos^2\delta - 2Rl\cos\delta\cos\varphi$$

ou

$$r^2 = R^2 + l^2 + D^2 + 2lD\sin\delta - 2Rl\cos\delta\cos\varphi.$$

Cela posé, il faut intégrer depuis zéro jusqu'à 2π; mais, comme l'arc φ n'entre que par son cosinus, il est aisé de voir que

$$2\int_0^\pi P\,d\varphi = \int_0^{2\pi} P\,d\varphi;$$

donc on a

$$X = 2if\,\mathrm{R} \int_0^\pi \frac{\mathrm{R} - l\cos\delta\cos\varphi}{(\mathrm{R}^2 + l^2 + \mathrm{D}^2 + 2\mathrm{D}l\sin\delta - 2\mathrm{R}l\cos\delta\cos\varphi)^{\frac{3}{2}}}\,d\varphi,$$

$$Y = 2if\,\mathrm{R} \int_0^\pi \frac{\mathrm{D}\cos\varphi + l\sin\delta\cos\varphi}{(\mathrm{R}^2 + l^2 + \mathrm{D}^2 + 2\mathrm{D}l\sin\delta - 2\mathrm{R}l\cos\delta\cos\varphi)^{\frac{3}{2}}}\,d\varphi.$$

Il faut prendre les moments des forces X et Y par rapport à l'axe de rotation de l'aiguille, c'est-à-dire par rapport à la verticale passant par le point C; on a ainsi

$$Xl\cos\delta - Yl\sin\delta = 2if\,\mathrm{R}l \int_0^\pi \frac{\mathrm{R}\cos\delta - (\mathrm{D}\sin\delta + l)\cos\varphi}{(\mathrm{R}^2 + l^2 + \mathrm{D}^2 + 2l\mathrm{D}\sin\delta - 2\mathrm{R}l\cos\delta\cos\varphi)^{\frac{3}{2}}}\,d\varphi.$$

Tel est le moment du couple provenant de l'action du courant sur le pôle A : pour avoir le moment du couple qui résulte de l'action du courant sur le pôle B, il suffira de changer l en $-l$ et f en $-f$ dans l'expression précédente, ce qui donne

$$2if\,\mathrm{R}l \int_0^\pi \frac{\mathrm{R}\cos\delta - (\mathrm{D}\sin\delta - l)\cos\varphi}{(\mathrm{R}^2 + \mathrm{D}^2 + l^2 - 2l\mathrm{D}\sin\delta + 2\mathrm{R}l\cos\delta\cos\varphi)^{\frac{3}{2}}}\,d\varphi.$$

L'équation d'équilibre sera donc

$$\mathrm{T}m\sin\delta = 2if\,\mathrm{R}l \int_0^\pi \left[\frac{\mathrm{R}\cos\delta - (\mathrm{D}\sin\delta + l)\cos\varphi}{(\mathrm{R}^2 + \mathrm{D}^2 + l^2 + 2l\mathrm{D}\sin\delta - 2\mathrm{R}l\cos\delta\cos\varphi)^{\frac{3}{2}}} \right.$$
$$\left. + \frac{\mathrm{R}\cos\delta - (\mathrm{D}\sin\delta - l)\cos\varphi}{(\mathrm{R}^2 + \mathrm{D}^2 + l^2 - 2l\mathrm{D}\sin\delta + 2\mathrm{R}l\cos\delta\cos\varphi)^{\frac{3}{2}}} \right]\,d\varphi.$$

Remarquons que $2fl = m$; posons

$$\rho^2 = l^2 + \mathrm{R}^2 + \mathrm{D}^2, \qquad \mathrm{R}\cos\delta = a, \qquad \mathrm{D}\sin\delta = b,$$

il vient

$$\mathrm{T}\sin\delta = \frac{i\mathrm{R}}{\rho^3} \int_0^\pi \left\{ \frac{a - b\cos\varphi - l\cos\varphi}{\left[1 + \dfrac{2l}{\rho^2}(b - a\cos\varphi) \right]^{\frac{3}{2}}} + \frac{a - b\cos\varphi + l\cos\varphi}{\left[1 - \dfrac{2l}{\rho^2}(b - a\cos\varphi) \right]^{\frac{3}{2}}} \right\}\,d\varphi.$$

Cette équation dépend des fonctions elliptiques; mais si l'on suppose que la longueur de l'aiguille soit très-petite par rapport au rayon R du conducteur, on pourra négliger les puissances supérieures de $\frac{l}{\rho}$ et réduire la différentielle en série convergente. En désignant par G la quantité placée entre parenthèses, on a

$$G = (a - b \cos\varphi - l \cos\varphi)\left[1 + 2\frac{l}{\rho^2}(b - a\cos\varphi)\right]^{-\frac{3}{2}}$$
$$+ (a - b\cos\varphi + l\cos\varphi)\left[1 - 2\frac{l}{\rho^2}(b - a\cos\varphi)\right]^{-\frac{3}{2}}$$

et, en développant en série,

$$G = (a - b\cos\varphi - l\cos\varphi)\left[1 - \frac{3l}{\rho^2}(b - a\cos\varphi)\right.$$
$$\left. + \frac{15}{2}\frac{l^2}{\rho^4}(b - a\cos\varphi)^2 - \cdots\right]$$
$$+ (a - b\cos\varphi + l\cos\varphi)\left[1 + \frac{3l}{\rho^2}(b - a\cos\varphi)\right.$$
$$\left. + \frac{15}{2}\frac{l^2}{\rho^4}(b - a\cos\varphi)^2 + \cdots\right];$$

par suite, en réduisant et supprimant les quantités négligeables,

$$G = 2(a - b\cos\varphi)\left[1 + \frac{15}{2}\frac{l^2}{\rho^4}(b - a\cos\varphi)^2\right] + \frac{6l^2\cos\varphi}{\rho^2}(b - a\cos\varphi).$$

Pour intégrer, remarquons que l'on a

$$\int_0^\pi d\varphi = \pi, \qquad \int_0^\pi \cos^2\varphi\, d\varphi = \frac{\pi}{2},$$
$$\int_0^\pi \cos\varphi\, d\varphi = 0, \qquad \int_0^\pi \cos^3\varphi\, d\varphi = 0 :$$

l'équation d'équilibre se réduit donc à

$$T\sin\delta = i\frac{2\pi R a}{\rho^3}\left[1 - \frac{3l^2}{2\rho^2} + \frac{15l^2}{4\rho^4}(a^2 + 4b^2)\right],$$

et, en remplaçant a, b par leurs valeurs.

$$T\tan g\,\delta = i\frac{2\pi R^2}{\rho^3}\left[1 - \frac{3l^2}{2\rho^2} + \frac{15l^2}{4\rho^4}(R^2\cos^2\delta + 4D^2\sin^2\delta)\right],$$

d'où

$$i = \frac{T\rho^3}{2\pi R^2}\left[1 - \frac{3l^2}{2\rho^2} + \frac{15l^2 D^2}{\rho^4} + \frac{15l^2}{4\rho^4}(R^2 - 4D^2)\cos^2\delta\right]^{-1}\tan g\,\delta.$$

· Cette relation fait voir que i ne peut être regardé comme proportionnel à tangδ qu'autant que le rapport $\frac{l}{\rho}$ est assez petit pour que son carré puisse être négligé; mais comme cela n'a pas lieu en général, on voit que i n'est pas proportionnel à tangδ, à moins que l'on n'ait $R^2 - 4D^2 = o$, d'où $D = \frac{R}{2}$. Dans ce cas, les termes qui renferment encore δ entre parenthèses sont de l'ordre $\left(\frac{l}{\rho}\right)^4$ et, pour peu que $\frac{l}{\rho}$ soit petit, ces termes sont négligeables.

Le principe de la boussole de M. Gaugain se trouve ainsi démontré par le calcul et par l'expérience.

69. Galvanomètre de torsion. — Un autre instrument propre à la mesure de l'intensité des courants est le galvanomètre de torsion dont Ohm a fait usage en 1825 au début de ses recherches[1]. L'aiguille aimantée est suspendue à un fil métallique dans une balance de torsion. Dans cette balance est tendu horizontalement un fil au travers duquel on fait passer le courant dont on veut mesurer l'intensité. On commence par amener l'aiguille à être parallèle au fil horizontal, ce qui se fait en augmentant ou en diminuant la torsion; on fait passer le courant: l'aiguille est déviée, mais on la ramène à être parallèle au fil horizontal en faisant varier la torsion. L'angle dont on a fait tourner le micromètre mesure immédiatement l'intensité du courant, puisque l'aiguille reprend toujours la même position par rapport au courant. Cet appareil n'a jamais été employé depuis 1825, à cause de la longue durée des observations.

70. Instruments à graduation empirique. — Galvanomètres à une ou à deux aiguilles. — Occupons-nous maintenant des appareils à graduation empirique. Il en est de deux sortes : les uns n'ont qu'une aiguille, les autres en ont deux.

Ce que nous allons dire d'abord s'applique aux deux galvanomètres.

71. Graduation. — Procédé de Nobili. — Le premier procédé que l'on ait donné pour graduer les galvanomètres est dû à Nobili.

[1] *Poggendorff's Annalen*, t. IV, p. 79 (1825).

On fait agir deux sources calorifiques d'intensité constante, successivement puis simultanément, sur les deux faces d'une pile thermo-électrique communiquant avec le galvanomètre, et l'on compare les déviations observées. On peut encore, comme a fait M. Becquerel, employer deux fils enroulés autour du cadre du galvanomètre d'une manière à peu près identique. Il faut avoir à sa disposition deux éléments d'une constance parfaite. Le plus simple sera d'avoir recours aux courants thermo-électriques ; on pourra cependant faire usage de courants hydro-électriques, mais alors on devra introduire dans chacun des circuits une grande résistance : de cette manière, l'action chimique sera lente, et par suite les dépôts qui changent l'intensité du courant se feront avec lenteur.

On fait passer un des courants par le premier fil ; soient i son intensité, et α la déviation observée : on a $i = \varphi(\alpha)$, φ étant une fonction que nous ne connaissons pas. On fait ensuite passer le courant dans le deuxième fil : soient i' et α' l'intensité et la déviation. Les deux fils se trouvant à peu près dans les mêmes circonstances, la fonction φ sera la même, de sorte que $i' = \varphi(\alpha')$. Enfin, on fait passer les deux courants à la fois dans le même sens, et on mesure la déviation β ; on a $i + i' = \varphi(\beta)$; donc

$$\varphi(\beta) = \varphi(\alpha) + \varphi(\alpha').$$

En faisant un grand nombre de déterminations semblables, on aura autant de relations analogues à la précédente qui permettront de déterminer φ d'une manière empirique. Une fois la table dressée, on ne se servira plus que de l'un des deux fils.

72. Procédé de M. Poggendorff. — Le procédé de M. Poggendorff suppose que le cadre du galvanomètre peut tourner d'un angle quelconque autour de la verticale et qu'on a le moyen de mesurer cet angle [1]. L'aiguille étant dirigée sous l'influence de la terre suivant la ligne 0 – 180°, on fait passer le courant et l'on mesure la déviation α. On a la relation

$$\sin \alpha = i f(\alpha).$$

[1] *Poggendorff's Annalen*, t. LVI, p. 324 (1842).

Sans interrompre le courant, on fait tourner le cadre d'un angle β' de manière à le rapprocher de l'aiguille, et, si α' représente la déviation observée, α' sera plus grand que α, et l'on aura

$$\sin \alpha' = i f(\alpha' - \beta');$$

de même,

$$\sin \alpha'' = i f(\alpha'' - \beta'');$$

donc

$$\frac{f(\alpha)}{\sin \alpha} = \frac{f(\alpha' - \beta')}{\sin \alpha'} = \frac{f(\alpha'' - \beta'')}{\sin \alpha''} = \ldots$$

Ces relations donnent les valeurs de $f(\alpha' - \beta')$, $f(\alpha'' - \beta'')$, ..., exprimées au moyen de $f(\alpha)$: par exemple, on pourra prendre $\alpha = 1°$ et $f(1°) = 1$, et l'on pourra construire une table des valeurs de la fonction $f(\alpha)$. Cela étant fait, il suffira, pour avoir un nombre proportionnel à l'intensité du courant que l'on mesure, de diviser le sinus de l'angle de déviation par la valeur de f qui correspond à cet angle, et il sera encore plus simple d'inscrire ces derniers quotients dans la table.

La méthode que nous venons d'exposer est très-avantageuse, car chaque observation fait connaître une valeur de la fonction.

73. Procédé de M. Petrina. — Enfin M. Petrina[1] a indiqué un procédé fondé sur les lois des courants dérivés.

On fait passer le courant de la pile à travers le fil d'un galvanomètre et l'on produit une dérivation à l'aide d'un fil métallique dont la résistance est très-faible par rapport à la résistance L de la pile et à la résistance λ du galvanomètre; soit alors λ' la résistance du fil interposé, l'intensité i du courant qui passe dans le galvanomètre aura pour expression

$$i = \frac{A\lambda'}{L\lambda + L\lambda' + \lambda\lambda'},$$

dans laquelle A désigne la force électro-motrice de la pile. Si l'on néglige λ' par rapport à λ et à L, le dénominateur se réduira à $L\lambda$, l'intensité i sera proportionnelle à λ' et par suite à la longueur du

[1] *Holger's Zeitschrift für Physik*. t. Ier, p. 171 (1840).

fil interposé. Il suffira donc, pour graduer le galvanomètre, de tendre un fil devant une règle graduée, de le faire traverser par un courant et de mettre deux de ses points en rapport avec les extrémités du fil d'un galvanomètre. On prendra successivement pour distances des deux points touchés des longueurs qui soient entre elles comme les nombres simples 1, 2, 3,...; les déviations du galvanomètre correspondront à des intensités variant dans le même rapport, et l'on construira facilement ainsi la table des intensités et des déviations. La seule difficulté que l'on rencontre dans la pratique consiste à assurer un contact parfait du fil interposé et des extrémités du fil du galvanomètre, sans modifier l'homogénéité du fil, que l'on suppose cylindrique et homogène. Si l'on se sert de pinces, on comprime le fil, qui cesse alors d'être homogène; si au contraire on pose simplement sur le fil tendu les extrémités du fil du galvanomètre, on n'est plus sûr du contact ni de la longueur exacte de la partie interposée. Le mieux est de placer le fil dans une rigole de mercure et d'y introduire les extrémités du fil du galvanomètre.

74. Étude spéciale du galvanomètre à deux aiguilles. — Position d'équilibre du système. — Nous allons maintenant ajouter, au sujet des galvanomètres à deux aiguilles (fig. 52 et 52 *bis*), quelques remarques importantes, pour rendre compte de certains faits observés avec des galvanomètres très-sensibles.

Commençons par déterminer la position d'équilibre que doit prendre sous l'action de la terre un galvanomètre rendu astatique à l'aide de deux aiguilles placées en sens inverse, ayant des aimantations à peu près égales. On admet généralement que la position d'équilibre des deux aiguilles coïncide avec le méridien magnétique: mais c'est admettre que les deux axes magnétiques sont rigoureusement parallèles. C'est ce qui n'a jamais lieu, soit à cause d'un défaut dans la suspension, soit à cause d'une irrégularité dans l'aimantation; ils font toujours entre eux un angle très-petit que nous désignerons par ω. Il résulte de là que le système des aiguilles ne se place jamais dans le méridien magnétique et s'en écarte d'autant plus qu'il est plus complétement astatique.

Appelons m le moment magnétique de l'aiguille supérieure, m' le moment magnétique de l'aiguille inférieure, et α l'angle que fait avec le méridien magnétique l'aiguille supérieure : on a

$$m \sin\alpha = m' \sin(\alpha + \omega),$$

et par suite

$$\tan\alpha = \frac{m' \sin\omega}{m - m' \cos\omega};$$

d'où l'on conclut que, pour une même valeur de ω, $\tan\alpha$ sera d'autant plus grande que les moments magnétiques des deux aiguilles

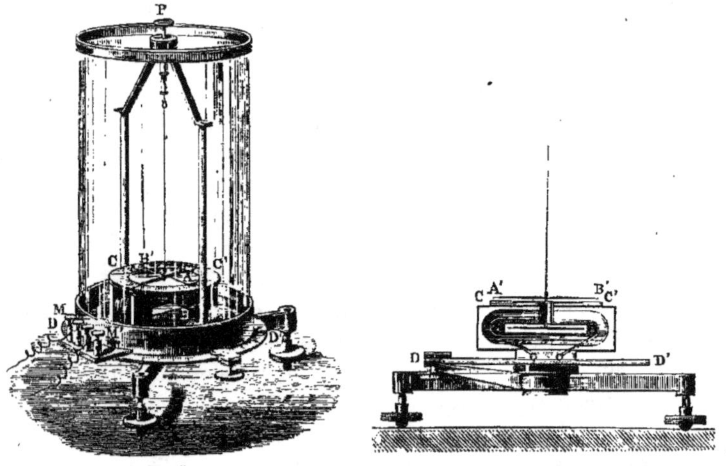

Fig. 52.   Fig. 52 *bis*.

différeront moins : le système des deux aiguilles sera sensiblement perpendiculaire au méridien magnétique si m' est égal à m, car $\cos\omega$ diffère très-peu de l'unité. C'est là un moyen de reconnaître la sensibilité d'un galvanomètre.

Concevons maintenant qu'une force quelconque. l'action d'un courant, par exemple, écarte le galvanomètre de sa position d'équilibre et lui fasse décrire un angle β. L'action de la terre sera proportionnelle à

$$
\begin{aligned}
m \sin(\alpha + \beta) - m' \sin(\alpha + \omega + \beta) = {}& m \sin\alpha \cos\beta + m \cos\alpha \sin\beta \\
& - m' \sin(\alpha + \omega) \cos\beta \\
& - m' \cos(\alpha + \omega) \sin\beta,
\end{aligned}
$$

et, à cause de la relation

$$m \sin\alpha - m' \sin(\alpha + \omega) = 0,$$

le second membre de l'équation devient

$$[m \cos\alpha - m' \cos(\alpha + \omega)] \sin\beta.$$

L'action de la terre sur le galvanomètre est donc proportionnelle au sinus de l'angle de déviation, comme pour les galvanomètres à une seule aiguille; on peut donc employer le galvanomètre à deux aiguilles comme boussole des sinus.

75. Actions perturbatrices des parties magnétiques de l'appareil. — Quand le cadre qui entoure l'aiguille ne porte qu'un petit nombre de tours de fil, il n'y a rien à ajouter à ce qui précède, et l'on peut se servir du galvanomètre à deux aiguilles comme on se sert du galvanomètre à une seule aiguille.

Il n'en est plus de même lorsque la masse de fils de cuivre qui entoure l'aiguille est considérable. Le cuivre que l'on emploie est toujours chargé d'une certaine quantité de fer qui s'aimante par influence, et, si la masse de cuivre est assez considérable, les actions perturbatrices qui en résultent sur les deux aiguilles peuvent devenir très-sensibles.

Dans le galvanomètre à deux aiguilles, on est obligé de diviser la masse des fils en deux faisceaux situés l'un à droite, l'autre à gauche de l'aiguille en équilibre, afin de se ménager la possibilité d'enlever le système des deux aiguilles. A cause de cette particularité, on observe les effets suivants :

1° Le système des deux aiguilles n'a pas la même direction que lorsqu'il est suspendu en dehors du galvanomètre.

2° Si on essaye de faire tourner le cadre pour amener l'aiguille sur la ligne 0-180°, on n'y peut jamais parvenir. L'aiguille tourne d'abord dans le même sens que le cadre, mais d'un angle moindre; elle se rapproche ainsi de la ligne 0-180°. Cependant il n'est pas possible de la ramener exactement au zéro, on ne peut que réduire à un minimum sa distance à la ligne 0-180°; si ce minimum est dépassé, l'aiguille revient rapidement vers le zéro, le dépasse, va se placer en équilibre de l'autre côté de cette ligne et fait avec elle un certain angle.

3° Pour chaque position donnée du cadre, l'aiguille peut prendre deux positions d'équilibre stable des deux côtés du zéro.

4° Péclet a encore signalé une troisième position d'équilibre stable qui existe dans quelques galvanomètres : c'est la direction de la ligne 0-180°. Mais cette position d'équilibre ne se présente pas souvent.

76. Effets de la combinaison des deux causes précédentes. — De pareils galvanomètres ne peuvent évidemment être d'aucune utilité, car on ne peut leur adapter aucune graduation même empirique. Nous allons d'abord étudier, avec Nobili, la cause de ces effets, puis nous verrons comment on peut, sinon les faire disparaître, du moins les diminuer beaucoup.

Faisons pour un moment abstraction de l'action de la terre, et ne nous occupons plus que des actions exercées sur les aiguilles par les deux paquets de fils.

Si l'on place le système des deux aiguilles dans la direction 0-180°, il y aura évidemment équilibre sous l'action des deux paquets de fils. Remarquons que les actions exercées sur chacune des deux aiguilles séparément sont toujours attractives, car les parcelles de fer contenues dans les fils de cuivre s'aimantent sous l'influence des aiguilles de manière à attirer le pôle agissant le plus voisin.

D'après cela, il est aisé de voir que la ligne 0-180° est une position d'équilibre instable. En effet, si l'on écarte les aiguilles de cette position, chacune des extrémités est attirée par le paquet de fils vers lequel elle a été déviée. Ces actions tendent donc à éloigner l'aiguille de la ligne 0-180°, et elles l'en éloignent jusqu'à ce que la projection horizontale du pôle d'une des aiguilles tombe sur l'un des paquets de fils.

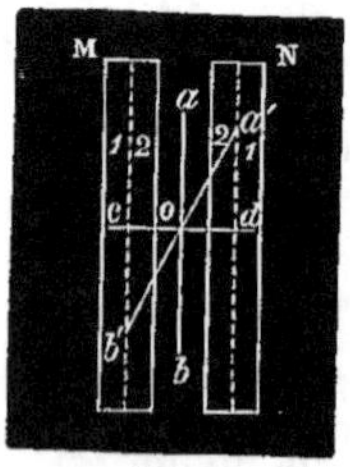

Soient M, N (fig. 53) les deux paquets de fils, ab la direction de la ligne 0-180°, $a'b'$ la position de l'aiguille. Pour voir les actions qui sont exercées sur

Fig. 53.

l'aiguille, il faut diviser chaque paquet en deux parties qui exercent sur chaque pôle des actions dirigées en sens contraire. Les parties 2 n'agissent pas d'abord, et les parties 1 éloignent l'aiguille de
la position *ab*. Mais, à mesure que l'aiguille s'en éloigne, l'action
des parties 1 diminue, celle des parties 2 augmente ; il arrivera
nécessairement un moment où l'action des parties 2 l'emportera,
et, avant cela, il y avait une position où les deux actions étaient
égales : c'était une position d'équilibre. Ainsi il y a à droite une position d'équilibre : il y en a une à gauche pour les mêmes raisons.
Enfin la position *cd* est aussi une position d'équilibre, mais cet
équilibre est généralement instable.

77. On peut représenter géométriquement les actions des deux
faisceaux de fils sur le système des deux aiguilles. Sur une droite indéfinie portons, à partir d'une origine O (fig. 54), des longueurs

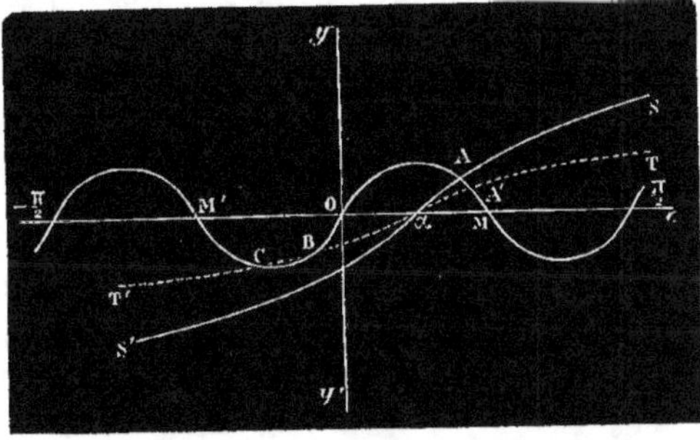

Fig. 54.

proportionnelles aux angles que fait la position de l'aiguille avec la
ligne *ab*, 0-180°, et, par les extrémités de ces abscisses, élevons des
perpendiculaires égales en longueur au moment correspondant du
couple dû aux actions des deux faisceaux de fils ; nous obtiendrons
de cette manière une courbe qui représentera les actions de ces deux
faisceaux sur l'aiguille. Cette courbe rencontre l'axe des abscisses aux
points O, $\frac{\pi}{2}$, $-\frac{\pi}{2}$, et en deux autres points intermédiaires M et M'.
Les deux branches situées de chaque côté du point O sont symé-
triques par rapport à l'origine O.

D'après le même mode de représentation, le couple terrestre sera représenté par une sinusoïde. Cette courbe coupera l'axe des abscisses en un point α différent du point O, car la position d'équilibre sous l'action de la terre n'est plus située dans le plan du méridien magnétique et fait un angle α avec la ligne o–180° supposée dirigée dans ce plan. En allant de α vers x, cette sinusoïde a ses coordonnées négatives. et, sous l'action de la terre et des masses de cuivre, l'aiguille sera en équilibre lorsque la première courbe et la sinusoïde auront des ordonnées égales et de sens contraire. Pour mieux apercevoir la position de ces points, renversons la sinusoïde : les positions d'équilibre correspondront alors aux points d'intersection des deux courbes. En chaque point la différence des ordonnées représente la force directrice.

78. Il est clair que les deux courbes auront toujours un point d'intersection compris entre le point α et le point M. et il est aisé de voir que l'équilibre correspondant sera instable.

De l'autre côté du point O il peut y avoir o, 1, 2, .. points d'intersection, suivant les cas. Si la sinusoïde a des ordonnées considérables SS' et que l'autre n'ait que de petites ordonnées, il n'y aura pas de point d'intersection. C'est ce qui arrivera pour les galvanomètres faiblement astatiques, ou bien encore pour ceux dans lesquels la masse de cuivre est peu considérable.

Les deux courbes peuvent se toucher. et alors le point de contact donne une position d'équilibre instable.

Enfin les deux courbes peuvent avoir deux points d'intersection B, C : il est aisé de voir que B correspond à une position d'équilibre instable, et C à une position d'équilibre stable.

Lorsque la ligne o–180° est parallèle à la position d'équilibre de l'aiguille sous l'action de la terre seule, la sinusoïde a la même origine que la courbe des actions perturbatrices. Il peut alors se présenter deux cas :

1° Si les ordonnées de la sinusoïde renversée sont, dans le voisinage du point O, plus petites que celles de l'autre courbe, l'origine est une position d'équilibre instable, et il y a deux positions d'équilibre stable correspondant à A et B (fig. 55).

2° Il peut arriver que près de la ligne o–180° les ordonnées de la sinusoïde soient plus grandes que celles de l'autre courbe, mais

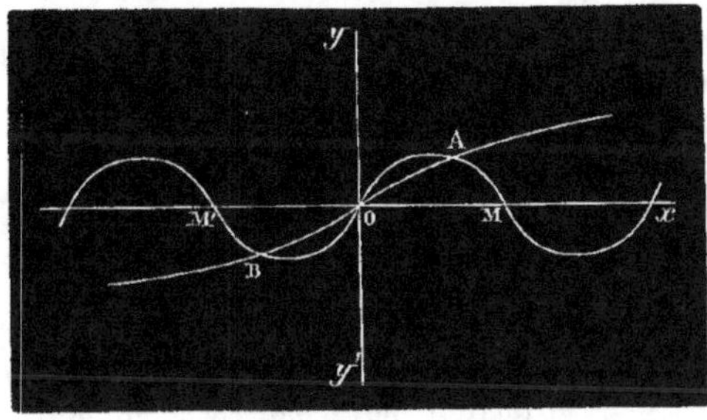

Fig. 55.

qu'à une petite distance elles deviennent plus petites. Alors la position o–180° correspond à un équilibre stable; il y a en outre

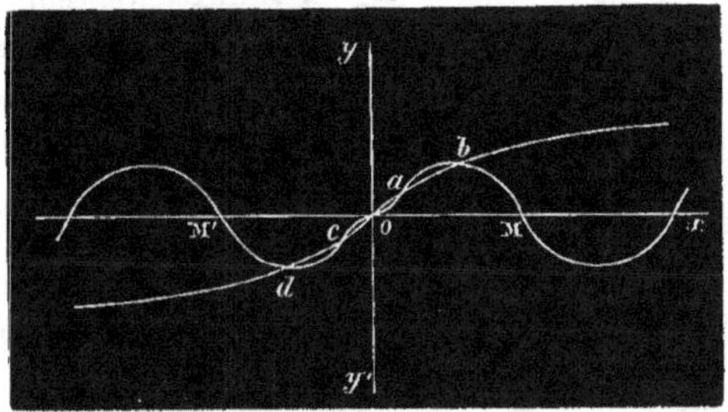

Fig. 56.

quatre autres positions d'équilibre : deux instables, correspondant à a et c (fig. 56), et deux stables correspondant à b et d; c'est le cas observé par **Péclet**[1].

Enfin il est essentiel de remarquer que, lorsque les deux aiguilles sont à peu près également aimantées, une très-petite variation du magnétisme de l'une d'entre elles a une très-grande influence sur la différence de leurs moments magnétiques et n'a pas d'influence sensible sur l'intensité des attractions qu'on vient d'étudier.

La détermination des diverses positions d'équilibre pour différents

<hr>

[1] *Annales de chimie et de physique*, (3), II, 103 (1841).

points du zéro de la graduation peut servir à déterminer la forme de la courbe des attractions perturbatrices.

79. Procédés de correction. — 1° Procédé de Péclet. — Pour détruire les actions perturbatrices, Péclet a proposé de n'employer qu'un paquet de fils enroulés d'une manière continue sur un cadre rectangulaire dont le plan est horizontal, et de suspendre l'aiguille dans l'intérieur de ce cadre.

80. 2° Procédé de Kleiner. — On introduit dans l'intervalle des deux paquets de fils des fragments du même cuivre, jusqu'à ce que les effets de l'attraction perturbatrice soient nuls, c'est-à-dire jusqu'à ce que la position d'équilibre de l'aiguille à l'intérieur du galvanomètre soit identique à sa position extérieure.

81. 3° Procédé de Nobili. — Nobili est le premier qui ait eu l'idée d'employer un aimant pour détruire les actions perturbatrices. Voici la disposition donnée à l'appareil par M. Ruhmkorff. Le compensateur se compose de deux tiges assemblées en forme de compas dont les extrémités supportent deux petits aimants. Ce compas est placé au-dessus du faisceau de fils, et on s'arrange de manière que, près de la ligne o –180°, les deux petits aimants agissent en sens contraire des actions perturbatrices. Les ordonnées de la courbe de ces actions deviennent alors assez petites pour qu'il n'y ait qu'un point d'intersection avec la sinusoïde : il n'y a alors qu'une position d'équilibre stable. Mais ce mode de compensation présente cet inconvénient que les petits aimants agissent non-seulement quand les déviations sont petites, mais même quand elles sont grandes; la force qui agit sur le système n'est plus proportionnelle au sinus de l'angle d'écart, elle est représentée par la différence des ordonnées de la sinusoïde et de celles de la courbe perturbatrice : la durée des oscillations n'est donc plus indépendante de leur amplitude. Dans la méthode de Péclet ou de Kleiner, les ordonnées de la courbe perturbatrice sont au contraire rigoureusement nulles et la durée des oscillations est indépendante de leur amplitude.

82. 4° Procédé de M. Du Bois-Reymond. — La modification apportée par M. Du Bois-Reymond remédie à cet inconvénient[1]. Le compensateur est un fragment de fil d'acier aimanté de 1 millimètre de longueur environ que l'on colle avec de la cire sur une pièce de cuivre mobile à l'aide d'une vis, et que l'on place sur la ligne 0-180°. Comme l'aimant est extrêmement petit, il n'agit qu'aux distances très-petites; en déplaçant la plaque de cuivre, on l'amène dans une position telle que l'appareil se trouve dans de bonnes conditions : alors l'action de cet aimant est sensible et compense les attractions perturbatrices, tant que l'aiguille est voisine du zéro, et, dès que la distance est de quelques degrés, elle devient presque rigoureusement nulle.

Les phénomènes qui viennent de nous occuper sont très-sensibles avec des galvanomètres de 1800 à 2000 tours; ils le sont beaucoup plus avec les galvanomètres à 25000 tours que l'on emploie dans les recherches de physiologie.

II. COURANTS INSTANTANÉS.

83. Principe général : le galvanomètre mesure la quantité totale d'électricité qui traverse une section du fil. — Lorsqu'on fait agir un courant instantané sur un galvanomètre, l'aiguille ne se déplace pas sensiblement pendant la durée très-courte de l'action du courant. Il en résulte que l'action du courant s'exerce toujours dans les mêmes circonstances : cette action ne varie que par les variations de l'intensité du courant et lui est à chaque instant proportionnelle. Donc la quantité de mouvement reçue par l'aiguille est à chaque instant proportionnelle à l'intensité i du courant, et la quantité totale qu'elle reçoit pendant la durée θ du courant est

$$ mv = k \int_0^\theta i\,dt. $$

Soit q la quantité d'électricité qui a traversé une section du fil, depuis le commencement de l'action du courant jusqu'à l'époque t;

[1] *Untersuchungen über thierische Elektricität*, Berlin (1848), t. II.

au bout du temps $t + dt$ cette quantité deviendra $q + dq$, en désignant par dq la quantité d'électricité qui a traversé une section du fil pendant le temps dt; $\frac{dq}{dt}$ sera par conséquent la quantité d'électricité qui la traverserait pendant l'unité de temps, si le courant gardait une intensité constante pendant toute l'unité de temps. Or, d'après un principe démontré par Pouillet, l'intensité d'un courant constant est proportionnelle à la quantité d'électricité qui traverse une section du fil pendant l'unité de temps. Si donc on désigne par i l'intensité du courant à l'époque t et par k' une constante, on a

$$ i = k' \frac{dq}{dt}, $$

et, par suite, en désignant par h une autre constante,

$$ v = h \int_0^\theta \frac{dq}{dt}\, dt = h\mathrm{Q}, $$

Q étant la quantité totale d'électricité qui a traversé une section du fil pendant la durée de l'action du courant. On voit que la vitesse initiale donnée à l'aiguille est proportionnelle à cette quantité d'électricité; on dit ordinairement qu'elle est proportionnelle à l'intensité du courant instantané, en prenant pour mesure de cette intensité la quantité d'électricité qui a été mise en mouvement. Tout se trouve donc ramené à la mesure de la vitesse initiale v. Cette mesure serait bien facile s'il n'y avait pas de forces perturbatrices agissant sur l'aiguille aimantée; l'aiguille aimantée est, en effet, assimilable à un pendule composé, et l'on sait que la vitesse que prend le pendule composé lorsqu'il passe par la position d'équilibre est proportionnelle au sinus de la demi-amplitude des oscillations.

84. Énumération des causes perturbatrices. — Proportionnalité de ces diverses actions à la vitesse. — Quel que soit le galvanomètre que l'on emploie, il y a toujours des résistances qui influent sur le mouvement des aiguilles : ce sont la torsion du fil, proportionnelle à l'angle de la déviation, la résistance de l'air, et surtout la résistance qui provient des courants induits développés dans les parties en cuivre du galvanomètre. Cette dernière cause serait

négligeable si l'on employait un galvanomètre dont le cadre fût en
bois, et dans lequel les masses de cuivre se réduiraient aux fils de
cuivre que traverse le courant. Mais, pour éteindre les oscillations et
abréger la durée des observations, on est obligé d'introduire d'assez
grosses masses de cuivre dont il faut nécessairement tenir compte.

La torsion est proportionnelle à l'angle de déviation, et si la déviation est petite, comme cela a lieu dans la boussole de Weber, on

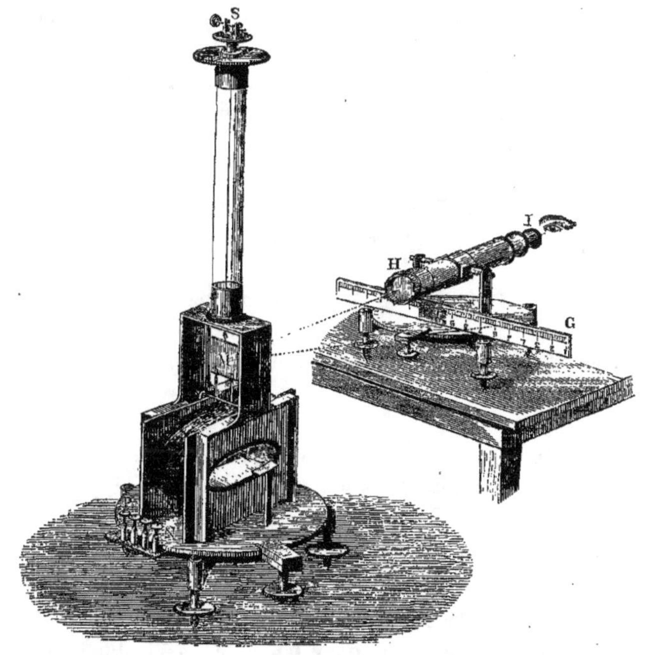

Fig. 57.

peut dire qu'elle est proportionnelle au sinus de l'angle de déviation
de sorte qu'elle ne fait qu'augmenter l'action de la terre, et il est
inutile d'en tenir compte autrement.

La résistance de l'air est proportionnelle à la vitesse de l'aiguille.

Il en est de même de la résistance qui résulte des courants induits développés dans les masses de cuivre. En effet, les masses de

cuivre sont ordinairement de grandes dimensions, et, si les oscillations de l'aiguille sont petites,
sa distance aux masses de cuivre
est à peu près constante : les courants induits ne peuvent donc
varier que par suite des changements de vitesse de l'aiguille
aimantée; en conséquence, ces
courants ont des intensités proportionnelles à la vitesse de
l'aiguille et exercent sur elle
une résistance proportionnelle
à cette vitesse. Ce que nous
venons de dire en dernier lieu
exige que les déviations et les
vitesses de l'aiguille soient petites : ces conditions ne sont
guère remplies que dans la

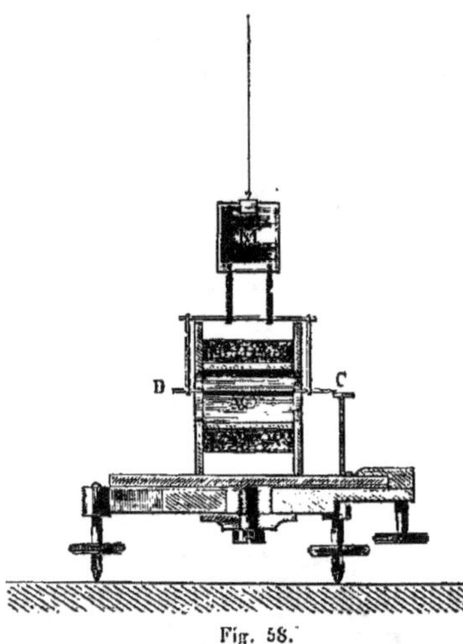

Fig. 58.

boussole de Weber (fig. 57 et 58), et c'est à celle-là que va se rap-
porter ce qui suit [1].

**85. Calcul fondé sur l'hypothèse de la proportionnalité
des actions perturbatrices à la vitesse.** — Désignons par p la
division de la règle G réfléchie par le miroir M que l'on aperçoit
dans la lunette IH quand l'aiguille A du galvanomètre est en équilibre
sous l'action de la terre à un instant donné, et par a la distance du
miroir à la règle. L'aiguille forme alors avec sa position d'équilibre
un angle dont le double a pour tangente $\dfrac{x-p}{a}$. Mais, comme cet
angle est petit, on peut dire que la déviation est mesurée par $\dfrac{x-p}{2a}$;
la vitesse angulaire de l'aiguille sera donc $\dfrac{1}{2a}\dfrac{dx}{dt}$.

Cherchons maintenant les expressions des forces qui agissent sur
l'aiguille. D'abord, en remplaçant le sinus par l'arc, nous trouverons
pour le moment de l'action terrestre une expression de la forme

[1] Weber, *Electrodynamische Maasbestimmungen*, 1ʳᵉ partie, p. 242.

$- \mathrm{M}\, \dfrac{x-p}{2a}$, M dépendant à la fois de l'action terrestre et de la torsion ; nous mettons le signe $-$ devant le couple parce qu'il tend à ramener l'aiguille dans la position d'équilibre. Enfin les actions perturbatrices dues aux courants induits seront représentées par un couple toujours de sens contraire à celui de la vitesse, et dont le moment sera $- \dfrac{c}{2a}\dfrac{dx}{dt}$; l'équation du mouvement de l'aiguille sera donc

$$\frac{1}{2a}\,\Sigma m v^2 \frac{d^2 x}{dt^2} + \frac{\mathrm{M}}{2a}(x-p) + \frac{c}{2a}\frac{dx}{dt} = 0.$$

Posons $\Sigma m v^2 = k$, il viendra

$$(1) \qquad\qquad \frac{d^2 x}{dt^2} + \frac{c}{k}\frac{dx}{dt} + \frac{\mathrm{M}}{k}(x-p) = 0.$$

On aura une intégrale particulière en prenant

$$x - p = e^{mt},$$

et déterminant la constante m par l'équation

$$m^2 + \frac{c}{k}\,m + \frac{\mathrm{M}}{k} = 0,$$

d'où

$$m = -\frac{c}{2k} \pm \sqrt{\frac{c^2}{4k^2} - \frac{\mathrm{M}}{k}}.$$

Les valeurs m_1, m_2 tirées de cette équation peuvent être réelles ou imaginaires ; si elles sont réelles, l'intégrale générale sera

$$\frac{x-p}{2a} = \frac{\mathrm{A}e^{-m_1 t} + \mathrm{B}e^{-m_2 t}}{2a};$$

car m_1 et m_2 sont deux valeurs négatives. On voit par cette formule que la déviation irait en décroissant toujours du même côté de la position d'équilibre. L'expérience prouve au contraire que l'aiguille dépasse toujours sa position d'équilibre et fait autour de cette position un certain nombre d'oscillations : il faut donc admettre que, dans tous les cas réalisables, on a

$$\frac{c^2}{4k^2} - \frac{\mathrm{M}}{k} < 0,$$

de sorte que les valeurs m_1 et m_2 sont imaginaires, et l'on sait qu'on aura l'intégrale générale imaginaire de l'équation en posant

$$x - p = Ae^{-\frac{1}{2}\frac{c}{k}\,t + t\sqrt{\frac{M}{k} - \frac{c^2}{4k^2}}\sqrt{-1}} + Be^{-\frac{1}{2}\frac{c}{k}\,t - t\sqrt{\frac{M}{k} - \frac{c^2}{4k^2}}\sqrt{-1}}$$

$$= (A+B)e^{-\frac{c}{2k}\,t}\cos t\sqrt{\frac{M}{k} - \frac{c^2}{4k^2}} + \sqrt{-1}(A-B)e^{-\frac{c}{2k}\,t}\sin t\sqrt{\frac{M}{k} - \frac{c^2}{4k^2}}.$$

On conclut de là que l'intégrale réelle générale est

$$x - p = e^{-\frac{c}{2k}\,t}\left(a\cos t\sqrt{\frac{M}{k} - \frac{c^2}{4k^2}} + b\sin t\sqrt{\frac{M}{k} - \frac{c^2}{4k^2}}\right)$$

$$= ae^{-\frac{c}{2k}\,t}\sin(t-\theta)\sqrt{\frac{M}{k} - \frac{c^2}{4k^2}}.$$

L'intervalle qui sépare deux passages successifs par la position d'équilibre, ou la durée d'une oscillation simple, est

$$\tau = \frac{\pi}{\sqrt{\dfrac{M}{k} - \dfrac{c^2}{4k^2}}}.$$

Soit $\lambda = \frac{1}{2}\frac{c}{k}\tau$, on aura, en faisant $\theta = 0$,

$$x - p = ae^{-\frac{\lambda}{\tau}\,t}\sin\pi\frac{t}{\tau}.$$

τ est la durée constante d'une oscillation de l'aiguille; mais ces oscillations vont en diminuant d'amplitude. En effet, pour avoir l'amplitude des oscillations, il faut chercher les points où la vitesse est nulle : or on a généralement

$$\frac{dx}{dt} = \frac{\pi}{\tau}ae^{-\frac{\lambda}{\tau}\,t}\cos\pi\frac{t}{\tau} - \frac{\lambda}{\tau}ae^{-\frac{\lambda}{\tau}\,t}\sin\pi\frac{t}{\tau};$$

il faut poser

$$\frac{a}{\tau}e^{-\frac{\lambda}{\tau}\,t}\left(\pi\cos\pi\frac{t}{\tau} - \lambda\sin\pi\frac{t}{\tau}\right) = 0:$$

d'où l'on tire

$$\tang \pi \frac{t}{\tau} = \frac{\pi}{\lambda}.$$

Soient t_1, $t_1 + \pi$, $t_1 + 2\pi, \ldots$ les racines de cette équation, on aura

$$x_1 - p = \alpha \frac{\pi}{\sqrt{\pi^2 + \lambda^2}} e^{-\frac{\lambda}{\pi} \arctang \frac{\pi}{\lambda}},$$

$$x_2 - p = -\alpha \frac{\pi}{\sqrt{\pi^2 + \lambda^2}} e^{-\frac{\lambda}{\pi} \arctang \left(\frac{\pi}{\lambda} + \pi \right)}.$$

On voit par ces équations que les amplitudes des oscillations décroissent en progression géométrique, et qu'elles sont alternativement positives et négatives; on reconnaît que la boussole de Weber satisfait bien à ces lois : les hypothèses que nous avons faites en commençant le calcul sont donc admissibles. L'amplitude du premier écart est proportionnelle à la vitesse initiale, c'est-à-dire à la quantité à mesurer, et, par suite, elle sert dans les boussoles de Weber à mesurer les courants instantanés. Dans une même série d'expériences les observations seront toujours comparables, puisque m, c, k ne changent pas; mais il n'en est plus de même dans deux séries séparées. En effet, l'action terrestre a pu changer, ainsi que la position de l'aiguille par rapport au cadre; pour rendre les expériences de ces deux séries comparables, il faudrait déterminer dans chaque série les constantes τ et λ; on pourrait alors calculer les valeurs absolues des vitesses initiales.

BIBLIOGRAPHIE.

1820.   SCHWEIGGER, Zusätze zu OErsteds elektromagnetischen Versuchen, *Allgemeine Literaturzeitung*, n° 296, nov. 1820, et *Schweigg. Journ.*, XXXI, 1, XXXII, 38, et XXXIII, 11 (1821).

1821.   CUMMING, On the connexion of galvanism and magnetism, *Cambridge Trans.*, 1821, I.

1821.   CUMMING, On the application of magnetism as a measure of electricity, *Cambridge Trans.*, 1821. I, 281.

1821.   BÖCKMANN, Ueber die Wirkungen des geschlossenen voltaischen Kreisers auf die Magnetnadel, etc., *Gilb. Ann.*, LXVIII, 1.

1823.   OERSTED, Sur le multiplicateur de Schweigger et sur quelques applications qu'on en a faites, *Ann. de chim. et de phys.*, (2), XXII, 358.

1825.   NOBILI, Sur un nouveau galvanomètre, *Bibl. univ.*, XXIX, 119.

1825.   OHM, Vorläufige Anzeige des Gesetzes, nach welchem Metalle die Contactelektricität leiten, *Pogg. Ann.*, IV, 79.

1825-26.   OERSTED, Om en Forbedring ved Nobili's elektromagnetiske Multiplicator, *Oversigt over det kongl. Danske Videnskabernes Selskabs Forhandlinger, etc.*, Kopenhagen.

1826-27.   OERSTED, Om Brugen of den elektromagnetiske Multiplicator til Sölve pröve, 1826-27, et *Schweigg. Journ.*, LII, 14 (1828).

1828.   NOBILI, Comparaison entre les deux galvanomètres les plus sensibles, la grenouille et le multiplicateur à deux aiguilles, *Bibl. univ.*, XXXVII, 10, et *Ann. de chim. et de phys.*, XXXVIII, 225.

1828.   NOBILI, Notice sur le magnétisme des fils du galvanomètre, *Bibl. univ.*, XXXVIII, 79.

1828.   MARIANINI, Nouveau galvanomètre multiplicateur, *Bibl. univ.*, XXXVIII, 127.

1829.   OHM, Experimentälle Beiträge zu einer vollständigen Kenntniss des elektromagnetischen Multiplicators, *Schweigg. Journ.*, LV, 1.

1830.   NOBILI, Description d'un thermo-multiplicateur ou thermoscope électrique, *Bibl. univ.*, XLIV, 225.

1830.   NOBILI, Sur la mesure des courants électriques ou Projet d'un galvanomètre comparable, *Ann. de chim. et de phys.*, (2), XLIII, 146.

1831.   BIGEON, Sur quelques expériences galvanométriques, *Ann. de chim. et de phys.*, (2), XLVI, 180.

1834.   NERVANDER, Mémoire sur un galvanomètre à châssis cylindrique par lequel on obtient immédiatement et sans calcul la mesure de l'intensité du courant électrique qui produit la déviation de l'aiguille aimantée, *Ann. de chim. et de phys.*, (2), LV, 156.

1836.   PELTIER, *Observations sur les multiplicateurs et sur les piles thermoélectriques*, Paris, 1836.

1836-37.   STURGEON, An inquiry into the attributes of the galvanometer, *Annals of elect., magn. and chem.*, London, I, 1.

1837.   BECQUEREL, Description et usage de la balance électro-magnétique et de la pile à courants constants, *Comptes rendus*, IV, 35, et *Traité d'électricité*, II, 24.

1837.   POUILLET, Mémoire sur la pile de Volta et sur les lois générales d'intensité que suivent les courants, etc., *Comptes rendus*, IV,

267, *Éléments de physique expérimentale*, 3ᵉ édit.. I, 611, et *Pogg. Ann.*, XLII, 283.

1838. Fechner, Ueber die Vortheile langer Multiplicatoren nebst einigen Bemerkungen über den Streit der Chemischen und der Contact-theorie des Galvanismus, *Pogg. Ann.*, XLV, 232.

1838. Majocchi, Galvanometro universale o a forza variabile, *Annali delle scienze del regno Lomb.-Ven.*, VIII, 1838.

1839. Peltier, Mémoire sur la formation des tables des rapports qu'il y a entre la force d'un courant électrique et la déviation des aiguilles des multiplicateurs, etc., *Ann. de chim. et de phys.*, LXXI, 225.

1839. Péclet, Sur un nouveau galvanomètre, *Comptes rendus*, VIII, 298, et *Ann. de chim. et de phys.*, (3), II, 103 (1841). '

1840. Gauss, *Resultaten des magnetischen Vereins*, 26 (1840).

1840. Poggendorff, Ueber die Einrichtung und den Gebrauch einiger Werk-zeuge zum messen der Stärke elektrischer Ströme und der denselben bedingenden Elemente, *Pogg. Ann.*, L, 504.

1841. Henrici, Zur Galvanometrie, *Pogg. Ann.*, LIII, 277.

1841. W. Weber, Messung. Stärker galvanischer Ströme bei geringen Widerstande nach absolutem Maasse; Resultate aus d. Beob. des magn. Vereins im Jahre 1840, Leipzig, 1841, *Pogg. Ann.*, LV, 27.

1842. Melloni, Sur un moyen de faire varier à volonté la sensibilité des galvanomètres astatiques, *Comptes rendus*, XIV, 52, et *Arch. de l'élect.*, I, 656.

1842. Poggendorff, Methode die relativen Maxima der Strömstärken zweier volt. Ketten zu bestimmen, *Monatsberichte d. Berlin. Acad.*, 1842.

1842. Poggendorff, Von dem Gebrauch des Galvanometers als Messwerk-zeug, *Pogg. Ann.*, LVI, 324.

1842. Poggendorff, Mittel zur Erhöhung der Empfindlichkeit eines Galva-nometers, *Pogg. Ann.*, LVI, 370.

1842. Jacobi, Eine Methode die Constanten der volta'schen Ketten zu bestimmen, *Bulletin scient. de l'Acad. de Saint-Pétersbourg*, X, 257, ét *Pogg. Ann.*, LVII, 85.

1842. Poggendorff, Vorzüge der Sinusbussole, *Pogg. Ann.*, LVII, 86.

1842. Petrina, Zur Galvanometrie, *Pogg. Ann.*, LVII, 111.

1842. Poggendorff, Ueber das allgemeine galvanometrische Gesetze, *Pogg. Ann.*, LVII, 609.

1843. Lenz, Ueber die Gesetze der Wärme-Entwickelung durch den gal-vanischen Strom, *Bulletin de la classe phys.-math. de l'Acad. de Saint-Pétersb.*, II (1844), et *Pogg. Ann.*, LIX, 203.

1843. Wheatstone, An account of several new instruments and processes for determining the constants of a voltaic circuit, Bakerian lec-ture, *Phil. Trans.*, f. 1843, 303.

1843.   Poggendorff, Sur l'emploi du galvanomètre pour la mesure de l'intensité des courants, *Ann. de chim. et de phys.*, (3), VIII, 115.

1849.   Feilitsch, Eine Methode galvanische Ströme nach absoluten Maasse zu messen, *Pogg. Ann.*, LXXVIII, 21.

1850.   Melloni, *La Thermochrose*, I, 57-59, Naples, 1850.

1851.   ' Jacobi, Communication sur quelques points de la galvanométrie, *Comptes rendus*, XXXIII, 277.

1851.   Weber, Elektromagnetische Maassbestimmungen insbesondere Widerstand Messungen, *Abh. d. Leipz. Ges. der Wiss.*, I, 197, et *Pogg. Ann.*, LXXXII, 337.

1852.   Despretz, Sur la loi des courants galvaniques, *Comptes rendus*, XXXIV, 781.

1852.   Despretz, Sur la boussole des tangentes, *Comptes rendus*, XXXV, 449.

1853.   Gaugain, Boussole des tangentes établie sur un principe nouveau d'électrodynamique, *Comptes rendus*, XXXVI, 191.

1853.   Bravais, Note sur l'action qu'exerce un courant circulaire formant la base d'un cône sur un galvanomètre placé au sommet de ce cône, *Ann. de chim. et de phys.*, (3), XXXVIII, 301.

1853.   Buff, Tangentenbussole mit langem Multiplicatordraht, *Annal. der Chem. und Pharm.*, LXXXVI, 1.

1853.   Lamont, Beschreibung und Theorie eines neuen Galvanometers, womit man Schwache sowohl als Starke galvanische Ströme absolut messen kann, *Pogg. Ann.*, LXXXVIII, 230.

1854.   Gaugain, Note sur une nouvelle boussole des tangentes, *Ann. de chim. et de phys.*, (3), XLI, 66.

1856.   R. Kohlrausch et Weber, Elektrodynamische Maassbestimmungen insbesondere Zurückführung der Strömintensitätsmessungen auf mechanisches Maass, *Abhandl. d. Leipziger Ges. der Wiss.*, V, 219, Leipzig, 1856, et *Pogg. Ann.*, XCIX, 10.

1858.   De la Provostaye, Études sur le thermomultiplicateur, *Ann. de chim. et de phys.*, (3), LIV, 129.

1858.   Joule, On an improved galvanometer, *Phil. Mag.*, (4), XV, 432.

III.

ÉLECTRO-DYNAMIQUE.

86. Action réciproque de deux éléments de courant. — Formule fondamentale. — Dans sa *Théorie des phénomènes électro-dynamiques*, Ampère établit de la manière suivante la formule qui représente l'action réciproque de deux éléments de courant. En partant du principe des courants sinueux et de quelques propriétés générales des courants, faciles à constater par l'expérience, il démontre d'abord que l'action élémentaire dont il s'agit peut être considérée comme la somme de l'action réciproque de deux éléments de courant situés sur le prolongement l'un de l'autre, et de l'action réciproque de deux éléments de courant contenus dans le même plan et perpendiculaires à la droite qui joint leurs milieux. Ensuite il admet que ces deux actions varient l'une et l'autre en raison inverse d'une même puissance de la distance, et que, à égalité de distances et à égalité des éléments réagissants, elles offrent l'une avec l'autre un rapport constant, et il détermine la valeur numérique de ce rapport, ainsi que l'exposant indéterminé de la distance, par la considération de quelques cas d'équilibre donnés par l'observation.

On peut, en modifiant la marche des calculs, faire disparaître quelques-unes des restrictions dont cette méthode est affectée et retrouver la formule fondamentale de l'électro-dynamique, sans supposer d'avance que les deux forces dont l'action élémentaire électro-dynamique est la résultante sont inversement proportionnelles à une même puissance de la distance [1].

Lorsqu'on ne fait pas cette hypothèse, on doit représenter l'ac-

[1] Cette démonstration de la formule fondamentale de l'électro-dynamique, plus générale que celle d'Ampère, avait été exposée plusieurs fois par M. Blanchet dans son enseignement à l'École Normale, de 1842 à 1848; Verdet l'a reproduite dans les *Annales de l'École Normale*, t. II (1865), d'après ses propres souvenirs et d'après ceux de quelques condisciples, notamment de M. Simon, professeur de mathématiques au lycée Louis-le-Grand.   D. G.

tion réciproque de deux éléments de courant par la formule

$$i\,i'\,ds\,ds'\,[f(r)\cos\theta\cos\theta' + F(r)\sin\theta\sin\theta'\cos\omega],$$

en désignant par i, i' les intensités des deux courants; par ds, ds',

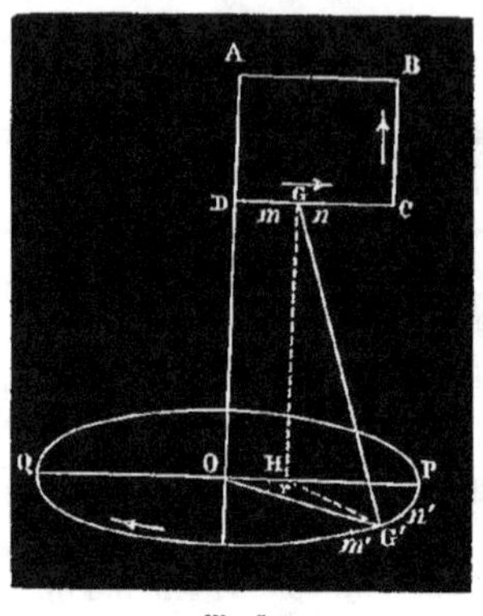

Fig. 59.

leurs longueurs; par r la distance de leurs milieux; par θ, θ' les angles que ces éléments font avec la droite qui joint leurs milieux. et enfin par ω l'angle des plans formés par cette droite et chacun des éléments. La fonction $f(r)$ représente la loi d'attraction entre deux éléments dirigés suivant la droite qui joint leurs milieux, et $F(r)$ la loi d'attraction entre deux éléments perpendiculaires à la même droite et perpendiculaires entre eux. La question est de déterminer les fonctions $f(r)$ et $F(r)$ par la considération de deux cas d'équilibre.

87. Détermination des fonctions $f(r)$ et $F(r)$. — Les cas d'équilibre les plus faciles à constater avec certitude, parmi ceux qu'Ampère et Savary ont successivement fait servir à l'établissement de la formule fondamentale, peuvent être exprimés de la manière suivante :

1° *Un courant rectangulaire, qui ne peut que tourner autour d'un de ses côtés, demeure immobile sous l'action d'un courant circulaire qui a son centre sur l'axe de rotation et son plan perpendiculaire à cet axe.*

2° *L'action d'un solénoïde fermé sur un élément de courant est nulle.*

88. Action d'un courant circulaire sur un courant rectangulaire mobile autour d'un de ses côtés, cet axe de rotation passant par le centre du cercle auquel il est perpendiculaire ainsi que le plan du courant rectangulaire. — Il résulte du premier cas d'équilibre que, si l'on prend par rapport à l'axe de rotation les moments des actions exercées sur les trois côtés du rectangle mobile qui ne coïncident pas avec cet axe. la somme de ces moments est égale à zéro.

Soit en particulier l'action de l'élément fixe ds', dont le milieu est en G', sur l'élément mobile ds, dont le milieu est en G (fig. 59); le moment de cette force par rapport à l'axe de rotation est égal au produit de la distance $\overline{DG} = u$ du milieu de l'élément ds à l'axe et de la composante perpendiculaire au plan ABCD, c'est-à-dire à

$$ii'\,ds\,ds'\,u\cos\tau\,[f(r)\cos\theta\cos\theta' + F(r)\sin\theta\sin\theta'\cos\omega],$$

τ désignant l'angle de la droite GG' avec une perpendiculaire au plan ABCD. Si du point G' on abaisse une perpendiculaire $G'H$ sur le diamètre du cercle PQ qui est contenu dans le plan ABCD, l'angle τ étant l'angle $GG'H$, la considération du triangle $GG'H$ donne

$$\cos\tau = \frac{G'H}{GG'} = \frac{a\sin q}{r},$$

si l'on désigne par a le rayon du cercle et par q l'angle POG'. Enfin, si l'on appelle ε l'angle des deux éléments l'un avec l'autre et si l'on remplace, dans l'expression précédente du moment de la force, $\sin\theta\sin\theta'\cos\omega$ par sa valeur $\cos\varepsilon - \cos\theta\cos\theta'$ déduite de la relation connue

$$\cos\varepsilon = \cos\theta\cos\theta' + \sin\theta\sin\theta'\cos\omega,$$

on déduit de l'équilibre observé la condition analytique

$$\iint a\,ii'\,ds\,ds'\,\frac{u\sin q}{r}\left\{[f(r) - F(r)]\cos\theta\cos\theta' + F(r)\cos\varepsilon\right\} = 0,$$

les intégrales étant étendues au cercle entier et aux trois côtés AB. BC, CD.

89. Occupons-nous d'abord du premier terme de l'intégrale, c'est-à-dire, en négligeant les facteurs constants, de

$$\iint ds\,ds'\,\frac{u\sin q}{r}\,[f(r) - F(r)]\cos\theta\cos\theta'.$$

On déduit de

$$r^2 = (x - x')^2 + (y - y')^2 + (z - z')^2$$

$$\frac{dr}{ds} = \frac{x - x'}{r}\frac{dx}{ds} + \frac{y - y'}{r}\frac{dy}{ds} + \frac{z - z'}{r}\frac{dz}{ds} = \cos\theta,$$

$$\frac{dr}{ds'} = -\frac{x - x'}{r}\frac{dx'}{ds'} - \frac{y - y'}{r}\frac{dy'}{ds'} - \frac{z - z'}{r}\frac{dz'}{ds'} = -\cos\theta'.$$

En substituant $\frac{dr}{ds}$ à $\cos\theta$, divisant et multipliant par r, et inté-grant relativement à s, on trouve

$$\int \frac{f(r) - F(r)}{r^2}\frac{dr}{ds}\,ds\,ur\cos\theta' = \left[\frac{\psi(r)}{r}\,ur\cos\theta'\right]_1^2 - \int \frac{\psi(r)}{r}\frac{d.ur\cos\theta'}{ds}\,ds,$$

si l'on fait

$$\frac{f(r) - F(r)}{r^2} = \frac{d.\frac{\psi(r)}{r}}{dr}.$$

Comme d'ailleurs u est nul aux deux extrémités du conducteur ABCD, le premier terme du second membre de la formule s'évanouit [1], et il ne reste à considérer que l'intégrale

$$-\int \frac{\psi(r)}{r}\frac{d.ur\cos\theta'}{ds}\,ds.$$

Mais

$$\frac{d.ur\cos\theta'}{ds} = r\cos\theta'\frac{du}{ds} + u\left(\cos\theta'\frac{dr}{ds} + r\frac{d.\cos\theta'}{ds}\right)$$

$$= r\cos\theta'\frac{du}{ds} - u\left(\frac{dr}{ds'}\frac{dr}{ds} + r\frac{d^2r}{ds\,ds'}\right),$$

et il n'est pas difficile de voir que

$$\frac{dr}{ds'}\frac{dr}{ds} + r\frac{d^2r}{ds\,ds'} = -\left(\frac{dx}{ds}\frac{dx'}{ds'} + \frac{dy}{ds}\frac{dy'}{ds'} + \frac{dz}{ds}\frac{dz'}{ds'}\right) = -\cos\varepsilon;$$

donc

$$-\int \frac{\psi(r)}{r}\frac{d.ur\cos\theta'}{ds}\,ds = -\int \frac{\psi(r)}{r}\left(u\cos\varepsilon + r\cos\theta'\frac{du}{ds}\right)ds.$$

[1] Cette conclusion ne serait en défaut que si $\frac{\psi(r)}{r}$ était infini pour toute valeur de r, ce qui est évidemment impossible.

Enfin, si l'on prend le point D pour origine des arcs s, le point P pour origine des arcs s', et qu'on appelle l la longueur DCBA, d la longueur DC, on a :

$$\text{de D en C.....} \quad \cos\varepsilon = -\sin q, \quad u = s, \quad \frac{du}{ds} = 1;$$

$$\text{de C en B.....} \quad \cos\varepsilon = 0, \quad u = d, \quad \frac{du}{ds} = 0;$$

$$\text{de B en A.....} \quad \cos\varepsilon = +\sin q, \quad u = l - s, \quad \frac{du}{ds} = -1.$$

En outre, si l'on appelle h la hauteur de l'élément ds au-dessus du plan du courant circulaire, on a

$$r^2 = h^2 + (u - a\cos q)^2 + a^2\sin^2 q = a^2 + h^2 + u^2 - 2au\cos q;$$

d'où, en différentiant par rapport à s',

$$r\frac{dr}{ds'} = -r\cos\theta' = au\sin q\,\frac{dq}{ds'},$$

c'est-à-dire, puisque, en vertu de la convention faite sur l'origine des arcs s', $q = \dfrac{s'}{a}$,

$$r\cos\theta' = -u\sin q.$$

Si l'on a égard à ces diverses relations, l'intégrale cherchée se réduit en définitive à

$$2\sin q\left[\int_0^d \frac{\psi(r)}{r}u\,du + \int_d^0 \frac{\psi(\mathrm{R})}{\mathrm{R}}u\,du\right],$$

r désignant la distance d'un élément ds' à un élément ds pris sur le côté DC, et R la distance du même élément à un élément ds pris sur le côté BA.

En rétablissant les facteurs constants supprimés plus haut et indiquant la deuxième intégration, on obtient l'expression définitive

$$2a\ddot{u}''\int_0^{2\pi a}\sin^2 q\,ds'\int_0^d\left(\frac{\psi(r)}{r} - \frac{\psi(\mathrm{R})}{\mathrm{R}}\right)u\,du.$$

Des transformations toutes semblables démontrent que

$$2a\,\ddot{u}'\iint ds\,ds'\,\frac{u\sin q}{r}\,\mathrm{F}(r)\cos\varepsilon$$

$$= -a\,\ddot{u}'\int_0^{2\pi a}\sin^2 q\,ds'\int_0^d\left[\frac{\mathrm{F}(r)}{r}-\frac{\mathrm{F}(\mathrm{R})}{\mathrm{R}}\right]u\,du.$$

90. Si l'on réunit ces deux expressions, qu'on y remplace ds' par $a\,dq$, et que, conformément à l'expérience, on égale à zéro la valeur de la somme des moments des forces par rapport à l'axe de rotation, on a l'équation de condition

$$a^2\ddot{u}'\int_0^{2\pi a}\int_0^d\left\{\left[\frac{2\psi(r)}{r}-\frac{\mathrm{F}(r)}{r}\right]-\left[\frac{2\psi(\mathrm{R})}{\mathrm{R}}-\frac{\mathrm{F}(\mathrm{R})}{\mathrm{R}}\right]\right\}u\sin^2 q\,du\,dq = 0,$$

et il est facile de démontrer que cette équation ne peut être satisfaite que si l'on a

$$\frac{2\psi(r)}{r}-\frac{\mathrm{F}(r)}{r}=\text{const.}$$

Supposons en effet que cette expression soit variable, et que, de $r=r_0$ à $r=r_0+h$, elle soit constamment croissante avec r. Il sera toujours possible de donner au courant circulaire et au courant rectangulaire de l'expérience des dimensions telles, que pour tous les points de DC et de AB les valeurs de r et de R soient comprises entre r_0 et r_0+h [1]. r étant plus petit que R pour une valeur donnée

[1] Soit, en effet, ABCD (fig. 60) le conducteur rectangulaire mobile; les valeurs de r

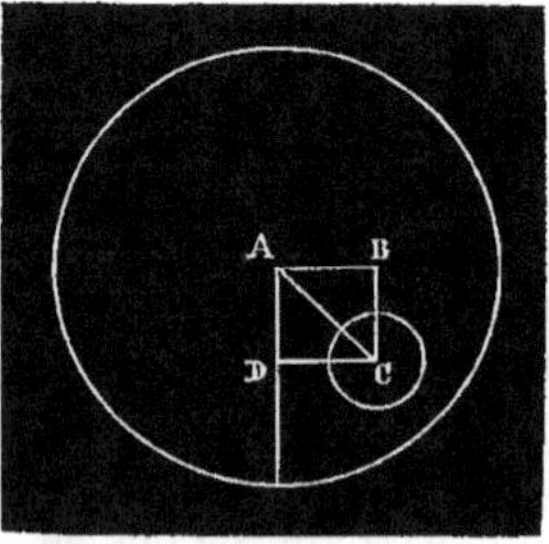

Fig. 60.

et de R seront comprises entre r_0 et r_0+h si le conducteur circulaire est extérieur à la sphère de rayon r_0 qui a pour centre le point C, et intérieur à la sphère de rayon r_0+h

des variables u et q, le facteur

$$\left\{\left[\frac{2\psi(r)}{r}-\frac{F(r)}{r}\right]-\left[\frac{2\psi(R)}{R}-\frac{F(R)}{R}\right]\right\}$$

sera positif dans toute l'étendue de l'intégrale; le facteur $u\sin^2 q\,du\,dq$ étant lui-même positif, l'intégrale aura une valeur positive finie et la somme des moments des forces par rapport à l'axe de rotation ne sera pas nulle, ce qui est contraire à l'expérience.

On prouverait de même que l'expression dont il s'agit ne saurait être décroissante entre deux limites données : elle est donc constante.

Ainsi,

$$\frac{2\psi(r)}{r}-\frac{F(r)}{r}=\text{const.}\,;$$

donc, en différentiant,

$$2\frac{d\cdot\dfrac{\psi(r)}{r}}{dr}=\frac{d\cdot\dfrac{F(r)}{r}}{dr},$$

c'est-à-dire

$$2\frac{f(r)-F(r)}{r^2}=\frac{d\cdot\dfrac{F(r)}{r}}{dr}.$$

Cette relation permet d'éliminer $f(r)$ et de représenter l'action réciproque de deux éléments de courant par

$$ii'\,ds\,ds'\left[\frac{1}{2}r^2\frac{d\cdot\dfrac{F(r)}{r}}{d}\cos\theta\cos\theta'+F(r)\cos\varepsilon\right].$$

La détermination de $F(r)$ résulte de la considération du deuxième cas d'équilibre.

91. Action d'un courant fermé sur un élément de courant. — Considérons d'abord l'action d'un courant fermé dont l'élé-

qui a pour centre le point A. Cette condition pourra toujours être satisfaite si la première sphère est intérieure à la deuxième, c'est-à-dire si l'on donne au conducteur rectangulaire des dimensions telles, que la diagonale AC soit plus petite que h.

ment est ds sur un élément de courant ds' que, pour simplifier les formules, nous supposerons placé à l'origine des coordonnées. La composante parallèle aux x de cette action est

$$ii'\,ds'\int\left[\frac{1}{2}r^2\frac{d.\dfrac{\mathrm{F}(r)}{r}}{dr}\cos\theta\cos\theta'+\mathrm{F}(r)\cos\varepsilon\right]\frac{x}{r}\,ds,$$

c'est-à-dire, en remplaçant $\cos\theta$ par $\dfrac{dr}{ds}$ et intégrant par parties le premier terme de l'expression différentielle,

$$ii'\,ds'\left[\frac{1}{2}\frac{\mathrm{F}(r)}{r}xr\cos\theta'\right]_1^2-ii'\,ds'\frac{1}{2}\int\frac{\mathrm{F}(r)}{r}\frac{d.xr\cos\theta'}{ds}\,ds$$

$$+ii'\,ds'\int\mathrm{F}(r)\cos\varepsilon\frac{x}{r}\,ds.$$

Le courant étant fermé, le premier terme de cette expression est nul, et comme on a

$$\frac{d.xr\cos\theta'}{ds}=\frac{dx}{ds}r\cos\theta'+x\frac{d.r\cos\theta'}{ds}=\frac{dx}{ds}r\cos\theta'+x\cos\varepsilon,$$

les deux autres termes se réduisent à

$$\frac{1}{2}ii'\,ds'\int\frac{\mathrm{F}(r)}{r}\left(x\cos\varepsilon-r\cos\theta'\frac{dx}{ds}\right)ds.$$

On a donc, en appelant $X\,ds'$ la composante cherchée,

$$X\,ds'=\frac{1}{2}ii'\,ds'\int\frac{\mathrm{F}(r)}{r}\left(x\cos\varepsilon-r\cos\theta'\frac{dx}{ds}\right)ds.$$

Semblablement, on trouve pour les composantes parallèles aux y et aux z

$$Y\,ds'=\frac{1}{2}ii'\,ds'\int\frac{\mathrm{F}(r)}{r}\left(y\cos\varepsilon-r\cos\theta'\frac{dy}{ds}\right)ds.$$

$$Z\,ds'=\frac{1}{2}ii'\,ds'\int\frac{\mathrm{F}(r)}{r}\left(z\cos\varepsilon-r\cos\theta'\frac{dz}{ds}\right)ds.$$

Mais, en appelant λ. μ, ν les angles que fait la direction de l'élément ds' avec les axes des coordonnées, on a

$$\cos\theta' = \frac{x}{r}\cos\lambda + \frac{y}{r}\cos\mu + \frac{z}{r}\cos\nu,$$

$$\cos\varepsilon = \frac{dx}{ds}\cos\lambda + \frac{dy}{ds}\cos\mu + \frac{dz}{ds}\cos\nu.$$

et par conséquent

$$x\cos\varepsilon - r\cos\theta'\frac{dx}{ds} = \left(x\frac{dz}{ds} - z\frac{dx}{ds}\right)\cos\nu + \left(x\frac{dy}{ds} - y\frac{dx}{ds}\right)\cos\mu,$$

$$y\cos\varepsilon - r\cos\theta'\frac{dy}{ds} = \left(y\frac{dx}{ds} - x\frac{dy}{ds}\right)\cos\lambda + \left(y\frac{dz}{ds} - z\frac{dy}{ds}\right)\cos\nu,$$

$$z\cos\varepsilon - r\cos\theta'\frac{dz}{ds} = \left(z\frac{dy}{ds} - y\frac{dz}{ds}\right)\cos\mu + \left(z\frac{dx}{ds} - x\frac{dz}{ds}\right)\cos\lambda.$$

Donc, en faisant

$$A = \int \frac{F(r)}{r}\left(y\,dz - z\,dy\right),$$

$$B = \int \frac{F(r)}{r}\left(z\,dx - x\,dz\right),$$

$$C = \int \frac{F(r)}{r}\left(x\,dy - y\,dx\right),$$

$$X\,ds' = \frac{1}{2}\,ii'\,ds'\left(C\cos\mu - B\cos\nu\right),$$

$$Y\,ds' = \frac{1}{2}\,ii'\,ds'\left(A\cos\nu - C\cos\lambda\right),$$

$$Z\,ds' = \frac{1}{2}\,ii'\,ds'\left(B\cos\lambda - A\cos\mu\right).$$

Il résulte immédiatement de ces expressions que l'on a

$$X\cos\lambda + Y\cos\mu + Z\cos\nu = 0$$

et

$$AX + BY + CZ = 0.$$

La première relation fait voir que la résultante des actions exercées par le courant fermé sur l'élément ds' est perpendiculaire à l'élément de courant.

La seconde fait voir que cette même résultante est perpendicu-

laire à la droite qui fait avec les axes des angles ayant respectivement pour cosinus

$$\frac{A}{\sqrt{A^2+B^2+C^2}}, \quad \frac{B}{\sqrt{A^2+B^2+C^2}}, \quad \frac{C}{\sqrt{A^2+B^2+C^2}}.$$

Le plan mené par l'élément de courant et par la droite qui vient
d'être définie est le *plan directeur* d'Ampère.

92. Soient u la projection de la distance r sur le plan xy, φ l'angle
de cette projection avec l'axe des x, on a

$$u^2\,d\varphi = x\,dy - y\,dx,$$

et par suite

$$C = \int \frac{F(r)}{r}\,u^2\,d\varphi.$$

Supposons que l'origine des coordonnées soit en dehors de la
projection du circuit fermé sur le plan xy (et il en sera toujours
ainsi si le circuit fermé est un des circuits infiniment petits d'un solénoïde situé à distance finie de l'élément ds', qui ne rencontre aucun des axes), à chaque valeur de φ répondront deux valeurs de u,
pour lesquelles l'accroissement infinitésimal $d\varphi$ aura des valeurs
égales et de signes contraires. En appelant u_1 et u_2 ces deux valeurs,
r_1 et r_2 les valeurs correspondantes de r, φ_1 et φ_2 les valeurs extrêmes de φ, on aura

$$C = \int_{\varphi_1}^{\varphi_2} \left[\frac{F(r_1)}{r_1}\,u_1^2 - \frac{F(r_2)}{r_2}\,u_2^2 \right] d\varphi = -\int_{\varphi_1}^{\varphi_2} \int_{u_1}^{u_2} \frac{d\cdot\dfrac{F(r)}{r}u^2}{du}\,du\,d\varphi,$$

puisque

$$\frac{F(r_1)}{r_1}\,u_1^2 - \frac{F(r_2)}{r_2}\,u_2^2 = -\int_{u_1}^{u_2} \frac{d\cdot\dfrac{F(r)}{r}u^2}{du}\,du.$$

On peut regarder chaque système de valeurs des variables r, u et
φ comme déterminant un point d'une surface sur laquelle le circuit
fermé est situé, et l'intégrale qui exprime la valeur de C peut être

considérée comme étendue à tous les éléments de la portion limitée par ce circuit. La surface dont il s'agit est d'ailleurs arbitraire, car il est évident que la valeur de l'intégrale double ne dépend que du circuit fermé lui-même; mais une fois qu'elle est définie d'une manière quelconque, on peut regarder r comme une fonction des variables indépendantes u et φ.

En effectuant la différentiation indiquée pour $\dfrac{F(r)}{r}u^2$, on obtient

$$\frac{d \cdot \dfrac{F(r)}{r} u^2}{du} = u^2 \frac{d \cdot \dfrac{F(r)}{r}}{dr}\frac{dr}{du} + 2u\frac{F(r)}{r}.$$

Mais à cause de

$$r^2 = u^2 + z^2$$

on a

$$\frac{dr}{du} = \frac{u}{r} + \frac{z}{r}\frac{dz}{du},$$

et il est facile d'obtenir $\dfrac{dz}{du}$. Soient en effet N (fig. 61) le point défini par les valeurs particulières $\varphi = \text{MOX}$ et $u = \text{OM}$ des variables indépendantes, N' le point défini par la même valeur de φ et une valeur de u infiniment peu différente; si l'on prolonge NN' jusqu'à sa rencontre en P avec l'axe des z, et que par les points P et N on mène des parallèles à

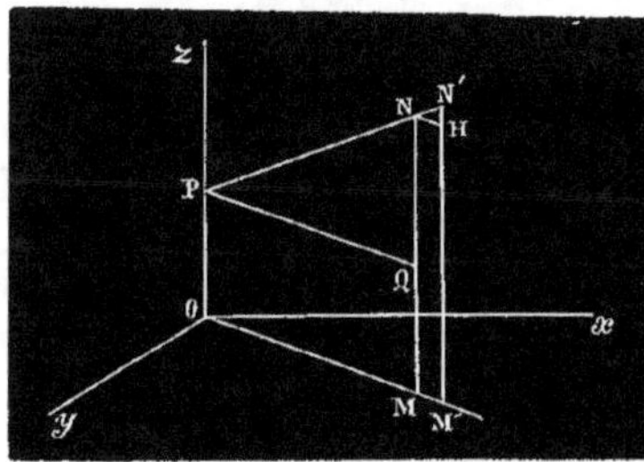

Fig. 61.

OM, la comparaison du triangle infinitésimal NN'H et du triangle fini PNQ donne

$$\frac{N'H}{NH} = \frac{NQ}{PQ},$$

c'est-à-dire

$$\frac{dz}{du} = \frac{z - \text{OP}}{u}.$$

Si maintenant par le point N on mène le plan tangent à la sur-

face dont il vient d'être question, ce plan contiendra la droite NN',
et, par conséquent, viendra rencontrer l'axe des z au point P; en
sorte que, si l'on représente d'une manière générale l'équation du
plan par

$$\xi \cos\alpha + \eta \cos\beta + \zeta \cos\gamma = p,$$

on aura

$$OP = \frac{p}{\cos\gamma}.$$

Donc, en définitive,

$$\frac{dz}{du} = \frac{z\cos\gamma - p}{u\cos\gamma},$$

$$\frac{dr}{du} = \frac{u}{r} + \frac{z(z\cos\gamma - p)}{ur\cos\gamma} = \frac{r^2\cos\gamma - pz}{ur\cos\gamma},$$

$$C = -\int_{\varphi_1}^{\varphi_2}\int_{u_1}^{u_2}\left[u^2 \frac{d\cdot\frac{F(r)}{r}}{dr}\frac{r^2\cos\gamma - pz}{ur\cos\gamma} + 2u\frac{F(r)}{r}\right] du\,d\varphi$$

$$= -\int_{\varphi_1}^{\varphi_2}\int_{u_1}^{u_2}\left\{\left[r\frac{d\cdot\frac{F(r)}{r}}{dr} + \frac{2F(r)}{r}\right]\cos\gamma - \frac{pz}{r}\frac{d\cdot\frac{F(r)}{r}}{dr}\right\}\frac{u\,du\,d\varphi}{\cos\gamma},$$

p désignant la longueur de la perpendiculaire abaissée de l'origine sur le plan de l'élément qui a pour projection sur le plan xy
l'élément $u\,du\,d\varphi$, et γ l'angle de cette perpendiculaire avec l'axe
des z.

On trouverait pour B et A des expressions analogues qu'il est inutile d'écrire.

**93. Simplification des résultats du calcul lorsque le
courant fermé est infiniment petit.** — Si le courant fermé est
infiniment petit, les quantités r, x, y, z, α, β, γ, p peuvent être regardées comme des constantes dans toute son étendue, et

$$\frac{1}{\cos\gamma}\iint u\,du\,d\varphi$$

est égal à l'aire ω de la surface plane circonscrite par le courant.

On a donc

$$C = -\omega \left\{ \left[r \frac{d \cdot \frac{F(r)}{r}}{dr} + 2 \frac{F(r)}{r} \right] \cos\gamma - \frac{pz}{r} \frac{d \cdot \frac{F(r)}{r}}{dr} \right\},$$

$$B = -\omega \left\{ \left[r \frac{d \cdot \frac{F(r)}{r}}{dr} + 2 \frac{F(r)}{r} \right] \cos\beta - \frac{py}{r} \frac{d \cdot \frac{F(r)}{r}}{dr} \right\},$$

$$A = -\omega \left\{ \left[r \frac{d \cdot \frac{F(r)}{r}}{dr} + 2 \frac{F(r)}{r} \right] \cos\alpha - \frac{px}{r} \frac{d \cdot \frac{F(r)}{r}}{dr} \right\}.$$

94. Calcul de l'action d'un solénoïde sur un élément de courant. — Soit maintenant un système de courants fermés infiniment petits et infiniment rapprochés, égaux et équidistants, et normaux à une *courbe directrice* dont on représente les éléments par $d\sigma$. Si g est la distance de deux courants successifs, de façon qu'on puisse représenter par $\frac{d\sigma}{g}$ le nombre des courants normaux à l'élément $d\sigma$, l'action exercée par ce *solénoïde* sur l'élément ds', placé à l'origine des coordonnées, aura pour composantes parallèles aux axes

$$X\,ds' = \frac{1}{2} i'\,ds' \frac{i\omega}{g} \left(\cos\mu \int \frac{C d\sigma}{\omega} - \cos\nu \int \frac{B d\sigma}{\omega} \right),$$

$$Y\,ds' = \frac{1}{2} i'\,ds' \frac{i\omega}{g} \left(\cos\nu \int \frac{A d\sigma}{\omega} - \cos\lambda \int \frac{C d\sigma}{\omega} \right),$$

$$Z\,ds' = \frac{1}{2} i'\,ds' \frac{i\omega}{g} \left(\cos\lambda \int \frac{B d\sigma}{\omega} - \cos\mu \int \frac{A d\sigma}{\omega} \right).$$

L'expérience prouve que, lorsque la courbe directrice du solénoïde est une courbe fermée, l'action est nulle. On a donc, dans cette hypothèse,

$$X = 0, \quad Y = 0, \quad Z = 0,$$

et, par suite,

$$\int \frac{C d\sigma}{\omega} = 0, \quad \int \frac{B d\sigma}{\omega} = 0, \quad \int \frac{A d\sigma}{\omega} = 0.$$

Mais on a, en général, en remarquant que d'après la définition de la courbe directrice $\cos\gamma = \dfrac{dz}{d\sigma}$, $\dfrac{p}{r} = \dfrac{dr}{d\sigma}$,

$$\frac{C}{\omega} = -\left[r\,\frac{d.\dfrac{F(r)}{r}}{dr} + 2\,\frac{F(r)}{r} \right]\frac{dz}{d\sigma} + z\,\frac{dr}{d\sigma}\,\frac{d.\dfrac{F(r)}{r}}{dr},$$

et, en intégrant par parties le dernier terme seulement,

$$\int\frac{C}{\omega}\,d\sigma = -\int\left[r\,\frac{d.\dfrac{F(r)}{r}}{dr} + 2\,\frac{F(r)}{r} \right]\frac{dz}{d\sigma}\,d\sigma + \left[z\,\frac{F(r)}{r} \right]^2_1 - \int\frac{F(r)}{r}\,\frac{dz}{d\sigma}\,d\sigma$$

$$= -\int\left[r\,\frac{d.\dfrac{F(r)}{r}}{dr} + 3\,\frac{F(r)}{r} \right]\frac{dz}{d\sigma}\,d\sigma + \left[z\,\frac{F(r)}{r} \right]^2_1.$$

Le terme en dehors du signe $\int$ se réduit à zéro lorsque le solénoïde est fermé, et il reste les trois relations suivantes :

$$\int\left[r\,\frac{d.\dfrac{F(r)}{r}}{dr} + 3\,\frac{F(r)}{r} \right]\frac{dz}{d\sigma}\,d\sigma = 0,$$

$$\int\left[r\,\frac{d.\dfrac{F(r)}{r}}{dr} + 3\,\frac{F(r)}{r} \right]\frac{dy}{d\sigma}\,d\sigma = 0,$$

$$\int\left[r\,\frac{d.\dfrac{F(r)}{r}}{dr} + 3\,\frac{F(r)}{r} \right]\frac{dx}{d\sigma}\,d\sigma = 0.$$

95. Ces trois relations sont satisfaites si l'on a, le solénoïde étant fermé,

$$r\,\frac{d.\dfrac{F(r)}{r}}{dr} + 3\,\frac{F(r)}{r} = \text{const.},$$

et l'on peut démontrer que cette condition, qui est évidemment suffisante, est nécessaire. Soit en effet MNPQ (fig. 62) la courbe directrice du solénoïde; soient MM' et NN' deux éléments de cette courbe compris entre deux plans infiniment voisins perpendiculaires à l'axe des z; pour ces deux éléments les valeurs de $\dfrac{dz}{d\sigma}\,d\sigma$ seront égales et de signe contraire. Si l'on appelle r la distance du point M à l'origine, R celle du point N, z_1 et z_2 la plus petite et la plus grande

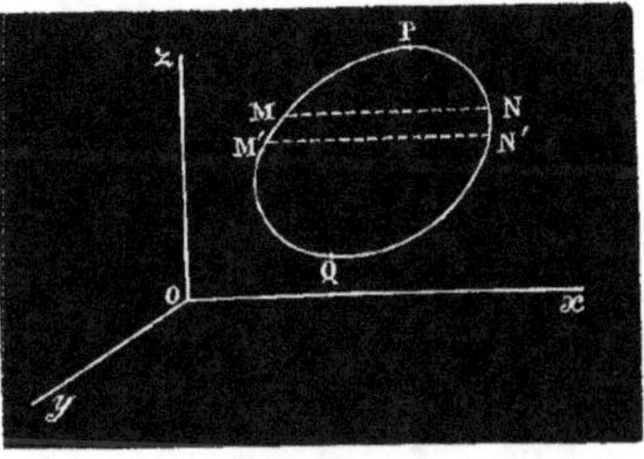

Fig. 62.

valeur de z pour la courbe directrice, la première des trois relations qu'on vient d'établir pourra se mettre sous la forme

$$\int_{z_1}^{z_2}\left[r\frac{d\cdot\frac{F(r)}{r}}{dr}+3\frac{F(r)}{r}-R\frac{d\cdot\frac{F(R)}{R}}{dR}-3\frac{F(R)}{R}\right]dz=0,$$

et l'on prouvera, comme on l'a fait plus haut dans un cas analogue, que le multiplicateur de dz est nécessairement nul.

96. Valeur des fonctions $f(r)$ et $F(r)$. — Expression de l'action élémentaire électro-dynamique. — Ainsi, en appelant $3h$ une constante indéterminée, on peut regarder comme déduit de l'expérience que

$$r\frac{d\cdot\frac{F(r)}{r}}{dr}+3\frac{F(r)}{r}=3h.$$

Soit

$$\frac{F(r)}{r}-h=y,$$

cette relation devient

$$r\frac{dy}{dr}+3y=0,$$

d'où

$$y=\frac{k}{r^3},$$

et, par suite.

$$F(r) = hr + \frac{k}{r^2}.$$

Mais, comme on ne peut supposer que l'action élémentaire cherchée puisse en aucun cas être croissante *indéfiniment* avec la distance, on doit regarder la constante h comme nulle et poser simplement

$$F(r) = \frac{k}{r^2}.$$

Mettant cette valeur dans la relation démontrée plus haut (90)

$$2\,\frac{f(r) - F(r)}{r^2} = \frac{d.\dfrac{F(r)}{r}}{dr},$$

on en déduit

$$f(r) = -\frac{1}{2}\frac{k}{r^2}.$$

Donc, en définitive, l'action élémentaire électro-dynamique est égale, en négligeant le facteur constant k, à l'expression connue

$$\frac{ii'ds\,ds'}{r^2}\left(-\frac{1}{2}\cos\theta\cos\theta' + \sin\theta\sin\theta'\cos\omega\right).$$

97. Méthode d'Ampère. — La méthode que nous venons d'exposer pour arriver à l'expression analytique de l'action mutuelle de deux éléments de courant n'est pas la seule que l'on puisse suivre, mais c'est celle qui repose sur les expériences les plus faciles à réaliser.

Dans son ouvrage sur la théorie des phénomènes électro-dynamiques, Ampère se sert des deux cas d'équilibre suivants :

1° *Si l'on a trois conducteurs semblables et semblablement placés, de telle sorte que le rapport de similitude du premier au second soit égal au rapport de similitude du second au troisième, le conducteur intermédiaire sera en équilibre sous l'action des deux autres, si les courants circulent dans le même sens pour les trois.*

Par exemple, les trois conducteurs peuvent être trois cercles, ayant leurs centres en ligne droite, dont les rayons forment une progression géométrique, r, mr, m^2r, et dont les distances sont dans les mêmes rapports.

Les deux conducteurs extrêmes (fig. 63) sont fixés à une table, le conducteur moyen est rendu mobile par une suspension sur deux coupes et un contre-poids.

On commence par placer les trois cercles dans les positions respectives que nous avons indiquées, puis on fait passer le courant :

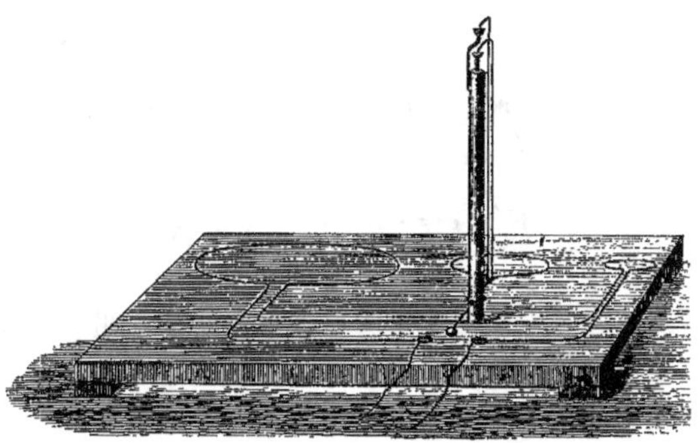

Fig. 63.

on n'observe aucun changement. Si maintenant on dérange un peu le conducteur moyen de cette position, il y revient en oscillant.

Cette expérience paraît très-difficile à faire, et il est douteux qu'Ampère l'ait jamais réalisée. Si l'on pouvait constater cet équilibre d'une manière certaine par l'expérience, on en déduirait très-simplement la loi de la raison inverse du carré de la distance.

Comme l'équilibre a lieu quelle que soit la forme des trois conducteurs, cercles ou polygones quelconques, on doit admettre qu'il a lieu d'élément à élément, et que par conséquent il subsiste pour trois éléments semblables et semblablement placés deux à deux, de telle sorte que les distances de l'élément intermédiaire aux deux autres soient entre elles dans le même rapport que les longueurs de ces éléments. Soit ds un élément du premier conducteur, mds sera l'élément homologue du second, m^2ds celui du troisième. L'action mutuelle des deux premiers éléments est

$$ii''\, m\, ds^2\, [\mathrm{F}\,(r)\cos\theta\cos\theta' + f(r)\sin\theta\sin\theta'\cos\omega].$$

De même l'action du troisième sur le second est

$$ii''\, m^3\, ds^2\, [\mathrm{F}\,(mr)\cos\theta\cos\theta' + f(mr)\sin\theta\sin\theta'\cos\omega],$$

car les angles θ, θ', ω ne changent pas. Ces deux relations devant être égales quels que soient θ, θ', ω, on doit avoir

$$\mathrm{F}\,(r) = m^2\,\mathrm{F}\,(mr), \qquad f(r) = m^2 f(mr).$$

Faisons $r = 1$ et représentons $\mathrm{F}\,(1)$ par une constante H, $f(1)$ par une autre constante h, il vient

$$\mathrm{F}\,(m) = \frac{\mathrm{H}}{m^2}, \qquad f(m) = \frac{h}{m^2}.$$

Puisque m est une indéterminée, on peut la remplacer par r, de sorte que

$$\mathrm{F}\,(r) = \frac{\mathrm{H}}{r^2}, \qquad f(r) = \frac{h}{r^3}.$$

Reste à trouver la relation qui existe entre H et h. Pour cela on pose $h = k\mathrm{H}$, et alors l'action mutuelle devient

$$\frac{ii''\, ds\, ds'}{r^2}\,(\cos\theta\cos\theta' + k\sin\theta\sin\theta'\cos\omega).$$

98. 2° Pour déterminer cette constante k, Ampère se servait de l'expérience qui prouve que *l'action d'un courant fermé sur un élément de courant est perpendiculaire à cet élément.* Cette condition donne

$$k = -2,$$

et, en divisant par k, on retrouve la formule

$$\frac{ii''\, ds\, ds'}{r^2}\left(-\frac{1}{2}\cos\theta\cos\theta' + \sin\theta\sin\theta'\cos\omega\right).$$

99. **Méthode de M. Lamé.** — M. Lamé a indiqué une autre expérience qui revient au fond à la première d'Ampère. Elle consiste

à faire agir un courant vertical rectiligne et indéfini sur deux portions verticales de courant fermé, et à observer la position d'équilibre que prennent ces deux portions de courant qui ne forment qu'un seul système mobile autour d'un axe vertical.

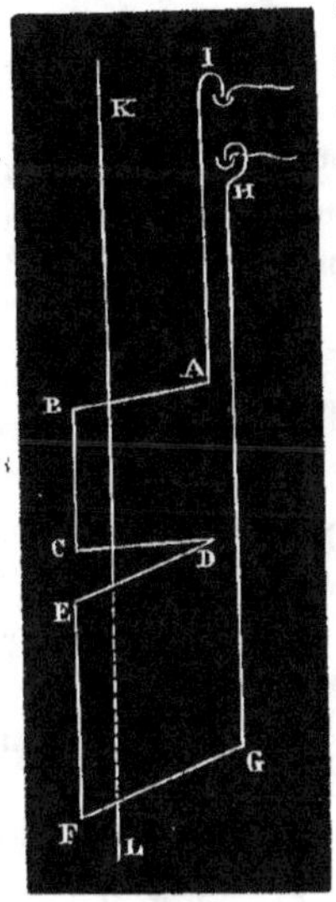

Soient KL (fig. 64) le courant rectiligne indéfini, et IABCDEFGH un conducteur brisé tel que les portions AB, CD soient horizontales et situées dans le même plan vertical, et que les portions ED, FG, horizontales aussi, soient situées dans un plan vertical autre que le précédent. Le système entier est mobile autour de la verticale, intersection de ces deux plans verticaux, et le courant KL est fixé dans l'angle dièdre formé par les deux plans verticaux ABCD et DEFG. Si l'on place le courant KL sur le cylindre ayant GH pour axe et BC, EF pour génératrices, on remarque qu'il y a équilibre quand les distances du courant KL aux deux lignes CB, EF sont en raison inverse des longueurs de ces lignes. Pour que cet équilibre soit stable, il est nécessaire que le courant KL exerce des actions répulsives sur les deux lignes BC et EF.

Fig. 64.

En partant de là, et admettant comme le fait Ampère que l'action doit être en raison inverse d'une certaine puissance de la distance, on trouve que l'action du conducteur indéfini sur BC peut être représentée par $\dfrac{ii'l}{a^{n-1}}$ B, l étant la longueur de BC, a, sa distance à KL, et B une intégrale définie qui ne dépend ni de a ni de l. On a de même pour l'autre $\dfrac{ii'l'}{a'^{n-1}}$ B, d'où l'on conclut

$$\frac{l}{a^{n-1}} = \frac{l'}{a'^{n-1}}.$$

Or l'expérience donne

$$\frac{l}{a} = \frac{l'}{a'}.$$

Pour que ces deux conditions soient identiques, il faut que l'on ait

$$n = -2.$$

On voit bien que ce n'est que la première expérience d'Ampère répétée sous une forme qui se prête mieux à l'observation; car le courant BC et le conducteur indéfini KL forment un système semblable à celui que forme EF avec le conducteur indéfini KL : il est aisé de voir que les parties horizontales exercent des actions qui se détruisent.

M. Lamé détermine ensuite les constantes qui entrent encore dans l'expression de l'action élémentaire à l'aide du second cas d'équilibre dont s'est servi Ampère.

En définitive, on voit qu'il est préférable de fonder la théorie sur les expériences de Savary, et, une fois la loi élémentaire trouvée, il faut voir si toutes les conséquences qu'on en peut déduire sont d'accord avec l'observation et si elles expliquent soit les expériences précédentes, soit un grand nombre d'autres qu'on pourrait imaginer.

Ampère met sous une forme très-simple l'action mutuelle de deux éléments de courant ds, ds' dont la distance est r; c'est

$$-\frac{2ii''}{\sqrt{r}}\frac{d^2.\sqrt{r}}{ds\,ds'}\,ds\,ds'.$$

Pour vérifier cette expression il suffira d'effectuer la différentiation indiquée et de remplacer ensuite $\frac{dr}{ds}$, $\frac{dr'}{ds'}$, $\frac{d^2r}{ds\,ds'}$ par leurs expressions déjà trouvées en fonction de θ, θ', ω.

Cette seconde forme peut être utile dans certains cas.

100. Vérifications numériques de la formule. — 1° Expériences d'Ampère : oscillation d'un courant demi-circulaire sous l'influence d'un courant en forme de secteur circulaire. — La formule de l'attraction mutuelle de deux éléments de courants a été vérifiée par un grand nombre d'expériences d'équilibre, mais on ne l'a soumise à l'épreuve que d'un petit nombre d'expériences de mesure. Ampère n'en a tenté qu'une seule, et encore est-elle peu susceptible de précision.

Sur une table horizontale on place un secteur circulaire OABE (fig. 65) destiné à conduire un courant fixe. Le centre de ce conducteur est placé sur la même verticale que celui d'un autre conducteur demi-circulaire A'B'C', mobile autour de la verticale passant par son centre.

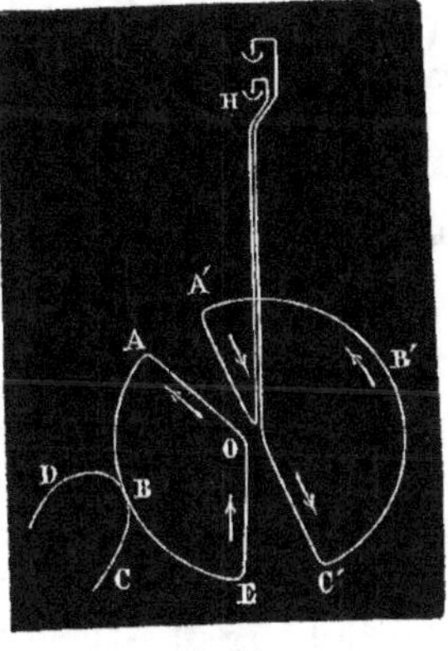

Fig. 65.

Ce dernier conducteur est placé un peu au-dessus du premier : il est suspendu par les deux fils qui amènent le courant, et, à la partie inférieure, une pointe très-fine empêche le centre de se déplacer. On fait passer un courant dans chaque conducteur de manière qu'il y ait répulsion; alors le conducteur mobile se trouve dans une position d'équilibre stable lorsque les deux angles AOA', EOC' sont égaux. Si on le dérange de sa position d'équilibre, il y revient en oscillant, et on peut mesurer la durée des oscillations. Ampère avait disposé sur la même table deux appareils entièrement semblables traversés par le même courant. La seule différence consistait en ce que les angles au centre des deux secteurs n'étaient pas égaux. Si on les appelle η et η', Ampère a vérifié que les durées des oscillations sont entre elles comme les deux expressions

$$\frac{\sqrt{\sin \frac{1}{2} \eta}}{\cos \eta} = \frac{\sqrt{\sin \frac{1}{2} \eta'}}{\cos \eta'}.$$

101. Pour expliquer ce résultat, nous chercherons d'abord quelle est l'action d'un secteur circulaire sur un courant rectiligne qui passe par son centre, car il n'y a pas à tenir compte de l'action exercée sur la demi-circonférence A'B'C', attendu que l'action du secteur, qui est un courant fermé, sur chaque élément de la demi-circonférence, est perpendiculaire à cet élément, et, par suite, rencontre l'axe fixe OH et ne peut produire aucune rotation.

Nous avons à considérer l'action d'un courant fermé, le secteur circulaire, sur les éléments dans lesquels on peut décomposer le courant rectiligne.

Nous avons donné précédemment les composantes de l'action d'un courant de dimensions infiniment petites sur un élément de courant; Ampère a ramené à la considération de ces seules composantes l'action des circuits plans de forme quelconque et de dimensions quelconques.

Soit un circuit plan quelconque MNm (fig. 66): partageons la surface ainsi limitée en éléments infiniment petits, par des droites

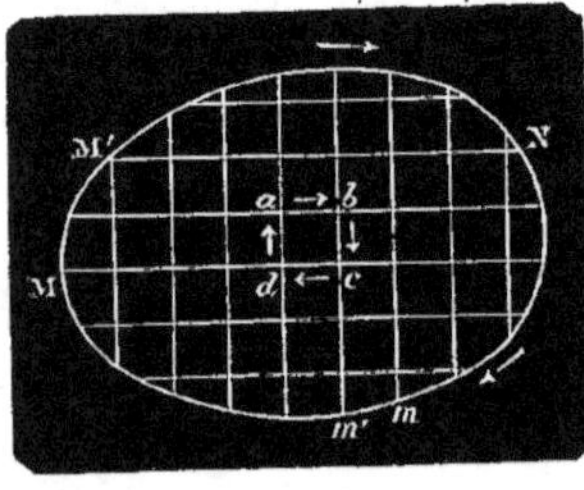
Fig. 66.

parallèles coupées par un second système de droites parallèles faisant des angles droits avec les premières, et imaginons autour de chacune de ces aires infiniment petites, telles que $abcd$, des courants dirigés dans le sens des flèches, c'est-à-dire dans le même sens que le courant MNm. Toutes les parties de ces courants qui circuleront suivant ces lignes droites seront détruites; en effet, si l'on considère l'élément superficiel qui a ab pour base, on voit que, le courant circulant autour de cet élément suivant le même sens que dans l'élément $abcd$, il passera suivant ba un courant de sens contraire à ab, et qu'il en sera de même pour toutes les portions de lignes droites dont l'action résultante sera nulle; il ne reste donc que les portions curvilignes de ces courants telles que MM', mm', qui formeront le circuit total MNm.

Nous pouvons donc, sans rien changer, calculer l'action du circuit fermé MNm en le regardant comme composé d'une infinité de courants fermés infiniment petits; on est donc ramené au cas où le courant a des dimensions infiniment petites.

Nous avons trouvé pour ce cas

$$X\,ds' = \frac{1}{2}\,ii'\,ds'\,(C\cos\mu - B\cos\nu),$$

$$Y\,ds' = \frac{1}{2}\,ii'\,ds'\,(A\cos\nu - C\cos\lambda),$$

$$Z\,ds' = \frac{1}{2}\,ii'\,ds'\,(B\cos\lambda - A\cos\mu).$$

$$C = -\omega\left\{\left[r\frac{d\frac{F(r)}{r}}{dr} + 2\frac{F(r)}{r}\right]\cos\gamma - \frac{pz}{r}\frac{d\frac{F(r)}{r}}{dr}\right\},$$

$$B = -\omega\left\{\left[r\frac{d\frac{F(r)}{r}}{dr} + 2\frac{F(r)}{r}\right]\cos\beta - \frac{p\gamma}{r}\frac{d\frac{F(r)}{r}}{dr}\right\},$$

$$A = -\omega\left\{\left[r\frac{d\frac{F(r)}{r}}{dr} + 2\frac{F(r)}{r}\right]\cos\alpha - \frac{px}{r}\frac{d\frac{F(r)}{r}}{dr}\right\}.$$

Ici l'élément de ce courant est situé dans le même plan que les courants fermés infiniment petits. Donc

$$p = 0, \qquad \alpha = 90, \qquad \beta = 90, \qquad \gamma = 0,$$

en prenant pour plan des xy le plan du circuit MNm. Donc

$$A = 0, \qquad B = 0, \qquad C = -\omega\left(-\frac{3}{r^3} + \frac{2}{r^3}\right) = \frac{\omega}{r^3},$$

et par suite

$$X\,ds' = \frac{1}{2}\,i''\,ds'\,\frac{\omega}{r^3}\cos\mu,$$

$$Y\,ds' = -\frac{1}{2}\,i''\,ds'\,\frac{\omega}{r^3}\cos\lambda,$$

$$Z\,ds' = 0.$$

La grandeur de l'action exercée par l'élément ω sur l'élément ds' est donc

$$\frac{1}{2}\,i''\,\frac{\omega}{r^3}\,ds'.$$

Cette force est perpendiculaire à l'élément ds' et située dans le plan du courant fermé : il en sera de même de toutes les autres; on aura donc l'action totale du circuit fermé sur l'élément ds' en intégrant l'expression précédente dans toute l'étendue de ce courant, ce qui donnera

$$\frac{1}{2}\,i''\,ds'\iint\frac{\omega}{r^3}.$$

En chacun des points de l'aire du circuit, élevons une perpendi-

culaire égale à $\frac{1}{r^3}$ et regardons-la comme l'ordonnée d'une surface.
Le volume du prisme qui aura pour base σ, et qui sera terminé à
la surface ainsi construite, aura pour expression $\iint \frac{\omega}{r^3}$, et ce volume,
multiplié par $\frac{1}{2} ii' ds'$, exprimera l'action cherchée.

Il est bon d'observer que, la question étant ramenée à la cubature
d'un solide, on pourra adopter le système de coordonnées que l'on
voudra.

102. Ces préliminaires étant posés, cherchons l'action d'un secteur
circulaire traversé par un courant sur un courant rectiligne situé dans

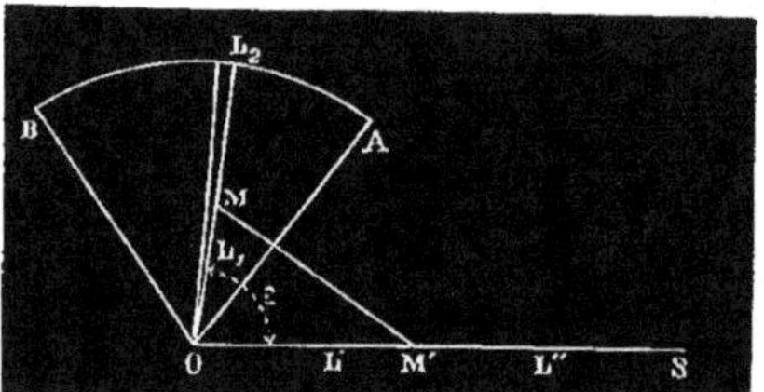

Fig. 67.

son plan. Soient OAB (fig. 67) le secteur circulaire, M' l'élément de
courant ds' dirigé suivant OS : il s'agit d'effectuer l'intégrale $\int \frac{\omega}{r^3}$.
Pour cela nous prendrons des coordonnées polaires $OM = u$,
$SOM = \varepsilon$: alors $\sigma = u\, du\, d\varepsilon$: l'action élémentaire est donc

$$\frac{1}{2} ii' \frac{u\, du\, d\varepsilon\, ds'}{r^3}.$$

Cette force est perpendiculaire à OS et située dans le plan de la
figure. Donc le moment de son action sur l'élément M', auquel elle
est appliquée, est

$$\frac{1}{2} ii' \frac{us'}{r^3}\, du\, d\varepsilon\, ds'.$$

Pour l'intégration, il faut exprimer r en fonction de u, ε, s'. On a

$$r^2 = u^2 + s'^2 - 2us' \cos \varepsilon;$$

d'où

$$r\frac{dr}{du} = u - s'\cos\varepsilon, \qquad r\frac{dr}{ds'} = s' - u\cos\varepsilon,$$

et

$$r\frac{d^2r}{du\,ds'} + \frac{dr}{ds'}\frac{dr}{du} = -\cos\varepsilon,$$

et, en substituant à $\dfrac{dr}{ds'}$, $\dfrac{dr}{du}$ leurs valeurs,

$$r\frac{d^2r}{du\,ds'} + \frac{(u - s'\cos\varepsilon)(s' - u\cos\varepsilon)}{r^2} = -\cos\varepsilon.$$

Or

$$(u - s'\cos\varepsilon)(s' - u\cos\varepsilon) = us' - u^2\cos\varepsilon - s'^2\cos\varepsilon + us'\cos^2\varepsilon$$
$$= us'\sin^2\varepsilon - \cos\varepsilon(u^2 + s'^2 - 2us'\cos\varepsilon)$$
$$= us'\sin^2\varepsilon - r^2\cos\varepsilon;$$

donc

$$r\frac{d^2r}{ds'\,du} + \frac{us'\sin^2\varepsilon}{r^3} = 0,$$

d'où

$$\frac{us'}{r^3} = -\frac{1}{\sin^2\varepsilon}\frac{d^2r}{du\,ds'}.$$

Substituant cette valeur dans le moment élémentaire, on a pour le moment total

$$-\frac{1}{2}ii''\int\frac{d\varepsilon}{\sin^2\varepsilon}\int\int\frac{d^2r}{du\,ds'}\,ds'\,du.$$

Supposons que s varie de L' à L'' et r de L_1 à L_2 : si nous posons

$$L'L_1 = r'_1, \qquad L''L_1 = r''_1, \qquad L'L_2 = r'_2, \qquad L''L_2 = r''_2,$$

il vient

$$\frac{1}{2}ii''\int(r'_2 + r''_1 - r''_2 - r'_1)\frac{d\varepsilon}{\sin^2\varepsilon}.$$

Considérons le cas où le courant $L'L''$ (fig. 68) a son milieu en O, et où le secteur circulaire s'étend jusqu'au point O. Nous supposerons en outre que $L'L''$ est égal au diamètre du secteur, de sorte que, si nous posons $OA = a$, nous avons aussi $OL' = OL'' = a$. Alors, le point L_1 étant confondu avec le point O, on a

$$r'_1 = a, \qquad r''_1 = a, \qquad (r''_2)^2 = 2a^2 - 2a^2 \cos \varepsilon = 4a^2 \sin^2 \frac{\varepsilon}{2},$$

et par suite

$$r''_2 = 2a \sin \frac{\varepsilon}{2}, \qquad r'_2 = 2a \cos \frac{\varepsilon}{2}.$$

Donc notre intégrale devient

$$aii'' \int \left(\cos \frac{\varepsilon}{2} - \sin \frac{\varepsilon}{2} \right) \frac{d\varepsilon}{\sin^2 \varepsilon}.$$

Il n'est pas nécessaire d'obtenir cette intégrale sous forme finie. Remarquons qu'il y aura équilibre lorsque les deux angles AOL'', BOL' seront égaux, et cet équilibre sera stable si les courants

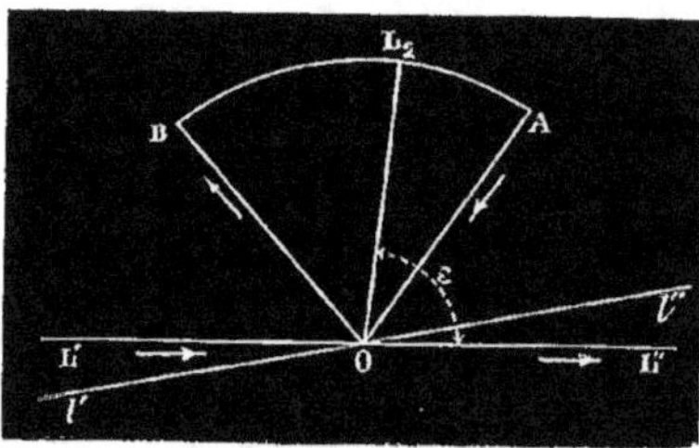

Fig. 68.

marchent dans le sens indiqué par les flèches. Supposons maintenant qu'on écarte un peu le courant rectiligne de sa position d'équilibre, et cherchons quelle est la force qui tend à l'y ramener : soit $l'l''$ sa position; désignons l'angle $l''OL''$ par $d\theta$ et prenons l'angle $AOL_2 = 2d\theta$. Alors le secteur BOL_2 n'exercera aucune action sur le courant rectiligne $l'l''$, et par suite l'action exercée sur $l'l''$ provient tout entière du secteur infiniment petit AOL_2 dont l'action sera, en posant $l''OA = 2\theta$,

$$\frac{aii''}{4} (\cos \theta - \sin \theta) \frac{d\theta}{\cos^2 \theta \sin^2 \theta}.$$

Désignons par 2η l'angle AOB du secteur, nous aurons

$$2\eta + 2\,\mathrm{AOL''} = \pi$$

ou bien

$$2\eta + 2\left(2\theta + 2d\theta\right) = \pi,$$

d'où

$$\theta = \frac{\pi}{4} - \frac{\eta}{2} - d\theta;$$

donc

$$\cos\theta - \sin\theta = \sqrt{2}\,\sin\left(\frac{\eta}{2} + d\theta\right),$$

$$\cos\theta\,\sin\theta = \frac{1}{2}\sin 2\theta = \frac{1}{2}\cos\left(\eta + 2d\theta\right).$$

Substituant et négligeant les quantités infiniment petites par rapport aux quantités finies, il reste

$$\frac{a\ddot{\imath}\,\sqrt{2}\,\sin\dfrac{\eta}{2}}{\cos^{2}\dfrac{\eta}{2}}\,d\theta.$$

Ainsi le moment du couple qui résulte d'une déviation infiniment petite est proportionnel à cette déviation et à l'expression précédente : les oscillations seront donc isochrones et la durée des oscillations sera proportionnelle à

$$\sqrt{\frac{\sin\dfrac{\eta}{2}}{\cos\eta}}.$$

Le résultat du calcul se trouve donc vérifié par l'expérience.

103. 2° Expériences de Wilhelm Weber. — L'expérience précédente n'est guère susceptible de précision, parce que les forces qui sont en jeu sont à peine assez grandes pour vaincre les frottements. Les expériences suivantes, exécutées par M. Weber, comportent bien plus d'exactitude, parce que ce physicien a fait agir les uns sur les autres non pas des conducteurs simples, mais des conducteurs multiples formés par l'enroulement d'un même fil en spirale ou en hélice.

Les expériences de M. Weber[1] se rapportent seulement à des
courants fermés : elles soumettent à une vérification expérimentale,
non pas la théorie d'Ampère tout entière, mais seulement ce qui se
rapporte aux courants fermés. Ampère a fait voir que si l'on n'a pour
but que de trouver l'action mutuelle de deux circuits fermés, on
peut partir d'une formule élémentaire plus simple que celle que
nous avons donnée : les expériences de Weber ne vérifient donc pas
la formule élémentaire que nous avons donnée, mais seulement
cette formule plus simple.

M. Weber fait toujours agir l'un sur l'autre deux systèmes formés
d'un très-grand nombre de courants circulaires. La forme des conducteurs est parfaitement invariable. On les obtient en enroulant
sur une bobine de bois un fil très-fin, de manière que les spires se
touchent dans tout leur contour; elles ne sont isolées que par la
soie qui entoure le fil conducteur. Lorsqu'on a ainsi recouvert la
bobine d'une première couche de fil, on a un système qui équivaut
à un système de courants circulaires plus un courant rectiligne : si
l'on enroule le fil une seconde fois, on aura une seconde série de
courants circulaires et un second courant rectiligne de sens contraire
au premier et qui, par conséquent, neutralise son action. On continue ainsi en ayant soin d'enrouler le fil un nombre pair de fois tout
le long du cylindre. Aucun des courants circulaires n'est rigoureusement un cercle; mais, comme leur nombre est très-grand, il se produit une compensation entre leurs irrégularités, qui sont les unes
dans un sens, les autres dans un autre.

**104. A. Expériences destinées à démontrer que l'action
électro-dynamique varie proportionnellement au produit
des intensités des courants. — Description de l'électro-
dynamomètre.** — M. Weber a fait deux séries d'expériences :
dans la première il avait pour but de vérifier que les actions sont
proportionnelles au produit de l'intensité des deux courants, et dans
la seconde de vérifier la loi de la distance.

La première série donne un résultat très-important; en effet.

[1] *Elektrodynamische Maassbestimmungen*, 1ᵉ partie, p. 10, 17 (1846), et *Pogg. Ann.*,
t. LXXIII, p. 193 (1848).

nous avons admis que l'action mutuelle des deux courants est proportionnelle à ii'; or rien ne dit jusqu'ici que i et i' soient des quantités proportionnelles aux intensités des courants mesurées à l'aide du galvanomètre, toutes les circonstances étant d'ailleurs les mêmes.

L'appareil dont s'est servi M. Weber est désigné sous le nom d'électro-dynamomètre. Il se compose d'une bobine (fig. 69 et 70) dont on voit la section en EF et sur laquelle est enroulé un fil de

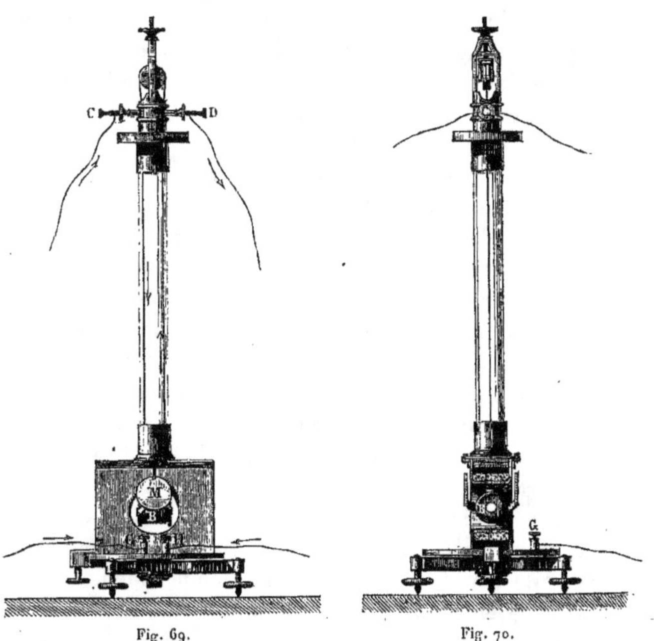

Fig. 69.   Fig. 70.

cuivre; elle doit avoir un diamètre assez grand pour qu'une autre bobine B, placée dans son intérieur, puisse s'y mouvoir librement. La bobine mobile est fixée à un cadre dont le plan est perpendiculaire à celui de la bobine fixe et qui est supporté par deux fils d'argent. Ces deux fils s'appuyent sur deux poulies métalliques qui transmettent aux fils le courant qui arrive en C et D et viennent se fixer autour de deux petites tiges implantées sur une poulie

d'ivoire. Cette poulie peut être abaissée ou élevée au moyen d'une
vis placée à la partie supérieure de l'appareil, de sorte qu'on peut
amener la bobine mobile dans la position la plus convenable par
rapport à la bobine fixe. La poulie d'ivoire mobile autour d'un pivot
central se tient en équilibre au moyen de l'action égale qu'exercent
de chaque côté les deux fils sur lesquels le poids de la bobine mobile est uniformément réparti. A la bobine mobile et perpendiculairement à son axe est fixée une tige métallique qui forme un cadre
hors de la bobine fixe : c'est à ce cadre que sont attachés les deux
fils d'argent destinés à soutenir la bobine mobile, et c'est aussi par
ce cadre que le courant se trouve transmis à cette bobine. Il supporte en outre, d'un côté, un miroir M, et de l'autre un contre-
poids, qui font saillie hors de la bobine fixe : le miroir est destiné
à mesurer les petites déviations de la bobine mobile. C'est le même
courant venant aux bornes G et H qui traverse la bobine fixe et la
bobine mobile; il est transmis de la première à la seconde par deux
fils qui aboutissent aux deux poulies métalliques en C et D. Tout
l'appareil se trouve enfermé dans une cage de bois percée d'une ouverture que l'on ferme par une glace pour que le miroir soit visible.
On voit que le principe de cet appareil est le même que celui du
magnétomètre bifilaire.

Lorsque les deux bobines seront traversées par un courant, elles
tendront à amener leurs axes à être parallèles; il faut, en conséquence, s'arranger pour que dans la position d'équilibre ces axes
soient perpendiculaires. Cela étant, on fait passer successivement
divers courants produits par 1, 2, 3, 4,.... 8 éléments de Grove,
on mesure la déviation qu'éprouve la bobine mobile et en même
temps on détermine l'intensité du courant, à l'aide d'un galvanomètre
qui fait partie du circuit. Pour mesurer la déviation électrométrique,
on observait sept maxima ou minima consécutifs, on prenait les six
moyennes de deux observations consécutives quelconques, puis les
cinq moyennes de celles-ci, et enfin la moyenne générale. La tangente de la déviation, que l'on calculait aisément au moyen de l'observation immédiate, était proportionnelle à la force qui agissait sur
l'hélice mobile, d'après les propriétés du magnétomètre bifilaire. On
ne tenait pas compte de l'action de la terre à cause de la faiblesse

du courant qui circulait dans l'hélice mobile. En comparant l'intensité de la force qui produit la déviation à l'intensité du courant mesurée à l'aide du galvanomètre, M. Weber a reconnu, par des expériences très-variées, que l'action mutuelle de deux courants est exactement proportionnelle au produit de leurs intensités.

105. B. Expériences destinées à une vérification générale de la loi d'Ampère.

— Dans la seconde série d'expériences la bobine mobile B était déviée par une autre bobine placée en dehors

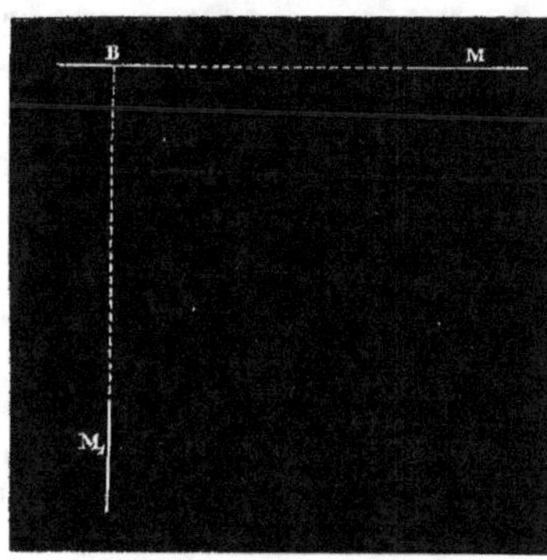

Fig. 71.

de l'électro-dynamomètre, à des distances variables. On plaçait l'axe de la bobine perturbatrice, soit en M (fig. 71), sur le prolongement de l'axe de la bobine en équilibre naturel, soit en M_1, sur la perpendiculaire élevée sur le milieu de cet axe. En opérant comme Gauss l'avait fait dans ses expériences sur les actions mutuelles des aimants, M. Weber a reconnu que les déviations suivent la même loi que pour les aimants, c'est-à-dire qu'elles sont égales à celles que l'on calcule en supposant que les attractions varient en raison inverse du carré des distances.

Cette expérience démontre donc d'une manière directe l'identité entre les aimants et les solénoïdes, identité qu'Ampère n'avait établie que par le calcul.

On voit par là quelle est l'importance de ces deux séries d'expériences : la première complète la théorie d'Ampère, la seconde vérifie les conséquences qui en découlent. Remarquons que cette vérification n'est pas inutile, car, si la théorie d'Ampère est fondée sur l'expérience, il y entre cependant cette hypothèse que l'action de deux éléments de courants se réduit à une force unique.

La première série d'expériences est importante surtout au point de vue théorique, car elle établit que le coefficient i, qui entre dans l'expression de l'action d'un élément sur un autre, est proportionnel au coefficient μ qui entre dans l'expression de l'action d'une molécule magnétique sur cet autre élément de courant. C'est là une conséquence qui résulte nécessairement des idées d'Ampère sur la constitution des aimants, et dont on ne pourrait pas concevoir la raison dans la théorie des fluides magnétiques. C'est donc une nouvelle raison pour préférer la théorie d'Ampère.

106. Action d'un courant rectiligne indéfini sur un élément de courant. — 1° Cas où l'élément de courant est parallèle au courant indéfini. — Nous allons maintenant poursuivre la théorie des phénomènes électro-dynamiques, et appliquer à divers cas particuliers la formule que nous avons trouvée pour l'action élémentaire.

Supposons d'abord que l'élément de courant MN (fig. 72) soit parallèle au courant rectiligne. Du milieu O de MN abaissons sur PQ la perpendiculaire $OA = a$, et considérons l'action de

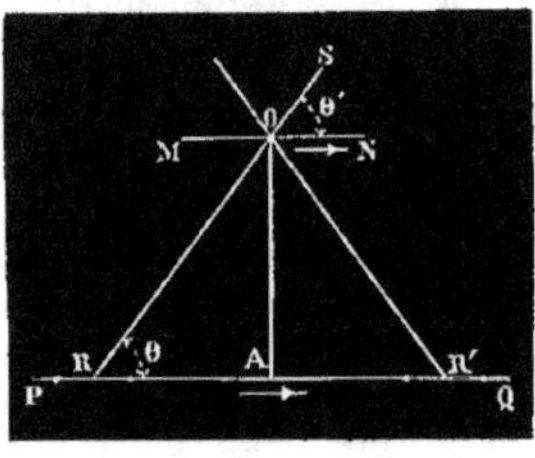

Fig. 72.

l'élément R sur MN. On a

$$\theta = \mathrm{ORQ}, \qquad \theta' = \mathrm{SON}, \qquad \omega = 0;$$

l'action élémentaire se réduit donc à

$$\frac{ii'\,ds\,ds'}{r^2}\left(\sin^2\theta - \frac{1}{2}\cos^2\theta\right).$$

Remarquons en passant que, d'après cette expression, il n'est pas exact de dire, comme on le fait souvent, que deux éléments de courants parallèles s'attirent s'ils sont de même sens et se repoussent s'ils sont de sens contraires; on voit que deux courants parallèles peuvent s'attirer ou se repousser suivant leurs positions relatives.

Il est facile de voir que la résultante sera dirigée suivant OA, car si nous prenons un élément R' symétrique de R, son action sur MN sera attractive ou répulsive en même temps que celle de l'élément R: alors on a deux forces égales dirigées suivant OR, OR', ou en sens contraire, qui donnent une résultante dirigée suivant OA ou en sens contraire. La composante efficace est donc dirigée suivant OA et a pour expression

$$\frac{ii'\,ds\,ds'}{r^2}\left(\sin^2\theta - \frac{1}{2}\cos^2\theta\right)\sin\theta.$$

De plus on a

$$r = \frac{a}{\sin\theta}, \qquad s = -\,a\cot\theta,$$

d'où

$$ds = \frac{a\,d\theta}{\sin^2\theta}.$$

En substituant, il vient

$$\frac{ii'\,ds'}{a}\left(\sin^2\theta - \frac{1}{2}\cos^2\theta\right)\sin\theta\,d\theta.$$

Il faut intégrer par rapport à θ depuis zéro jusqu'à π, ce qui donne pour la résultante

$$\frac{ii'\,ds'}{2a}\int_0^\pi (2 - 3\cos^2\theta)\sin\theta\,d\theta = \frac{ii'\,ds'}{2a}\left(\cos^3\theta - 2\cos\theta\right)_0^\pi = \frac{ii'\,ds'}{a}.$$

On voit donc que l'action est en raison inverse de la distance. Cette propriété donne, comme il est aisé de le voir, l'explication du cas d'équilibre employé par M. Lamé.

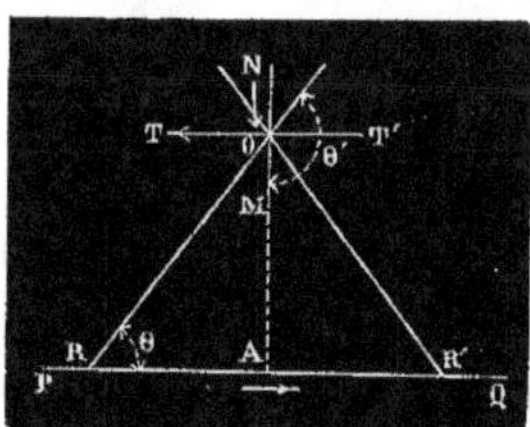

Fig. 73.

107. 2° Cas où l'élément de courant est perpendiculaire au courant indéfini. — Considérons maintenant le cas d'un élément de courant MN (fig. 73) perpendiculaire au courant indéfini, mais situé dans le même plan. On a dans ce cas

$$\omega = 0, \qquad \theta' = \frac{\pi}{2} + \theta;$$

donc l'action élémentaire est

$$\frac{3ii'\,ds\,ds'}{2r^2}\sin\theta\cos\theta.$$

Pour passer du point R au point R' symétrique, il suffit de changer θ en $\pi - \theta$, ce qui donne une action égale et contraire à la précédente. Ces deux actions ont donc une résultante dirigée suivant OT parallèle à RR'. Comme tous les éléments peuvent être groupés ainsi deux à deux, on voit que la véritable résultante sera dirigée suivant OT; la composante efficace est donc

$$-\frac{3ii'\,ds\,ds'}{2r^3}\sin\theta\cos^2\theta,$$

et elle est dirigée suivant OT. On a

$$r = \frac{a}{\sin\theta},$$

$$ds = \frac{a\,d\theta}{\sin^2\theta},$$

donc l'action est

$$\frac{ii'ds'}{2a}\,3\cos^2\theta\,(-\sin\theta)\,d\theta,$$

et, en intégrant de zéro à π, il vient

$$-\frac{ii'ds'}{a}.$$

On voit que l'action a la même grandeur que dans le cas précédent; seulement elle a une direction différente. Comme elle a le signe —, elle est dirigée en sens contraire de OT, suivant OT". Ainsi l'action d'un courant indéfini sur un courant élémentaire, perpendiculaire au courant indéfini et s'éloignant du courant indéfini, est une force parallèle au courant indéfini et dirigée dans le même sens.

108. 3° Cas où l'élément de courant a une direction quelconque dans le plan du courant indéfini. — Supposons que l'élément de courant MN (fig. 74) soit contenu dans le même plan que le courant rectiligne indéfini, mais qu'il ait une direction quelconque dans ce plan. Soit MN cet élément : nous pouvons le remplacer par ses projections MI, NI sur deux axes, l'un parallèle et l'autre perpendiculaire à PQ. Les actions sur MI et NI sont représentées en grandeur et en direction par les droites OA, OB respectivement perpendiculaires à IM, IN : donc leur résultante, c'est-à-dire l'action sur MN, est perpendiculaire à MN. On peut remar-quer que, lorsque l'élé-ment s'éloigne du courant indéfini, la direction de la force fait un angle aigu avec celle du courant in-défini. La grandeur de la résultante sera

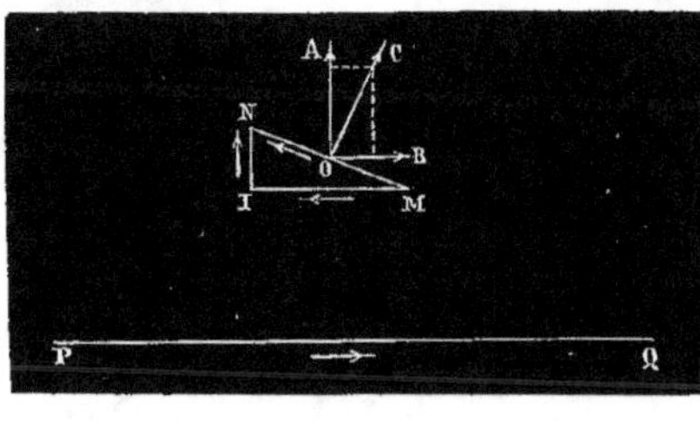

Fig. 74.

$$\frac{ii''}{a}\sqrt{\overline{MI}^2 + \overline{NI}^2} = \frac{ii''}{a}\,MN.$$

Ceci montre que l'action d'un courant rectiligne indéfini sur un élément de courant ne change pas lorsque cet élément ne fait que tourner autour de son milieu.

109. 4° Cas où l'élément de courant n'est pas dans le plan du courant indéfini. — Enfin considérons le cas où l'élé-ment de courant ne serait pas contenu dans le même plan que le courant rectiligne indéfini.

Par le milieu du courant élémentaire et par le courant rectiligne indéfini faisons passer un plan. Nous pouvons remplacer l'élément de courant par sa projection sur ce plan et sa projection sur la nor-male au plan. Or on sait qu'un élément de courant perpendiculaire au plan qui passe par son milieu et par un autre élément de cou-rant ne reçoit aucune action de ce dernier. Donc le courant recti-ligne indéfini tout entier n'exerce aucune action sur cette dernière composante. L'action du courant rectiligne indéfini se réduit donc à celle qu'il exerce sur la projection de l'élément que l'on considère, menée sur le plan passant par son milieu et par le courant in-défini.

Les théorèmes que nous venons de démontrer donnent l'explica-tion de la rotation autour d'un axe d'une portion de courant recti-ligne sous l'influence d'un courant rectiligne indéfini.

On doit remarquer de plus que, s'il n'y avait ni frottement ni résistances, le mouvement devrait s'accélérer indéfiniment. Or, des forces centrales ne pouvant rendre compte des mouvements de rotation qui durent indéfiniment, il en résulte qu'il est impossible d'expliquer les phénomènes électro-dynamiques par des forces qui ne dépendraient que de la distance.

IV.

THÉORIE ÉLECTRO-DYNAMIQUE DU MAGNÉTISME.

110. Théorème sur l'action mutuelle de deux courants fermés. — Il nous reste à établir un théorème important sur l'action mutuelle de deux courants fermés, théorème analogue à celui que nous avons démontré relativement à l'action d'un pôle sur un circuit fermé.

Nous devons d'abord mettre sous une forme plus simple l'action de deux éléments de courants, considérés comme faisant partie de deux circuits fermés.

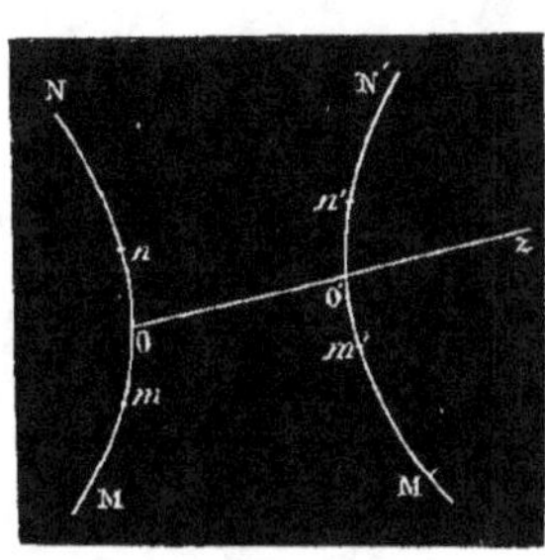

Fig. 75.

Soient MN, M'N' (fig. 75) deux courbes quelconques parcourues par des courants dont les intensités sont i et i'. Désignons par s, s' les arcs de ces courbes comptés à partir d'une certaine origine prise sur chacune d'elles. Soient $mn = ds$ un élément de la première courbe, $m'n' = ds'$ un élément de la seconde, r la distance de leurs milieux, distance qui est fonction des deux variables s et s'; enfin soient $nOO' = \theta$, $n'O'z = \theta'$ les angles des éléments avec OO', et ω l'angle des plans mOO', $m'OO'$. L'action mutuelle des deux éléments est

$$\frac{ii' \, ds ds'}{r^2} \left(-\frac{1}{2} \cos\theta \cos\theta' + \sin\theta \sin\theta' \cos\omega \right),$$

et, en introduisant l'angle ε des directions des deux éléments,

$$\frac{ii' \, ds ds'}{r^2} \left(\frac{3}{2} \cos\theta \cos\theta' + \cos\varepsilon \right).$$

D'un autre côté, nous avons vu que l'on a

$$\cos\theta = \frac{dr}{ds}, \qquad \cos\theta' = \frac{dr}{ds'}, \qquad \cos\varepsilon = -\left(r\frac{d^2 r}{ds ds'} + \frac{dr}{ds}\frac{dr}{ds'} \right).$$

Si l'on substitue ces valeurs, l'action mutuelle des deux éléments devient

$$\frac{ii'dsds'}{r^2}\left(\frac{1}{2}\frac{dr}{ds}\frac{dr}{ds'}-r\frac{d^2r}{ds\,ds'}\right)$$

ou bien

$$\frac{ii'dsds'}{\sqrt{r}}\left(\frac{1}{2}\,r^{-\frac{3}{2}}\frac{dr}{ds}\frac{dr}{ds'}-r^{-\frac{1}{2}}\frac{d^2r}{ds\,ds'}\right).$$

Sous cette dernière forme, on voit que la quantité placée entre parenthèses n'est autre chose que $-\dfrac{d\left(r^{-\frac{1}{2}}\dfrac{dr}{ds}\right)}{ds'}$, et l'expression précédente devient

$$-\frac{ii'ds\,ds'}{\sqrt{r}}\frac{d\left(\dfrac{dr}{ds}\,r^{-\frac{1}{2}}\right)}{ds'}.$$

On peut encore simplifier la notation en convenant de représenter par d une différentielle prise en faisant varier s seulement, et par d' une différentielle prise par rapport à s'. On a

$$\frac{d\left(\dfrac{dr}{ds}\,r^{-\frac{1}{2}}\right)}{ds'}ds'=d'\left(\frac{dr}{ds}\,r^{-\frac{1}{2}}\right).$$

Il faut ensuite multiplier par ds, que l'on pourra faire passer sous la caractéristique d'. L'expression de l'action mutuelle des deux éléments de courant prend donc la forme

$$-\frac{ii'}{\sqrt{r}}d'\left(\frac{dr}{\sqrt{r}}\right).$$

Considérons particulièrement l'action de ds' sur ds, et supposons que cette force soit attractive, c'est-à-dire dirigée de O vers O'. La composante de cette force parallèle à l'axe des x s'obtiendra en multipliant l'expression précédente par $\dfrac{x'-x}{r}$, en désignant par x', y', z' les coordonnées du point O', et par x, y, z celles du point O. Cela donne

$$-\frac{ii'(x'-x)}{r\sqrt{r}}d'\left(\frac{dr}{\sqrt{r}}\right).$$

111. Pour transformer cette expression, remarquons que l'on a, d'une manière générale,

$$duv = udv + vdu, \qquad u^2 d\,\frac{v}{u} = udv - vdu,$$

d'où

$$udv = \tfrac{1}{2} duv + \tfrac{1}{2} u^2 d\,\frac{v}{u}\,.$$

Posons

$$u = \frac{x'-x}{\sqrt{r}}, \qquad v = \frac{dr}{\sqrt{r}},$$

alors notre expression prend la forme

$$ii'\left[\tfrac{1}{2} d'\left(\frac{x-x'}{r\sqrt{r}}\,\frac{dr}{\sqrt{r}}\right) + \tfrac{1}{2}\frac{(x-x')^2}{r^3} d'\left(\frac{r\,dr}{x-x'}\right)\right].$$

Le premier terme est une différentielle exacte : par conséquent, si l'on cherche l'action de tout le courant fermé dont $m'n'$ fait partie sur l'élément ds, ce terme disparaîtra dans l'intégration, parce qu'il reprendra la même valeur aux deux limites; en sorte que, lorsqu'il s'agit de trouver l'action d'un courant fermé sur un élément de courant, on peut réduire l'expression à la forme suivante :

$$\frac{ii'}{2}\frac{(x-x')^2}{r^3} d'\left(\frac{r\,dr}{x-x'}\right)\,.$$

C'est cette expression simplifiée qui a été vérifiée par les expériences de Weber.

On a

$$r^2 = (x-x')^2 + (y-y')^2 + (z-z')^2;$$

d'où

$$\frac{r\,dr}{x-x'} = dx + \frac{y-y'}{x-x'}\,dy + \frac{z-z'}{x-x'}\,dz.$$

Différentiant par rapport à s', il vient

$$d'\left(\frac{r\,dr}{x-x'}\right) = \frac{(z-z')\,dx' - (x-x')\,dz'}{(x-x')^2}\,dz - \frac{(x-x')\,dy' - (y-y')\,dx'}{(x-x')^2}\,dy.$$

Donc l'expression élémentaire prend la forme

$$\frac{ii'}{2}\left[\frac{(z-z')\,dx'-(x-x')\,dz'}{r^3}\,dz-\frac{(x-x')\,dy'-(y-y')\,dx'}{r^3}\,dy\right].$$

Soient u, v, w les projections de la ligne OO' sur les plans des yz, xz et xy, et soient φ, χ, ψ les angles de ces projections avec les axes des y, des z et des x : on a

$$(z-z')\,dx'-(x-x')\,dz'=v^2d'\chi,$$
$$(x-x')\,dy'-(y-y')\,dx'=w^2d'\psi.$$

Donc l'expression des composantes devient

$$X=\frac{1}{2}\,ii'\left(\frac{v^2d'\chi}{r^3}\,dz-\frac{w^2d'\psi}{r^3}\,dy\right),$$
$$Y=\frac{1}{2}\,ii'\left(\frac{w^2d'\psi}{r^3}\,dx-\frac{u^2d'\varphi}{r^3}\,dz\right),$$
$$Z=\frac{1}{2}\,ii'\left(\frac{u^2d'\varphi}{r^3}\,dy-\frac{v^2d'\chi}{r^3}\,dx\right).$$

Ce sont là les composantes de l'action de l'élément ds' sur ds. On peut voir quelle est la direction de la force dont les composantes sont X, Y, Z. L'aire du triangle $Om'n'$, qui peut être considéré comme rectiligne, est

$$\frac{1}{2}\,rds'\sin\theta',$$

θ' étant l'angle de cet élément avec OO', et cette aire a pour projections sur les trois plans de coordonnées

$$\frac{1}{2}\,u^2d'\varphi,\qquad \frac{1}{2}\,v^2d'\chi,\qquad \frac{1}{2}\,w^2d'\psi.$$

Soient λ, μ, ν les angles que fait avec les axes la normale au triangle $Om'n'$ menée dans un sens convenable. Les projections de l'aire du triangle s'expriment encore par

$$\frac{rds'\sin\theta'}{2}\cos\lambda,\qquad \frac{rds'\sin\theta'}{2}\cos\mu,\qquad \frac{rds'\sin\theta'}{2}\cos\nu.$$

On a donc

$$X = \frac{1}{2}\frac{ii'dsds'\sin\theta'}{r^2}\left(\frac{dz}{ds}\cos\mu - \frac{dy}{ds}\cos\nu\right),$$

$$Y = \frac{1}{2}\frac{ii'dsds'\sin\theta'}{r^2}\left(\frac{dx}{ds}\cos\nu - \frac{dz}{ds}\cos\lambda\right),$$

$$Z = \frac{1}{2}\frac{ii'dsds'\sin\theta'}{r^2}\left(\frac{dy}{ds}\cos\lambda - \frac{dx}{ds}\cos\mu\right).$$

et on obtient aisément

$$X\frac{dx}{ds} + Y\frac{dy}{ds} + Z\frac{dz}{ds} = 0,$$

$$X\cos\lambda + Y\cos\mu + Z\cos\nu = 0.$$

Ceci nous montre que l'action R de l'élément ds' sur ds est contenue dans le plan $Om'n'$ et perpendiculaire à l'élément ds. Quant à l'intensité, elle est

$$R = \frac{1}{2}\frac{ii'dsds'\sin\theta'}{r^3}\sin m\,Op,$$

Op étant la normale au plan $Om'n'$.

112. Cela posé, nous allons considérer deux surfaces magnétiques σ, σ' terminées aux deux contours fermés s, s' que nous avons déjà considérés. Prenons sur chacune de ces deux surfaces deux éléments $d\sigma$, $d\sigma'$; supposons qu'en ces points la densité soit ε pour l'un, ε' pour l'autre; soit r la distance des deux éléments : alors l'action mutuelle de ces deux éléments s'exprime par

$$\frac{\mu\,\varepsilon\varepsilon'd\sigma\,d\sigma'}{r^2},$$

et sa composante parallèle à l'axe Ox par

$$\frac{\mu\,\varepsilon\varepsilon'd\sigma\,d\sigma'}{r^3}(x - x').$$

Supposons que par tous les points de la surface σ on mène des normales infiniment petites. On formera ainsi une deuxième surface σ_1. Imaginons en outre que sur cette deuxième surface il y ait du fluide de nom contraire à celui qui se trouve sur la surface σ, et en même quantité sur chaque normale. Il résulte de là que l'élément $d\sigma_1$ correspondant à $d\sigma$, contient une quantité de fluide égale à $\varepsilon\,d\sigma$. Pour avoir l'action de l'élément $d\sigma'$ sur $d\sigma_1$, il faudra, dans l'expression précédente, changer le signe et faire croître x, y, z de quantités infiniment petites δx, δy, δz, ce qui donne

$$-\frac{\mu\,\varepsilon\varepsilon'\,d\sigma\,d\sigma'}{(r+\delta r)^3}\,(x+\delta x-x').$$

Ces deux actions, étant directement opposées, se retranchent, de sorte que la résultante est

$$-\frac{\mu\,\varepsilon\varepsilon'\,d\sigma\,d\sigma'}{r^3}\left[(x+\delta x-x')\frac{r^3}{(r+\delta r)^3}-(x-x')\right].$$

Comme les accroissements δx, δy, δz sont infiniment petits, la quantité placée entre parenthèses se réduit à $r^3\delta\frac{x-x'}{r^3}$, et l'on a simplement

$$-\mu\varepsilon\varepsilon'\,d\sigma\,d\sigma'\,\delta\frac{x-x'}{r^3}.$$

Soient h la distance normale des deux surfaces à l'élément $d\sigma_1$, et ξ, η, ζ les angles de cette normale avec les axes; alors

$$\delta x = h\cos\xi, \quad \delta y = h\cos\eta, \quad \delta z = h\cos\zeta,$$

et il vient

$$\delta\frac{x-x'}{r^3}=\frac{h\cos\xi}{r^3}-\frac{3h\cos\xi\,(x-x')\dfrac{dr}{dx}}{r^4},$$

ou

$$\delta\frac{x-x'}{r^3}=h\cos\xi\left(\frac{1}{r^3}-\frac{3\,(x-x')\dfrac{dr}{dx}}{r^4}\right);$$

en substituant, nous trouvons pour l'action cherchée

$$\mu\varepsilon\varepsilon'\,d\sigma\,d\sigma'\,h\cos\xi\left(\frac{3\,(x-x')\dfrac{dr}{dx}}{r^4}-\frac{1}{r^3}\right).$$

Supposons que la distance normale h des deux surfaces varie en raison inverse de la densité, de sorte que, si nous posons

$$h\varepsilon = g,$$

g sera une constante. De plus, désignons, comme précédemment, par u la projection sur le plan zy du rayon vecteur qui va de l'élément $d\sigma'$ à l'élément $d\sigma$; alors

$$d\sigma \cos\xi = u\,du\,d\varphi,$$

et la composante devient

$$\mu g\varepsilon'd\sigma'u\,du\,d\varphi \left(\frac{3\,(x-x')}{r^4}\,\frac{\delta r}{\delta x} - \frac{1}{r^3} \right).$$

Nous avons déjà rencontré une expression semblable à celle qui se trouve entre parenthèses, et nous avons vu qu'elle peut être remplacée par

$$\frac{2}{r^3} - \frac{3u\dfrac{dr}{du}}{r^4},$$

de sorte que la composante devient

$$\mu g\varepsilon'\,d\sigma'\,d\varphi \left(\frac{2u\,du}{r^3} - \frac{3\,u^2 dr}{r^4} \right),$$

ou enfin, comme la quantité placée entre parenthèses est la différentielle de $\dfrac{u^2}{r^3}$,

$$\mu g\varepsilon'd\sigma'd\varphi\,d\,\frac{u^2}{r^3}.$$

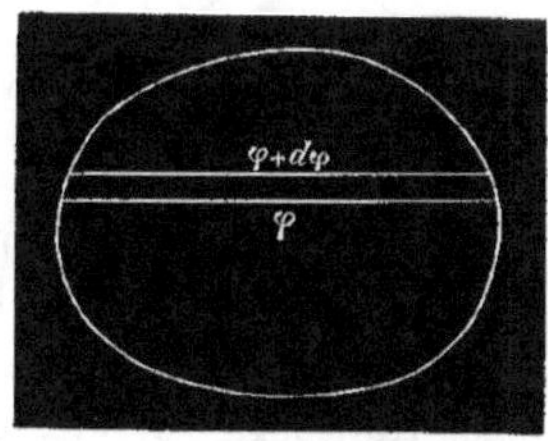

Fig. 76.

Il faut intégrer cette expression deux fois pour obtenir l'action de l'élément $d\sigma'$ sur l'ensemble des deux autres surfaces. Laissons d'abord φ constant, et intégrons par rapport à $d\,\dfrac{u^2}{r^3}$; cela nous donnera l'action de $d\sigma'$ sur toute la zone comprise entre les deux plans φ et $\varphi + d\varphi$ (fig. 76). Si l'on appelle u_1, r_1, u_2, r_2 les valeurs de u et r relatives aux deux limites, l'intégrale est

$$\mu g \varepsilon' \, d\sigma' \, d\varphi \left(\frac{u_2^2}{r_2^3} - \frac{u_1^2}{r_1^3} \right),$$

et u_1, r_1. u_2, r_2, se rapportant à des points du contour s, sont des fonctions de φ. Pour avoir l'action totale de l'élément $d\sigma'$, il faudra faire la somme de tous les éléments analogues au précédent : on obtiendra ainsi

$$\mu g \varepsilon' \, d\sigma' \int \frac{u^2}{r^3} \, d\varphi,$$

u et r étant des fonctions de φ. En effet, si dans cette dernière intégrale on groupe deux à deux les éléments pour lesquels φ est le même, et où $d\varphi$ a des valeurs égales et contraires, on voit qu'elle contient les mêmes éléments que la première pris avec les mêmes signes.

Ainsi les composantes de l'action de l'élément $d\sigma'$ sur le système des deux surfaces σ et σ_1 sont

$$X = \mu g \varepsilon' \, d\sigma' \int \frac{u^2}{r^3} \, d\varphi,$$

$$Y = \mu g \varepsilon' \, d\sigma' \int \frac{v^2}{r^3} \, d\chi,$$

$$Z = \mu g \varepsilon' \, d\sigma' \int \frac{w^2}{r^3} \, d\psi,$$

u, v, w, r étant considérés comme des fonctions de φ, χ, ψ, et les intégrales étant prises tout le long du contour s.

Il est clair qu'on obtiendrait les mêmes composantes si, à tous les éléments du contour s, on appliquait des forces élémentaires dont les composantes fussent

$$\mu g \varepsilon' \, d\sigma' \frac{u^2}{r^3} \, d\varphi, \qquad \mu g \varepsilon' \, d\sigma' \frac{v^2}{r^3} \, d\chi, \qquad \mu g \varepsilon' \, d\sigma' \frac{w^2}{r^3} \, d\psi.$$

113. Faisons voir que, dans ce cas, le point d'application de la résultante serait encore le même, c'est-à-dire serait l'élément $d\sigma'$ dont les coordonnées sont x', y', z'. Pour cela, il faut démontrer que la somme des moments des couples que l'on obtient en transportant toutes ces forces au point $d\sigma'$ est nulle d'elle-même. C'est ce que l'on voit immédiatement si l'on remarque que les forces précédentes sont justement

celles qui résulteraient de l'action d'un pôle magnétique placé en $d\sigma'$, et ayant pour intensité $\varepsilon' d\sigma'$, sur un courant voltaïque qui parcourt le circuit fermé et a pour intensité μg. On sait en effet que la résultante de toutes ces forces est appliquée au pôle $d\sigma'$.

Ainsi l'action des deux surfaces σ, σ_1 sur l'élément $d\sigma'$ est remplacée par la somme des forces précédentes appliquées aux différents points du contour fermé s. Occupons-nous en particulier de la composante parallèle à Ox de l'une des forces élémentaires. Elle est

$$- \mu g \, \varepsilon' d\sigma' \, \frac{u^2}{r^3} \, d\varphi,$$

et comme

$$u^2 d\varphi = (y - y') \, dz - (z - z') \, dy,$$

elle a pour expression

$$- \mu g \, \varepsilon' d\sigma' \left(\frac{y - y'}{r^3} \, dz - \frac{z - z'}{r^3} \, dy \right).$$

Imaginons que l'on construise une surface infiniment voisine de σ' chargée de fluide contraire : alors l'action du même élément $d\sigma$ du contour fermé sur l'élément $d\sigma'_1$ de cette nouvelle surface correspondant à l'élément $d\sigma'$ s'obtiendra en changeant le signe de l'expression précédente, et en remplaçant x', y', z' par $\delta x'$, $\delta y'$, $\delta z'$. La résultante sera la différence

$$\mu g \varepsilon' d\sigma' \left(dz \, \delta' \frac{y - y'}{r^3} - dy \, \delta' \frac{z - z'}{r^3} \right).$$

On transformera chacun de ces termes comme nous l'avons déjà fait pour une expression semblable, et l'on trouvera pour valeur de la composante parallèle à l'axe des x

$$- \mu \, gg' \left(dz \, \frac{v^2 d' \chi}{r^3} - dy \, \frac{w^2 d' \psi}{r^3} \right),$$

et de même pour les autres composantes parallèles aux axes des y et des z. Pour avoir l'action totale de l'élément $d\sigma'$ sur les deux surfaces σ' et σ'_1 il faudra prendre la somme de ces valeurs en regardant u, v, w, r comme des fonctions de φ, χ, ψ, et intégrer tout le long du contour s'. La résultante sera évidemment la même que si l'on avait des forces dont les composantes seraient les expressions précédentes, et qui seraient appliquées aux différents points du contour s'. Non-seulement la grandeur de la résultante serait la même, mais son point d'application serait encore le même, c'est-à-dire l'élément $d\sigma'$. En effet, l'expression précédente représente l'une des composantes de l'action qu'exercerait un élément de courant $d\sigma$ sur un courant fermé s', et l'on sait que cette action est une force appliquée à l'élément de courant ds.

Ainsi les actions qui résultent des attractions ou des répulsions de deux systèmes de surfaces peuvent être remplacées par des forces élémentaires dont les composantes parallèles aux axes sont

$$- \mu g g' \left(dz \, \frac{v^2 d'\chi}{r^3} - dy \, \frac{w^2 d'\psi}{r^3} \right),$$

$$- \mu g g' \left(dx \, \frac{w^2 d'\psi}{r^3} - dz \, \frac{u^2 d'\varphi}{r^3} \right),$$

$$- \mu g g' \left(dy \, \frac{u^2 d'\varphi}{r^3} - dx \, \frac{v^2 d'\chi}{r^3} \right),$$

appliquées aux différents points du contour s'. Or nous avons vu que les actions des deux courants voltaïques parcourant les conducteurs fermés s, s' peuvent être considérées comme résultant des mêmes forces élémentaires, sauf que le facteur constant $- \mu g g'$ est remplacé par $\frac{1}{2} \, i i'$. Donc *les actions des deux circuits fermés l'un sur l'autre sont les mêmes que les actions exercées par les deux systèmes de surfaces l'un sur l'autre.*

114. Importance de ce théorème. — Ce théorème a une grande importance. Il montre que l'action de deux courants fermés peut toujours se réduire à celle de forces fonctions de la distance et dirigées suivant les droites qui unissent les éléments réagissants. Il en résulte la propriété remarquable que nous allons indiquer : toutes les fois que les différents points du système à l'intérieur duquel elles s'exercent reprennent la même situation relative, la somme des forces vives reprend la même valeur, en sorte que, si le système est animé d'un mouvement de rotation, la vitesse de rotation reste la même, et, comme il y a toujours des frottements ou des résistances qui affaiblissent la vitesse, le mouvement ne tarde pas à s'arrêter.

De là cette conséquence, que toute expérience de rotation que l'on tenterait avec des courants fermés ne pourrait donner naissance qu'à une position d'équilibre.

Si cette dernière propriété s'applique à l'action réciproque de deux courants fermés, elle est aussi vraie évidemment pour l'action réciproque de deux systèmes de courants fermés : car les actions de ces systèmes peuvent être remplacées par des actions de surfaces magnétiques. Donc, si nous observons l'action d'une cause inaccessible sur un élément de courant ou sur un courant fermé, rien ne pourra nous apprendre si la cause qui produit les phénomènes observés est un système de centres magnétiques ou un courant fermé. Il est donc impossible de décider par expérience si la cause est électro-dynamique ou électro-magnétique.

Ces considérations s'appliquent à l'action de la terre. On peut s'expliquer cette action soit au moyen de courants, soit au moyen de centres magnétiques, et, comme on peut toujours réduire l'action d'un courant à une action électro-magnétique, il est plus simple d'admettre l'hypothèse des centres. Ainsi il n'y a aucun moyen de décider entre les deux hypothèses, au moins par des expériences de cabinet, en observant les effets de l'une ou l'autre de ces deux causes; mais cela ne veut pas dire qu'il soit impossible de reconnaître la vraie nature de l'action terrestre par d'autres voies, par exemple au moyen de l'étude du globe terrestre et des conditions intérieures qui lui sont propres.

115. Théorie des solénoïdes [1]. — **1° Action d'un solénoïde fini sur un élément de courant. — Elle est la même en direction et en intensité que celle des deux pôles d'un aimant.** — Nous avons vu que l'action d'un solénoïde sur un élément de courant placé à l'origine a pour composantes parallèles aux axes :

$$X\,ds' = \frac{1}{2}\,i\,i''ds'\frac{\omega}{g}\left(\int C\,\frac{d\sigma}{\omega}\cos\mu - \int B\,\frac{d\sigma}{\omega}\cos\nu\right),$$

$$Y\,ds' = \frac{1}{2}\,i\,i''ds'\frac{\omega}{g}\left(\int A\,\frac{d\sigma}{\omega}\cos\nu - \int C\,\frac{d\sigma}{\omega}\cos\lambda\right),$$

$$Z\,ds' = \frac{1}{2}\,i\,i''ds'\frac{\omega}{g}\left(\int B\,\frac{d\sigma}{\omega}\cos\lambda - \int A\,\frac{d\sigma}{\omega}\cos\mu\right),$$

[1] Savary, *Annales de chimie et de physique*, [2], XXII, 91, et XXIII, 413 (1823).

en posant

$$A = \omega \left[\left(r \frac{d\frac{F(r)}{r}}{dr} + 2 \frac{F(r)}{r} \right) \cos\alpha - \frac{px}{r} \frac{d\frac{F(r)}{r}}{dr} \right],$$

$$B = \omega \left[\left(r \frac{d\frac{F(r)}{r}}{dr} + 2 \frac{F(r)}{r} \right) \cos\beta - \frac{py}{r} \frac{d\frac{F(r)}{r}}{dr} \right],$$

$$C = \omega \left[\left(r \frac{d\frac{F(r)}{r}}{dr} + 2 \frac{F(r)}{r} \right) \cos\gamma - \frac{pz}{r} \frac{d\frac{F(r)}{r}}{dr} \right].$$

Si l'on intègre par parties, on trouve

$$\int A \frac{d\sigma}{\omega} = - \int \left(r \frac{d\frac{F(r)}{r}}{dr} + 3 \frac{F(r)}{r} \right) \cos\alpha\, ds + \frac{\omega}{g} \left(\frac{F(r)}{r} x \right)_1^2.$$

Or, la fonction $F(r)$ a été déterminée de manière que la partie sous le signe $\int$ soit nulle, de sorte qu'il reste, à cause de $F(r) = \frac{1}{r^3}$,

$$\int A \frac{d\sigma}{\omega} = \left(\frac{x}{r^3} \right)_1^2.$$

Les indices 1 et 2 indiquent qu'il faut prendre l'expression entre parenthèses depuis l'extrémité 1 du solénoïde jusqu'à l'extrémité 2 : soient x_1, y_1, z_1, r_1 et x_2, y_2, z_2, r_2 les valeurs de x, y, z, r à ces deux extrémités, il vient

$$\int A \frac{d\sigma}{\omega} = \left(\frac{x_2}{r_2^3} - \frac{x_1}{r_1^3} \right),$$

$$\int B \frac{d\sigma}{\omega} = \left(\frac{y_2}{r_2^3} - \frac{y_1}{r_1^3} \right),$$

$$\int C \frac{d\sigma}{\omega} = \left(\frac{z_2}{r_2^3} - \frac{z_1}{r_1^3} \right).$$

Il résulte de là que les composantes de l'action totale du solénoïde sur l'élément de courant sont représentées par

$$X = \frac{1}{2} ii' \frac{\omega}{g} \left[\left(\frac{z_2}{r_2^3} - \frac{z_1}{r_1^3} \right) \cos\mu - \left(\frac{y_2}{r_2^3} - \frac{y_1}{r_1^3} \right) \cos v \right],$$

$$Y = \frac{1}{2} ii' \frac{\omega}{g} \left[\left(\frac{x_2}{r_2^3} - \frac{x_1}{r_1^3} \right) \cos v - \left(\frac{z_2}{r_2^3} - \frac{z_1}{r_1^3} \right) \cos\lambda \right],$$

$$Z = \frac{1}{2} ii' \frac{\omega}{g} \left[\left(\frac{y_2}{r_2^3} - \frac{y_1}{r_1^3} \right) \cos\lambda - \left(\frac{x_2}{r_2^3} - \frac{x_1}{r_1^3} \right) \cos\mu \right].$$

On peut regarder chacune de ces composantes comme la différence
entre deux forces : l'une qui aurait pour expression la somme des
termes qui ont l'indice 2, et l'autre celle des termes qui ont l'indice 1; de sorte que l'on peut poser

$$X = X_2 - X_1, \qquad Y = Y_2 - Y_1, \qquad Z = Z_2 - Z_1,$$

et l'on a

$$X_2 = \frac{i'}{2} \frac{\omega i}{g} \left(\frac{z_2}{r_2^3} \cos \mu - \frac{y_2}{r_2^3} \cos v \right),$$

$$Y_2 = \frac{i'}{2} \frac{\omega i}{g} \left(\frac{x_2}{r_2^3} \cos v - \frac{z_2}{r_2^3} \cos \lambda \right),$$

$$Z_2 = \frac{i'}{2} \frac{\omega i}{g} \left(\frac{y_2}{r_2^3} \cos \lambda - \frac{x_2}{r_2^3} \cos \mu \right),$$

et trois autres expressions analogues pour X_1, Y_1, Z_1. Ainsi l'action
totale du solénoïde sur l'élément de courant placé à l'origine peut
être regardée comme la résultante de deux forces ayant pour composantes X_2, Y_2, Z_2 et $- X_1$, $- Y_1$, $- Z_1$.

Considérons à part la première de ces forces, c'est-à-dire celle
dont les composantes sont X_2, Y_2, Z_2. Supposons un solénoïde dont
l'extrémité coïncide avec l'extrémité x_2, y_2, z_2 de celui qui nous
occupe, dont les courants fermés soient les mêmes, et qui soit indéfini dans l'autre sens. Il est clair que son action sur l'élément ds' se
réduira à X_2, Y_2, Z_2, car $\frac{x_1}{r_1^3}, \frac{y_1}{r_1^3}, \frac{z_1}{r_1^3}$ ont pour limite zéro lorsque x_1,
y_1, z_1, r_1 croissent indéfiniment. Il faut ajouter que dans ce solé-
noïde fictif le courant est de même sens que dans le solénoïde réel
et de même intensité.

Imaginons maintenant un second solénoïde fictif, construit de la
même manière que le premier, indéfini comme lui et dont l'extrémité coïncide avec l'extrémité x_1, y_1, z_1 du solénoïde réel; admettons de plus que dans ce solénoïde fictif le courant soit de sens
contraire à celui qui traverse le solénoïde réel, mais de même intensité. On trouvera facilement que l'action de ce second solénoïde sur
l'élément ds' aura pour composantes $- X_1$, $- Y_1$, $- Z_1$.

On voit que l'action de ces deux solénoïdes indéfinis sur l'élément
de courant placé à l'origine sera exactement la même que celle du

solénoïde fini sur le même élément : par suite, on peut remplacer la seconde par les deux premières.

116. Reprenons les composantes X_2, Y_2, Z_2, et cherchons à déterminer la grandeur et la direction de la force qu'elles représentent.

Si nous multiplions ces composantes respectivement par $\cos\lambda$, $\cos\mu$, $\cos\nu$ et que nous ajoutions, il vient

$$X_2 \cos\lambda + Y_2 \cos\mu + Z_2 \cos\nu = o,$$

ce qui montre que la direction de la force est perpendiculaire à l'élément de courant ds', car $\cos\lambda$, $\cos\mu$, $\cos\nu$ sont les cosinus des angles que fait cet élément avec les trois axes, et X_2, Y_2, Z_2 sont des quantités proportionnelles aux cosinus des angles que la force fait avec ces mêmes axes.

En second lieu, si nous multiplions par x_2, y_2, z_2 et que nous ajoutions, il vient

$$X_2 x_2 + Y_2 y_2 + Z_2 z_2 = o.$$

Or, les coordonnées x_2, y_2, z_2 sont proportionnelles aux cosinus des angles que fait avec les axes la droite qui va de l'origine à l'extrémité x_2, y_2, z_2. Donc la force est encore perpendiculaire à cette droite. Il en résulte que la force est perpendiculaire au plan passant par l'élément de courant et par l'extrémité du solénoïde. Cette force est appliquée à l'élément de courant.

Les mêmes raisonnements s'appliquent à la force qui résulte de l'action de l'autre solénoïde sur le même élément. Seulement il faut remarquer que cette dernière a une direction inverse de la première par rapport au plan auquel elle est perpendiculaire.

On voit d'après cela que l'action d'un solénoïde est absolument la même, quant à la direction, que celle qu'exerceraient les deux pôles d'un aimant sur un élément de courant. Nous allons montrer qu'elle est aussi la même quant à l'intensité.

Cherchons l'intensité R_2 de la force dont les composantes sont X_2, Y_2, Z_2. Sa valeur est

$$R_2 = \sqrt{X_2^2 + Y_2^2 + Z_2^2}.$$

Appelons φ, χ, ψ les angles que fait avec les axes la ligne qui va du milieu de l'élément à l'extrémité x_2, y_2, z_2; nous aurons

$$\cos\varphi = \frac{x_2}{r_2}, \qquad \cos\chi = \frac{y_2}{r_2}, \qquad \cos\psi = \frac{z_2}{r_2}.$$

Donc

$$X_2 = \frac{i'}{2}\frac{\omega i}{g}\frac{1}{r_2^2}\left(\cos\mu\,\cos\psi - \cos\nu\,\cos\chi\right),$$

$$Y_2 = \frac{i'}{2}\frac{\omega i}{g}\frac{1}{r_2^2}\left(\cos\nu\,\cos\varphi - \cos\lambda\,\cos\psi\right),$$

$$Z_2 = \frac{i'}{2}\frac{\omega i}{g}\frac{1}{r_2^2}\left(\cos\lambda\,\cos\chi - \cos\mu\,\cos\varphi\right);$$

par suite,

$$R_2 = \frac{i'}{2}\frac{\omega i}{g}\frac{1}{r_2^2}\sqrt{\left(\cos\mu\,\cos\psi - \cos\nu\,\cos\chi\right)^2 + \left(\cos\nu\,\cos\varphi - \cos\lambda\,\cos\psi\right)^2 + \left(\cos\lambda\,\cos\chi - \cos\mu\,\cos\varphi\right)^2}.$$

Il est aisé de voir que la quantité placée sous le radical se met sous la forme

$$1 - \left(\cos\lambda\,\cos\varphi + \cos\mu\,\cos\chi + \cos\nu\,\cos\psi\right)^2.$$

En appelant ε_2 l'angle que fait l'élément ds' avec la droite qui va de son milieu à l'extrémité x_2, y_2, z_2 du solénoïde, on a

$$\cos\varepsilon_2 = \cos\lambda\,\cos\varphi + \cos\mu\,\cos\chi + \cos\nu\,\cos\psi.$$

Donc

$$R_2 = \frac{i'}{2}\frac{\omega i}{g}\frac{\sin\varepsilon_2}{r_2^2}\,l$$

$$R_1 = \frac{i'}{2}\frac{\omega i}{g}\frac{\sin\varepsilon_1}{r_1^2}.$$

On voit que chacune de ces forces varie en raison inverse du carré de la distance du milieu de l'élément à l'extrémité correspondante, et proportionnellement au sinus de l'angle de l'élément avec la droite qui joint le milieu de l'élément avec cette extrémité. C'est la même loi pour chaque extrémité du solénoïde que pour un pôle magnétique.

117. 2° Action d'un solénoïde indéfini sur un courant fermé. — Elle se réduit à une force qui passe par l'extrémité du solénoïde. — Avant de considérer l'action mutuelle de deux solénoïdes, commençons par calculer l'action d'un solénoïde sur un courant fermé.

D'après ce qui précède, l'action d'un solénoïde indéfini, c'est-à-dire l'action d'un pôle de solénoïde sur un élément de courant, est représentée par

$$\frac{i'\,ds'}{2}\frac{\omega i}{g}\frac{\sin\varepsilon}{r^2}.$$

Soient A (fig. 77) le pôle du solénoïde, mn l'élément de courant, on a

$$Am = r, \quad An = r + dr, \quad mn = ds' \quad \text{et} \quad nmA = \varepsilon.$$

L'aire du triangle infinitésimal Amn est

$$\frac{1}{2}\,Am\,.\,nh = \frac{1}{2}\,r\,ds'\,\sin\varepsilon = dv.$$

Donc

$$ds'\sin\varepsilon = 2\,\frac{dv}{r},$$

et, par suite. l'action du pôle sur l'élément se met sous la forme

$$i'\frac{\omega i}{g}\frac{dv}{r^3}.$$

D'un autre côté, on voit aisément que l'action d'un pôle de solé-

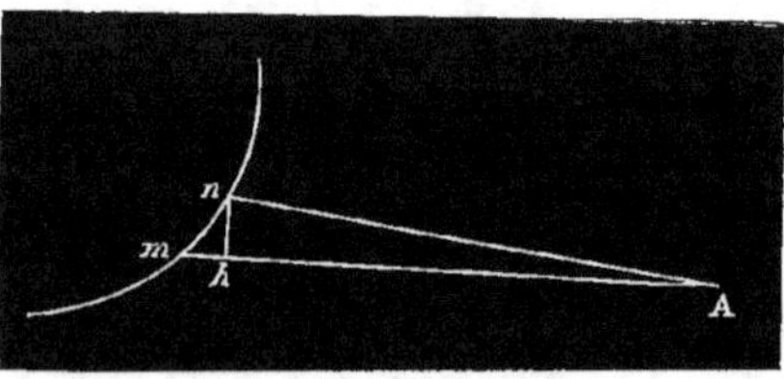

Fig. 77.

noïde sur un courant fermé est une force appliquée au pôle du solénoïde; car on démontre, comme nous l'avons fait pour un pôle magnétique, que le moment de cette action pour faire tourner le courant autour d'un axe quelconque passant par le pôle est nul, ce qui exige que cette action, qui n'est pas nulle, soit appliquée au pôle. Il résulte de là que, pour chercher l'action d'un pôle sur un courant fermé, nous pourrons supposer toutes les forces qui agissent sur les différents éléments, tels que mn, transportées au point A parallèlement à elles-mêmes, puisque nous savons que les couples résultant de cette translation se détruisent.

Prenons donc le point A pour origine, et désignons par X, Y, Z les composantes de l'action totale de ce pôle sur le circuit fermé, par α, β, γ les angles que fait avec les trois axes la force qui agit sur l'élément mn : les trois composantes de cette force seront

$$i'\frac{\omega i}{g}\frac{dv\cos\alpha}{r^3}, \qquad i'\frac{\omega i}{g}\frac{dv\cos\beta}{r^3}, \qquad i'\frac{\omega i}{g}\frac{dv\cos\gamma}{r^3},$$

et, par conséquent, les composantes de l'action totale seront

$$X = i'\frac{\omega i}{g}\int\frac{dv\cos\alpha}{r^3}, \qquad Y = i'\frac{\omega i}{g}\int\frac{dv\cos\beta}{r^3}, \qquad Z = i'\frac{\omega i}{g}\int\frac{dv\cos\gamma}{r^3}.$$

Ces expressions peuvent être mises sous une autre forme. En effet, si nous appelons x, y, z les coordonnées du milieu de l'élément mn, nous aurons

$$dv\cos\alpha = \frac{1}{2}(y\,dz - z\,dy), \qquad dv\cos\beta = \frac{1}{2}(z\,dx - x\,dz),$$

$$dv\cos\gamma = \frac{1}{2}(x\,dy - y\,dx).$$

Donc, en posant

$$A = \int\frac{y\,dz - z\,dy}{r^3}, \qquad B = \int\frac{z\,dx - x\,dz}{r^3}, \qquad C = \int\frac{x\,dy - y\,dx}{r^3},$$

il viendra, pour les valeurs de X. Y, Z.

$$X = \frac{i'}{2}\frac{\omega i}{g}A, \qquad Y = \frac{i'}{2}\frac{\omega i}{g}B, \qquad Z = \frac{i'}{2}\frac{\omega}{g}C.$$

Telles sont les composantes de l'action d'un solénoïde indéfini sur un courant fermé quelconque.

118. 3° Action d'un solénoïde indéfini sur un système de circuits fermés formant un autre solénoïde indéfini. — Imaginons maintenant un système de courants fermés infiniment petits, tous perpendiculaires à une même courbe directrice : l'action du pôle sur les courants fermés perpendiculaires à un élément ds de cette courbe sera proportionnelle à ds et en raison inverse de la distance g' de deux courants consécutifs : elle est donc $\dfrac{\mathrm{A}ds}{g'}$, et l'action du pôle sur tout le système, c'est-à-dire sur un second solénoïde, aura pour composantes

$$\mathrm{A}_1 = \int \mathrm{A}\,\frac{ds}{g'}, \qquad \mathrm{B}_1 = \int \mathrm{B}\,\frac{ds}{g'}, \qquad \mathrm{C}_1 = \int \mathrm{C}\,\frac{ds}{g'}.$$

On peut voir quelle sera la direction de la résultante, en supposant le second solénoïde indéfini comme le premier.

L'action du premier solénoïde sur les courants fermés du second passe par le pôle du premier : donc il en est de même de l'action totale. Mais si nous considérons l'action du second solénoïde sur le premier, par les mêmes raisons, cette action devra passer aussi par le pôle du second : comme elle est directement opposée à la précédente, on en conclut que l'action d'un solénoïde indéfini sur un autre solénoïde indéfini est une force qui passe par les pôles de ces deux solénoïdes.

On peut encore démontrer ce résultat d'une autre manière, qui a l'avantage de donner en même temps les composantes de la force.

Appelons x', y', z' les coordonnées du pôle du second solénoïde, r sa distance au pôle du premier, c'est-à-dire à l'origine. On verra aisément, comme cela a déjà été démontré, que les composantes A_1, B_1, C_1 se réduisent à

$$\mathrm{A}_1 = -\frac{\omega'}{g'}\frac{x}{r^3}, \qquad \mathrm{B}_1 = -\frac{\omega'}{g'}\frac{y}{r^3}, \qquad \mathrm{C}_1 = -\frac{\omega'}{g'}\frac{z}{r^3}.$$

Par conséquent, les trois composantes de l'action mutuelle de deux solénoïdes indéfinis sont

$$\mathrm{X}' = -\frac{\omega i}{g}\frac{\omega' i'}{g'}\frac{x}{r^3}, \qquad \mathrm{Y}' = -\frac{\omega i}{g}\frac{\omega' i'}{g'}\frac{y}{r^3}, \qquad \mathrm{Z}' = -\frac{\omega i}{g}\frac{\omega' i'}{g'}\frac{z}{r^3}.$$

La forme de ces expressions montre bien que la résultante passe par

le pôle du second solénoïde, puisque X′, Y′, Z′ sont proportionnelles
à x, y, z, coordonnées de ce point. On voit en outre que l'action
totale sera représentée par l'expression

$$\frac{\omega i}{g}\frac{\omega' i'}{g'}\frac{1}{2},$$

c'est-à-dire que cette action varie en raison inverse du carré de la
distance des deux pôles.

119. **1° Action mutuelle de deux solénoïdes limités.** —
De l'action mutuelle de deux solénoïdes indéfinis on déduit aisément celle de deux solénoïdes limités. Soient en effet AB, A′B′ deux
solénoïdes de grandeur finie.

Nous pouvons remplacer chacun de ces solénoïdes par deux solénoïdes indéfinis de sens contraire qui se recouvrent entièrement,
excepté en AB et A′B′ (fig. 78). Nous aurons alors quatre solénoïdes

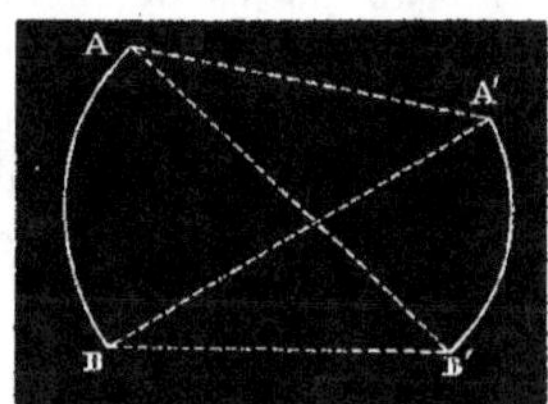

Fig. 78.

indéfinis en présence, ayant respectivement pour pôles A, B, A′, B′. Il résulte de là qu'il y a à considérer
quatre forces : 1° l'action de A sur A′,
que nous supposerons attractive ;
2° celle de A sur B′, qui sera alors
répulsive; 3° celle de B sur A′, également répulsive; 4° celle de B sur B′,
qui est attractive. Ces quatre forces sont d'ailleurs dirigées suivant
les droites qui joignent les pôles deux à deux.

On voit que l'action de deux solénoïdes l'un sur l'autre est identique à celle de deux aimants.

Il résulte de ce qui précède que l'on peut répéter toutes les expériences d'électro-magnétisme en combinant l'action réciproque des
solénoïdes et des aimants. Mais il faut avoir égard à cette particularité, que les pôles d'un solénoïde sont à ses extrémités, tandis que
ceux d'un aimant se trouvent à une distance finie des extrémités, et
se souvenir qu'il n'est pas toujours permis de réduire l'action d'un
aimant à celle de deux pôles, tandis que cela est toujours possible
quand il s'agit de solénoïdes.

Les mêmes considérations s'appliquent aux actions réciproques des aimants : on peut répéter avec des solénoïdes toutes les expériences de magnétisme, en sorte que, si l'on enfermait respectivement les aimants et les solénoïdes dans des boîtes semblables, il n'y aurait aucun moyen de les distinguer les uns des autres par leurs actions extérieures, et toutes les expériences que l'on pourrait imaginer pour utiliser leurs actions conduiraient aux mêmes résultats.

120. On vérifie facilement ces conséquences de la théorie à l'aide de solénoïdes formés d'un fil conducteur enroulé en hélice cylin-

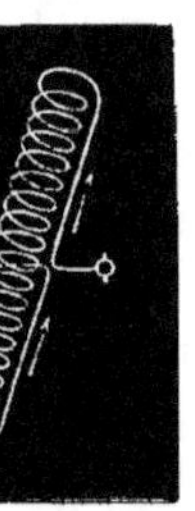

Fig. 79.

drique (fig. 79), et dont les deux extrémités sont ramenées vers le milieu de l'hélice à l'intérieur ou à l'extérieur du cylindre, et parallèlement à son axe. Chaque spire de l'hélice peut être considérée comme formée d'un courant circulaire perpendiculaire à l'axe et d'une portion de courant rectiligne dont la longueur est égale au pas de l'hélice ; l'ensemble produira donc le même effet qu'un système de courants circulaires parallèles augmenté d'un courant rectiligne de la longueur du solénoïde, mais dont l'effet sera neutralisé par le courant parallèle et de sens contraire qui circule dans les portions recourbées et rectilignes du

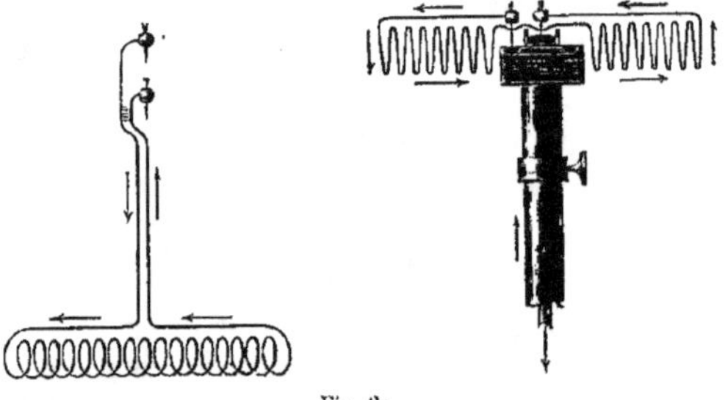

Fig. 80.

fil. On entoure le fil conducteur d'une enveloppe isolante, soie ou résine, ce qui permet de rapprocher jusqu'au contact les spires consécutives, et l'on termine les extrémités libres du fil de manière que

l'axe du solénoïde puisse se mouvoir soit autour d'un axe horizontal
(fig. 79), soit autour d'un axe vertical (fig. 80).

121. Théorie électro-dynamique du magnétisme ou théorie d'Ampère. — Les analogies, on peut dire les identités, que nous venons de signaler entre les propriétés des solénoïdes et celles des aimants ont conduit Ampère à une théorie du magnétisme, célèbre, à juste titre, comme permettant de ramener à une cause unique les forces magnétiques et les forces électriques différentes en apparence.

Ampère fait d'abord remarquer qu'il n'y a pas lieu de supposer deux systèmes de forces différentes. On ne peut, en effet, réduire les actions électro-dynamiques à des actions magnétiques, car, de quelque manière qu'on suppose des fluides magnétiques répartis à l'intérieur du courant, ces actions, étant des forces centrales, ne peuvent rendre compte des mouvements de rotation qui durent indéfiniment. Au contraire, les actions magnétiques peuvent être assimilées aux actions exercées par les solénoïdes, car on peut considérer les aimants comme des assemblages de solénoïdes infiniment petits, qui ne sont autre chose que les éléments magnétiques considérés par Œpinus, Coulomb, etc.

Dans cette hypothèse, on suppose les courants particulaires infiniment petits. On ne peut pas admettre, en effet, qu'ils soient de dimensions finies, car, en touchant deux points d'un courant avec les extrémités d'un fil de platine, on obtiendrait dans ce fil un courant dérivé, ce qu'on n'observe pas. On doit attribuer à ces courants des dimensions tellement petites, qu'aux deux points touchés par le fil de platine, même supposé très-fin, il existe une infinité de courants neutralisant leurs effets.

Ces courants, dont il n'est pas nécessaire de connaître les dimensions, sont l'équivalent des molécules magnétiques que toute théorie est obligée d'admettre pour expliquer la division d'un aimant en deux aimants par la rupture.

Il est une autre raison qui ne permet pas de supposer à ces courants des dimensions finies : c'est la diversité des substances magnétiques. Le fer doux, l'oxyde de fer et le sulfate de fer cristallisé sont magnétiques : le premier de ces corps est conducteur, le second l'est peu, le troisième ne l'est pas; si les courants avaient une dimension finie, leur intensité serait en rapport avec la conductibilité des substances : or, on n'observe aucune relation entre leur capacité magnétique et leur conductibilité.

Cette hypothèse, qui assimile chaque élément magnétique à un solénoïde, se trouve, du reste, vérifiée par la loi suivante, que M. Weber a démontrée au moyen de l'électro-dynamomètre : si un aimant ou un système de courants fermés exerce des actions égales sur un courant placé à une distance assez grande pour qu'il n'y ait pas lieu d'avoir égard à la diversité des distances des différents points de l'aimant ou du système de courants, il exerce aussi des actions égales sur un aimant quelconque placé à une grande distance.

BIBLIOGRAPHIE.

ÉLECTRO-DYNAMIQUE ET THÉORIE ÉLECTRO-DYNAMIQUE DU MAGNÉTISME.

1820. AMPÈRE, Sur l'action des courants voltaïques, *Ann. de chim. et de phys.*, (2), XV, 59 et 170 (18 et 27 septembre).

1820. AMPÈRE, Mémoires contenant des expériences relatives à l'action mutuelle de deux courants électriques et à celle qui existe entre un courant électrique et le globe de la terre ou un aimant (sept., oct., nov., déc. 1820), *Mém. de l'Acad. des sciences*, 1820.

1821. AMPÈRE, Note sur un appareil à l'aide duquel on peut vérifier toutes les propriétés des conducteurs de l'électricité voltaïque, *Ann. de chim. et de phys.*, (2), XVIII, 88 et 313.

1821. SCHMIDT, Darstellung der von Ampère aufgefundenen Anziehung und Abstossung galvanisch-elektrischer Ströme, mittelst gewöhnlicher Elektricität, *Gilb. Ann.*, LXVIII, 28.

1822. AMPÈRE, Recueil d'observations électro-dynamiques contenant divers mémoires, notices, extraits de lettres ou d'ouvrages périodiques sur les sciences, relatifs à l'action mutuelle de deux courants électriques et un aimant ou le globe terrestre et à celle de deux aimants l'un sur l'autre, Paris, 1822.

1822. AMPÈRE et BABINET, *Exposé des nouvelles découvertes sur l'électricité et le magnétisme*, Paris, 1822.

1822. AMPÈRE, Mémoire relatif à de nouveaux phénomènes électro-dynamiques, *Ann. de chim. et de phys.*, (2), XX, 60, et *Bibl. univ.*, XX, 173.

1822. De la Rive (Ch.-G.), Sur de nouvelles expériences relatives aux courants galvaniques, *Ann. de chim. et de phys.*, (2), XX, 269.

1822. Ampère, Mémoire sur la détermination de la formule qui représente l'action mutuelle de deux portions infiniment petites de conducteurs voltaïques, *Ann. de chim. et de phys.*, (2), XX, 398.

1823. Ampère, *Exposé méthodique des phénomènes électro-dynamiques et des lois de tous ces phénomènes*, Paris, 1823.

1823. Ampère, Mémoire sur la théorie mathématique des phénomènes électro-dynamiques, contenant les mémoires que M. Ampère a communiqués à l'Académie des Sciences dans les séances des 4 et 26 décembre 1820, 10 juin 1822, 22 décembre 1823, 12 septembre et 21 novembre 1825, *Mém. de l'Acad. des Sciences*, VI, 175, 1823, publiés en 1826.

1823. Savary, Sur les phénomènes électro-dynamiques, *Ann. de chim. et de phys.*, (2), XXII, 91, et *Journ. de phys.*, XCVI, 1-25.

1823. Savary, Nouveaux résultats, *Ann. de chim. et de phys.*, (2), XXIII, 413.

1823. Savary, *Mémoire sur l'application du calcul aux phénomènes électrodynamiques*, Paris, 1823.

1823. Observations sur le Mémoire de M. Savary, *Bibl. univ.*, XXIV, 109.

1824. Ampère, Mémoire sur les phénomènes électro-dynamiques, *Ann. de chim. et de phys.*, (2), XXVI, 134 et 246.

1824. Ampère, Description d'un appareil électro-dynamique, *Ann. de chim. et de phys.*, (2), XXVI, 390.

1824. Ampère, Note sur une expérience relative à la nature du courant électrique, *Ann. de chim. et de phys.*, (2), XXVII, 29.

1824. Ampère, Précis de la théorie des phénomènes électro-dynamiques pour servir de supplément à son *Recueil d'observations électrodynamiques* et au *Manuel d'électricité dynamique* de M. Demonferrand, Paris, 1824.

1824. Ampère, Exposé méthodique des phénomènes électro-dynamiques et des lois de ces phénomènes, Paris, 1824, *Journ. de phys.*, 95, 248-257.

1825. Ampère, Lettre à M. Gerhardi sur divers phénomènes électro-dynamiques, *Ann. de chim. et de phys.*, (2), XXIX, 373.

1825. Ampère, Mémoire sur une nouvelle expérience électro-dynamique, sur son application à la formule qui représente l'action mutuelle de deux portions infiniment petites de conducteurs voltaïques, etc. (12 septembre 1825), *Ann. de chim. et de phys.*, (2), XXIX, 381, et XXX, 29.

1825. De la Rive, *Recherches sur le mode de distribution de l'électricité dynamique dans les corps qui lui servent de conducteurs*, Genève, 1825.

1826. AMPÈRE, *Théorie des phénomènes électro-dynamiques uniquement déduite de l'expérience*, Paris, 1826.

1828. GUÉRIN, *Action mutuelle des fils conducteurs de courants électriques*, Paris, 1828.

1829. LIOUVILLE, Démonstration d'un théorème d'électricité dynamique. *Ann. de chim. et de phys.*, (2), XLI, 415.

1838. MASSON, *Théorie physique et mathématique des phénomènes électro-dynamiques et du magnétisme*, Paris, 1838.

1845. GRASSMANN, Neue Theorie der Elektrodynamik, *Pogg. Ann.*, LXIV, 1.

1846. W. WEBER, Abhandlungen über elektrodynamische Maassbestimmungen, *Aus den Abhandlungen beim Begründung der königlich-Sächsischen Gesellschaft der Wissenschaften*, 1846, 211-268.

1865. BLANCHET. Démonstration de la formule fondamentale de l'électro-dynamique, publiée par Verdet, *Ann. scient. de l'École Normale supérieure*, II, 1865.

1867. RIEMANN, Ein Beitrag zur Elektrodynamik, *Pogg. Ann.*, CXXXI, 237.

V.

AIMANTATION PAR L'ÉLECTRICITÉ.

1° AIMANTATION PAR LES COURANTS.

122. Découverte d'Arago. — Expériences d'Ampère. — La découverte de l'aimantation par les courants est due à Arago. En faisant passer le courant de la pile dans un fil conducteur, ce physicien vit que le fil attirait la limaille de fer, dont les parcelles se disposaient en filaments perpendiculaires à la direction des courants. Ampère reconnut immédiatement que ce phénomène était une conséquence de l'expérience d'Œrsted; il l'expliqua en admettant que chaque parcelle de limaille devenait, sous l'influence du courant, un petit aimant qui se mettait en croix avec le courant. Toutes les expériences qu'il entreprit avec Arago confirmèrent cette manière de voir.

Ainsi, lorsqu'on dispose des tiges de fer doux perpendiculairement à un courant rectiligne, ces tiges s'aimantent et leur pôle austral se trouve à la gauche du courant. Pour donner à l'expérience plus de rigueur, on oriente les tiges de fer doux perpendiculairement au méridien magnétique, position dans laquelle elles ne s'aimantent pas sous l'influence de la terre.

Des aiguilles d'acier s'aimantent de la même manière que les barreaux de fer doux; seulement leur magnétisme persiste après qu'on a supprimé l'action du courant.

Dans ces expériences, le courant rectiligne étant perpendiculaire aux barreaux, un très-petit nombre des éléments de ce courant sont à proximité du barreau, et, par suite, il n'y a qu'une faible partie du courant qui soit efficace : l'artifice suivant, imaginé par Ampère, donne beaucoup plus d'intensité au phénomène. On enroule le fil en hélice autour du barreau; de cette manière, pour tous les éléments du fil, la droite et la gauche du courant conservent les mêmes

directions; les actions de toutes ces parties sont concordantes et
donnent lieu à deux pôles. Quel que soit le sens suivant lequel le fil
est enroulé, qu'il soit dextrorsum (fig. 81), c'est-à-dire dirigé vers
la droite, en se rendant de la partie inférieure à la partie supérieure, ou sinistrorsum (fig. 82), le pôle austral se trouve toujours
à la gauche du courant. Si l'hélice est formée de deux parties en-
roulées en sens opposé (fig. 83), le passage du courant développe

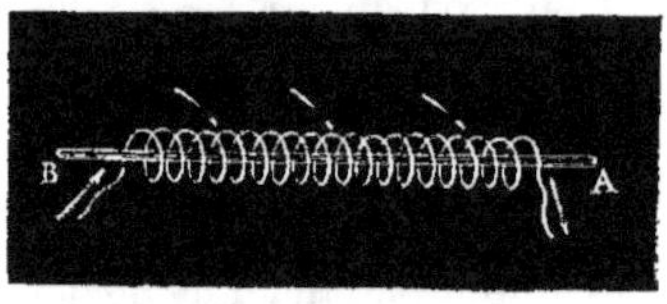

Fig. 81.

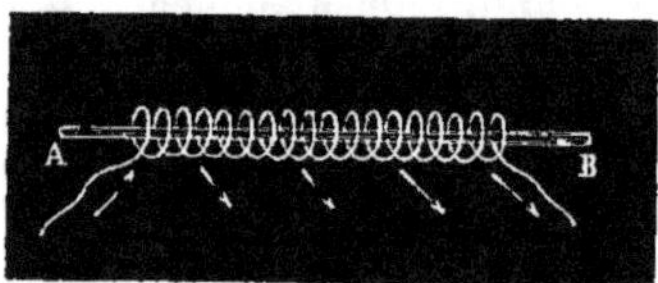

Fig. 82.

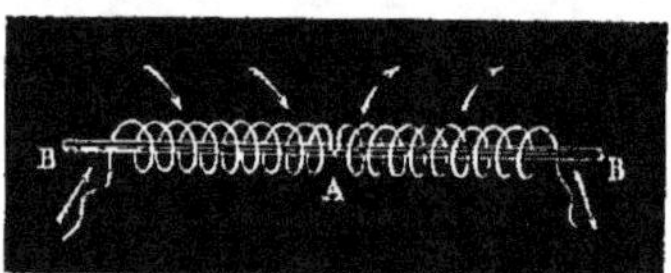

Fig. 83.

un point conséquent au point A, où l'enroulement a changé de sens.
Dans toutes ces circonstances, le magnétisme développé augmente
avec l'intensité du courant. On peut donc obtenir, avec un courant
intense, des aimants d'une grande puissance, qui sont temporaires
ou permanents suivant qu'on emploie des barreaux de fer doux ou
d'acier. Dans le premier cas, l'hélice magnétisante est composée
d'un grand nombre de spires isolées l'une de l'autre par la soie ou
le vernis qui recouvre le fil; elle est disposée à demeure autour
du barreau de fer doux, et l'appareil porte le nom d'*électro-ai-*

mant. Lorsqu'on veut l'employer à attirer une pièce de fer doux *ab*, on donne au barreau la forme d'un fer à cheval MN (fig. 84). Dans le second cas, les barreaux d'acier sont soumis à l'action de puissantes hélices, dont on augmente encore notablement l'effet si l'on trempe les barreaux pendant qu'ils sont soumis à l'aimantation.

123. Explication de l'aimantation dans la théorie d'Ampère. — Si l'on imagine qu'il existe dans un corps magnétique une infinité de courants particulaires orientés dans toutes les

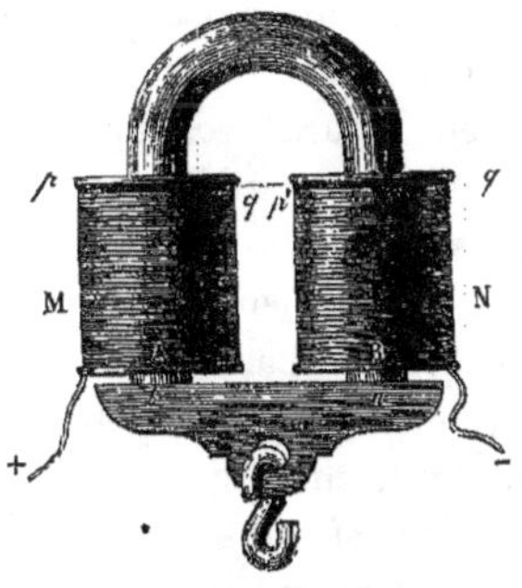

Fig. 84.

directions possibles, les actions de tous ces courants sur un élément de l'un d'entre eux devront se réduire à zéro par suite des compensations. Chacun des éléments conserve donc sa direction primitive. Plaçons le système dans l'axe d'une hélice magnétisante, et, en général, dans des conditions telles qu'il en résulte une force de direction qui tende à porter dans le même sens les éléments de même nature : les courants préexistants obéiront à cette action ; ils tendront vers une certaine position dont ils se rapprocheront plus ou moins, et le système prendra, à un degré plus ou moins sensible, les propriétés des solénoïdes.

Si la force est assez puissante, on peut amener tous ces courants au parallélisme. Alors leur action peut être assimilée à celle de solénoïdes à axes parallèles. Dans ce cas, l'aimantation est la plus grande possible : elle a atteint sa limite. Nous verrons plus loin que l'expérience indique l'existence de cette limite, ce qui vient à l'appui de l'hypothèse d'Ampère.

Si l'action n'est pas très-puissante, les divers solénoïdes n'ont plus leurs axes parallèles, et l'aimant ne peut plus être assimilé à un solénoïde dont les pôles seraient aux extrémités.

Dans le cas où les éléments éprouvent une certaine résistance, en d'autres termes, lorsqu'il y a une force coercitive, l'aimantation communiquée par la force extérieure peut subsister alors même que la force cesse d'agir; il suffit pour cela que la résultante des actions des éléments intérieurs sur l'un d'entre eux soit inférieure à la valeur maximum de la force coercitive. Si l'on admettait la création de courants nouveaux, on arriverait à des conséquences opposées. D'abord cette création s'opérerait, suivant toute apparence, d'après les lois de l'induction, et donnerait des courants de sens contraire à ceux de l'hélice magnétisante, ce qu'on n'observe pas; en outre, l'existence d'une limite supérieure pour l'aimantation deviendrait incompréhensible.

Il y a cependant une grave objection que l'on peut opposer à la théorie d'Ampère; elle est tirée des phénomènes diamagnétiques. Aussi longtemps que le magnétisme a été regardé comme un fait exceptionnel, on a pu admettre sans restriction l'hypothèse d'Ampère, qui rendait compte de tous les faits; il n'en est plus de même depuis que l'on connaît la généralité des phénomènes magnétiques ou diamagnétiques. Cependant il paraît bien probable que tous ces phénomènes doivent s'expliquer au moyen d'une seule hypothèse, et l'hypothèse d'Ampère ne rend pas compte du diamagnétisme.

On a cherché à expliquer ce phénomène en admettant qu'il se développe par induction dans les corps diamagnétiques des courants qui resteraient dans la position qu'ils avaient en prenant naissance, et qui communiqueraient à ces corps des propriétés opposées à celles des aimants. Mais cette hypothèse n'a pas encore le degré de précision nécessaire pour être l'objet d'une discussion approfondie.

124. Loi de la proportionnalité de l'aimantation et de l'intensité du courant. — Expériences de MM. Lenz et Jacobi. — On avait reconnu que l'aimantation variait avec l'intensité du courant et qu'il y avait à peu près proportionnalité entre l'intensité du courant et son effet magnétique. Mais aucune expérience ne faisait connaître la loi rigoureuse du phénomène, c'est-à-dire la relation entre l'intensité du courant et l'aimantation produite. On a tenté dans cette direction de nombreux essais qui ont fait connaître assez complétement ce qui se rapporte au fer doux. Le premier travail important sur ce sujet est dû à MM. Lenz et

Jacobi [1]. Leurs expériences ne se rapportent pas directement au moment magnétique des barreaux, mais à la grandeur de l'aimantation, qu'ils n'ont pas définie d'une manière précise. Leur procédé est assez indirect; ils observaient le courant induit qui prend naissance dans une hélice voisine du barreau que l'on aimante, au moment où se fait cette aimantation. Deux causes tendent à produire ce courant induit : d'abord le courant qui circule dans l'hélice magnétisante, et, en second lieu, l'aimantation communiquée au fer doux. En faisant une première expérience sans introduire le barreau de fer doux dans l'hélice magnétisante, on parvient à séparer l'action produite par ce barreau seul.

L'intensité du courant induit dépend, non pas du moment magnétique du barreau de fer doux, mais de la grandeur du magnétisme qui lui a été communiqué. Cependant on peut, dans certains cas, regarder l'intensité du courant induit comme proportionnelle au moment magnétique du barreau. Supposons que l'axe magnétique du barreau soit confondu avec son axe de figure; appelons z la distance d'une molécule de fluide magnétique à un plan quelconque perpendiculaire à l'axe magnétique, et dm la quantité de fluide libre qui se trouve dans cette molécule. Le moment magnétique du barreau sera, comme on sait, $\int z\,dm$, l'intégrale étant étendue à tout le corps. Mais, d'après la théorie de Coulomb, la séparation des fluides se fait dans chaque élément magnétique, en sorte que, en deux points très-voisins du même élément, z et $z+\Delta z$, il y a la même quantité dm de fluide libre, mais austral dans l'un et boréal dans l'autre.

L'intégrale $\int z\,dm$ se composera donc de deux parties dont la somme est $\int z\,dm - \int (z+\Delta z)\,dm$, et elle se réduit à $-\int \Delta z\,dm$. D'un autre côté, le courant induit par le barreau aimanté est proportionnel au produit de la quantité de magnétisme séparé par la distance que ce magnétisme a parcourue, c'est-à-dire à $\int \Delta z\,dm$. Il

---

[1] *Mémoires de l'Académie de Saint-Pétersbourg*, 1835 ; *Bulletin scientifique de l'Académie de Saint-Pétersbourg*, t. IV et V (1839); *Bulletin de la classe physico-mathématique de l'Académie de Saint-Pétersbourg*, t. II (1844), et *Poggendorff's Annalen*, t. LXXIX, p. 337 (1850).

dépend aussi de la distance du barreau aimanté à l'hélice induite, mais on suppose que cette distance reste constante. Le courant induit est donc proportionnel au moment magnétique du barreau.

125. Le magnétisme développé dans le fer doux est proportionnel à l'intensité du courant. — MM. Lenz et Jacobi ont ainsi constaté que, dans des limites assez étendues, le magnétisme du barreau de fer doux est proportionnel à l'intensité du courant qui produit l'aimantation.

A l'époque où ils opéraient, il était difficile de faire les expériences d'une manière exacte, car on ne connaissait encore ni les galvanomètres multiplicateurs, ni les piles à courant constant, en sorte qu'il n'était pas possible de reconnaître si la loi de proportionnalité était une loi empirique ou une loi mathématique. Ils se servaient d'une pile de Wollaston, et ils attendaient, pour commencer les expériences, que le courant fût notablement affaibli, parce qu'alors il variait très-lentement et très-peu. Si, malgré cela, ils observaient une petite variation dans l'intensité, ils la faisaient disparaître en enfonçant plus ou moins les éléments dans les bocaux. Ils mesuraient l'intensité du courant qui circulait dans l'hélice magnétisante à l'aide de la balance électro-magnétique, dont nous parlerons plus loin, et celle du courant induit à l'aide d'un galvanomètre. Cet instrument n'avait pas de plaque de cuivre pour éteindre les oscillations; on employait à cet effet un petit barreau aimanté, que l'on tenait à la main.

126. Le magnétisme développé est indépendant de la nature et de la section du fil. — MM. Lenz et Jacobi ont encore trouvé quelques autres résultats : ils ont constaté qu'il n'existe aucun coefficient spécifique de magnétisation relativement aux diverses substances qui peuvent former le fil conducteur; ainsi des fils de cuivre, d'argent, etc., donnent le même magnétisme à un même barreau de fer doux, pourvu que l'intensité du courant soit la même. La longueur des fils, leur section, sont également sans influence sur l'aimantation tant qu'on ne change pas l'intensité. Pour le constater, on se sert d'hélices qui diffèrent par la nature ou par la section du

fil, mais qui sont identiques quant à la forme : on les place les unes
à la suite des autres, de sorte qu'elles sont traversées par le même
courant. Dans chacune d'elles on dispose des barreaux de fer doux
aussi identiques que possible, et l'hélice induite est successivement
approchée, à la même distance, de chacune de ces hélices.

127. **Le magnétisme développé est sensiblement indépendant du diamètre des spires et proportionnel à leur nombre.** — De plus, l'effet produit est sensiblement indépendant du diamètre des spires de l'hélice magnétisante pourvu que le barreau aimanté soit grand par rapport à l'hélice, et il est proportionnel au nombre des spires. On peut se rendre compte de la loi relative au diamètre des spires par les considérations suivantes.

Nous allons, dans ce qui suit, remplacer chaque spire de l'hélice
par un cercle ayant son centre sur l'axe du barreau, et son plan
perpendiculaire à cet axe : cela revient à négliger les parties rectilignes du courant qui tendent à aimanter le barreau perpendiculairement à l'axe.

Soient PP' (fig. 85) un élément du barreau aimanté, $OP = x$,
$PP' = dx$, et mn un élément de la spire dont nous désignerons le

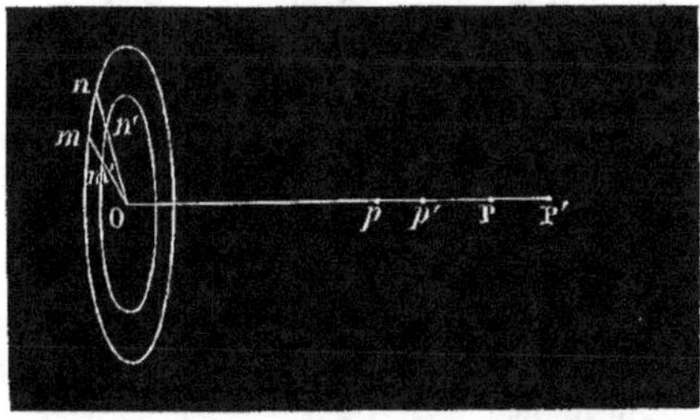

Fig. 85.

rayon par r; enfin soit l'angle $mOn = d\varphi$, de sorte que $mn = r d\varphi$.
L'action des deux éléments PP', mn sera $\mu \dfrac{dx \, r d\varphi}{r^2 + x^2}$. Il n'y a d'efficace
que la composante de cette force parallèle à l'axe OP, c'est-à-dire

$$\mu \frac{r^2 \, d\varphi \, dx}{\left(r^2 + x^2\right)^{\frac{3}{2}}} \cdot$$

Concevons maintenant que l'on remplace la première hélice par une autre de rayon r_1; soit $m'n'$ l'élément de cette nouvelle hélice qui correspond à l'ancien : on a $m'n' = r_1 d\varphi$. Prenons un point p tel que l'on ait $\dfrac{x_1}{x} = \dfrac{r_1}{r}$, et un élément $pp' = dx_1$ tel que $\dfrac{dx_1}{dx} = \dfrac{r_1}{r}$, l'action de l'élément $m'n'$ sur l'élément pp' sera

$$\mu \frac{r_1^2 d\varphi \, dx_1}{\left(r_1^2 + x_1^2\right)^{\frac{3}{2}}},$$

et il est aisé de vérifier que cette action est égale à celle que mn exerce sur PP'. Il est clair que ce que nous venons de dire pour les deux éléments mn, $m'n'$ est vrai pour les deux cercles tout entiers. Or, si le barreau dépasse l'hélice de chaque côté, à un élément dx correspondra toujours un élément dx_1, à moins que l'on ne prenne des points voisins de l'extrémité du barreau; mais, pour ces points, l'action de l'hélice est négligeable. On voit donc que, dans ces circonstances, l'aimantation doit être indépendante du diamètre des hélices : si le barreau était indéfini dans les deux sens, la loi serait tout à fait rigoureuse.

128. L'attraction mutuelle de deux électro-aimants est proportionnelle au carré de l'intensité. — MM. Lenz et Jacobi ont vérifié encore de la manière suivante la loi de la proportionnalité. Supposons que deux électro-aimants soient placés en face l'un de l'autre à une distance fixe, et qu'on les aimante à l'aide d'un même courant. Il est clair que, si la loi de la proportionnalité est vraie, leurs actions mutuelles seront proportionnelles au carré de l'intensité du courant. C'est ce que l'on a constaté en mesurant ces actions à l'aide de poids.

129. Application de la loi de la proportionnalité : balance électro-magnétique de MM. Lenz et Jacobi. — La loi de la proportionnalité a reçu une application dans la balance électro-magnétique dont se sont servis MM. Lenz et Jacobi.

Au-dessous de l'un des plateaux d'une balance on suspend un aimant ab (fig. 86), auquel on fait équilibre au moyen de poids que l'on met dans le plateau Q. Au-dessous de l'aimant *ab* on dis-

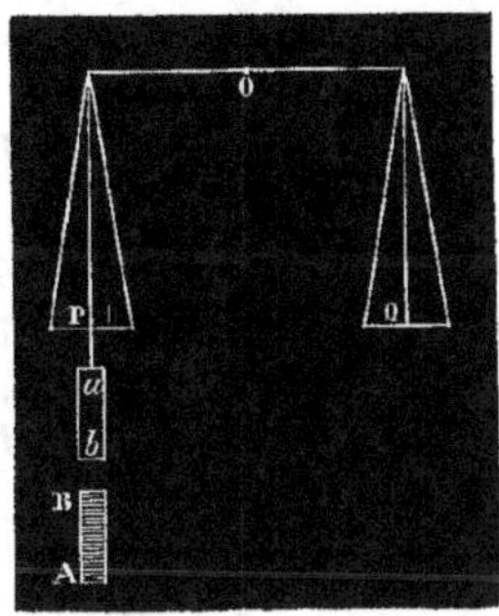

Fig. 88.

pose un barreau de fer doux entouré d'une hélice magnétisante. On fait circuler le courant dans l'hélice de manière que le pôle boréal du fer doux, devenu un aimant, soit en regard du pôle boréal de l'aimant *ab*. Il y a alors répulsion, et, pour rétablir l'équilibre, on ajoute des poids marqués dans le plateau P. Cet équilibre est stable; en effet, si l'on rapproche l'aimant *ab* de AB, la répulsion croît et l'emporte sur les poids, de sorte que l'aimant *ab* revient vers sa position d'équilibre; il en est encore de même si l'aimant *ab* a été éloigné de AB. En admettant la loi de la proportionnalité, on voit aisément que les poids ajoutés dans le plateau A sont proportionnels à l'intensité du courant qui produit l'aimantation.

M. Becquerel père, qui s'est servi de la balance électro-magnétique, disposait du sens du courant de manière qu'il y eût attraction; il est aisé de voir que dans ce cas l'équilibre est instable et se trouve détruit par la moindre oscillation du fléau.

Nous avons dit que les indications de la balance sont proportionnelles à l'intensité du courant qui circule dans l'hélice magnétisante; mais cela suppose que l'état magnétique du barreau *ab* n'est pas modifié par la présence de l'hélice, ce qui n'a pas lieu.

Appelons m le moment magnétique de ce barreau, avant le passage du courant; pendant le passage du courant ce moment magnétique sera diminué, car l'hélice tend à y développer une aimantation de sens contraire à celle qu'il possède. D'ailleurs le moment magnétique du nouvel aimant qui tend à se former est proportionnel à l'intensité du courant, en sorte que, pendant le passage du courant, le moment magnétique du barreau peut être représenté par $m\,(1 - \alpha i)$: il suit de là que l'action répulsive du barreau de fer doux sera proportionnelle à $m\,(1 - \alpha i)\,i = m\,(i - \alpha i^2)$. La constante α ne dépend pas de l'intensité du courant, mais seulement des dimensions de l'hélice, de l'aimant *ab* et de leurs positions respectives.

Pour déterminer cette constante, il fallait opérer avec des courants
d'intensité connue. A cet effet, on se servait d'hélices de même longueur et de même diamètre, la seconde ayant deux fois plus de fil
que la première, la troisième trois fois plus. Il est clair que cela
revenait à employer des courants doubles et triples. On connaissait
donc les intensités relatives des courants, ce qui permettait d'établir
des relations capables de donner α. L'expérience a confirmé l'exactitude de ce mode de correction; cependant il n'y a pas lieu d'en
recommander l'usage, car il n'est pas de galvanomètre qui ne donne
de meilleurs résultats.

**130. Expériences de M. Müller restreignant la loi de
proportionnalité à n'être qu'une loi empirique.** — Considérée comme formule empirique, la loi de MM. Lenz et Jacobi est
d'une grande utilité; mais l'exactitude rigoureuse en a été fréquemment révoquée en doute, et, dans ces dernières années, les expériences
de M. Müller[1] ont fait voir qu'il n'y avait pas à y compter. Pour
mesurer le magnétisme développé dans le fer doux, M. Müller s'est

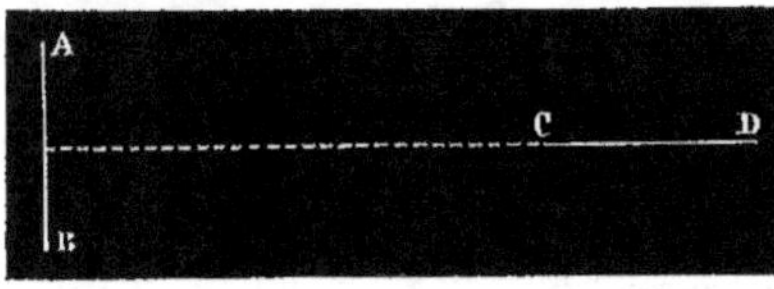

Fig. 87.

servi d'une méthode tout à
fait directe et très-précise.
Il a disposé le barreau de
fer doux CD (fig. 87) perpendiculairement au méri-
dien magnétique, et, à
quelque distance sur le prolongement de l'axe du barreau de fer
doux, il a placé une boussole de déclinaison AB. Il a observé la
déviation qu'a produite sur cette boussole l'action de l'hélice magnétisante lorsqu'on y a fait passer le courant voltaïque sans y introduire de fer doux, et la déviation qui a eu lieu lorsque le barreau
de fer doux a été placé dans l'hélice. La différence des tangentes
de ces deux déviations donne la mesure du moment magnétique du
barreau de fer doux. Gauss a en effet démontré que si l'on appelle
R la distance des milieux de deux barreaux aimantés situés comme
nous l'indiquons, M le moment magnétique du barreau fixe, T la

[1] *Poggendorff's Annalen*, t. LXXIX, p. 337 (1850), et *Annales de chimie et de physique*, t. XLVIII, p. 123 (1856).

composante horizontale de l'action terrestre, B un coefficient constant et V la déviation, on a avec une très-grande approximation

$$\operatorname{tang} V = \frac{1}{T}\left(\frac{M}{R^3} + \frac{B}{R^5}\right).$$

Il suit de là que, si R est très-grand, le terme $\frac{B}{R^5}$ devenant négligeable, la tangente de la déviation est proportionnelle au moment magnétique du barreau fixe[1].

Dans l'expérience qui nous occupe, l'hélice magnétisante équivaut à une série de courants fermés, et nous savons que l'action de chacun de ces courants peut être remplacée par l'action de deux surfaces magnétiques; en d'autres termes, l'hélice peut être assimilée à un aimant et la formule précédente est applicable. L'intensité du courant est d'ailleurs mesurée par une boussole des tangentes.

L'hélice magnétisante dont M. Müller s'est servi était formée de deux hélices distinctes engagées l'une dans l'autre. L'hélice intérieure avait 532 millimètres de longueur, un diamètre intérieur de plus de 15 millimètres, et était formée de 408 spires d'un fil de cuivre de $3^{mm},1$ de diamètre. L'hélice extérieure avait 432 millimètres de longueur, un diamètre intérieur d'au moins 45 millimètres, et était formée de 372 spires d'un fil de cuivre de $2^{mm},7$ de diamètre. On pouvait à volonté faire passer le courant dans l'une ou l'autre des hélices ou dans les deux à la fois. Les barreaux de fer doux étaient au nombre de quatre; ils avaient tous 560 millimètres de longueur et respectivement 9, 12, 15 et 44 millimètres de diamètre.

Pour le barreau de 44 millimètres de diamètre, la proportionnalité de l'aimantation et de l'intensité s'est assez exactement vérifiée; mais les autres barreaux se sont complétement écartés de cette loi. L'accroissement du moment magnétique a toujours eu lieu dans un rapport beaucoup moindre que l'accroissement de l'intensité du courant. Pour voir jusqu'à quel point la loi de MM. Lenz et Jacobi est inexacte, il suffit de jeter les yeux sur la figure 88, où l'on a tracé quatre courbes relatives aux quatre barreaux, en prenant pour abscisses les intensités du courant et pour ordonnées les moments

---

[1] Voir le mémoire de Gauss : *Sur la mesure absolue de l'intensité du magnétisme terrestre*, Göttingue, 1833, et *Annales de chimie et de physique*, [2], t. LVII, p. 5.

magnétiques. La courbe OA, relative au barreau de 44 millimètres
de diamètre, s'écarte très-peu
d'une ligne droite; les autres OB,
OC, OD en diffèrent beaucoup.

M. Müller a représenté l'ensemble de ses expériences par la
formule empirique suivante :

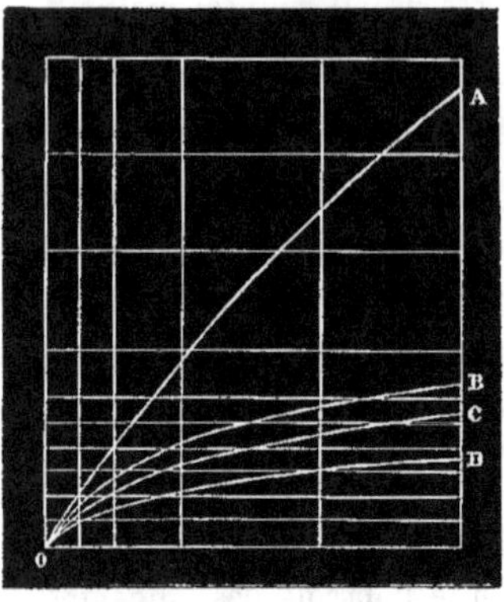
Fig. 88.

$$p = Ad^{\frac{3}{2}} \tang \frac{m}{0,00005\,d^{2}},$$

où p désigne l'intensité du courant[1], m le moment magnétique, d le diamètre du barreau.
Pour de petites valeurs du rap-
port $\frac{m}{0,00005\,d^{2}}$, cette formule se
confond avec celle de MM. Lenz et Jacobi, l'angle pouvant se substituer à la tangente. Cette substitution sera légitime, et par conséquent la proportionnalité se vérifiera entre des limites d'autant
plus étendues que le diamètre du barreau sera plus grand. Il résulte
encore de la formule que le moment magnétique m tend vers une
limite finie lorsque l'intensité p du courant augmente indéfiniment.
Il paraît donc probable *qu'il y a pour chaque barreau de fer doux un
maximum d'aimantation qu'il ne peut dépasser, et que ce maximum est
proportionnel au carré du diamètre.*

**131. Expériences contradictoires de MM. Buff et Zam-
miner. — Nouvelles expériences de M. Müller.** — Les résultats de ces expériences ont été contestés par MM. Buff et Zamminer [2].
Ces deux physiciens, en suivant une méthode analogue à celle de
M. Müller, ont constamment observé une proportionnalité assez
exacte entre l'intensité d'un courant voltaïque et l'aimantation qu'il
produit; ils ont, en conséquence, attribué les résultats obtenus par
M. Müller à l'influence de la force coercitive.

---

[1] Ou plus exactement la force magnétisante de l'hélice, qui est sensiblement mesurée
par le produit de l'intensité du courant et du nombre des spires.

[2] *Annalen der Chemie und Pharmacie*, t. LXXV, p. 83.

Afin d'écarter complétement cette objection, M. Müller, dans de nouvelles expériences[1], s'est spécialement attaché à démontrer d'une manière péremptoire l'existence d'un maximum que le moment magnétique d'un barreau de fer doux ne peut jamais dépasser; une telle condition est évidemment incompatible avec la loi de proportionnalité.

M. Müller n'a rien changé au principe de sa méthode. Il en a seulement perfectionné l'exécution en substituant des magnétomètres aux boussoles de ses premières expériences. En outre, comme MM. Buff et Zamminer s'étaient servis d'hélices magnétisantes beaucoup plus courtes que les siennes (86 millimètres seulement de longueur), il a étudié l'influence que peut exercer la longueur des hélices en prenant trois hélices différentes de 150, 300 et 532 millimètres de longueur. Il a également employé des barreaux de fer doux de diverses dimensions, et il a apporté le plus grand soin à s'assurer qu'ils étaient entièrement dépourvus de force coercitive.

Il reconnut ainsi que la proportionnalité n'existe entre des limites un peu étendues que lorsque le diamètre des barreaux dépasse une certaine valeur qui est d'autant plus grande que le barreau est plus long. Ainsi un barreau de 167 millimètres de longueur et de 12 millimètres de diamètre suit assez exactement la loi de proportionnalité; un barreau de 588 millimètres de longueur et de 12 millimètres de diamètre s'en écarte tout de suite d'une manière très-marquée.

La loi de proportionnalité ne s'applique jamais pour des courants de grande intensité; si l'intensité du courant est très-faible, la loi est vraie pour tous les barreaux, de sorte que, en faisant varier progressivement cette intensité, on arrive toujours à une limite au delà de laquelle la loi n'est pas applicable. Le moment magnétique croît avec l'intensité, mais moins rapidement; il n'y a même pas lieu de chercher des formules empiriques exprimant la relation qui existe entre ces deux quantités, car elle change d'un barreau à l'autre et suivant les différentes conditions de l'expérience.

[1] *Poggendorff's Annalen*, t. LXXXII, p. 181 (1851).

L'existence d'un maximum d'aimantation est accusée par les expériences de la manière la plus évidente pour la plupart des barreaux; pour quelques-uns même on peut dire que les expériences ont atteint ce maximum.

132. Importance théorique de l'existence d'un maximum d'aimantation. — Ce résultat est très-important au point de vue théorique, et l'on peut regarder l'existence d'un maximum d'aimantation comme favorable à la théorie d'Ampère. On admet en effet dans cette théorie l'existence d'un nombre limité de courants particuliers orientés dans toutes les directions; il est clair que le degré d'aimantation doit tendre vers une limite qui sera atteinte lorsque tous les courants particuliers du barreau de fer doux seront devenus parallèles à l'axe de l'aimant.

Dans la théorie des fluides magnétiques, telle que l'ont exposée Coulomb et Poisson, l'existence d'un maximum sensible dans les expériences ne paraît guère compatible avec les quantités indéfinies de fluide dont on admet la présence dans les corps.

133. Expériences de M. W. Weber confirmant l'existence d'un maximum d'aimantation. — Ce point de vue a attiré sur cette question l'attention de M. W. Weber, qui a publié quelques expériences confirmatives de celles de M. Müller[1]. Le barreau qu'il employait avait $100^{mm},2$ de longueur, $3^{mm},6$ de diamètre et pesait $8^{gr},190$. L'hélice magnétisante avait 150 millimètres de longueur et dépassait le barreau de quantités égales de chaque côté. Par cette disposition, l'action exercée sur chaque molécule de fluide magnétique est à peu près la même pour toutes. Pour détruire l'action de l'hélice magnétisante, on disposait empiriquement une autre hélice, à spires très-grandes, de manière qu'elle contre-balançât l'action de la première sur le magnétomètre. Les spires étant très-larges, cette hélice n'avait pas d'influence sensible sur le barreau de fer doux. Le tableau suivant contient les résultats des expériences. On y a re-

---

[1] *Elektrodynamische Maassbestimmungen*, Leipzig (1852), 3ᵉ partie.

présenté par f un nombre proportionnel à l'intensité du courant,
par m le moment magnétique.

f	m
658,9	911,1
1381,5	1424,0
1792,0	1547,9
2151,0	1627,3
2432,8	1680,7
2757,0	1722,7
3090,6	1767.3
3186,0	1787.7
2645,6	1707,9
2232,1	1654,0
1918,7	1584,1
1551,2	1488,9
1133,1	1327,9
670,3	952,0

Il suffit de jeter les yeux sur ces nombres pour reconnaître qu'il
n'y a aucune proportionnalité entre l'intensité du courant et l'aimantation, et que, lorsque l'intensité croît indéfiniment, l'aimantation
tend vers un maximum.

**134. Aimantation de l'acier. — Indication des travaux
de M. Abria. — Remarque sur l'aimantation due à un
courant instantané**. — Les phénomènes de l'aimantation de l'a-
cier par les courants sont encore peu connus: il existe à ce sujet un
travail peu concluant de M. Abria sur lequel nous ne donnerons
que des indications sommaires.

M. Abria [1] se servait d'aiguilles à coudre en acier; il les introduisait dans une hélice magnétisante et comparait leurs moments
magnétiques par la méthode des oscillations. Il a constaté que l'on
peut toujours, pour un courant donné, établir entre la longueur de
l'aiguille d'acier et son diamètre un rapport tel que l'aimantation
soit proportionnelle à l'intensité du courant. Il indique cette loi
comme pouvant servir à la mesure de l'intensité des courants; mais
c'est là un procédé tout à fait inexact; il ne faudrait pas surtout,
comme l'a fait M. Abria, appliquer ce procédé à la mesure des courants instantanés tels que les courants induits. Nous savons en effet

[1] *Annales de chimie et de physique*, [3], t. I, p. 335 (1841).

que des courants de durée très-courte, mais d'intensités très-diverses, peuvent communiquer des états magnétiques égaux à des aiguilles identiques; l'intensité de l'aimantation ne dépend en effet que de l'intensité maximum, et non de la quantité totale d'électricité mise en mouvement. On n'obtiendrait par la méthode de M. Abria que des renseignements très-vagues qui ne seraient pas en rapport avec ceux que donnent les phénomènes magnétiques.

135. Variations temporaires dans l'aimantation de l'acier. — Inversion apparente des pôles. — Explication. — Voici un fait qui mérite d'être signalé : il arrive souvent qu'un barreau d'acier prend, pendant que le courant persiste, un état magnétique supérieur à celui qu'il conserve ensuite. Au premier abord ce résultat n'a rien d'étonnant. Mais si l'on ajoute qu'en faisant agir sur une aiguille déjà aimantée un courant tendant à lui communiquer une aimantation de sens contraire on diminue le magnétisme, mais seulement d'une manière temporaire, il semble que ces deux faits soient contradictoires. En les rapprochant d'une expérience faite autrefois par OEpinus, on est conduit à la seule explication possible. Lorsqu'on approche d'une aiguille aimantée un gros barreau aimanté, en ayant soin de tenir l'aiguille jusqu'à ce que le barreau en soit très-voisin, on observe une attraction entre les pôles de même nom; et cependant, si l'aiguille est fortement trempée, ses pôles ne sont pas renversés après l'expérience. Ainsi l'aimantation d'une aiguille peut être diminuée, renversée même et se rétablir ensuite dans le même sens. On ne peut se rendre compte de ces phénomènes qu'en admettant que le barreau d'acier est hétérogène, que c'est un mélange de particules d'acier et de particules de fer doux. La diminution ou le renversement du magnétisme du barreau tient à l'aimantation que prend temporairement le fer doux, aimantation qui disparaît après que la cause influente a cessé d'agir.

136. Explication de l'effet produit par une série de courants alternatifs. — La considération de ces variations temporaires du magnétisme permet d'expliquer l'action produite sur l'aiguille du galvanomètre par une série de courants égaux et de sens contraires, tels que les courants induits directs et inverses.

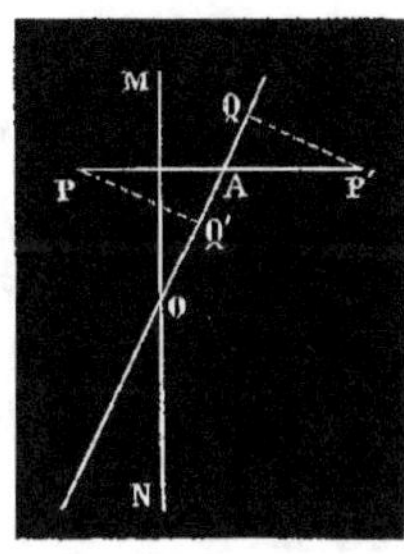

Fig. 89.

Lorsque l'aiguille est primitivement au zéro, elle y reste; mais, si on lui communique une déviation artificielle, elle continue à dévier dans le même sens. Ce fait a été observé et expliqué par M. Poggendorff. Le courant agit sur l'aiguille, non-seulement pour la dévier, mais encore pour changer son aimantation, si l'aiguille a été déviée de sa position primitive. En effet, si le courant MN (fig. 89) tend à augmenter la déviation, son action sur le pôle A est dirigée suivant AP'. Cette force, sensiblement perpendiculaire à MN, donne une composante dirigée suivant AQ, et cette composante a pour effet d'augmenter l'aimantation. Soit M le moment magnétique primitif : par suite de l'action du courant, il devient $M(1+\alpha)$, et l'action du courant est proportionnelle à $M(1+\alpha)i$. Supposons un courant de sens contraire : son action sur A, représentée par AP, donne une composante AQ' tendant à diminuer l'aimantation : le moment magnétique devient $M(1-\alpha)$, et l'action du courant est $M(1-\alpha)i$. On voit que l'action qui tend à augmenter la déviation est plus grande que celle qui tend à la diminuer; l'aiguille doit donc continuer à dévier jusqu'à ce qu'elle ait atteint une déviation égale à 90 degrés.

137. Expériences de M. Wiedemann sur le renversement du magnétisme dans les barreaux d'acier. — Les phénomènes qui accompagnent le renversement du magnétisme dans les barreaux d'acier ont été étudiés par M. Wiedemann [1]. Il s'est servi de barreaux de 22 centimètres de longueur sur $13^{mm},5$ de diamètre, qu'il avait recuits avec soin pour les débarrasser de tout leur magnétisme et qui, par conséquent, n'étaient que très-faiblement trempés. Pour aimanter chaque barreau, on le faisait passer plusieurs fois à travers une hélice magnétisante de 500 à 600 tours et de 24 centimètres de longueur; puis on déterminait successivement :

[1] *Poggendorff's Annalen*, t. C, p. 235, et *Annales de chimie et de physique*, [3], t. L, p. 188 (1857).

1° l'action de l'hélice sur une aiguille aimantée placée à distance ;
2° l'action simultanée de l'hélice et du barreau placé dans son axe ;
3° l'action du barreau après la suppression du courant. On déterminait ensuite par tâtonnement l'intensité du courant contraire au précédent, qui était nécessaire pour détruire l'aimantation du barreau.

L'aiguille aimantée était un miroir d'acier dont les déviations se mesuraient par l'observation de l'image d'une règle divisée horizontale. Par suite de la grande distance de l'aiguille au barreau et à l'hélice qui l'entourait, les déviations pouvaient être regardées comme proportionnelles aux actions exercées sur l'aiguille.

Les expériences ont fait ressortir les faits suivants :

1° Si l'on aimante un barreau non magnétique par des courants d'intensité croissante, il n'arrive pas toujours que son magnétisme aille en croissant régulièrement. Mais si, après l'avoir fortement aimanté, on le désaimante et qu'on l'aimante de nouveau par une série de courants d'intensité croissante, son aimantation croît régulièrement et est, toutes choses égales d'ailleurs, un peu plus forte que dans la première série d'expériences. Il semble donc que la première aimantation et la désaimantation qui l'a suivie aient donné aux molécules une mobilité favorable à toute aimantation ultérieure.

2° Le magnétisme développé pendant l'action du courant croît un peu moins vite que l'intensité du courant. Le magnétisme qui demeure après que le courant a cessé croît moins vite encore.

3° L'intensité du courant nécessaire pour désaimanter un barreau est toujours *beaucoup plus faible* que l'intensité du courant qui l'a aimanté.

4° Si un barreau désaimanté par l'action de la chaleur est fortement aimanté par un courant, puis désaimanté par un courant contraire, ce courant contraire, ou *a fortiori* un courant plus faible, ne peut aimanter le barreau dans le sens opposé à l'aimantation primitive, tandis que, si on le fait agir dans le sens de l'aimantation primitive, il aimante sans difficulté. Ce résultat est particulièrement intéressant, et montre qu'il n'est pas indifférent de désaimanter un barreau par l'action de la chaleur ou par l'action d'un courant contraire à l'aimantation.

5° Si l'on aimante un barreau par un courant d'intensité i et

qu'on le désaimante ensuite partiellement par un courant contraire,
il faut encore un courant d'intensité i pour lui rendre son aimantation primitive.

6° On donne à un barreau l'aimantation A ; par un courant contraire d'intensité i on réduit cette aimantation à la valeur B ; par un courant de même sens que le premier, mais d'intensité moindre, on ramène cette aimantation à la valeur C plus petite que A. Pour faire décroître de nouveau cette aimantation jusqu'à B, il faut encore un courant d'intensité i.

7° Les coups donnés au barreau pendant qu'il est soumis à l'action de l'hélice magnétisante augmentent l'aimantation permanente qu'il conserve après que le courant a cessé d'agir. Au contraire, les coups donnés après que l'action du courant a cessé font décroître l'aimantation permanente. Un barreau désaimanté par l'action d'un courant reprend, sous l'influence des coups, une partie de son magnétisme primitif. Il est bien évident que, dans ces expériences, les barreaux doivent être disposés perpendiculairement au méridien magnétique.

2° AIMANTATION PAR LES DÉCHARGES ÉLECTRIQUES.

138. **Découverte d'Arago. — Expériences de Savary. —**
C'est Arago qui, le premier, a réussi à aimanter une aiguille d'acier en faisant passer l'étincelle électrique d'une bouteille de Leyde dans un fil conducteur perpendiculaire à l'aiguille. Les conditions du phénomène sont très-complexes ; elles ont été établies par des expériences variées dues à Savary [1].

Le premier fait à signaler, c'est que le sens de l'aimantation n'est pas constant. Disposons une série d'aiguilles $c, c', c'', \ldots$ sur un plan légèrement incliné AB (fig. 90), et faisons passer dans le fil MN, qui est perpendiculaire à toutes ces aiguilles, la décharge d'une bouteille de Leyde fortement chargée. La première aiguille c, placée à une très-faible distance du fil conducteur, sera

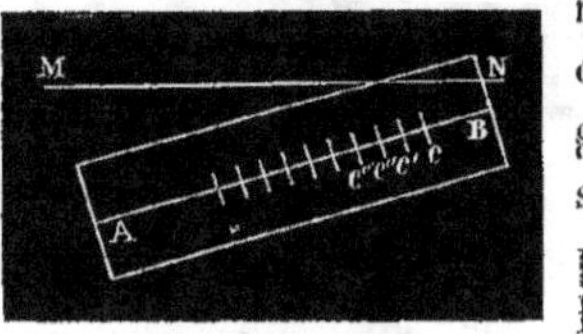

Fig. 90.

guille c, placée à une très-faible distance du fil conducteur, sera

[1] *Annales de chimie et de physique*. [2], t. XXXIV, p. 5 (1827).

aimantée normalement, c'est-à-dire que son pôle austral sera à gauche du sens dans lequel la décharge parcourt le fil : son intensité magnétique sera maximum. L'aimantation des aiguilles suivantes, c', c'',... ira en diminuant graduellement jusqu'à zéro, puis elle changera de signe, et le pôle austral se formera à la droite de la décharge. Savary a pu ainsi constater sept changements de signe successifs, et, par conséquent, sept maximums : mais l'intensité magnétique décroît d'un maximum au suivant [1].

139. Influence de l'intensité et de la durée de la décharge. — Si la décharge de la bouteille diminue de plus en plus d'énergie, les changements de sens dans l'aimantation finissent par disparaître et font place à de simples maximums et minimums dans

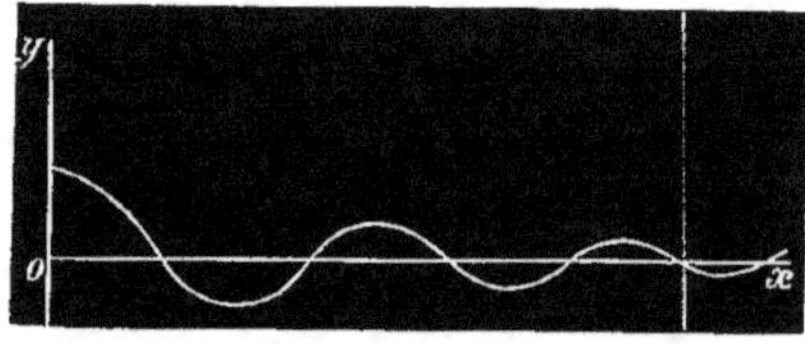

Fig. 91.

l'intensité de l'aimantation. On se rapproche ainsi de l'uniformité de sens produite par un courant. Si l'on veut représenter ce phénomène graphiquement, on peut prendre des ordonnées positives pro-

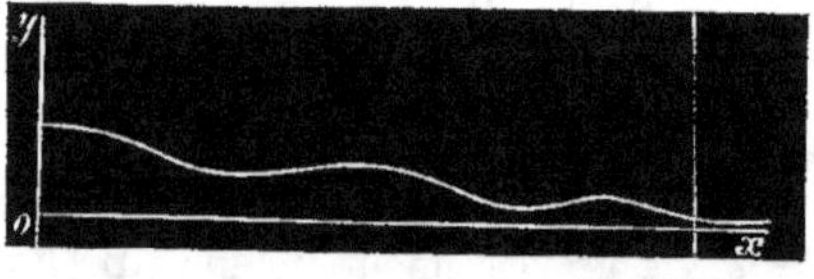

Fig. 92.

portionnelles à la quantité de fluide austral développé à la gauche de la décharge, les abscisses représentant la plus courte distance

[1] Dans ces expériences, pour éliminer l'influence magnétique de la terre, on plaçait les aiguilles, pendant la décharge, dans une direction perpendiculaire au méridien magnétique.

de l'aiguille au courant. La figure 91 représente ce qui se passe avec
une décharge d'une grande intensité; la figure 92 représente ce qui

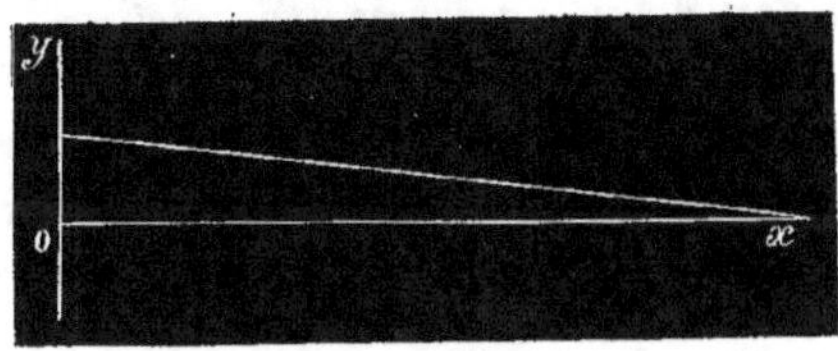

Fig. 93.

arrive avec de faibles décharges; enfin la figure 93 représente l'effet
produit par un courant.

La durée de la décharge influe sur le sens de l'aimantation : plus
elle est lente, plus on se rapproche de ce que produirait un courant.
La distance à laquelle ont lieu les changements de signe dans l'aimantation varie avec l'intensité de la décharge; elle dépend aussi
de la nature du conducteur. Il serait donc impossible d'assigner
a priori le sens dans lequel se fera l'aimantation. Pour étudier l'influence des conducteurs sans faire varier l'intensité de la décharge,
il suffit de maintenir constante la distance à laquelle se produit
l'explosion, car cette distance ne dépend à très-peu près que de la
charge de la batterie. On laisse donc la décharge se produire entre
deux boules maintenues à une distance constante, et l'on ajoute
d'autres fils au circuit sans rien changer aux dispositions précédentes; on observe alors les phénomènes suivants : en augmentant
la longueur du fil, et par conséquent la résistance électrique du
circuit, on tend à faire disparaître les changements de signe et les
irrégularités; si le circuit est long et peu conducteur, tous les changements de signe disparaissent, le magnétisme des aiguilles décroît
avec régularité.

Cette expérience mérite d'être prise en considération; elle montre
l'influence d'un autre élément que l'intensité, l'influence de la durée
du flux d'électricité. Quand on fait varier la nature ou la longueur
du circuit, de manière à augmenter la durée de ce courant, les irrégularités tendent de plus en plus à disparaître.

140. Influence des diverses parties du circuit. — Si l'on fait passer la décharge à travers un fil hétérogène, on constate que tous les points du circuit exercent des actions à très-peu près identiques. L'expérience a été faite avec un circuit formé de trois fils de laiton soudés à la suite l'un de l'autre, et dont les diamètres étaient entre eux comme les nombres 1, 2, 3. Des séries d'aiguilles placées dans le voisinage de chacun de ces fils présentèrent les mêmes phénomènes d'aimantation.

141. Influence du diamètre des aiguilles. — Le diamètre des aiguilles a une influence marquée sur les phénomènes que l'on observe. Dans les circonstances où les aiguilles minces offriraient un changement de signe de l'aimantation, les aiguilles moyennes ne présentent qu'un maximum qui est d'autant moins prononcé que l'aiguille est plus grosse. Si l'on opère sur des séries d'aiguilles différentes, on reconnaît que les phénomènes d'aimantation observés avec les aiguilles épaisses sont les mêmes que ceux qu'on obtiendrait avec de fines aiguilles soumises à l'influence de décharges suffisamment faibles, et, réciproquement, que l'aimantation des aiguilles les plus grosses présenterait des changements de signe pour une intensité convenable de la décharge.

142. Action des décharges transmises par des conducteurs disposés en hélice. — Les décharges électriques produisent des effets analogues aux précédents, quand on les fait passer à travers des conducteurs disposés en hélice.

Arago a démontré que, dans l'intérieur d'une hélice suffisamment longue par rapport à son diamètre et d'un pas très-court, des aiguilles parallèles à son axe, mais distribuées d'une manière quelconque, acquièrent des intensités magnétiques sensiblement égales. Le degré d'aimantation est à peu près le même dans deux hélices de diamètres différents, pourvu que leurs pas soient égaux et suffisamment courts.

Si l'on fait varier l'intensité de la décharge, le degré et le sens de l'aimantation peuvent varier. Pour des intensités graduellement croissantes, on constate que l'aimantation d'une aiguille placée dans l'axe de l'hélice est normale si la décharge est très-faible, puis qu'elle change de signe, et qu'on peut lui faire éprouver une série d'alternatives de ce genre qui sont d'autant plus nombreuses que les décharges extrêmes sont plus différentes.

On observe des effets analogues en faisant varier la résistance du circuit; la série des mêmes décharges produit des changements de signe d'autant moins nombreux que la résistance des conducteurs est plus grande.

En résumé, toute cause qui tend à accroître l'intensité et à diminuer la durée de la décharge tend à produire des anomalies dans l'aimantation, et toute cause contraire tend à régulariser l'aimantation.

143. Explication des anomalies observées. — Il paraît impossible d'expliquer ces phénomènes en admettant que la décharge électrique est moins simple que nous ne le supposons et qu'elle est le résultat d'oscillations s'effectuant en sens opposés, l'une de ces oscillations étant prédominante en vertu de conditions particulières qui lui donneraient une plus grande vitesse. En effet, s'il en était ainsi, le sens de l'aimantation ne varierait pas avec la distance, à moins que l'on n'admette la prédominance de courants différents à des distances différentes.

Il semble qu'on peut rendre compte de ces phénomènes par les considérations suivantes. Les éléments magnétiques déplacés par l'action du courant oscillent autour d'une position d'équilibre. Si l'action du courant persiste, les oscillations s'éteignent et les éléments se fixent dans leur position d'équilibre. Mais, si l'action est instantanée, son seul effet est de communiquer aux petits éléments magnétiques une impulsion initiale, et, une fois en mouvement, ces éléments sont soumis à leurs actions réciproques et à la force coercitive qui agit en sens contraire de leur mouvement. Les positions dans lesquelles ils se placent en équilibre doivent dépendre des impulsions initiales. On comprend ainsi que les éléments puissent accomplir une rotation complète, et que, par conséquent, le corps ne soit pas aimanté. Au reste, l'explication rend compte de tous les faits, et l'on remarque que toutes les circonstances qui tendent à augmenter la durée du courant diminuent l'amplitude des oscillations et font disparaître les anomalies : c'est ce qui arrive avec une charge très-faible qui ne peut communiquer qu'une petite impulsion, et avec un circuit plus long qui augmente la durée du courant.

144. Aimantation du fer doux. — Expériences de M. Marianini. — Rhéélectromètre. — L'aimantation du fer doux sous l'influence de l'étincelle électrique offre plus de régularité, et M. Marianini, qui a étudié le phénomène, a reconnu qu'il était très-difficile de constater des anomalies dans cette aimantation. Déjà Savary avait observé que les anomalies sont très-faibles quand on fait usage d'une aiguille faiblement trempée.

M. Marianini a fondé sur ses observations un petit appareil qu'il supposait propre à accuser le sens de la décharge électrique, et que l'on désigne sous le nom de rhéélectromètre [1]. Cet appareil se compose d'une aiguille d'acier aimantée suspendue par un fil de soie sans torsion au-dessus d'un disque de verre dont le pourtour est gradué. Perpendiculairement à la ligne o-180° est disposée une hélice magnétisante isolée du reste de l'appareil, et dans laquelle on a placé un gros barreau de fer doux. Lorsqu'on fera passer la décharge électrique dans l'hélice, le barreau de fer doux s'aimantera et l'aiguille d'acier sera déviée.

Dans l'instrument construit par M. Marianini, le cylindre de fer doux a 2 millimètres de diamètre, 7 centimètres de long : il est recouvert de soie, et entouré d'une hélice de fil de cuivre argenté recouvert de soie, et de $\frac{1}{5}$ de millimètre de diamètre. Les spires couvrent complétement le cylindre, sans jamais se superposer, et le fil en dépasse les extrémités de quelques décimètres.

On fixe le cylindre ainsi disposé sur le couvercle d'une boîte dans laquelle est suspendue une aiguille aimantée de 8 centimètres de long. L'axe du cylindre de fer doux doit faire un angle droit avec celui de l'aimant, quand celui-ci est dans l'état d'équilibre, et les centres de figure de l'aimant et du cylindre sont placés dans la même verticale et distants entre eux d'environ 15 millimètres. Pour

[1] *Bibliothèque universelle*, t. XXXVIII (1838), et *Annales de chimie et de physique*, t. X, p. 491 (1844).

rendre les communications plus faciles, on ajoute aux appendices de
la spirale de cuivre deux petites lames de plomb.

D'après cette disposition, il est évident que si, par une cause
quelconque, le cylindre de fer acquiert les polarités magnétiques,
on aura quatre forces qui toutes tendront à faire tourner l'aiguille
dans le même sens.

145. On donne une autre disposition à l'appareil dans les expériences les plus délicates. Un anneau de bois est posé horizontalement sur un autre anneau supporté par trois pieds de 8 à 9 centimètres de hauteur. Le premier anneau est recouvert d'une feuille de
papier portant une division graduée. Un cylindre de verre, semblable à ceux qu'on emploie dans les galvanomètres de Nobili, porte
une aiguille à coudre médiocrement aimantée et longue de 5 centimètres et demi.

Le cylindre de verre est suspendu à un fil de soie très-fin, de
sorte que l'aiguille est maintenue dans une position horizontale au-
dessus du carton, et que sa projection est précisément le diamètre
de la périphérie graduée. Du bord du second anneau descend une
tige verticale de cuivre qui en supporte une autre horizontale, et
cette dernière, au moyen d'un petit anneau muni d'une vis de pression, peut se mouvoir le long de la tige verticale et y être fixée à une
hauteur quelconque. Cette tige horizontale a pour longueur le rayon
de l'anneau supérieur, et porte à son extrémité un tube de verre de
6 centimètres de long et dont le diamètre intérieur est de 1 0 à 1 2 millimètres. C'est autour de ce tube que l'on enroule l'hélice de cuivre,
et l'on introduit dans son intérieur le fer que l'on veut aimanter.

Lorsqu'une décharge électrique traverse le rhéélectromètre, en
admettant que le pôle austral du fer doux soit toujours à gauche de
la décharge, le sens de la dé-
viation pourra indiquer le
sens du courant. Mais on ne
peut compter sur cette indication. En effet, si l'on amène
dans deux vases V, V' (fig. 94)

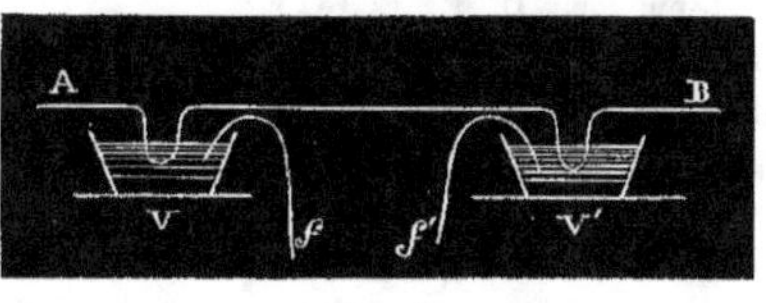

Fig. 94.

contenant de l'eau distillée les fils f, f' qui communiquent avec les armatures d'une bouteille de Leyde, et que l'on réunisse ces deux vases par un fil de cuivre AB, la portion de courant qui traversera le fil AB sera très-faible; en aimantant une aiguille de fer doux avec ce courant, on peut obtenir une aimantation de sens opposé à celui que donnent des décharges plus fortes.

Il résulte de là que l'on ne peut compter sur le rhéélectromètre pour indiquer le sens du courant; mais c'est toujours un instrument précieux, car il permet de constater l'existence de décharges très-faibles.

Par exemple, si l'on prend deux fils de cuivre de 1 décimètre de longueur, et qu'on les place à 1 centimètre l'un de l'autre, on peut constater qu'en faisant passer une décharge électrique dans le premier il y a un courant induit dans le second. On a constaté aussi, à l'aide de cet instrument, que la lumière de l'œuf électrique possède des propriétés inductrices.

BIBLIOGRAPHIE.

AIMANTATION PAR L'ÉLECTRICITÉ.

1820.   ARAGO, Sur la propriété qu'a le fil conjonctif d'une pile de développer le magnétisme, de former des points conséquents (2 septembre 1820), *Ann. de chim. et de phys.*, (2), XV, 82 et 93.

1820.   ARAGO, Projet d'expérience sur le magnétisme de la lumière électrique, *Ann. de chim. et de phys.*, (2), XV, 101.

1820.   ARAGO, Aimantation par l'action de l'électricité ordinaire, *Ann. de chim. et de phys.*, (2), XV, 323.

1820.   H. DAVY, Lettre à Wollaston, Londres, 12 novembre 1820, *Thomson's Ann. of Philos.*, new ser., II, 81 (1821).

1820.   V. YELIN, Ueber den Zusammenhang der Elektricität und des Magnetismus (17 et 30 novembre 1820), *Gilb. Ann.*, XVI, 395.

1821.   H. DAVY, On the magnetic phenomena produced by electricity, *Philos. Trans.* f. 1821, 7.

1821.   H. DAVY, Further researches on the magnetic phenomena produced by electricity, with some experiments on the properties of electrised bodies in their relation to conducting powers and temperature, *Phil. Trans.* f. 1821, 425.

1821.   Böckmann, Ueber die Wirkung des geschlossenen voltaisch-elektrischen Kreises auf die Magnetnadel, und über die Erregung des Magnetismus im Stahl durch die gewöhnliche Maschinen-Elektricität, *Gilb. Ann.*, LXVIII, 1, et *Bibl. univ.*, XVII, 125.

1821.   V. Yelin, Fortgesetze Versuche über den Zusammenhang der Elektricität und des Magnetismus, *Gilb. Ann.*, LXVIII, 17.

1821.   Van Beck, Einige elektrisch-magnetische Versuche, angestellt in der Gesellschaft der Wiss. und Künste zu Utrecht, janvier 1821, *Gilb. Ann.*, LXVIII, 303.

1821.   Lehot, Ueber das Magnetisiren von Stahlnadeln durch Elektricität, *Gilb. Ann.*, LXVIII, 306.

1821.   Pfaff (J.-W.-A.), Erscheinungen und Gesetze des Magnetisirens der Stahlnadeln mittelst gemeiner Elektricität auf einer ebenen Spirale aus Draht, *Gilb. Ann.*, LXIX, 84.

1821.   Van Beck, Expériences électro-magnétiques, en extrait de *Journ. de Phys.*, XCIII, 312, et *Bibl. univ.*, XVII, 21, 195, et XVIII, 184.

1821.   De la Borne, Note sur l'aimantation par l'électricité, *Ann. de chim. et de phys.*, (2), XVI, 194.

1821.   Biot, Sur l'aimantation imprimée aux métaux par l'électricité en mouvement, *Journ. des Sav.*, 1821.

1821.   Ampère, Notice sur les expériences électro-magnétiques de MM. Ampère et Arago, *Bibl. univ.*, XVII, 16.

1822.   Van Beck, Moll, Van Reess et Van den Bos, Versuche über das Magnetisiren des Stahls durch Maschinen-Elektricität, *Gilb. Ann.*, LXXII, 12.

1825.   Sturgeon, A complet set of novel electromagnetic apparatus, *Trans. of the Soc. for the encour. of arts*, 1825.

1827.   Savary, Mémoire sur l'aimantation, *Ann. de chim. et de phys.*, (2), XXXIV, 5.

1828.   Nörrenberg, Ueber die von Colladon beobachtete Ablenkung der Magnetnadel durch Reibungselektricität, *Baumgartn. Journal*, III, 257.

1828.   Moll, Electromagnetic experiments, *Brewster Journ. of Sc.*, new ser., (2), III, 209.

1830.   Pfaff (Ch.-H.), Ausserordentliche Verstärkung des magnetisirenden Einflusses eines elektrischen Stromes u. s. w., *Schweig. Journ.*, LVIII, 273.

1832.   Moll, Sur la force magnétique que peuvent prendre des barreaux de fer doux sous l'influence des courants électriques, *Ann. de chim. et de phys.*, (2), L, 314.

1833.   Moll, Sur la formation d'aimants artificiels au moyen du galvanisme, *l'Inst.*, n° 13, I, 110, et *Pogg. Ann.*, XXIX, 468.

1833.   Sturgeon, On Electromagnete. *Phil. Mag.*, (3), II, 195.

1833.   RITCHIE. Researches on electromagnetism on the power of an elec-
        tromagnet to retain its magnetism after the battery has been
        removed, *Phil. Mag.*, (3), III.

1833.   WATKINS, On the magnetic powers of soft iron, *Phil. Trans.* f. 1833.
        333.

1833.   FECHNER, Ueber transversale Magnetisirung stählerner Schliessungs-
        bogen. *Schweig. Journ.*, LXVII, 249.

1833.   FECHNER, Ueber das Gesetz, nach welchem die Tragkraft weichen
        Eisens mit der Grösse des darauf einwerkenden Stromes wächst.
        Schweig. Journ., LXIX, 274.

1834.   AIMÉ, Note sur un procédé nouveau d'aimantation, *Ann. de chim. et
        de phys.*, (2), LVII, 442.

1835.   FECHNER, *De nova methodo magnetismum explorandi qui per actionem
        galvanicam in ferro ductili excitatur*, Leipzig, 1835.

1835.   FECHNER, *De magnetismo variabili, qui chalybi actione galvanica indu-
        citur*, Leipzig, 1835.

1835.   DAL NEGRO, Nuovi experimenti sul magnetismo temporario, *Annali
        di Scienze del regn. Lomb.-Ven.*, V.

1835.   NOBILI, Wirksamkeit hohler Magnetstäbe, *Pogg. Ann.*, XXXIV, 270.

1836.   MAGNUS, Ueber die Wirkung des Ankers auf Elektromagnete und
        Stahlmagnete, *Pogg. Ann.*, XXXVIII, 417.

1836.   PARROT, Von hohlen Elektromagneten und den Wirkung innerer Spi-
        ralen bei denselben, *Bull. scient. de l'Acad. de Saint-Pétersbourg*,
        I, 211, et Dove, *Rép. de phys.*, I, 274.

1836.   RAINEY, On the feeble attraction of the elektromagnete for small
        particles of iron, *Phil. Mag.*, IX, 72, 220 et 469.

1836.   RITCHIE, On the cause of the remarkable difference between the
        attraction of a permanent and of a electromagnet of soft iron at
        distance, *Phil. Mag.*, IX, 80.

1837.   STURGEON. An experimental investigation of the influence of electric
        currents on soft iron, etc., *Sturgeon Ann. of Elect.*, I. 470.

1838.   MARIANINI, Mémoire sur le rhéélectromètre, instrument qui sert à
        mesurer les courants électriques instantanés et non instantanés, et
        sur plusieurs analogies que ces courants offrent entre eux,
        Modène, févr. 1838, et *Ann. de chim. et de phys.*, (3), X,
        491 (1844).

1838.   MARIANINI, De l'aimantation produite par les courants électriques
        instantanés, Modène, 1838, et *Ann. de chim. et de phys.*, (3),
        XIII, 237 (1845).

1838.   PELTIER, Sur la puissance coercitive que donne la décharge électri-
        que en traversant des barreaux d'acier dans leur longueur.
        l'Institut, VI, 223.

1838.   JACOBI et LENZ, Ueber die Gesetze der Elektromagnete, *Bull. scient. de*

l'*Acad. de Saint-Pétersbourg*, IV et V, 244, et *Pogg. Ann.*, XLVII,
225.

1839. Joule, Investigations in magnetism and electromagnetism, *Sturgeon
Ann. of Elect.*, IV, 131.

1840. Abria, Recherches sur l'aimantation par les courants électriques,
Comptes rendus, XI, 22.

1840. Weber, Ueber magnetische Friction, *Resultate d. mag. Vereins*, 1840,
46.

1840. Pfaff (Ch.-H.), Versuche über den Einfluss der Eisenmasse der
Elektromagnete auf die Stärke des Magnetismus bei gleicher
Stärke des elektrischen Stromes, *Pogg. Ann.*, L, 636, et LIII,
389.

1840. Joule, On electromagnetic forces, *Sturgeon Ann. of Elect.*, IV, 474,
et V, 187 et 470.

1840. Pfaff (Ch.-H.), Notiz über hohle Elektromagneter vergleichen mit
Soliden, *Pogg. Ann.*, L, 636.

1840. Marianini, De l'aimantation produite par les courants électriques
instantanés, 2ᵉ mémoire, Modène, 1840; 3ᵉ mémoire, Modène,
1841, et *Ann. de chim. et de phys.*, (3), XVI, 436 et 448, 1846.

1841. Rudford, Description of a novel form of electro-magnet, *Sturgeon
Ann. of Elect.*, VI, 231 (mars 1841).

1841. Joule, Description of a new electromagnet, *Sturgeon Ann. of Elect.*,
VI, 431 (juin 1841).

1841. Abria, Recherches sur l'aimantation par les courants électriques,
Comptes rendus, XII, 663, et *Ann. de chim. et de phys.*, (3), I,
385.

1841. Jacobi, Der elektromagnetische Krafthebel, *Pogg. Ann.*, LIV, 335.

1842. Alexander, Ueber plötzliche und vollkomme Entfernung der Anzie-
hungskraft an Elektromagneten, *Pogg. Ann.*, LVI, 455.

1844. Jacobi et Lenz, Ueber die Gesetze der Elektromagnete (2ᵉ partie),
Bull. de la classe phys.-math. de l'Acad. de Saint-Pétersbourg, II,
65, et *Pogg. Ann.*, LXI, 254, 275 et 448.

1846. Van Rees, Over de verdeling van het magnetismus in Staalmagneten
en Elektromagneten, *N. Verhandl. van het K. Nederl. Inst.*, XII,
et *Pogg. Ann.*, LXX, 1 (1847).

1846. Ruhmkorff, Note sur un appareil destiné à répéter l'expérience fondamentale de la découverte de Faraday sur l'action du magnétisme
sur la lumière, *Comptes rendus*, XXIII, 417, et *Rapport* de Biot
sur cet appareil, 538.

1847. Matteucci, Du magnétisme développé par le courant électrique, *Il
Cimento* (février 1847).

1847. Marianini, Action magnétisante de la décharge électrique, *Bibl. univ.*,
(4), V, 53, et *Annali de Fisica*, XXIV, 122.

1848. Van Rees, Over de verdeling van het magnetismus in Staalmagneten en Elektromagneten (2° partie), *N. Verhandl. van het K. Nederl. Inst.*, XIII, et *Pogg. Ann.*, LXXIV, 213.

1849. Plücker, *Enumeratio novorum phænomenorum recentissime a se in doctrina de Magnetismo inventorum*, Bonnæ, 1849.

1849. E. Becquerel, Sur l'action du magnétisme sur tous les corps, *Compt. rend.*, XXVIII, 623, et *Ann. de chim. et de phys.*, (3), XXVIII, 283.

1849. Müller, Ueber die Magnetisirung von Eisenstäben durch den galvanischen Strom, *Müller Bericht über die Forschritte des Physik*, I, 498, Braunschweig, 1849, et *Pogg. Ann.*, LXXIX, 337 (1850).

1850. Feilitzsch, Ueber das Eindringen des Elektromagnetismus in weiches Eisen und über den Sättigungspunkt desselben, *Pogg. Ann.*, LXXX, 321.

1850. Dub, Anziehende Wirkung der Elektromagnete, *Pogg. Ann.*, LXXX, 494, et LXXXI, 46.

1851. Müller, Ueber den Sättigungspunkt des Elektromagnete, *Pogg. Ann.*, LXXXII, 181.

1851. Buff et Zamminer, Magnetische Versuche, *Pogg. Ann.*, LXXXII, 181; Ueber die Erscheinungen bei geschlossenen Elektromagneten, *Pogg. Ann.*, LXXXV, 147.

1852. Müller, Magnetisirung des Stahls und des Eisens durch den galvanischen Strom, *Pogg. Ann.*, LXXXVI, 157.

1852. Koosen, Methode die Abweichung der Magnetisirung des Eisens von der Proportionnalität mit der Stromstärke zu beobachten, *Pogg. Ann.*, LXXXV, 159.

1852. Dub, Gesetze der Anziehung hufeisenformiger Elektromagnete, *Pogg. Ann.*, LXXXVI, 542.

1852. Nicklès, Sur un nouveau système d'électro-aimants, *Soc. Philom. de Paris*, 20 novembre 1852, et *Ann. de chim. et de phys.*, (3), XXXVII, 397.

1857. Du Moncel, Recherches expérimentales et théoriques sur les réactions secondaires opérées entre les électro-aimants et le fer doux, *Comptes rendus*, XLV, 932.

1857. Du Moncel, Expériences sur les électro-aimants en fer à cheval n'ayant qu'une seule hélice magnétisante, *Comptes rendus*, XLV, 67, 277.

1857. Nicklès, Réclamation de priorité au sujet de la note de M. Du Moncel, *Comptes rendus*, XLV, 252.

1857. Du Moncel, Recherches sur les électro-aimants, *Comptes rendus*, XLV, 382 et 752.

1858. Dub, Ueber die Beziehung des im Eisenkern der Elektromaguete erregten Magnetismus zu den Dimensionen des Magnetkernes, *Pogg. Ann.*, CIV, 234.

234   BIBLIOGRAPHIE.

1858.   Dub, Ueber die Abhängigkeit der Tragkraft von der Grösse der Berührungsfläche zwischen Magnet und Anker, *Pogg. Ann.*, CV, 49.

1859.   Arndtsen, Expériences sur le magnétisme. — Relations entre la force magnétisante et la puissance magnétique qu'elle développe, *Ann. de chim. et de phys.*, (3), LVI, 246.

1862.   Wiedemann, Magnetische Untersuchungen, *Pogg. Ann.*, CXVII, 193. et *Ann. de chim. et de phys.*, (3), LXI, 382.

1862.   Wiedemann, Ueber die von Hrn. Dub aufgestellten Gesetze der Elektromagnete, *Pogg. Ann.*, CXVII, 218.

1862.   Paalzow, Ueber die Magnetisirung von Stahlnadeln durch den Entladungstrom der Leydner Batterie, *Pogg. Ann.*, CXVII, 645.

1864.   De Quintus-Icilius, Einige Versuche über die Abhängigkeit der Stärke temporärer Magnete von der Grösse der magnetisirenden Kraft, *Pogg. Ann.*, CXXI, 25.

1864.   Riess, Ueber den Einfluss von Metallhüllen auf die Magnetisirung durch den elektrischen Entladungsstrom, *Pogg. Ann.*, CXXII, 304, et *Ann. de chim. et de phys.*, (4), III, 496.

1865.   Du Moncel, Sur un nouveau système d'électro-aimants à fil découvert dûs à M. Carlier, etc., *Comptes rendus*, LX, 49, 125, 231.

1865.   De Menzzer, Beziehung zwischen dem Gewichte der Magnetisirungsspirale und der magnetisirenden Kraft, *Pogg. Ann.*, CXXVI, 172.

1868.   Röber, Ueber das Gesetz der Magnetisirung des weichen Eisens, *Pogg. Ann.*, CXXXIII, 53.

1868.   Dub, Ueber das Eintreten des Sättigungszustandes der Elektromagnete, *Pogg. Ann.*, CXXXIII, 56; et *Ann. de chim. et de phys.*, (4), XIV.

VI.

MACHINES ÉLECTRO-MAGNÉTIQUES.

146. Principe général des machines électro-magnétiques. — Par machine électro-magnétique on doit entendre toute machine dans laquelle la force motrice est produite par les attractions et les répulsions qu'exercent l'une sur l'autre des pièces de fer doux devenues des aimants sous l'action d'un courant. Ces machines comprennent, comme cas particuliers, celles où le mouvement serait dû aux attractions ou aux répulsions des solénoïdes, car nous savons qu'un solénoïde est une série de courants fermés, et chacun de ces courants fermés équivaut à deux surfaces magnétiques.

Le principe des machines électro-magnétiques paraît avoir été indiqué pour la première fois par M. Jacobi. Si l'on conçoit un système d'électro-aimants dont les uns sont fixes, les autres mobiles, les aimants mobiles ne pourront prendre sous l'action des électroaimants fixes un mouvement continu, car il n'y a en jeu que des actions mutuelles dépendant de la distance. Le système des électroaimants mobiles tendra donc vers une position d'équilibre, et, par conséquent, si l'on veut employer des électro-aimants à produire un mouvement continu, il faut avoir recours à un artifice.

Cet artifice consiste à changer la direction des courants soit dans le système des électro-aimants fixes, soit dans le système des électroaimants mobiles, au moment où ce dernier atteint la position d'équilibre, de manière que les attractions se changent en répulsions, et inversement. Le système mobile dépasse la position d'équilibre en vertu de la vitesse acquise, et il tendrait à y revenir si le système n'était pas changé. Mais si, à cet instant, on intervertit le sens du courant dans l'un des systèmes, les attractions se changent en répulsions, et alors le système mobile s'éloigne de sa position d'équilibre et tend vers une autre position où le même effet se produit. On peut, de cette manière, réaliser un mouvement continu.

Les deux mouvements qu'il importe de pouvoir produire sont le mouvement rectiligne alternatif et le mouvement circulaire continu.

1° *Mouvement rectiligne alternatif.* — Imaginons un électro-aimant fixe et un autre électro-aimant mobile placé au-dessus du premier et fixé à un balancier. En changeant à des instants convenablement choisis le sens du courant dans l'un ou l'autre des électro-aimants, on fera que les deux électro-aimants s'attirent et se repoussent alternativement, et, par suite, le balancier recevra un mouvement de va-et-vient.

2° *Mouvement circulaire continu.* — Imaginons une roue mobile autour de son centre O (fig. 95) et suivant les rayons de laquelle sont disposés des barreaux de fer doux $\alpha\beta$, entourés d'hélices magnétisantes. Un courant traverse ces hélices, et on s'arrange de manière que dans deux barreaux consécutifs l'aimantation soit de sens contraire, ce qui exige un nombre pair de barreaux. Cette roue est disposée dans un anneau fixe suivant les rayons duquel sont placés d'autres barreaux de fer doux ab, en même nombre

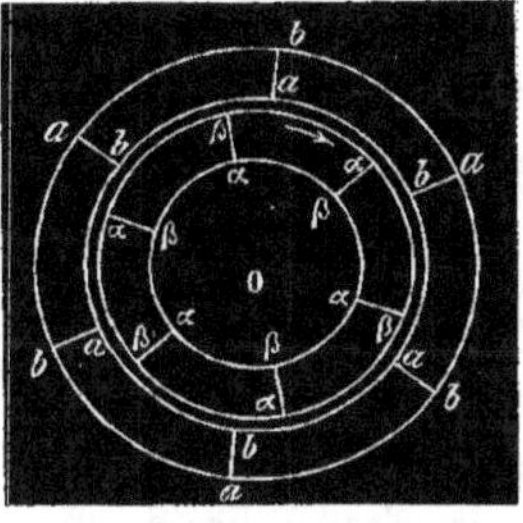

Fig. 95.

que les premiers et entourés, comme eux, d'hélices magnétisantes au moyen desquelles on les aimante alternativement en sens contraires ; ces divers barreaux sont disposés régulièrement sur le contour de la roue comme sur celui de l'anneau. Dans la position représentée par la figure, la roue tend à marcher dans le sens indiqué par la flèche et le pôle β à se placer devant le pôle a. Cette position est évidemment une position d'équilibre stable, car au même instant tous les pôles des électro-aimants de la roue sont placés au-dessous des pôles de noms contraires des électro-aimants de l'anneau. En vertu de la vitesse acquise, la roue dépasse la position d'équilibre, et si, à cet instant, on change dans cette roue le sens de l'aimantation, le pôle β, devenant austral, se trouve repoussé par le pôle a, et la roue tend à continuer son mouvement dans le même sens pour aller prendre la position d'équilibre suivante. Il suffira de changer ainsi le sens du courant à chaque position d'équilibre pour communiquer à la roue un mouvement de rotation continu.

147. Espérances illusoires des premiers auteurs de ces machines, fondées sur l'ignorance des lois de l'induction et sur une fausse idée du dégagement de l'électricité dans les actions chimiques. — La première machine électromotrice qui ait fonctionné a été construite par les soins de M. Jacobi [1]. Elle faisait marcher un petit bateau sur la Néva, à Saint-Pétersbourg; elle représentait à peu près les trois quarts de la force d'un cheval. Ce premier essai, réalisé en 1839, a vivement attiré l'attention des industriels, et l'on s'est fait, sur l'avenir des machines électro-motrices, beaucoup d'illusions qui ont déterminé un grand nombre d'essais stériles. Ces illusions reposaient sur les considérations suivantes.

On avait d'abord remarqué qu'avec une pile déterminée on pouvait, en prenant des masses de fer doux suffisamment grandes, obtenir des électro-aimants d'une très-grande puissance, et l'on voyait dans cette circonstance la source d'une force motrice qui paraissait devoir être indéfinie. Il semblait donc qu'avec une même pile, et sans augmenter la dépense ordinaire, on pourrait obtenir des effets mécaniques constamment croissants. Cette illusion aurait pu subsister longtemps peut-être si, à cette époque même, on n'avait déjà connu les lois des courants induits; et il est probable que, si ces phénomènes n'avaient pas été découverts, l'inutilité des tentatives que l'on aurait faites en cherchant ainsi à accroître la force motrice aurait conduit à leur découverte. Du moment qu'une machine électro-motrice est en mouvement, c'est-à-dire du moment que les aimantations des électro-aimants éprouvent des variations, il se développe des contre-courants induits qui tendent à aimanter les électro-aimants en sens contraire, et, par suite, diminuent la force motrice. D'ailleurs l'intensité de ces courants induits est d'autant plus grande que la vitesse est plus considérable, et que la force motrice ou l'aimantation des électro-aimants a plus d'intensité. On ne peut donc accroître la force et la vitesse sans développer en même temps des forces qui tendent à les diminuer.

[1] *Mémoire sur l'application de l'électro-magnétisme au mouvement des machines,* Potsdam, 1835, et *Expériences électro-magnétiques faisant suite au Mémoire sur l'application de l'électro-magnétisme au mouvement des machines,* Potsdam, 1835.

La seconde illusion était légitime à l'époque dont nous parlons, alors que la théorie de la pile était encore peu connue. D'après les travaux de M. Becquerel et certains travaux de Faraday, mal interprétés, on pensait que les réactions chimiques qui se produisent dans la pile développent des quantités indéfinies d'électricité, et que la pile n'en recueille qu'une très-faible partie. On avait montré, en effet, que la décomposition d'un gramme d'eau absorbe une quantité d'électricité capable de charger un million de fois de très-fortes batteries, et c'est en se fondant sur cette observation qu'on avait espéré pouvoir faire fournir à la pile des quantités bien plus grandes d'électricité. Mais, dans cette manière de voir, on ne tient pas compte de la vitesse excessive avec laquelle se meut l'électricité dans les courants.

Les expériences de Faraday, en faisant voir qu'à chaque équivalent d'hydrogène dégagé dans la pile correspond un équivalent d'hydrogène dégagé dans un voltamètre placé dans le circuit extérieur, ont prouvé que la pile recueille bien toute la quantité d'électricité produite. Il n'y a donc rien à attendre, pour le progrès des machines électro-motrices, du perfectionnement des piles : depuis l'invention du zinc amalgamé et des piles à courant constant, on sait recueillir toute l'électricité dégagée par la pile.

Ainsi il résulte de ce qui précède qu'il y a peu de chose à espérer de l'avenir des machines électro-motrices. C'est, du reste, ce qui ressortira encore avec plus d'évidence de la théorie suivante des machines électro-motrices donnée par M. Jacobi. Bien qu'elle ne soit pas exacte en tous points, cette théorie est suffisamment approchée pour le but que nous nous proposons.

148. **Théorie des machines électro-magnétiques d'après Jacobi** [1]. — Supposons une machine électro-motrice en mouvement, sans faire aucune hypothèse sur la nature de ce mouvement. Il y a dans cette machine un courant qui est la différence entre le courant de la pile et le courant induit qui résulte du déplacement relatif des conducteurs. Sous l'influence de ce courant, les électro-aimants s'aimantent et il en résulte une force qui produit un certain travail.

[1] *Annales de chimie et de physique*, [3], t. XXXIV, p. 451 (1852).

Admettons maintenant que le mouvement soit uniforme, et soit v la vitesse de la machine. Appelons i l'intensité du courant quand la machine est au repos, n le nombre des éléments voltaïques, A la force électro-motrice, R la résistance de tout le circuit, y compris les piles et la portion de la machine que traverse le courant; on a $i = \dfrac{nA}{R}$. Mais l'intensité du courant qui circule réellement dans la machine n'est pas égale à i, il faut en retrancher l'intensité i_1 du courant induit qui a pris naissance; appelons i' cette différence, il vient $i' = i - i_1$. Sous l'influence du courant i', chacun des électro-aimants prend une aimantation dont le moment est proportionnel à i'. En effet, l'aimantation de l'électro-aimant fixe, par exemple, est due d'abord au courant qui circule autour de lui, et aussi à l'action exercée par le second électro-aimant. Cette dernière action varie avec la position des électro-aimants; mais, comme ces positions se succèdent assez rapidement, nous pourrons supposer l'action constante et égale à sa valeur moyenne. Appelons m' le moment magnétique de l'aimant fixe, m'' celui de l'aimant mobile, k et h deux constantes, nous aurons

$$m' = ki'' + hm''.$$

Admettons que les deux électro-aimants soient identiques, nous aurons de même

$$m'' = ki' + hm'.$$

Donc $m' = m''$, et, par suite, m' et m'' sont proportionnels à i', de sorte qu'on peut poser

$$m' = m'' = \alpha i'.$$

Quant au courant induit, son intensité est d'abord proportionnelle à la vitesse de la machine, comme l'expérience l'a fait voir, et, de plus, elle est proportionnelle au magnétisme développé dans les électro-aimants. Ce courant induit, en effet, se compose de deux parties : l'une est due à l'action directe de l'un des électro-aimants sur les fils de l'autre, et elle est proportionnelle au moment magnétique de cet électro-aimant; l'autre est due aux changements qui surviennent dans l'état magnétique des électro-aimants. Ces deux

courants induits sont l'un et l'autre de même sens. En effet, l'intensité magnétique augmente quand les pôles de noms contraires se
rapprochent, et elle diminue quand ces pôles s'éloignent. Chacune
de ces parties est proportionnelle à la vitesse et au magnétisme des
électro-aimants. On a donc

$$i_1 = \frac{\beta m' v}{R} = \frac{\alpha \beta i' v}{R},$$

ce qui donne

$$i' = \frac{nA - \alpha \beta i' v}{R} \quad \text{et} \quad i' = \frac{nA}{R + \alpha \beta v}.$$

Telle est la valeur approchée du courant réel qui circule dans la
machine lorsqu'elle a une vitesse v. Le moment magnétique des
électro-aimants est donc

$$m' = m'' = \frac{n\alpha A}{R + \alpha \beta v}.$$

La force motrice est proportionnelle au produit $m'm''$; sa valeur
est, par conséquent,

$$\frac{n^2 \alpha^2 A^2}{(R + \alpha \beta v)^2},$$

et, si l'on multiplie cette expression par la vitesse, le produit

$$\frac{n^2 \alpha^2 A^2}{(R + \alpha \beta v)^2} v$$

sera proportionnel au travail mécanique de la machine pendant
l'unité de temps; nous dirons, pour abréger, que c'est ce travail
mécanique lui-même.

149. Expression du travail. — Maximum. — Ce travail
dépend de deux constantes α et β, dont l'une, α, dépend des lois
de l'aimantation, et l'autre, β, des lois de l'induction.

Cette expression du travail varie avec la vitesse et est susceptible d'un maximum que l'on obtient en égalant la dérivée à zéro,

$$(R + \alpha \beta v)^2 - 2\alpha \beta v (R + \alpha \beta v) = 0,$$

d'où l'on déduit

$$r = \frac{R}{\alpha\beta},$$

et alors on a pour expression du travail

$$\frac{\alpha}{R} \frac{n^2 \Lambda^2}{4\beta}$$

et pour intensité du courant $\frac{n\Lambda}{2R}$. Ainsi, quand le travail mécanique produit est maximum. l'intensité du courant n'est que la moitié de ce qu'elle serait si la machine était au repos. La force motrice, étant proportionnelle à i^2, se trouve, par cela même, réduite au quart. On voit quelle est l'influence énorme que l'induction joue dans l'économie de ces machines.

Dans toutes celles qu'on a construites jusqu'ici, on s'est surtout attaché à obtenir une grande vitesse, et il est très-probable qu'on a dépassé celle pour laquelle la machine donne le maximum de travail.

150. Effet économique de la machine. — Examinons quelle est la dépense de la machine. Cette dépense est occasionnée par l'usure des éléments de zinc et la consommation des acides; elle est proportionnelle au nombre des éléments et aussi à l'intensité du courant qui circule réellement dans le conducteur : on peut donc la représenter par l'expression

$$ni' = \frac{n^2 \Lambda}{R + \alpha\beta v};$$

l'effet économique de la machine ou rapport du travail à la dépense sera par conséquent

$$\frac{\alpha^2 \Lambda v}{R + \alpha\beta v}.$$

Cette expression n'est pas susceptible de maximum. et est d'autant plus grande que v est plus grand; dans le cas idéal où $v = \infty$, elle se réduit à

$$\frac{\alpha}{\beta} \Lambda.$$

Dans le cas où la machine donne le maximum de travail, l'effet économique est

$$\frac{\alpha}{\beta}\frac{A}{2}.$$

Ainsi l'effet économique n'est alors que la moitié de l'effet économique maximum. On voit que, en augmentant beaucoup la vitesse de la machine, on n'obtiendra pas un effet sensiblement meilleur, puisqu'on ne parviendra pas à doubler l'effet économique obtenu dans le cas du maximum de travail.

151. Conclusion : Tout dépend du rapport des deux constantes $\frac{\alpha}{\beta}$. — Il n'y a rien à espérer de cette circonstance. — L'effet économique dépend des deux constantes α et β, et l'on peut chercher s'il n'y a pas une disposition de machine telle, que le rapport $\frac{\alpha}{\beta}$ devienne très-grand. Nous allons montrer que ce rapport est sensiblement constant, de sorte qu'il y a peu à espérer des modifications qu'on pourra apporter aux machines actuelles.

La constante α représente l'action mutuelle des deux électro-aimants traversés par un courant d'intensité égale à l'unité; la constante β représente le courant induit qui serait développé si l'électro-aimant mobile avait une vitesse égale à l'unité. Alors, la vitesse restant constante, β ne peut varier qu'avec le moment magnétique de l'électro-aimant mobile, et lui est proportionnel; ainsi β est proportionnel à $m' = m'' = \alpha$, i' étant pris pour unité. Donc le rapport $\frac{\alpha}{\beta}$ est sensiblement constant.

Si l'on examine maintenant les résultats pratiques des machines électro-motrices, on verra encore diminuer les espérances qu'elles ont fait naître. La dépense nécessaire pour l'entretien de la pile est de beaucoup supérieure à la dépense occasionnée par l'emploi de la vapeur. Cependant les machines électro-motrices ont aussi leur côté avantageux : elles occupent très-peu de place et n'exigent pas qu'un ouvrier soit constamment occupé à les surveiller. En outre, elles donnent d'elles-mêmes un mouvement très-régulier, au moins aussi régulier que celui qu'on pourrait obtenir à l'aide d'un mécanisme d'horlogerie. C'est ce qui a permis à Froment de les employer à faire mouvoir ses appareils à diviser. Ajoutons enfin qu'avec une machine électro-motrice il est inutile d'employer des courroies et des roues dentées, pour la transmission du mouvement; car à l'aide d'un simple fil conducteur on peut amener tout de suite la force motrice, c'est-à-dire le courant, à l'endroit convenable.

Les machines électro-motrices ont donc des applications utiles, mais ces applications sont très-limitées et toutes spéciales; il n'y a pas lieu d'espérer qu'elles remplacent jamais les machines à vapeur dans la grande industrie.

Une remarque très-simple aurait pu faire prévoir tout ce que nous venons de dire. Pour obtenir un équivalent de zinc, il faut brûler plus d'un équivalent de charbon. Il semble donc plus rationnel d'employer immédiatement cet équivalent de charbon à produire de la vapeur, plutôt que de s'en servir d'abord pour avoir du zinc, et de transformer ensuite l'équivalent de zinc en force électro-motrice en l'employant à produire de l'électricité.

BIBLIOGRAPHIE.

MACHINES ÉLECTRO-MAGNÉTIQUES.

1831.   J. Henry. On a reciprocating motion produced by magnetic attraction and repulsion, *Sillim. Amer. Journ.*, XX, 340.

1833.   Dal Negro, Nuove proprieta degli elettromotori elementari. *Ann. d. scienz. del regno Lomb.-Venet.*, III.

1834.   Dal Negro. Nuova machina elettro-magnetica immaginata, *Ann. d. scienz. del regno Lomb.-Venet.*, IV. mars 1834, et *Pogg. Ann.*, XLVII, 77 (1839).

1834.   Ritchie, On the continued rotation of a closed circuit by an other closed circuit, *Phil. Mag.*, IV, 13, et *Pogg. Ann.*, XXXII, 538.

1835.   Jacobi, *Mémoire sur l'application de l'électro-magnétisme au mouvement des machines,* Potsdam. 1835; *Expériences électro-magnétiques faisant suite au Mémoire sur l'application de l'électro-magnétisme au mouvement des machines,* Potsdam. 1835.

244   BIBLIOGRAPHIE.

1836.   Botto, Note sur une machine locomotive mise en mouvement par l'électro-magnétisme, *Mem. di Torino*, 1836, 155.

1836.   Marianini, Sopra la teoria degli elettromotori, *Ann. delle scienz. del regno Lomb.-Venet.*, VI. et *Mem. Soc. Ital.*, XXI, 1837.

1836.   Sturgeon, Description of an electromagnetic engine for turning machinery, *Sturg. Ann. of electr.*, I, 75.

1836.   Kramer, Notiz über einen neuen durch Einfluss des Erdmagnetismus wirksamen electro-magnetischen Apparat, *Pogg. Ann.*, XLIII. 304.

1837.   N.-J. Callan, On the application of electromagnetism to the working of machines, *Sturgeon Ann. of Elect.*, I, 491, et *Pogg. Ann.*, XLVII. 81.

1837.   Sturgeon, On the relative merits of magnetic electrical machines and voltaic batteries, *Phil. Mag.*, (2), X.

1837.   Page, Experiments in electromagnetism. *Sillim. Americ. Journ.*, octobre 1837, et *Sturg. Ann. of Elect.*, I, 214.

1838.   Connill, On a revolving electromagnetic machine, *Sturg. Ann. of Elect.*, II, 123.

1838.   Davenport, Application of electromagnetism to the propelling of machinery, *Sturg. Ann. of Elect.*, II, 158, 257, etc.

1838.   Page, Experiments on the application of electro magnetism as a moving power. *Silliman's Journ.* XXXIII (1838) et XXXIV (1839).

1839.   Vorsselman de Heer, Ueber den Elektromagnetismus als bewegende Kraft, *Pogg. Ann.*, XLVII, 76.

1839.   Amyot, Note sur l'application de la force électro-magnétique comme moteur, *Comptes rendus*, IX. 610.

1840.   Von Reden, Ueber die Benutzung des Elektromagnetismus als bewegende Kraft, *Polyt. Journ.*, LXXVIII, 332.

1841.   Tochuski, Note relative aux moteurs électro-magnétiques, *Comptes rendus*, XII, 663.

1841.   Talbot (W.-H.-F.), Improvements in producing or obtaining motive power by means of galvanic electricity, *Report. of pat. inv.*, XVI, 35.

1841.   Alexander, Ueber die vorzüglicheren bisher bekannt gewordenen Versuche den Elektromagnetismus als bewegende Kraft anzuwenden, *Bayer Kunst und Gewerbe*, XIX, 339.

1841.   Jacobi, Ueber die Principien der elektromagnetischen Machinen, *Pogg. Ann.*, LI, 358.

1841.   Stöhrer, Ueber elektromagnetische Machinen, *Polyt. C. Bl.*, VII, 225, 352, 1024, 1151.

1842.   Joule, Inefficacy of electromagnetism as a movery power, *Mech. Magaz.*, XXXVI, 191.

1842.   Jacobi, Krafthebel, etc. — Ueber den gegenwärtigen Standpunkt der Versuche mit elektromagnetischen Machinen, *Bull. scient. de Saint-Pétersbourg*, IX, 173, et X, 71.

1843. De Haldat, *Sur la puissance motrice et l'intensité des courants de l'électricité dynamique*, Nancy, 1843.

1844. Petrina, *Die magnetoelektrische Machine von der vortheilhaftesten Einrichtung für ärztlichen und physikalischen Gebrauch*, Linz. 1844.

1844. Grove, Ueber die Kosten der elektromagnetischen Triebkraft. *Polyt. Journ.*, XCII, 136.

1844. Weber, Ueber das Maas der Wirksamkeit magnetoelektrischer Machinen, *Pogg. Ann.*, LXI.

1845. Zantedeschi, Mémoire sur la théorie physique des machines magnéto-électriques et électro-magnétiques. *Comptes rendus*, XX, 572.

1845. J. Paltrinieri, *Expériences sur le fluide électro-magnétique utilisé par l'action et la réaction simultanément, dans son application comme force motrice au mouvement des machines*, Paris, 1845.

1846. Page, Neue elektromagnetische Machine, *Polyt. Journ.*, CII, 112.

1846. Scoresby et Joule, Experiments and observations on the mechanical power of electromagnetism, steam and horses, *Phil. Mag.*, XXVIII, 448.

1847-57. Lenz, Ueber den Einfluss der Geschwindigkeit des Drehens auf den durch magnetoelektrische Machinen erzeugten Inductionsstrom, *Bulletin de la classe physico-math. de l'Acad. de Saint-Pétersbourg*, 1re partie, VII, 257 (1847); 2e partie, XII, 46 (1853); 3e partie, XVI, 177 (1857).

1847. Stöhrer, Construction magnetoelektrischer Machinen, *Pogg. Ann.*, LXI, 417.

1847. Botto, Expériences sur les rapports entre l'induction électro-magnétique et l'action électro-chimique. *Raccolta fisico-chimica italiana*, I, 481.

1848. Bain, Electromagnetic engines, *Mech. Mag.*, XLVIII et XLIX.

1849. Hjorth's, Electromagnetic motive engine, *Mech. Mag.*, L, 410, 433, 496.

1849. Stöhrer, Beiträge zur Vervollkommnung des elektromagnetischen Rotationsapparats, *Pogg. Ann.*, LXXVII, 467.

1850. Page, Upon electromagnetism as a motive power, *Franklin Journ.*, (3), XX, 267.

1851. Sinsteden, Eine wesentliche Verstärkung des magneto-elektrischen Rotationsapparats, *Pogg. Ann.*, LXXXIV, 181.

1851. Jacobi, Mémoire sur la théorie des machines électro-magnétiques, *Bull. phys.-mathém. de l'Acad. de Saint-Pétersbourg*, IX, 289 (1850), et *Annales de chimie et de physique*, (3), XXXIV, 451 (1852).

1851. Page, On electromagnetism as a moving power, *Sillim. Journ.*, (2). X, 343, 473, et XII, 139.

1852. Müller (J.-H.-J.), Ueber die Theorie der elektromagnetischen Maschinen, *Pogg. Ann.*, LXXXVI, 597, et LXXXVII, 312.

1852. Koosen, Zur Theorie der Saxton'schen Machine, *Pogg. Ann.*, LXXXVII, 386.

1852. G. Kemp, New method of obtaining power by means of electro-magnetism, *Mech. Mag.*, LVI. 38 et 482.

1854. Sinsteden, Versuche über den Grad der Continuität und die Stärke des Stroms eines grösseren magnetoelektrischen Rotationsapparats und über die eigenthümliche Wirkung der Eisendrahtbündel in den Inductionsrollen dieser Apparate. *Pogg. Ann.*, XCII, 1 et 120.

1855. Marié-Davy, Théorie des machines électro-magnétiques. *Comptes rendus*, XL, 954, 1061 et 1139.

1855. T. Allan, Improvements in applying electricity, *Repert. of pat. inv.*, (2), XXVI, 297.

1855. Du Moncel, *Coup d'œil sur l'état des applications mécaniques et physiques de l'électricité*, Paris, 1855.

1856. Avery, Elektromagnetische Machine, *Polyt. C. Bl.* (1856), 794.

1857. Froment, Moteurs magnéto-électriques, *Cosmos*, X, 495.

1857. Le Roux (F.-P.), Études sur les machines magnéto-électriques, *Ann. de chim. et de phys.*, (3), L, 463, et *Comptes rendus*, XLIII. 802.

1857. Pellis et Henry. Mémoire sur un nouveau moteur électrique, *Comptes rendus*, XLV, 367.

1857. F. Zöllner, Ueber ein neues Princip zur Construction elektromagnetischer Kraftmaschinen, *Pogg. Ann.*, CI, 139.

1861. Marié-Davy, Sur l'emploi de l'électricité comme moteur, *Cosmos*, XVIII, 231.

1861. Van der Weyde, New magneto-electric machines, *Franklin Journ.* (3), XLII, 418.

1861. J. Dub, *Der Elektromagnetismus*, Berlin, 1861, 444-489.

1868. Jamin et Roger, Sur les machines magnéto-électriques, *Comptes rendus*, LXVI, 1100.

VII.

THÉORIE MATHÉMATIQUE DE LA PILE.

152. Principes de la théorie de Ohm. — Les premiers essais d'une théorie mathématique des effets de la pile sont dus à G. S. Ohm, professeur au collége de Cologne. Après des expériences publiées en 1825 sur les courants produits par un élément de pile de Wollaston, il eut recours, suivant le conseil de M. Poggendorff, aux éléments thermo-électriques, dont la résistance est beaucoup moindre, et il fut conduit en 1826 à la découverte des lois qui portent son nom. Pour représenter ses expériences il publia, en 1827, une théorie d'où l'on pouvait tirer des conséquences remarquables relativement aux effets électro-dynamiques.

L'ouvrage dans lequel Ohm donne une théorie mathématique de la pile fut imprimé à Berlin sous ce titre : *Die galvanische Kette mathematisch bearbeitet.* Les principes de cette théorie sont discutables, mais, quelque opinion qu'on ait sur leur exactitude, il faut reconnaître que vingt ans plus tard ces mêmes principes, appliqués par MM. Kirchhoff et Smaasen à la question du passage de l'électricité à travers des corps conducteurs de dimensions transversales sensibles, ont conduit à des résultats très-remarquables que l'expérience a vérifiés.

Du reste, ces principes n'ont aucun rapport avec les lois connues de l'électricité statique, et c'est pour cela que les savants français n'accordèrent pas d'abord aux formules de la théorie de Ohm toute l'attention qu'elles méritent; ils ont la plus grande analogie avec ceux que Fourier a pris pour point de départ de sa théorie de la propagation de la chaleur par conductibilité.

Si l'on considère deux masses égales de la même électricité, situées en deux points d'un même conducteur, il n'y a aucune raison pour que l'une de ces quantités se déplace vers l'autre. Si, au contraire, ces quantités de fluide électrique sont inégales, il y a évidemment tendance à une distribution plus uniforme, et tout porte à croire qu'il y aura mouvement de l'électricité.

Comment se fait ce déplacement ou cette transmission par un conducteur? Ohm admet qu'il y a passage d'électricité, dans un temps infiniment court, de la molécule la plus chargée à la molécule la moins chargée, et que la quantité qui passe est proportionnelle à la différence des tensions électriques des molécules. Il appelle tension ou force électroscopique d'une molécule le rapport de la charge de cette molécule à son volume; c'est, si l'on veut, la densité électrique dans la très-petite masse que l'on considère. Ce passage du fluide doit dépendre de la distance, et, par analogie avec la théorie de Fourier, Ohm admet la variation en raison inverse de la simple distance.

C'est en partant de ces principes qu'il arrive à l'explication des phénomènes électro-dynamiques et aux lois de l'intensité des courants.

153. Propagation de l'électricité dans les conducteurs linéaires. — Il examine d'abord le cas des conducteurs à sections transversales très-petites et que l'on peut appeler conducteurs linéaires. Il admet que, sur la surface d'une telle section, la distribution de l'électricité libre est uniforme, c'est-à-dire qu'en chaque point il y a une égale quantité de fluide libre, même dans le cas du mouvement. Cette hypothèse est contraire à toutes les idées que

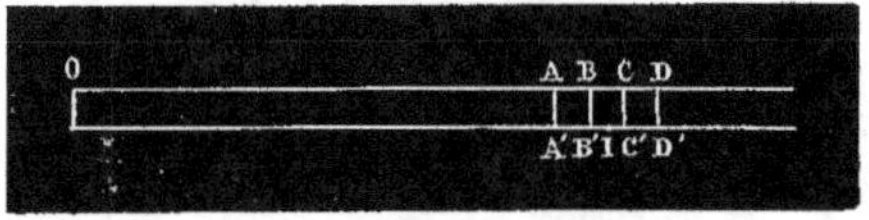

Fig. 96.

l'on s'était faites jusque-là: on peut même ajouter qu'elle est inexacte, puisque l'électricité se porte à la surface des corps conducteurs. Quoi qu'il en soit, considérons avec Ohm, dans le conducteur, trois tranches consécutives et infiniment petites, limitées par les plans parallèles AA′, BB′, CC′, DD′ (fig. 96). Soient α leur épaisseur commune, OI $= x$ l'abscisse du point milieu I de la tranche intermédiaire ; $(x - \alpha)$ et $(x + \alpha)$ seront les abscisses des milieux des tranches extrêmes. Désignons par u la tension de la tranche moyenne. Les tensions des tranches voisines seront des fonctions des abscisses de leurs milieux : on pourra les développer suivant les puissances de α, et en s'arrêtant au troisième terme on aura, pour la tension de la tranche $(x - \alpha)$,

$$u - \alpha \frac{du}{dx} + \frac{1}{2} \alpha^2 \frac{d^2u}{dx^2},$$

et pour la tension de la tranche $(x + \alpha)$,

$$u + \alpha \frac{du}{dx} + \frac{1}{2} \alpha^2 \frac{d^2u}{dx^2}.$$

D'après ce que nous avons admis, la quantité d'électricité envoyée par la tranche $(x - \alpha)$ à la tranche x est proportionnelle à la différence des tensions, en raison inverse de α, proportionnelle à un certain coefficient de conductibilité k qui ne dépend que de la nature du fil conducteur, et à la section ω de la tranche. Cette quantité est donc, au bout d'un temps très-petit dt,

$$\frac{k\omega}{\alpha} \left(-\alpha \frac{du}{dx} + \frac{1}{2} \alpha^2 \frac{d^2u}{dx^2} \right) dt.$$

La quantité d'électricité que la tranche x cède à la tranche $(x + \alpha)$ sera de même

$$\frac{k\omega}{\alpha} \left(-\alpha \frac{du}{dx} - \frac{1}{2} \alpha^2 \frac{d^2u}{dx^2} \right) dt,$$

et, en retranchant ces deux expressions, nous aurons ce que la tranche x a gagné en tension au bout du temps dt,

$$\frac{k\omega}{\alpha} \alpha^2 \frac{d^2u}{dx^2} dt = k\omega\alpha \frac{d^2u}{dx^2} dt.$$

Nous avons supposé implicitement que la tranche x n'était soumise qu'à un échange d'électricité entre les couches voisines. Il y a de plus à tenir compte de la déperdition par l'air : en calculant la quantité d'électricité perdue par l'air, on arrive à des expressions qui renferment des constantes que l'on peut déterminer par l'expérience. On reconnaît que ces quantités sont très-petites et, en les négligeant dans une première approximation, on peut s'en tenir à l'expression ci-dessus.

154. Si l'on considère un système de conducteurs hétérogènes formant circuit et tel que près des surfaces de réunion il y ait des forces électro-motrices, la tension ne sera pas uniforme; il y aura échange, mouvement d'électricité : c'est ce mouvement qui constitue le courant. Son intensité est proportionnelle à la quantité de fluide qui passe dans un temps très-petit, et, s'il est constant, à celle qui passe pendant l'unité de temps par une section transversale du circuit. Il est bien évident que le courant ne peut être constant au moment précis où il commence; cependant, comme la variation à l'origine échappe à l'expérience, il faut admettre qu'au bout d'un temps très-petit les échanges d'électricité se font d'une manière invariable, et que le courant devient très-promptement constant. Par conséquent, le gain d'une tranche quelconque est nul après un temps très-petit, et par suite après un temps quelconque. L'équation du mouvement uniforme de l'électricité sera donc

$$k\omega \frac{d^2 u}{dx^2} = 0.$$

C'est là l'équation des tensions. Nous allons voir que l'on peut en déduire que le courant électrique a la même intensité en tous les points du circuit. En effet, cette intensité est proportionnelle à la

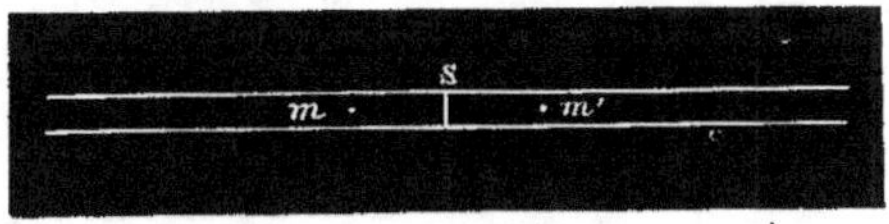

Fig. 97.

quantité d'électricité qui passe pendant l'unité de temps à travers la section transversale du fil. Prenons de part et d'autre de la section S (fig. 97) deux molécules m et m', situées à une distance l'une de l'autre égale à δ : soient u et u' leurs tensions. La quantité d'électricité qui passe de m en m' est, par hypothèse, proportionnelle à $\frac{u-u'}{\delta}$; or on a

$$u' = u + \frac{du}{dx}\Delta x,$$

en appelant Δx la différence des abscisses des points m et m' ; la quantité dont nous parlons est par conséquent proportionnelle à

$$\frac{du}{dx}\frac{\Delta x}{\delta}.$$

Or $\frac{\Delta x}{\delta}$ est une quantité finie, et, si nous faisons la somme des quantités d'électricité qui passent, dans un temps très-petit, d'une molécule quelconque à une autre située de l'autre côté de la section considérée, nous aurons pour le flux d'électricité une expression qui représente l'intensité du courant en un point quelconque du circuit et qui est de la forme

$$-k\omega\frac{du}{dx},$$

car $\frac{du}{dx}$ est facteur commun dans chaque terme. On a ainsi la quantité de fluide qui passe à chaque instant par la section du fil, en choisissant pour k une valeur convenable, et comme, dans toute l'étendue du conducteur, on a

$$k\omega\frac{d^2u}{dx^2} = 0,$$

on en déduit

$$-k\omega\frac{du}{dx} = C,$$

C étant une constante. L'intensité du courant est donc la même dans tous les points du circuit, résultat théorique vérifié par l'expérience.

155. Intensité du courant dans un circuit formé de deux fils. — Considérons maintenant un circuit hétérogène formé de deux fils seulement, réunis en A et en B (fig. 98), et supposons qu'il n'y ait de force électro-motrice qu'en A. Soient k, ω, l, k', ω', l' les coefficients de conductibilité, les sections et les longueurs respectives des fils ACB et BDA. Appelons a la différence constante des tensions de deux molécules situées de part et d'autre de A. Dans toute l'étendue du premier fil ACB, on a

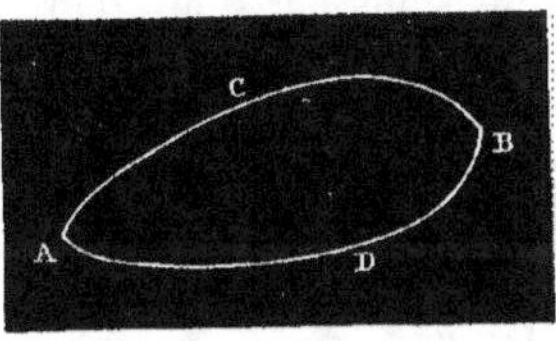
Fig. 98.

$$- k\omega \frac{du}{dx} = C.$$

On affecte le premier membre du signe — parce que le courant se propage de ACB vers BDA, sens suivant lequel les tensions vont en diminuant. Dans le deuxième fil BDA on a pareillement

$$- k'\omega' \frac{du}{dx} = C'.$$

Or les deux constantes C et C' sont égales. En effet, si l'on considère ce qui se passe dans la tranche infiniment petite limitée en B, on voit que du fil ACB elle reçoit dans le temps dt la quantité

$$k\omega \frac{du}{dx} dt = C dt,$$

qu'elle envoie au fil BDA la quantité

$$k'\omega' \frac{du}{dx} dt = C'dt,$$

et, puisque la distribution est uniforme de part et d'autre de B, on doit avoir

$$C dt = C'dt \quad \text{ou} \quad C = C'.$$

Cela posé, dans toute l'étendue de ACB, on a

$$\frac{d^2u}{dx^2} = 0, \quad \text{d'où} \quad u = m + nx,$$

m et n étant deux constantes faciles à déterminer si l'on connaît les tensions de l'électricité en deux points.

Comptons les abscisses à partir de A, m sera la tension en A et $m + nl$ la tension en B.

Sur BDA nous pouvons représenter les tensions par une progression arithmétique croissante, de sorte que près de A la tension sera

$$m + nl + n'l',$$

et l'on devra avoir, d'après la définition de a,

$$m - (m + nl + n'l') = a$$

ou

$$(1) \qquad\qquad - (nl + n'l') = a.$$

Nous mettons le signe $-$, car la propagation a lieu dans le sens suivant lequel les tensions vont en décroissant.

Voyons quelles sont les conséquences que l'on peut en déduire. Cherchons quelle est l'intensité du courant dans le fil ACB : en chaque point de ce fil on a $\dfrac{du}{dx} = n$; l'intensité est donc $- k\omega n$. De même, dans le fil BDA, l'intensité est $- k'\omega'n'$. Donc, puisque les deux quantités sont égales, on a

$$k\omega n = k'\omega'n',$$

d'où

$$n' = \frac{k\omega n}{k'\omega'},$$

et l'équation (1) devient, par la substitution de cette valeur de n',

$$- n\left(l + \frac{k\omega}{k'\omega'}l'\right) = a:$$

en multipliant et divisant par $k\omega$, on a

$$- k\omega n\left(\frac{l}{k\omega} + \frac{l'}{k'\omega'}\right) = a;$$

ou bien, en remarquant que $- k\omega n$ est l'intensité du courant que l'on peut représenter par I.

$$I = \frac{a}{\dfrac{l}{k\omega} + \dfrac{l'}{k'\omega'}},$$

résultat vérifié par de nombreuses expériences.

156. Intensité du courant dans un circuit formé de trois fils. — Considérons encore le cas de trois fils AB, BC, CA

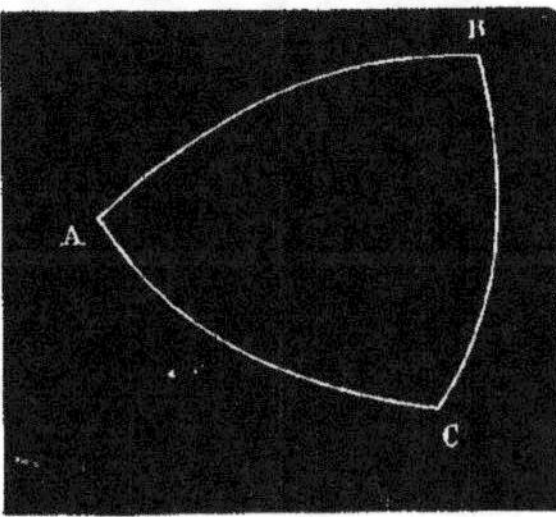

Fig. 99.

(fig. 99), et supposons qu'il y ait dans le circuit trois forces électro-motrices.

D'après ce qui précède, en désignant par l la longueur du fil AB, par ω sa section, par k son coefficient de conductibilité et par l', ω', k', l'', ω'', k'' les valeurs correspondantes pour les fils BC, CA, on a

$$k\omega \frac{du}{dx} = k'\omega' \frac{du'}{dx} = k''\omega'' \frac{du''}{dx} = C.$$

Appelons a, a', a'' les forces électro-motrices en A, B, C.

Dans chaque fil la distribution des tensions est représentée par

$$u = m + nx.$$

Ainsi en B, sur le fil AB, elle est $m + nl$,

—————— C ————— BC ————— $m + nl + a' + n'l'$,

—————— A ————— CA ————— $m + nl + a' + n'l' + a'' + n''l''$.

Cette dernière quantité doit être égale à $m - a$. Donc, en supprimant m, on a

$$a + a' + a'' = -(nl + n'l' + n''l'').$$

Or, pour chaque point du fil AB, on a $\dfrac{du}{dx} = n$, et l'intensité du courant qui circule dans ce fil est $-k\omega n$.

Dans le fil BC elle est $-k'\omega'n'$, et $-k''\omega''n''$ dans le fil CA. On a donc

$$k\omega n = k'\omega'n' = k''\omega''n''.$$

Remplaçons n', n'' par leurs valeurs en fonction de n, nous aurons

$$a + a' + a'' = -k\omega n \left(\frac{l}{k\omega} + \frac{l'}{k'\omega'} + \frac{l''}{k''\omega''} \right).$$

Mais $-k\omega n$ est l'intensité I du courant: donc

$$I = \frac{a + a' + a''}{\dfrac{l}{k\omega} + \dfrac{l'}{k'\omega'} + \dfrac{l''}{k''\omega''}}.$$

Il est évident que cette loi est générale et qu'elle s'applique à un nombre quelconque de conducteurs.

Dans cette expression la quantité $a + a' + a''$ peut être nulle. On admet qu'il en est ainsi quand le système est composé de conducteurs entièrement métalliques et que la température est uniforme dans toute l'étendue du circuit.

157. Courants dérivés. — Le cas des courants dérivés se déduit des mêmes principes (fig. 100). Dans chaque fil on a

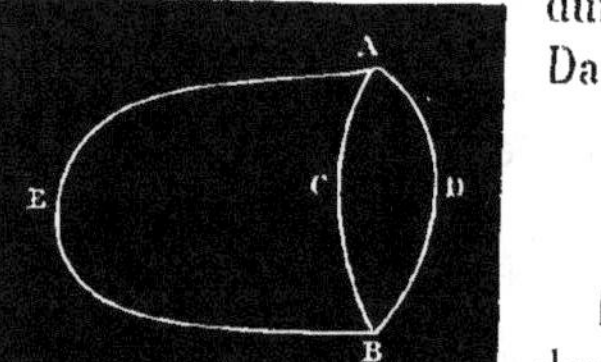

Fig. 100.

$$-k\omega \frac{du}{dx} = C.$$

En outre, la somme des intensités dans les fils reproduit celle du courant dans la portion bifurquée. On aura ainsi

$$-k'\omega' \frac{du'}{dx} = C',$$

$$-k''\omega'' \frac{du''}{dx} = C'':$$

de plus,

$$(2) \qquad k\omega \frac{du}{dx} = k'\omega' \frac{du'}{dx} + k''\omega'' \frac{du''}{dx}.$$

Cette dernière relation est nécessaire, sans quoi il y aurait perte aux points de la bifurcation.

Il y a une autre condition qui doit être remplie. Les tensions doivent se distribuer sur les fils partiels de telle sorte que la densité électrique soit la même sur chacun d'eux en B: sans cela il y aurait mouvement du fluide de l'un des fils dans l'autre, jusqu'à ce qu'il en fût ainsi. Sur le fil C la différence des tensions sera $n'l'$, sur le fil D elle sera $n''l''$: on aura donc $n'l' = n''l''$. Cette relation jointe à la relation (2) conduit facilement aux expressions des intensités des courants dérivés.

Par exemple, si l'on remarque que dans l'un des fils l'intensité est $k'\omega'n'$ et dans l'autre $k''\omega''n''$, en remplaçant n'' par la valeur $\dfrac{n'l'}{l''}$, l'intensité du courant qui circule dans le fil D est

$$k''\omega''n'\,\frac{l'}{l''},$$

expression qui met en évidence la loi connue que l'intensité du courant dérivé est proportionnelle à la longueur du courant partiel ACB.

158. Vérification expérimentale des formules précédentes par Ohm. — Les lois représentées par les formules précédentes, comme conséquences de la théorie, avaient été découvertes expérimentalement par Ohm. Ce physicien avait d'abord opéré sur le courant donné par une pile de Wollaston. Pour éviter les difficultés résultant de la variabilité du courant, il avait reconnu que le seul moyen d'obtenir de bons résultats était d'attendre que le courant fût devenu à peu près constant et de faire toutes les expériences sans que le circuit de la pile cessât d'être fermé. Par cette méthode, Ohm avait déterminé les conductibilités de quelques métaux en recherchant les longueurs de fils de même diamètre qui ramènent l'aiguille du galvanomètre au même point, lorsqu'on les introduit successivement dans le même circuit. Il avait également vérifié que des fils de même nature étaient équivalents lorsque leurs longueurs étaient proportionnelles à leurs sections. Ses autres expériences furent faites à l'aide des courants thermo-électriques, dont la constance lui avait été signalée par M. Poggendorff. L'élément thermo-électrique qu'il employa était un couple bismuth et cuivre : l'une des soudures de l'élément était placée dans un tube environné de tous côtés par la vapeur de l'eau bouillante, l'autre dans un tube entouré de neige. Le courant ainsi obtenu était parfaitement constant ; cependant, d'un jour à l'autre, il y avait quelquefois d'assez grandes différences. Le galvanomètre employé par Ohm n'était autre chose

qu'une balance de torsion. Dans la chape suspendue à l'extrémité
du fil était une tige d'acier aimantée, longue et mince, et l'appareil
était disposé de telle sorte que, la tige aimantée étant dans le plan
du méridien magnétique, le fil de suspension fût sans torsion et
que l'aimant coïncidât avec la ligne 0-180° de la graduation.
À une petite distance au-dessous du plan dans lequel l'aimant était
mobile, et parallèlement à la ligne 0-180°, était tendu un fil métallique dans lequel on faisait circuler le courant. Quand le circuit
était fermé, l'aiguille aimantée s'écartait du méridien magnétique
sous l'influence du courant, mais tendait à y revenir par la torsion
du fil et par l'action de la terre. En tordant convenablement le fil
de suspension, on ramenait le barreau aimanté à sa direction initiale. Le courant étant parallèle à l'aimant, son action était perpen
diculaire à sa direction et faisait équilibre à la force de torsion du
fil. L'angle de torsion servait ainsi à mesurer l'intensité du courant.
Ce procédé est pénible à pratiquer, mais il est exact, et les expériences de Ohm sont les premières qui aient été faites avec quelque
précision sur les intensités des courants. Toutes les mesures faites
auparavant par Davy et d'autres physiciens manquaient de rigueur.
Par exemple, Davy introduisait dans le circuit un fil fin dont la
température s'élevait par le passage du courant; pour empêcher
cet effet, il ajoutait un gros fil de dérivation et il jugeait de l'intensité du courant par la longueur du fil qu'il fallait employer.
L'intensité était considérée comme variant en raison inverse de
cette longueur.

Quoique les principes de Ohm aient conduit à des lois expérimentales exactes, ils sont cependant très-discutables. En effet, il
n'en est pas de l'électricité comme de la chaleur, où les actions
élémentaires sont encore inconnues. Pour ce qui concerne les phénomènes électriques, Coulomb a démontré que les masses électriques s'attirent ou se repoussent en raison inverse du carré des
distances; de plus, l'expérience montre que l'électricité ne réside
qu'à la surface des conducteurs et s'y distribue suivant des lois
connues ou faciles à déterminer. Il en résulte sur une molécule
quelconque une force motrice qui doit produire un mouvement dont
la détermination ne présente que des difficultés de calcul. La véri-

table théorie des phénomènes électro-dynamiques ne peut pas être
indépendante des lois que Coulomb a trouvées par expérience, et
c'est là le point faible de la théorie que Ohm a proposée, puisqu'il
admet que le fluide est répandu uniformément dans l'intérieur des
fils conducteurs, et que les actions de deux masses électriques sont
en raison inverse de la simple distance. Il admet aussi, mais ce
point est rigoureux, qu'au moment où le circuit est fermé il y a
de l'électricité libre sur le fil qui traverse le courant, et que c'est
elle qui produit le mouvement.

**159. Application de la théorie de Ohm à la recherche
de la distribution de l'électricité libre dans un circuit
ouvert ou fermé.** — Si la théorie que nous venons d'exposer
n'avait fourni que les formules précédentes, elle mériterait peu d'attention, car on peut arriver à ces résultats d'une manière plus
simple. Mais les principes sur lesquels Ohm l'a fondée l'ont conduit
à des résultats plus remarquables : ce sont les conséquences relatives à la distribution de l'électricité libre dans un circuit ouvert ou
fermé et dans un conducteur non linéaire quelconque dont les dimensions transversales ne sont pas nulles.

Soient AB, BC, CA (fig. 101) trois fils de dimensions quelconques.
Dans chaque fil la tension varie comme les termes d'une progression

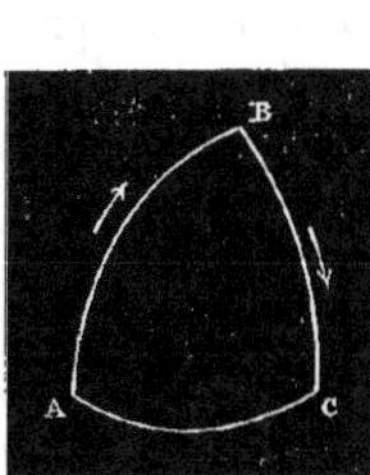

Fig. 101.

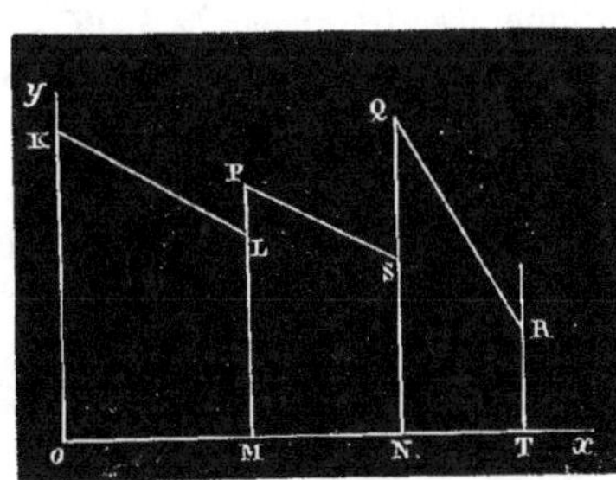

Fig. 102.

arithmétique, et la raison de cette progression est proportionnelle
à la résistance de l'unité de longueur du fil, ou inversement proportionnelle à $k\omega$. Si au point A il y a une force électro-motrice et

que la tension soit m en ce point, cette tension ira en diminuant de A vers B et pourra être représentée par $m + nx$, n étant une quantité négative. Elle sera donc connue, si on peut déterminer m et n, et, pour cela, il suffit de connaître la tension en deux points. On pourra même la représenter graphiquement. Sur une ligne OT (fig. 102) on élève une perpendiculaire OK représentant la tension au point A et on construit la droite

$$u = m + nx,$$

u représentant les ordonnées et x les abscisses ou plutôt les longueurs des fils eux-mêmes. Si la droite ainsi obtenue est KL, la tension à l'extrémité de AB sera représentée par ML. En B il y a accroissement brusque par suite de la force électro-motrice qui existe en ce point; et, pour avoir la tension, il faut augmenter LM d'une longueur $PL = a'$. De sorte que la tension dans le fil BC, dont la valeur est

$$u' = m + nl + a' + n'x,$$

sera représentée graphiquement par une nouvelle droite PS. Enfin une troisième droite QR représentera la tension dans le fil CA, et, si le circuit est fermé, il faudra que la dernière ordonnée RT diffère de OK d'une quantité égale à $-a$, a étant l'excès de tension développé par la force électro-motrice au point A. Si le circuit communique avec le sol par le fil BC, la tension va en diminuant dans ce fil jusqu'à zéro, et alors la droite va rencontrer la ligne OT. Si le circuit est ouvert, l'électricité doit se distribuer dans chaque fil comme nous venons de l'indiquer; de sorte qu'il n'y a pas une différence essentielle entre un circuit ouvert et un circuit fermé. Toutes ces conséquences ont été vérifiées par M. Kohlrausch [1].

160. Vérification expérimentale par M. Kohlrausch. — On doit se demander comment il se fait que la théorie de Ohm conduise à une formule qui soit vérifiée par l'expérience, bien qu'elle soit fondée sur des principes contestables. Mais il faut se rappeler que l'intensité d'un courant a pour expression un quotient dont le

---

[1] *Poggendorff's Annalen*, t. LXXV, p. 88 et 220 (1849); ce mémoire a été analysé par Verdet dans les *Annales de chimie et de physique*, [3], t. XLI, p. 357 (1854).

numérateur pourrait être seulement proportionnel à la somme des forces électro-motrices et le dénominateur proportionnel à la somme des résistances. Il faut donc chercher, en premier lieu, s'il y a identité entre la force électro-motrice et la différence des tensions telle que Ohm l'admet; en deuxième lieu, si la distribution de l'électricité dans le circuit est bien celle qu'indique l'équation différentielle obtenue précédemment. Tel est le but que s'est proposé M. Kohlrausch.

On sait que, lorsqu'un élément voltaïque est isolé, ses deux extrémités sont chargées de fluides électriques de nature contraire, dont la tension dépend de la constitution de l'élément. D'après la théorie de Ohm, la différence algébrique des tensions des fluides libres aux deux extrémités de l'élément serait proportionnelle à la force électromotrice qui se manifeste quand l'élément est introduit dans un circuit fermé.

M. Kohlrausch a d'abord vérifié que la force électro-motrice est proportionnelle à la différence des tensions aux deux extrémités de la pile. Nous savons mesurer la force électro-motrice; quant à la différence des tensions, on comprend facilement le moyen qu'on a dû employer. Il n'y a qu'à faire communiquer les métaux qui plongent dans les deux liquides de la pile avec les deux plateaux d'un condensateur. Ils se chargent de quantités d'électricité proportionnelles aux tensions; car, l'élément voltaïque étant une source indéfinie d'électricité, la tension sera la même sur les plateaux que dans les éléments, ou tout au moins, en ces deux points, les tensions seront proportionnelles. Si l'on sépare ensuite les deux plateaux, on devra trouver les densités électriques indiquées par la théorie ; on sait, en effet, que la densité en un point est proportionnelle à la quantité de fluide répandue sur le plateau. Si donc on peut apprécier la différence des tensions du fluide dans chaque plateau avec des appareils assez sensibles, on aura résolu la question. Mais il y a à vaincre de grandes difficultés et il faut prendre diverses précautions pour que ce procédé réussisse.

161. Électromètre de Dellmann. — Il faut employer deux instruments : 1° un électromètre à la fois sensible et exact; sensible

pour qu'il puisse manifester la moindre trace d'électricité, et exact
pour qu'il puisse les mesurer rigoureusement; 2° un condensateur
ayant toujours même force condensante.

Il n'y a d'électromètre sensible et exact que la balance de torsion,
et il convient de l'employer sous la forme que lui a donnée
M. Dellmann.

Un fil de verre ab (fig. 103) soutient un fil d'argent cd de $\frac{1}{2}$ millimètre de diamètre et arrondi autant que possible à ses extrémités;
c'est le fil mobile de la balance. La boule fixe de l'appareil de
Coulomb est remplacée par une lame d'argent ef contre laquelle
s'appuie le fil lorsque l'appareil n'est pas électrisé. Cette lame est
échancrée en son milieu et légèrement recourbée de manière que
les deux parties du fil projetées horizontalement en $c'b'$ et $b'd'$ s'appliquent sur les deux faces différentes de la lame. Cette lame d'argent communique, par une tige ik qui traverse la cage, avec la source

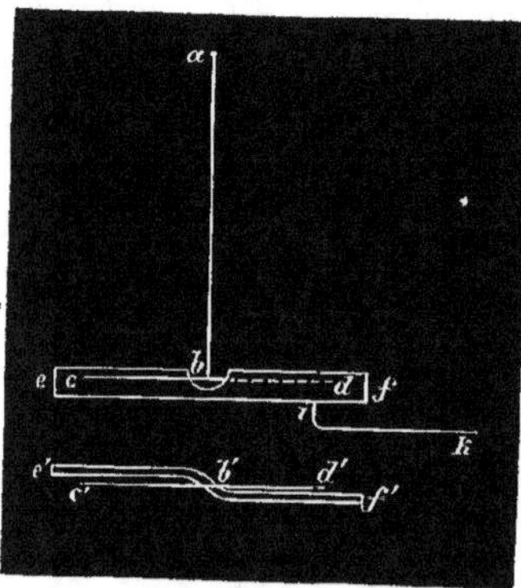

Fig. 103.

d'électricité dont on veut mesurer la tension. Dès que cette communication est établie, l'électricité se porte sur la lame et sur
le fil et se partage dans un rapport constant entre les deux conducteurs. Il se développe aussitôt
une force répulsive qui éloigne le
fil de la lame; mais on le ramène
à une distance constante dans
toutes les expériences. Dans cette
position, il y a équilibre entre le
couple de torsion qui tend à ra-
mener l'aiguille d'argent à sa position primitive et le couple des
forces répulsives. Ce dernier est proportionnel au carré de la quantité
d'électricité communiquée à l'appareil: d'où il résulte que cette
quantité d'électricité est mesurée par la racine carrée de l'angle de
torsion. On peut encore, au lieu d'observer la position d'équilibre,
lire l'angle de répulsion initial, lequel est proportionnel au carré
de la charge électrique communiquée à l'appareil. En effet, à l'instant du partage du fluide entre l'aiguille et la lame, il naît une force

répulsive proportionnelle au carré de cette quantité d'électricité ; elle imprime à l'aiguille une certaine vitesse, et, pendant la suite du mouvement, on peut dire que l'aiguille n'obéit qu'à cette vitesse initiale et à la force de torsion. Il y a de plus, à la vérité, la répulsion de la lame qui agit toujours ; mais, comme elle diminue en raison inverse du carré de la distance, elle cesse bientôt d'être sensible. L'aiguille est donc à peu près dans le même cas qu'un pendule écarté de sa position par une impulsion et soumis à l'action de la pesanteur, d'où il suit que l'amplitude de l'écart est proportionnelle à la vitesse initiale ; or celle-ci mesure la force répulsive initiale : l'écart maximum de l'aiguille est donc proportionnel au carré de la charge électrique, d'après la relation connue entre la force de répulsion et la charge. Il revient donc au même de prendre le rapport des angles de torsion ou bien celui des impulsions initiales.

M. Kohlrausch prend pour angle d'impulsion non pas l'angle initial d'écart, mais l'angle que fait la position d'équilibre de l'aiguille, lorsque l'appareil est chargé d'électricité, avec la direction initiale. L'angle d'impulsion, ainsi considéré, n'est pas proportionnel à la force électrique, mais on peut construire une table qui fera connaître les charges électriques correspondant aux différentes déviations observées.

Soit, en effet, α un arc d'impulsion : d'après la manière de voir de M. Kohlrausch, la force de torsion peut être représentée par $k\alpha$; quant à la force de répulsion, elle est proportionnelle au carré de la charge électrique et dépend de l'angle α. Elle peut donc être exprimée par $m^2\varphi(\alpha)$. Cette fonction $\varphi(\alpha)$ ne peut évidemment pas être déterminée par le calcul, mais on peut se passer de sa détermination. Supposons, en effet, que pour faire varier la charge on fasse tourner le fil de manière que l'angle d'écart devienne α'. Pour cela, il faudra augmenter l'angle de torsion α d'une certaine quantité. Supposons que cet angle devienne α_1, la force de torsion sera alors représentée par $k\alpha_1$ et la force de répulsion par $m^2\varphi(\alpha')$. On aura donc les deux relations

$$(1) \qquad k\alpha = m^2\varphi(\alpha),$$

$$(2) \qquad k\alpha_1 = m^2\varphi(\alpha') :$$

et on peut en obtenir ainsi autant qu'on voudra. De là on déduit

$$\frac{\varphi(\alpha)}{\varphi(\alpha')} = A'.$$

$$\frac{\varphi(\alpha)}{\varphi(\alpha'')} = A'',$$

. . . .

Ce sont ces rapports A', A'',... qu'on consigne dans une table à côté des angles α', α'',...., tout en indiquant l'angle α qui sert de point de départ.

Cela posé, si l'on veut mesurer une charge m', on observera l'angle d'écart quand l'aiguille sera en équilibre. Soit α' cet angle, on aura

$$(3) \qquad\qquad k\alpha' = m'^2 \varphi(\alpha').$$

En comparant maintenant cette relation avec la relation (1) et divisant, on aura

$$\frac{\alpha}{\alpha'} = \frac{m^2 \varphi(\alpha)}{m'^2 \varphi(\alpha')},$$

$$\frac{m'}{m} = \sqrt{\frac{\alpha'}{\alpha}\frac{\varphi(\alpha)}{\varphi(\alpha')}} = \sqrt{\frac{\alpha'}{\alpha}}\, A'.$$

On peut déterminer ainsi le rapport des différentes charges électriques m', m'', m''',... à une même charge m; on a donc la mesure de ces charges. Ce moyen est moins simple que celui de Coulomb, que nous avons indiqué en premier lieu, et n'est pas plus exact.

Seulement les résultats déduits de cette manière d'opérer sont entièrement conformes à ceux que donne la balance de Coulomb. Ici la surface des conducteurs est beaucoup plus grande que dans la balance de Coulomb : la charge du conducteur est donc aussi plus considérable. La sensibilité plus grande et l'exactitude aussi rigoureuse des mesures rendent l'électroscope employé préférable aux autres.

162. Condensateur. — Le condensateur dont il faut faire usage n'est pas non plus un appareil qu'il soit facile de se procurer, si l'on veut qu'il ait toute l'exactitude désirable. Nous ne parlerons pas de

ceux qui sont formés de plateaux de verre recouverts de métal;
ce sont les plus mauvais de tous. Dans les cas ordinaires, les inégalités de la couche de vernis ne permettent pas de replacer constamment les deux plateaux dans la même position relative; aussi
en résulte-t-il des changements dans la force condensante de l'appareil. Enfin une certaine quantité d'électricité finit toujours par
s'accumuler sur les tiges isolantes et trouble tous les résultats ulté-
rieurs.

Le condensateur employé par M. Kohlrausch était formé de deux
disques de laiton *cd, ab* (fig. 104) de 15 centimètres de diamètre
sur 3 millimètres d'épaisseur. Les
cordons de soie qui soutenaient la
plaque supérieure, longs de 25 à
30 centimètres, s'attachaient à une
pièce mobile qui permettait d'éloigner ou de rapprocher à volonté les
deux plaques l'une de l'autre. La
plaque inférieure était recouverte
d'une couche très-mince de vernis
à la gomme laque, et présentait

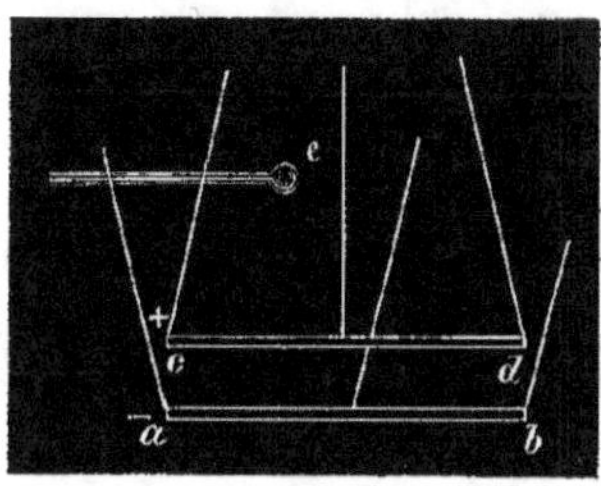
Fig. 104.

en trois points voisins de ses bords trois petites colonnes de gomme
laque; quand on voulait faire l'expérience, la plaque supérieure
s'appuyait sur ces colonnes : elle n'était vernie qu'aux trois points
correspondants.

Par suite de cet arrangement, la distance des plaques et la force
condensante demeuraient constantes pendant toute la durée des expériences; le mode de suspension faisait disparaître les perturba-
tions si fréquentes produites par l'électricité qui finit toujours par
s'accumuler sur les supports de verre des condensateurs ordinaires.
Le plateau inférieur jouait le rôle de plateau condensateur et communiquait en général avec le sol; le plateau supérieur jouait le rôle
de plateau collecteur, et, pour le faire communiquer avec l'électroscope, il suffisait de le soulever jusqu'à lui faire toucher un fil *e* qui
se rendait à l'électroscope; la hauteur de ce fil était maintenue constante pendant toute la durée des expériences.

Pour charger l'appareil, on procédait de la manière suivante.

1° On soulevait le plateau supérieur jusqu'au fil c, et, touchant ce fil avec un autre qui communiquait avec le sol. on déchargeait à la fois le condensateur et l'électroscope.

2° On supprimait la communication du plateau inférieur avec le sol.

3° On descendait le plateau supérieur sur le plateau inférieur, et en même temps on réglait l'électroscope.

4° Au moyen d'un mécanisme particulier. on mettait les deux plateaux en rapport avec les deux pôles de l'élément voltaïque étudié.

5° On supprimait les communications établies entre les plateaux et les pôles de l'élément voltaïque et l'on rétablissait la communication avec le sol.

6° On soulevait le plateau jusqu'au contact du fil e et l'on mesurait la charge de l'électroscope.

Dans toute cette suite d'opérations, on avait soin de ne jamais toucher les pièces métalliques des appareils avec les doigts, dont l'humidité aurait pu exercer une action électro-motrice.

163. Comparaison des tensions aux forces électromotrices. — Les forces électro-motrices étaient déterminées par la méthode de M. Wheatstone, fondée sur l'usage du galvanomètre et du rhéostat. On répétait cette mesure quatre ou cinq fois avant l'application du condensateur et quatre ou cinq fois après. La différence des observations individuelles n'excédait pas $\frac{1}{75}$ de la valeur moyenne.

Le condensateur était lui-même appliqué deux fois à chaque pôle, et l'on prenait pour valeur de la tension de la pile la moyenne des quatre tensions ainsi déterminées.

En effet, les pôles de la pile contiennent des quantités égales de fluides contraires et dont les tensions sont $+a$ et $-a$ par exemple : il en est de même des plateaux cd et ab. Quand on les rapproche, on peut admettre que le fluide de ab accumule sur cd une quantité de fluide de nom contraire dont la tension est proportionnelle à celle de son propre fluide et peut être représentée par ka. Le plateau cd contient en outre une quantité de fluide dont la tension est $+a$. De sorte que, au moment où l'on enlève le plateau cd, il reste chargé d'une quantité de fluide dont la tension est $(a + ka)$ ou $a(1 + k)$, c'est-à-dire est proportionnelle à la tension a du fluide de la pile. On peut dire plus simplement : la quantité d'électricité non condensée sur cd est toujours proportionnelle à la différence des quantités d'électricité répandues sur les plateaux. Or cette différence est $a - (- a) = 2a$. C'est la tension de cette quantité d'électricité $2a$ qu'on mesure sur cd avec la balance de torsion.

Pour cela, on observe dans chaque cas l'impulsion initiale communiquée à l'aiguille de l'électroscope de Dellmann et la torsion nécessaire pour maintenir l'aiguille à 30 degrés de la tige fixe; l'impulsion initiale ou la racine carrée de la torsion servent également de mesure à la tension électrique.

Le tableau suivant contient les résultats des expériences : F y désigne la force électro-motrice, T la tension mesurée par l'impulsion initiale, T′ la tension mesurée par la racine carrée de la torsion. Afin de rendre plus facile la comparaison des résultats, on a multiplié les valeurs observées de T et de T′ par des facteurs tels, que la force électro-motrice du premier élément voltaïque inscrit dans le tableau fût exprimée exactement par le même nombre que les deux valeurs correspondantes de T et de T′ [1].

---

[1] Pour bien faire juger de la valeur des expériences, nous rapportons ici toutes les données relatives à l'expérience n° 4.

Première série des mesures de la force électro-motrice :

    18,96   18,98   18,75   18,73   18,77.

Mesure de la tension :

	IMPULSION INITIALE.	TORSION.
Pôle négatif......................	66,5	334°,0
Pôle négatif......................	67,0	347°,0
Pôle positif......................	67,4	355°,0
Pôle positif......................	67,3	350°,0
Moyenne...........	67,0	346°,5

Deuxième série de mesures de la force électro-motrice :

    18,85   18,83   18,81.

Moyenne des forces électro-motrices : 18,84.

NATURE DE L'ÉLÉMENT.	F	T	T'
1° Zinc, sulfate de zinc, acide nitrique de 1,357 de densité, platine..................	28,22	28,22	28,22
2° Zinc, sulfate de zinc, acide nitrique de 1,213 de densité, platine...................	28,43	27,71	27,75
3° Zinc, sulfate de zinc, acide nitrique de 1,213 de densité, charbon....	26,29	26,15	26,19
4° Zinc, sulfate de zinc, sulfate de cuivre, cuivre (élément de Daniell).................	18,83	18,88	19,06
5° Argent, cyanure de potassium, sel marin, sulfate de cuivre, cuivre	14,08	14,27	14,29
6° Le même élément, au bout de quelque temps	13,67	13,94	13,82
7° Le même élément, au bout d'un temps plus long..........	12,35	12,36	12,26

La proportionnalité de la force électro-motrice et de la tension se trouve ainsi vérifiée avec toute l'exactitude que comporte la méthode.

164. Recherches théoriques de Ohm sur la distribution des tensions dans les conducteurs. — Passons maintenant aux résultats de Ohm relatifs à la distribution des tensions dans un conducteur. On a trouvé plus haut pour l'intensité i du courant

$$i = - k\omega \frac{du}{dx},$$ et on a vu que cette intensité était constante même dans un circuit hétérogène. L'équation donne d'ailleurs

$$k\omega C - k\omega u = ix,$$

d'où

$$u = - \frac{x}{k\omega} i + C.$$

Or $\frac{x}{k\omega}$ est la résistance λ de la portion de fil comprise entre l'origine et le point considéré. Comme d'ailleurs i est égal à $\frac{A}{L}$, en appelant A la force électro-motrice et L la longueur totale du circuit, on a

$$u = - \frac{A}{L} \lambda + C.$$

Si nous appelons u_0 la tension au point pris pour origine, il vient

$$u = -\frac{A}{L}\lambda + u_0,$$

et, en admettant pour plus de simplicité que ce point communique avec le sol, $u_0 = 0$, et l'on a

$$u = -\frac{A}{L}\lambda.$$

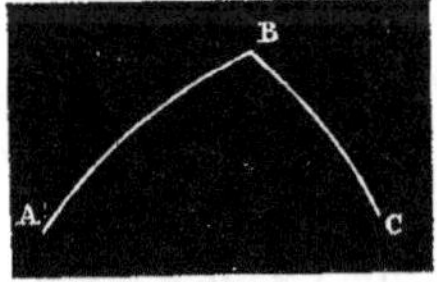

Fig. 105.

Supposons que cette formule nous représente la valeur des tensions sur le fil AB (fig. 105), et soit BC un deuxième fil à la suite du premier, la tension sur ce deuxième fil sera donnée par la formule

$$u = -\frac{A}{L}\frac{x'}{k'\omega'} + C'.$$

C' est la tension en B, égale à $-\frac{A}{L}\lambda_1$, en appelant λ_1 la valeur de $\frac{x}{k\omega}$, correspondant à x comptée à partir de l'origine primitive A. On a donc finalement

$$u = -\frac{A}{L}\left(\frac{x'}{k'\omega'} + \lambda_1\right) = -\frac{A}{L}\Lambda.$$

S'il y avait en B une force électro-motrice e, la tension en ce point du côté BC deviendrait $-\frac{A}{L}\lambda_1 + e$, et alors on aurait

$$u = -\frac{A}{L}\Lambda + e.$$

On voit donc que les tensions croissent en progression arithmétique dont la raison est la résistance de l'unité de longueur du fil. Si le circuit n'est pas fermé, la tension est constante. On peut le concevoir en admettant le circuit complété par un conducteur de résistance infinie, et alors $u = u_0$. On peut aussi le voir directement en remarquant qu'il ne saurait y avoir mouvement de l'électricité.

165. Vérifications expérimentales de M. Kohlrausch.

— M. Kohlrausch s'est aussi occupé de la vérification expérimentale de cette conséquence de la théorie de Ohm [1]. Les mêmes appareils lui ont encore servi. Le plateau inférieur du condensateur communiquait avec le sol et avec un point a du circuit d'une pile fermée et isolée, et le plateau supérieur avec un autre point b. Dans ces. conditions, la tension électrique au point a était évidemment nulle, et l'on pouvait considérer la charge du condensateur comme proportionnelle à la tension électrique au point b. Si l'on supprimait la communication établie entre le plateau inférieur et le sol, la charge du condensateur était proportionnelle à la différence des tensions aux points b et a. Les deux modes d'expérience ayant donné les mêmes charges électriques, il a été démontré que les différences des tensions aux divers points du circuit n'étaient pas modifiées lorsqu'on faisait communiquer avec le sol un de ces points, et l'on a pu faire usage indifféremment de l'un ou de l'autre mode d'expérience. En général, M. Kohlrausch a préféré la disposition où le plateau inférieur du condensateur, et par suite le point a, communiquaient avec le sol.

166. Les lois indiquées par la théorie de Ohm sont les suivantes :

1° Si un conducteur homogène fait partie d'un circuit voltaïque, la différence des tensions électriques de deux points quelconques du conducteur est proportionnelle à leur distance.

2° Dans des conducteurs différents qui font partie d'un même circuit, la différence des tensions de deux points séparés par un intervalle égal à l'unité de longueur est en raison inverse de la section du conducteur et de son coefficient de conductibilité. Il suit de là que, dans des conducteurs différents, des différences égales de tension correspondent à des longueurs dont la résistance électrique est la même.

3° Au point de contact de deux conducteurs différents, il y a une variation brusque de la tension électrique.

4° Si l'on désigne par A la somme des forces électro-motrices, par L la somme des résistances, par λ la résistance comptée depuis un point m du circuit jusqu'au point p où la tension est nulle, par

<hr>

[1] *Poggendorff's Annalen*, t. LXXVIII, p. 1 (1849). — Verdet a donné une analyse de ce mémoire dans les *Annales de chimie et de physique*, [3], t. XLI, p. 362 (1854).

E la somme des forces électro-motrices existant entre le point p et le point m, la tension au point m est donnée par la formule

$$u = A\frac{\lambda}{L} - E.$$

167. Les expériences suivantes ont complétement vérifié ces diverses lois.

1° Variation des tensions en progression arithmétique. — Un fil très-long et très-fin a été enroulé en zigzag sur un cadre de bois très-sec (fig. 106); un de ses points i a été mis en communication avec

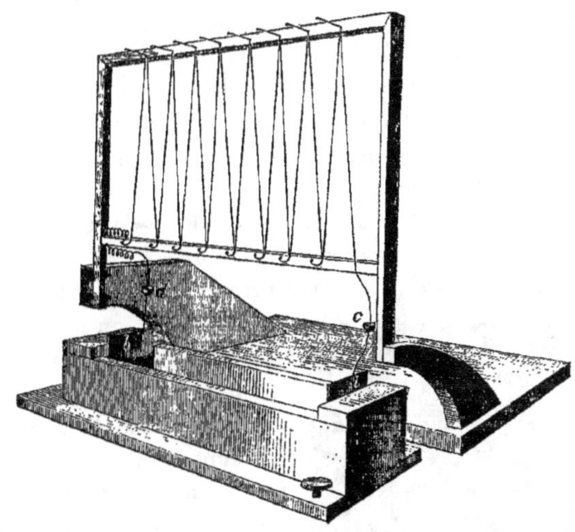

Fig. 106.

le sol, et la tension des autres points a été mesurée. En s'éloignant du point i dans le sens de la direction du courant, on a obtenu des tensions négatives croissantes; de l'autre côté du point i, on a obtenu des tensions positives croissantes. Les tensions de signes contraires mesurées des deux côtés du point i, à des distances égales, ont été égales entre elles; enfin l'accroissement des tensions a été proportionnel à la distance des divers points du fil au point i. Les résultats ont été les mêmes, avec des fils de nature quelconque. La première des lois de Ohm s'est ainsi trouvée vérifiée.

2° *Influence des variations de diamètre.* — On a soudé l'un à l'autre deux fils d'argent d'un égal diamètre, on les a enroulés en zigzag sur le même cadre de bois, et l'on a procédé à la mesure des tensions. Dans chacun des deux fils les lois précédentes se sont vérifiées, et les différences de tension correspondant à des distances égales sur les deux fils ont été en raison inverse des sections [1]. Au point de contact des deux fils (de même nature), il n'y a eu aucun changement brusque de tension.

3° *Influence de la nature des fils.* — On a soudé ensemble un fil de cuivre très-fin et un fil d'argentan plus gros, dont les résistances avaient été déterminées d'avance à l'aide du rhéostat, et l'on a étudié la distribution des tensions dans ce système. La différence des tensions de deux points équidistants, mesurée successivement dans les deux fils, a été proportionnelle à la résistance des longueurs égales de ces deux fils. Il est clair que cette expérience et la précédente démontrent complétement la deuxième des lois ci-dessus énoncées.

4° *Extension de ces lois au cas des conducteurs liquides.* — Dans une auge de bois (fig. 107), de forme prismatique, enduite de cire in-

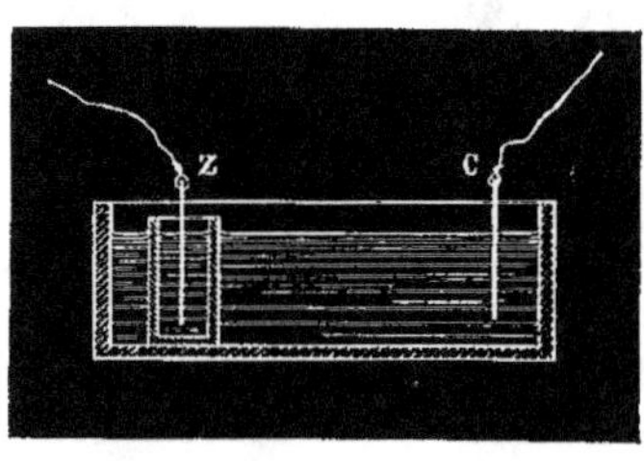

Fig. 107.

térieurement, on a disposé à une extrémité une lame de cuivre C, et à l'autre extrémité une lame de zinc Z: la lame de zinc a été placée dans un vase poreux qu'on a rempli de sulfate de zinc, et l'on a versé du sulfate de cuivre dans le reste de l'appareil. On a ainsi construit un élément de Daniell de forme régulière, qui a donné un courant dès que le circuit a été fermé. En plongeant dans le sulfate de cuivre deux fils de cuivre dont on a fait varier la distance, on a pu déterminer la distribution des tensions dans le liquide, sans avoir à redouter l'existence d'une force électro-motrice accidentelle, par suite de l'identité de nature

[1] Le rapport des sections de ces fils avait été déterminé, comme à l'ordinaire, par la pesée de longueurs égales.

des fils métalliques. Les lois précédentes se sont vérifiées aussi exactement que dans les cas des conducteurs solides.

5° *Tension électrique en divers points de la section d'un conducteur.* — Chacun des fils de cuivre employés dans l'expérience précédente a été introduit dans un cylindre métallique m (fig. 108), où il a été fixé avec de la gomme laque, et l'on a ensuite mis à nu, d'un coup de lime, la pointe même du fil. Le cylindre de métal a été fixé à une planchette de bois p, de manière qu'on pût à volonté le relever ou l'abaisser de quelques centimètres. Les deux fils ayant été plongés dans le liquide, on les a enfoncés à des profondeurs différentes, et on les a déplacés horizontalement

Fig. 108.

dans un sens perpendiculaire à la longueur du prisme liquide, sans que la différence des tensions fût modifiée. Cette expérience peut être regardée comme vérifiant un principe admis par Ohm, celui de la constance de la tension électrique dans tous les points d'une section d'un conducteur. Toutefois, M. Kohlrausch ne se dissimule pas que l'expérience est sujette à quelques objections.

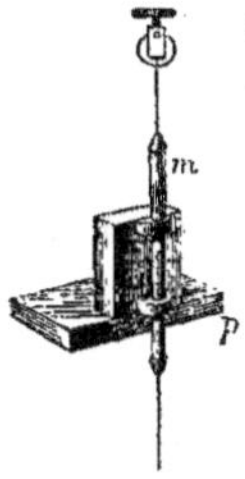

6° *Tension en un point quelconque du circuit.* — On a fermé le circuit de l'élément de Daniell, ci-dessus décrit, par un fil de cuivre très-fin et très-long disposé en zigzag, plongeant par ses deux extrémités dans deux capsules de mercure c et d (fig. 106). On a fait communiquer d'une manière permanente avec le sol la capsule d placée au-dessus de la lame de zinc, et l'on a étudié la distribution des tensions dans le reste du circuit à l'aide d'un fil de cuivre qu'on a mis successivement en contact avec les sommets de tous les angles du zigzag et avec divers points de la colonne de sulfate de cuivre. On a, de plus, déterminé les variations brusques de la tension aux points de contact des conducteurs hétérogènes qui faisaient partie du circuit. A cet effet, on a pris pour plateau supérieur du condensateur un plateau de zinc; pour plateau inférieur, un plateau de cuivre; on a fait communiquer le plateau inférieur avec le sol, et on l'a réuni au plateau supérieur par un fil de zinc. On a ainsi obtenu la différence des tensions au contact du zinc et du cuivre; elle a été positive et représentée par le nombre 4,17. Ensuite on a fait communiquer le plateau de zinc du condensateur avec la plaque de cuivre de l'élément, le circuit étant ouvert et la lame de zinc communiquant avec le sol. On a obtenu une tension représentée par 12,96 qui, d'après la disposition de l'expérience, devait être égale à la différence des tensions des deux métaux plongés dans le liquide, augmentée du double de la différence des tensions au contact du cuivre et du zinc. Il résulte de là que la somme des différences de tensions qui existent dans le circuit fermé, c'est-à-dire la différence des tensions des métaux plongés dans le liquide, augmentée de la différence des tensions au contact du zinc et du cuivre, est représentée par

$$12,96 - 4,17 = 8,79.$$

Enfin on a mesuré séparément la résistance du fil métallique et celle de l'élément.

Ces diverses déterminations ont permis d'éprouver l'exactitude de la quatrième loi énoncée plus haut. D'après cette loi, la tension électrique, depuis le point d jusqu'au point c, c'est-à-dire dans tout le fil métallique, devait être représentée par la formule

$$u = A\frac{\lambda}{L},$$

et, par conséquent, si l'on prenait pour abscisses les valeurs de λ et pour ordonnées les valeurs de la tension, le lieu des points ainsi

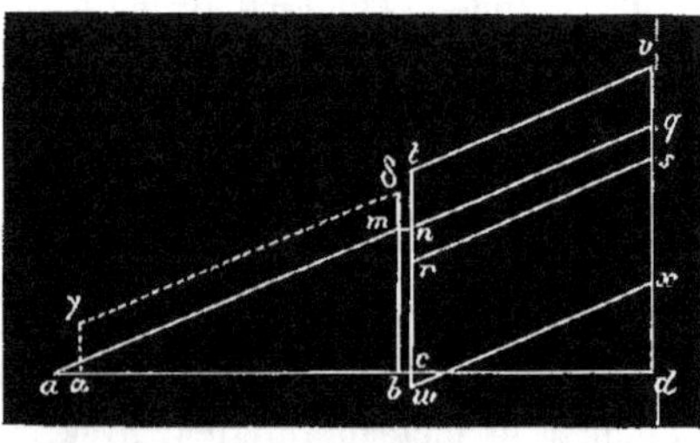

Fig. 109.

déterminés devait être une ligne droite telle que am (fig. 109). Le tableau suivant confirme cette conclusion théorique.

VALEURS DE λ [1].	VALEURS DE u	
—	observées.	calculées.
118,5	0,85	0,93
237,0	1,81	1,86
355,5	2,69	2,80
474,0	3,70	3,73

Sur la plaque de cuivre on peut admettre que la tension est sensiblement constante et peut être représentée géométriquement par la petite portion de droite mn [2]. Dans le sulfate de cuivre, la tension variera suivant la formule

$$u = A\frac{\lambda}{L} - E,$$

où E représente la différence de tension du cuivre et du sulfate de cuivre. Sa représentation géométrique sera donc une droite parallèle au prolongement de am, mais qui pourra affecter diverses positions telles que rs, tv, wx, suivant le signe et la grandeur de la différence de tension E. Les expériences de M. Kohlrausch ne permettent pas d'assigner cette position. En effet, la tension aux divers points de la colonne de sulfate de cuivre était déterminée en immergeant un fil de cuivre dans le liquide; le sulfate de cuivre était donc en contact avec du cuivre à ses deux extrémités, et l'influence de la différence de tension E se trouvait ainsi annulée. La tension devait encore s'exprimer par la formule

$$u = A\frac{\lambda}{L},$$

et se représenter par la ligne nq. C'est ce qu'on peut voir par le tableau suivant :

VALEURS DE λ.	VALEURS DE u	
—	observées.	calculées.
610,3	5,03	4,80
745,3	5,99	5,86
879,0	6,93	6,91
1019,0	7,96	7,98

[1] On avait déterminé la tension aux sommets d'ordre pair du zigzag métallique.

[2] La ligne ponctuée $\gamma\delta$ représente la distribution des tensions qui aurait lieu si le zigzag de cuivre était remplacé par un fil métallique de nature différente, positif par rapport au cuivre.

168. Application des principes de Ohm à divers cas de dérivation par MM. Kirchhoff et Poggendorff. — Ces vérifications si complètes prouvent que l'on doit attacher quelque importance à la théorie de Ohm. Les équations différentielles qu'il a obtenues doivent être exactes, et l'on peut s'en servir pour résoudre des questions que Ohm lui-même n'a pas traitées. Ohm n'a jamais considéré que des conducteurs linéaires, et, quand il s'occupe de courants dérivés, il admet que les fils de dérivation se séparent ou se réunissent aux mêmes points. Mais ce n'est là qu'un cas très-particulier, et nous allons successivement appliquer les équations de Ohm à un système de conducteurs linéaires entre-croisés d'une manière quelconque et à la distribution de l'électricité dans un conducteur de forme quelconque.

169. Méthode de M. Kirchhoff. — Nous examinerons un cas traité par M. Kirchhoff[1] et que nous résoudrons par une méthode qui du reste est générale. Un fil se bifurque en ADB et ACB (fig. 110),

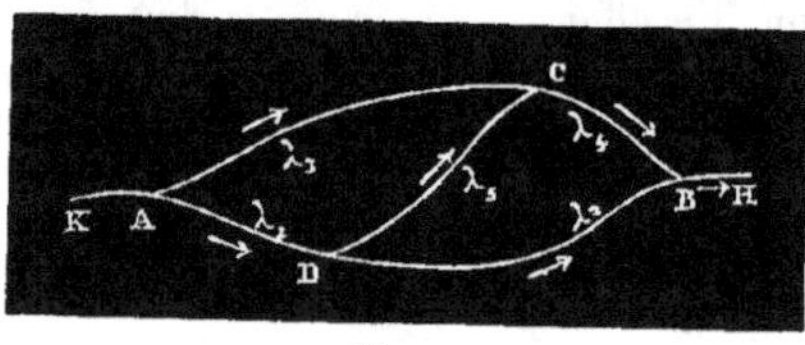

Fig. 110.

et ces deux parties sont réunies par un fil intermédiaire DC. Nous admettons qu'il n'y a de force électro-motrice que dans la partie non bifurquée. Désignons par les lettres l, k, ω, λ, avec des indices convenables, la longueur, la conductibilité, la section, la résistance des différents fils. Soient encore L la longueur de la partie non bifurquée; I, i_1, i_2, ... les intensités du courant total et des courants partiels, et indiquons par des flèches la direction du courant.

On a les équations

$$(1) \qquad I = i_1 + i_3,$$
$$(2) \qquad i_1 = i_2 + i_5,$$
$$(3) \qquad i_4 = i_5 + i_3,$$

d'où

$$I = i_2 + i_4.$$

[1] *Poggendorff's Annalen*. t. LXIV, p. 513 (1845).

Remarquons d'ailleurs que le sens du courant n'est pas connu dans chaque partie. Nous allons raisonner dans une certaine hypothèse et nous verrons ensuite quel est le sens réel d'après le signe que nous trouverons pour chaque intensité.

Pour obtenir d'autres équations, nous allons suivre le circuit en partant de A et revenir à ce point par tous les chemins possibles. Nous suivrons la marche de la tension et, en l'égalant à la tension u_0 de A, nous aurons une relation pour chaque chemin possible. Nous avons trois chemins possibles, savoir : ADBHKA, ADBCA et ADCA. En représentant par A la force électro-motrice existant dans le circuit, la tension en A dans le premier chemin est

$$u_0 - n_1 l_1 - n_2 l_2 - NL + A,$$

et, comme elle est égale à u_0, nous avons la relation

$$(4) \qquad A = NL + n_1 l_1 + n_2 l_2,$$

et de même pour les autres chemins,

$$(5) \qquad n_1 l_1 + n_2 l_2 = n_3 l_3 + n_4 l_4,$$
$$(6) \qquad n_1 l_1 + n_5 l_5 = n_3 l_3.$$

Nous avons donc six équations pour déterminer les six inconnues I, i_1, i_2, i_3, i_4, i_5. Or on a vu que

$$N = -\frac{I}{K\Omega},$$
$$n_1 = -\frac{i}{k_1 \omega_1},$$
$$\cdots \cdots \cdots \cdots$$

d'où

$$NL = -\frac{IL}{K\Omega},$$
$$n_1 l_1 = -\frac{i_1 l_1}{k_1 \omega_1},$$
$$\cdots \cdots \cdots \cdots \cdots$$

Mais $\dfrac{L}{K\Omega}$, $\dfrac{l_1}{k_1 \omega_1}$, $\cdots$ représentent les résistances des longueurs L, l,$\ldots$

et sont, par conséquent, égales à Λ, λ_1,..... Les trois équations ci-dessus deviennent donc

$$(4') \qquad A = \mathrm{I}\Lambda + i_1\lambda_1 + i_2\lambda_2,$$
$$(5') \qquad i_1\lambda_1 + i_2\lambda_2 = i_3\lambda_3 + i_4\lambda_4,$$
$$(6') \qquad i_1\lambda_1 + i_5\lambda_5 = i_3\lambda_3.$$

Si l'on résout ce système de six équations, on trouvera pour I une expression de la forme

$$\mathrm{I} = \frac{\Lambda}{\Lambda + \mathrm{T}}.$$

T est ce qu'on est convenu d'appeler la résistance de la portion multiple du circuit : cette quantité a une valeur assez compliquée.

On peut, comme cas particulier, chercher les conditions nécessaires pour que le courant qui passe dans le fil DC ait une intensité nulle, c'est-à-dire pour que $i_5 = o$.

Introduisons cette hypothèse dans les équations (2) et (3), ces équations donnent

$$i_1 = i_2 \qquad \text{et} \qquad i_3 = i_4.$$

L'équation (6') devient
$$(7) \qquad i_1\lambda_1 = i_3\lambda_3.$$

et, en vertu de l'équation (5'), on a
$$(8) \qquad i_2\lambda_2 = i_4\lambda_4.$$

Les relations (7) et (8) donnent la condition

$$\frac{\lambda_1}{\lambda_2} = \frac{\lambda_3}{\lambda_4},$$

qui subsiste toutes les fois que l'intensité du courant qui circule dans la portion DC est nulle.

170. Méthode de M. Poggendorff. — M. Poggendorff[1] a résolu ce problème d'une autre manière. Il s'appuie sur les trois

[1] *Poggendorff's Annalen*, t. LXVII, p. 273 (1846).

équations qui ont aussi servi de point de départ à la méthode précédente,

$$(1) \qquad I = i_1 + i_3,$$

$$(2) \qquad i_1 = i_2 + i_5,$$

$$(3) \qquad i_4 = i_3 + i_5.$$

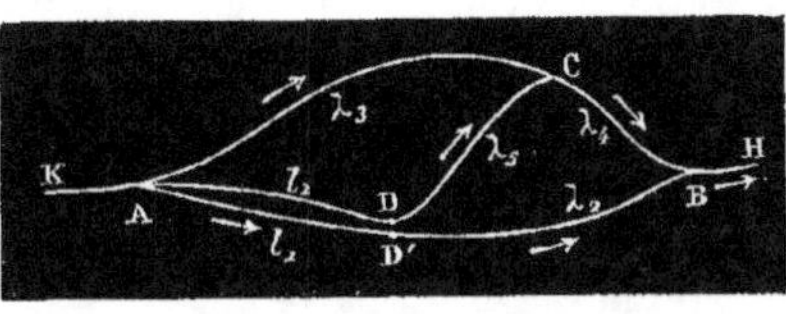

Fig. 111.

Ces équations ont été démontrées par les expériences de M. Pouillet.

On peut admettre que la portion AD (fig. 111) du fil soit décomposée en deux autres de la manière suivante. Ce fil est traversé par les deux courants i_5 et i_2; on peut donc concevoir, au lieu de ce fil unique, deux fils qui transmettraient chacun un de ces courants. Les résistances de ces fils, que nous supposons égales à l_1 et à l_2, devront être en raison inverse des courants qu'ils transmettent, ce qui donne

$$(4) \qquad l_1 i_2 = l_2 i_5.$$

De plus, la somme des sections des fils est égale à celle du fil unique, ce qui s'exprime par la relation

$$(5) \qquad \frac{1}{\lambda_1} = \frac{1}{l_1} + \frac{1}{l_2}.$$

Nous nous retrouvons dès lors dans le cas des dérivations ordinaires, et le fil ADC établit une seconde dérivation sur le premier fil dérivé ACB. La résistance de cette partie, en y comprenant son fil ADB, est alors

$$\frac{1}{\frac{1}{\lambda_3} + \frac{1}{l_2 + \lambda_5}} + \lambda_4.$$

Celle de la portion AD'B est

$$l_1 + \lambda_2.$$

Les deux courants d'intensités i_4 et i_2 qui traversent ces fils sont en raison inverse des résistances, ce qui donne

$$(6) \qquad \left(\lambda_4 + \cfrac{1}{\cfrac{1}{\lambda_3} + \cfrac{1}{l_2 + \lambda_5}} \right) i_4 = i_2 \, (l_2 + \lambda_1).$$

La même loi appliquée aux fils AC et ABC donne

$$(7) \qquad i_3 \lambda_3 = i_5 \, (\lambda_5 + l_2).$$

Pour trouver une huitième relation entre les six constantes et les deux variables l_1 et l_2, il faut déterminer la résistance du système des fils multiples; on a pour cette quantité

$$R = \cfrac{1}{\cfrac{1}{l_2 + \lambda_2} + \cfrac{1}{\lambda_1 + \cfrac{1}{\cfrac{1}{\lambda_3} + \cfrac{1}{l_2 + \lambda_5}}}}.$$

Connaissant cette valeur, on en déduit l'intensité I du courant total par la formule

$$(8) \qquad I = \frac{A}{A + R}.$$

On a ainsi les huit relations cherchées.

Entre ces huit équations on pourra éliminer l_1 et l_2, et il en résultera six équations qui suffiront pour déterminer les inconnues $(I, i_1, i_2, i_3, i_4, i_5)$.

Cette méthode a le grave inconvénient de n'offrir aucune généralité, tandis que la précédente est applicable à un cas quelconque.

171. Propagation de l'électricité dans un conducteur à deux dimensions. — On doit à M. Kirchhoff l'application des principes de Ohm au cas des conducteurs à deux dimensions, c'est-à-dire des plaques minces. M. Smaasen a étendu les résultats de ces recherches aux solides dont aucune dimension n'est négligeable.

Dans cette étude de la propagation de l'électricité, MM. Kirchhoff et Smaasen ont employé des raisonnements analogues à ceux dont Fourier s'était servi pour établir la théorie de la propagation de la chaleur. Nous allons exposer leurs théorèmes fondamentaux en changeant un peu les méthodes afin d'y introduire plus de rigueur et de généralité.

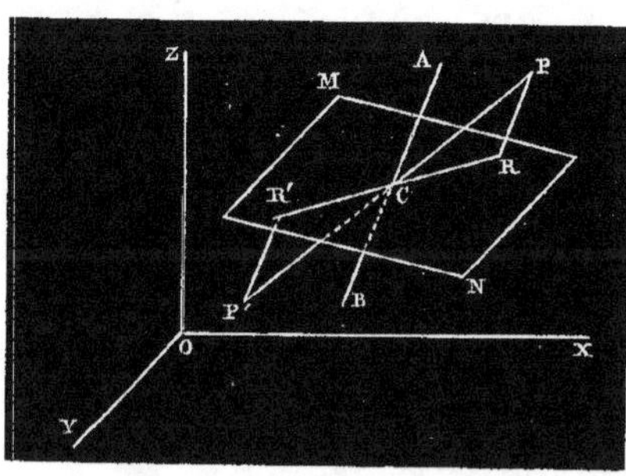

Fig. 112.

172. Expression du flux d'électricité qui passe d'un point à un autre à travers un élément plan. — Considérons dans l'intérieur du conducteur un petit élément plan de direction quelconque MN (fig. 112), et toutes les molécules environnantes contenues dans ce qu'on pourrait appeler la sphère d'activité de l'élément. Toutes ces molécules sont, par hypothèse, chargées d'électricité, et il se produit entre ces molécules et dans tous les sens des échanges continuels de fluides, de sorte qu'il s'opère à chaque instant, à travers l'élément considéré MN, deux passages d'électricité dont la somme algébrique constitue ce que l'on appelle le flux électrique. La quantité d'électricité qu'une molécule envoie à l'autre est d'ailleurs en raison inverse de leur distance et proportionnelle à la différence de leurs tensions. Cherchons l'expression du flux d'électricité. Soient P et P′ deux molécules situées de part et d'autre de MN: x, y, z les coordonnées d'un point quelconque C de MN, point par lequel on mène à l'élément MN une normale qui fait avec les axes de coordonnées les angles α, β, γ.

Soient δ et δ' les longueurs des perpendiculaires PR et P′R′ abaissées de P et P′ sur le plan de l'élément; ρ et ρ' les distances des points R et R′ au point (x, y, z), et u la tension en ce point (x, y, z). Les tensions en P et P′ seront

$$u + \frac{du}{dx}\Delta x + \frac{du}{dy}\Delta y + \frac{du}{dz}\Delta z,$$

$$u + \frac{du}{dx}\Delta' x + \frac{du}{dy}\Delta' y + \frac{du}{dz}\Delta' z,$$

en ne conservant que les termes du premier ordre.

Le flux d'électricité qui passe de P' à P, dans le temps dt, en supposant la tension plus grande en P' qu'en P, sera proportionnel à la différence des tensions multipliée par dt, c'est-à-dire à

$$dt \left[\frac{du}{dx}(\Delta'x - \Delta x) + \frac{du}{dy}(\Delta'y - \Delta y) + \frac{du}{dz}(\Delta'z - \Delta z) \right].$$

On a, d'après nos hypothèses, en désignant par λ, μ, ν et λ', μ', ν' les angles de CR et CR' avec les axes,

$$\Delta x = \delta\cos\alpha + \rho\cos\mu;$$
$$\Delta y = \delta\cos\beta + \rho\cos\nu,$$
$$\Delta z = \delta\cos\gamma + \rho\cos\lambda,$$
$$\Delta'x = \delta'\cos\alpha + \rho'\cos\mu,$$
$$\Delta'y = \delta'\cos\beta + \rho'\cos\nu,$$
$$\Delta'z = \delta'\cos\gamma + \rho'\cos\lambda.$$

Substituant et faisant la somme relative à toutes les molécules situées de part et d'autre de MN, pour avoir le flux total d'électricité qui traverse l'élément, il vient

$$dt \frac{du}{dx} (\Sigma\delta\cos\alpha + \Sigma\rho\cos\mu),$$

en ne considérant que le terme en Δx.

Or $\Sigma\delta\cos\alpha$ peut prendre une valeur nulle ou une valeur finie quelconque; mais $\Sigma\rho\cos\mu$ est toujours nul. En effet, si l'on considère un groupe de molécules P et P', et qu'on fasse tourner de 180 degrés les plans passant par ces molécules et par les normales à l'élément, les cosinus des angles λ, μ, ν prennent les mêmes valeurs en sens inverse, et, quand les projections sur MN ont tourné de 180 degrés, on trouve qu'à un terme $(\rho\cos\mu - \rho'\cos\mu')$ correspondra un terme égal et de signe contraire. On a donc pour le flux d'électricité, en étendant la somme aux groupes de molécules situés de chaque côté du plan,

$$-dt \left[\frac{du}{dx}(\Sigma\delta\cos\alpha) + \frac{du}{dy}(\Sigma\delta\cos\beta) + \frac{du}{dz}(\Sigma\delta\cos\gamma) \right],$$

ou

$$- dt \left(\frac{du}{dx} \cos \alpha \Sigma \delta + \frac{du}{dy} \cos \beta \Sigma \delta + \frac{du}{dz} \cos \gamma \Sigma \delta \right),$$

ou enfin

$$- dt \Sigma \delta \left(\frac{du}{dx} \cos \alpha + \frac{du}{dy} \cos \beta + \frac{du}{dz} \cos \gamma \right).$$

D'autre part, il est évident que le flux à travers l'élément est proportionnel à la surface de cet élément et aussi à la conductibilité électrique de la substance. Remarquons encore que, la quantité d'électricité qui passe d'un point à un autre de P′ en P dépendant de la distance d de ces deux points, on pourrait mettre au lieu du facteur $\Sigma \delta$ le facteur $\Sigma \frac{\delta}{d}$; mais on peut regarder cette somme comme renfermée dans k, et, par conséquent, adopter l'expression

$$(1) \qquad - k\, dt\, d\sigma \left(\frac{du}{dx} \cos \alpha + \frac{du}{dy} \cos \beta + \frac{du}{dz} \cos \gamma \right).$$

Si l'on rapporte cette expression à l'unité de temps et à l'unité de surface, elle devient

$$- k \left(\frac{du}{dx} \cos \alpha + \frac{du}{dy} \cos \beta + \frac{du}{dz} \cos \gamma \right):$$

k est une quantité qui dépend de la sphère d'activité des molécules ou de la conductibilité de la substance.

173. Direction de l'élément pour laquelle le flux est maximum. — Valeur du flux maximum. — L'expression générale du flux montre qu'il dépend de la direction attribuée à l'élément. Parmi les directions des divers éléments, il y en a une pour laquelle le flux est maximum.

Or on doit remarquer que le facteur

$$\frac{du}{dx} \cos \alpha + \frac{du}{dy} \cos \beta + \frac{du}{dz} \cos \gamma$$

peut être considéré comme la projection sur l'axe (α, β, γ) d'une longueur égale à l'unité prise sur une droite faisant avec les axes de coordonnées des angles dont les cosinus seraient $\frac{du}{dx}, \frac{du}{dy}, \frac{du}{dz}$. Cette projection sera évidemment maximum quand les deux droites coïncideront, ce qui exige que l'on ait

$$(2) \qquad \frac{\cos\alpha}{\dfrac{du}{dx}} = \frac{\cos\beta}{\dfrac{du}{dy}} = \frac{\cos\gamma}{\dfrac{du}{dz}}.$$

Cette condition fixe la direction suivant laquelle le flux sera maximum. La valeur de ce maximum s'obtiendra en substituant dans l'expression (1) les valeurs de $\cos\alpha$, $\cos\beta$, $\cos\gamma$ tirées de l'équation (2), savoir :

$$\cos\alpha = \frac{\dfrac{du}{dx}}{\sqrt{\left(\dfrac{du}{dx}\right)^2 + \left(\dfrac{du}{dy}\right)^2 + \left(\dfrac{du}{dz}\right)^2}},$$

$$\cos\beta = \frac{\dfrac{du}{dy}}{\sqrt{\left(\dfrac{du}{dx}\right)^2 + \left(\dfrac{du}{dy}\right)^2 + \left(\dfrac{du}{dz}\right)^2}},$$

$$\cos\gamma = \frac{\dfrac{du}{dz}}{\sqrt{\left(\dfrac{du}{dx}\right)^2 + \left(\dfrac{du}{dy}\right)^2 + \left(\dfrac{du}{dz}\right)^2}}.$$

On obtient ainsi pour le flux maximum d'électricité

$$- k\,dt\,d\sigma \sqrt{\left(\dfrac{du}{dx}\right)^2 + \left(\dfrac{du}{dy}\right)^2 + \left(\dfrac{du}{dz}\right)^2}.$$

174. Expression du flux qui traverse un élément quelconque en fonction du flux maximum. — De là on déduit une expression très-simple du flux qui traverse l'élément dans une direction quelconque faisant avec les axes des angles λ, μ, v, ou, ce qui est la même chose, du flux qui traverse l'élément quand on prend celui-ci dans une direction telle que sa normale fasse les angles λ, μ, v avec les axes. Ce nouveau flux a pour valeur

$$- k\,dt\,d\sigma \left(\frac{du}{dx}\cos\lambda + \frac{du}{dy}\cos\mu + \frac{du}{dz}\cos v\right).$$

Or les relations (2) donnent

$$\frac{du}{dx} = \cos\alpha \sqrt{\left(\frac{du}{dx}\right)^2 + \left(\frac{du}{dy}\right)^2 + \left(\frac{du}{dz}\right)^2},$$

$$\frac{du}{dy} = \cos\beta \sqrt{\left(\frac{du}{dx}\right)^2 + \left(\frac{du}{dy}\right)^2 + \left(\frac{du}{dz}\right)^2},$$

$$\frac{du}{dz} = \cos\gamma \sqrt{\left(\frac{du}{dx}\right)^2 + \left(\frac{du}{dy}\right)^2 + \left(\frac{du}{dz}\right)^2}.$$

En substituant, on trouve pour expression du flux d'électricité

$$- k\,dt\,d\sigma \sqrt{\left(\frac{du}{dx}\right)^2 + \left(\frac{du}{dy}\right)^2 + \left(\frac{du}{dz}\right)^2} \left(\cos\alpha\cos\lambda + \cos\beta\cos\mu + \cos\gamma\cos\nu \right),$$

c'est-à-dire

$$- k\,dt\,d\sigma \cos\varphi \sqrt{\left(\frac{du}{dx}\right)^2 + \left(\frac{du}{dy}\right)^2 + \left(\frac{du}{dz}\right)^2},$$

φ étant l'angle de la normale à l'élément avec la direction du flux maximum au point (x, y, z).

Si donc on connaît le flux maximum en un point, le flux à travers tout autre élément s'obtient en multipliant ce maximum par le cosinus de l'angle des normales.

175. Définition de la direction et de l'intensité du courant. — Suivant une perpendiculaire à la direction du flux maximum, on a un flux qui se réduit à zéro. Il y a donc assimilation complète entre les échanges d'électricité et un courant de fluide quelconque. Il est aisé de voir en effet que, dans un courant liquide, il passe à chaque instant une quantité $V\,d\sigma\,dt$ dans une direction parallèle au courant, tandis que dans une direction perpendiculaire il ne passe rien, et que, dans un élément dont la normale fait un angle φ, il passe $V\cos\varphi\,d\sigma\,dt$. La direction idéale du flux maximum est analogue à la direction d'un courant liquide. On ne peut pas dire toutefois que les choses se passent réellement de la même manière dans les deux cas, puisque les échanges électriques ont lieu dans toutes les directions; mais l'effet résultant est le même. En conséquence, nous appellerons *direction du courant* la direction normale à l'élément à travers lequel se fait le flux maximum. L'*intensité du courant* en un point donné est le flux maximum rapporté à l'unité de temps et à l'unité de surface. Ces définitions coïncident avec celles qui sont relatives aux conducteurs linéaires.

176. Représentation analytique du courant électrique. — Surfaces d'égale tension.

— Cette expression du courant électrique est susceptible d'une représentation analytique très-simple. En considérant l'élément MN normal au courant, nous avons trouvé

$$- k\, d\sigma\, dt \sqrt{\left(\frac{du}{dx}\right)^2 + \left(\frac{du}{dy}\right)^2 + \left(\frac{du}{dz}\right)^2}.$$

Concevons que l'on dirige l'axe des z parallèlement à la direction du courant, ceux des x et des y étant dans le plan MN. On aura dans cette hypothèse

$$\frac{du}{dx} = 0, \qquad \frac{du}{dy} = 0,$$

car ces quantités sont proportionnelles à $\cos\alpha$ et à $\cos\beta$; au contraire $\cos\gamma = 1$, et il reste pour expression du flux

$$- k\, d\sigma\, dt \frac{du}{dz}.$$

En repassant à des axes quelconques, cette expression devient

$$- k\, d\sigma\, dt \frac{du}{dN},$$

$\frac{du}{dN}$ étant une différentiation exécutée dans le sens de la normale, c'est-à-dire que du désigne la variation de tension qui correspond à un déplacement infiniment petit dN compté sur la direction du flux maximum.

Le flux, suivant une direction quelconque, est alors représenté par

$$- k\, d\sigma\, dt \frac{du}{dN} \cos\varphi,$$

du désignant la variation de tension qui correspond à un déplacement infiniment petit dN compté sur la normale.

D'après cela, le plan normal au courant électrique est facile à
déterminer. Son équation est

$$\frac{du}{dx}(\xi - x) + \frac{du}{dy}(\eta - y) + \frac{du}{dz}(\zeta - z) = 0 ;$$

elle s'obtient immédiatement, puisque les angles de la direction du
courant avec les axes ont des cosinus proportionnels à $\frac{du}{dx}$, $\frac{du}{dy}$, $\frac{du}{dz}$.
Or c'est aussi l'équation du plan tangent mené, au point (x, y, z), à
la surface

$$u = C.$$

u est une certaine fonction de x, y, z. Si on l'égale à la valeur particulière de la tension au point (x, y, z), on obtient une surface dont
le plan tangent est le précédent; c'est l'enveloppe de tous les plans
normaux menés aux divers courants qui circulent dans le conducteur en tous les points où l'intensité du courant est la même pour
tous. Ces surfaces ont reçu le nom de *surfaces d'égale tension;* parallèlement à ces surfaces le courant électrique est nul.

On peut traiter la question d'une manière inverse, supposer connues les tensions en tous les points du corps, et par conséquent les
surfaces d'égale tension. On cherchera alors les lignes qui jouissent
de la propriété de couper orthogonalement les surfaces d'égale tension : ces lignes ne sont autres que les directions des courants.

177. Équation de l'équilibre dynamique de l'électricité.
— Cherchons maintenant la condition vérifiable par l'expérience
pour que la distribution des tensions ne varie pas avec le temps. Si
l'on considère un élément de volume, il faut qu'il reçoive autant de
fluide qu'il en perd dans un temps quelconque. Ce mouvement du
fluide électrique subsistera indéfiniment, et, par analogie avec ce
qui se passe dans le mouvement de la chaleur, on l'appelle, avec
Fourier, *mouvement stationnaire,* ou mieux, avec M. Smaasen, *équilibre
dynamique.*

Pour trouver les équations différentielles de ce mouvement, il
faut imaginer un parallélipipède $\Delta x\,\Delta y\,\Delta z$ dans l'intérieur du conducteur, au point (x, y, z): chercher l'expression de la quantité d'é-

lectricité qui entre par trois des faces et celle qui sort par les trois
faces opposées, puis écrire que ces deux quantités sont égales. Or il
est facile de voir que le flux qui pénètre normalement à la face $\Delta y\,\Delta z$
est exprimé par

$$-k\,dt\,\Delta y\,\Delta z\,\frac{du}{dx},$$

tandis que celui qui sort par la face opposée est

$$-k\,dt\,\Delta y\,\Delta z\left(\frac{du}{dx}+\Delta x\,\frac{d^2u}{dx^2}\right).$$

La différence de ces deux flux donnera le gain dans cette direction,
et on aura, en opérant de même pour les deux autres directions,

$$k\,dt\,\Delta x\,\Delta y\,\Delta z\,\frac{d^2u}{dx^2},$$

$$k\,dt\,\Delta x\,\Delta y\,\Delta z\,\frac{d^2u}{dy^2},$$

$$k\,dt\,\Delta x\,\Delta y\,\Delta z\,\frac{d^2u}{dz^2}.$$

En faisant la somme, il vient

$$\frac{d^2u}{dx^2}+\frac{d^2u}{dy^2}+\frac{d^2u}{dz^2}=0,$$

équation de l'équilibre dynamique dans un corps dont la conductibilité est la même en tous sens.

**178. Méthode de M. Kirchhoff pour l'étude de l'électri-
cité dans un conducteur à deux dimensions.** — Au lieu de
procéder comme nous venons de le faire, M. Kirchhoff [1] part de la
considération des surfaces d'égale tension. La marche qu'il suit est
plus rapide, mais moins satisfaisante. Voici le principe de sa méthode.
Si l'on prend deux molécules infiniment voisines sur une même surface d'égale tension, il n'y a aucun échange d'électricité entre elles;
par conséquent, le flux sera nul parallèlement aux surfaces d'égale
tension. Si l'on imagine ensuite deux de ces surfaces infiniment voi-

[1] *Poggendorff's Annalen*, t. LXIV, p. 497 (1845). — Verdet a donné une analyse de
ce mémoire dans les *Annales de chimie et de physique*, [3], t. XL, p. 115 (1854).

sines, et un petit cylindre pq dont les génératrices seraient parallèles à la normale N au point (x, y, z), ce cylindre est assimilable à un fil linéaire de section $d\sigma$. L'échange électrique peut être assimilé dans ce cylindre à un courant également linéaire; par suite, le flux sera représenté par

$$- k \, dt \, d\sigma \, \frac{du}{dN},$$

en conservant les mêmes notations que précédemment.

Si l'on conçoit un petit élément oblique $d\omega$ mené à travers le cylindre, le flux qui le traverse a la même valeur; et comme

$$d\sigma = d\omega \cos\varphi,$$

M. Kirchhoff en conclut qu'à travers un élément quelconque l'expression du flux est

$$- k \, dt \, d\omega \, \cos\varphi \, \frac{du}{dN}.$$

En cherchant la valeur de $\cos\varphi$ et de $\frac{du}{dN}$, il arrive aux expressions précédentes. Ce raisonnement n'est pas rigoureux, car, de ce qu'il ne se fait pas d'échange parallèlement aux surfaces d'égale tension, il ne s'ensuit pas que les échanges se font seulement suivant la normale. Nous savons en effet qu'il y a des échanges obliques.

Concevons maintenant un corps à deux dimensions, c'est-à-dire une plaque très-mince, d'épaisseur ε, et admettons que tout soit identique suivant la normale aux deux faces de la plaque; $\varepsilon \, ds$ sera un élément rectangulaire qui tient lieu de $d\sigma$; on arrivera de même à l'expression du flux maximum

$$- k \varepsilon \, ds \, \frac{du}{dN},$$

et on aura, pour un flux de direction quelconque,

$$- k \varepsilon \, ds \cos\varphi \, \frac{du}{dN}.$$

L'équation de l'équilibre dynamique se trouvera réduite à

$$\frac{d^2 u}{dx^2} + \frac{d^2 u}{dy^2} = 0.$$

Au lieu d'établir l'équation sous cette forme, on peut remarquer que, si l'on conçoit à la surface de la plaque une courbe fermée telle, qu'il ne vienne pas d'électricité extérieurement et qu'il n'en sorte pas de son intérieur, on peut alors affirmer qu'il sort de l'espace enveloppé par cette courbe une quantité d'électricité aussi grande que celle qui y entre. Par conséquent, l'intégrale des quantités d'électricité qui passent par tous ses points doit être nulle. Il faut donc que l'on ait

$$\int ds \cos\varphi \, \frac{du}{dN} = 0.$$

Voici comment on prouve l'identité de ces deux conditions : ds désigne un élément pris sur une courbe quelconque, et l'on a

$$\frac{du}{dN} = \frac{du}{dx}\frac{dy}{ds} - \frac{du}{dy}\frac{dx}{ds}.$$

La condition précédente revient à

$$\int \left(\frac{du}{dx}\, dy - \frac{du}{dy}\, dx \right) = 0.$$

Comme la courbe dont il s'agit est entièrement arbitraire, sauf la condition de ne pas envelopper certains points, l'équation doit être satisfaite, quelle que soit la relation entre x et y. Il faut donc que

$$\frac{du}{dx}\, dy - \frac{du}{dy}\, dx$$

soit une différentielle exacte, x et y étant regardés comme deux variables indépendantes, ce qui exige que l'on ait

$$\frac{d^2u}{dx^2} + \frac{d^2u}{dy^2} = 0.$$

Si dans l'intérieur de la courbe il existe des électrodes par lesquelles il arrive des quantités d'électricité E, E', E''.... dans l'unité de temps, on devra avoir pour l'équilibre dynamique

$$k\varepsilon \int ds \cos\varphi \, \frac{du}{dN} + \Sigma E = 0.$$

La solution générale du problème présente de grandes difficultés

Il faudra ajouter à ces équations les équations relatives aux limites des corps; on admet que la perte par le contact de l'air est nulle, c'est-à-dire que, normalement à la surface extérieure, il y a un courant nul; par conséquent, nous avons cette condition que la surface extérieure doit être partout normale aux courbes d'égale tension. Ainsi, pour toute l'étendue du contour, on a

$$\frac{du}{dN} = 0.$$

179. Application au cas d'une plaque indéfinie. — Appliquons ces principes au cas d'une plaque indéfinie communiquant avec un système d'électrodes A_1, A_2,..., qui font arriver pendant l'unité de temps des quantités d'électricité E_1, E_2..... satisfaisant à la condition

$$E_1 + E_2 + E_3 + \cdots + E_n = 0;$$

le problème général de la propagation de l'électricité dans la plaque. qui se réduit évidemment à la connaissance des courbes d'égale tension, si la tension est donnée en un point, sera résolu si l'on prend pour u l'expression

$$u = M - \frac{E_1}{2\pi k\varepsilon} \log r_1 - \frac{E_2}{2\pi k\varepsilon} \log r_2 - \cdot \quad \cdot - \frac{E_n}{2\pi k\varepsilon} \log r_n,$$

r_1, r_2, ..., r_n désignant les distances d'un point de la plaque aux points A_1, A_2,..., et M une constante qui est déterminée par l'expérience, si l'on connaît la tension électrique en un point de la plaque [1].

La solution expérimentale est très-simple. quand il n'y a que deux électrodes.

---

[1] La condition relative au contour de la plaque n'a évidemment aucun sens, lorsqu'il s'agit d'une plaque indéfinie. Dans ce cas, il suffit qu'à une distance infinie la tension électrique prenne une valeur finie et déterminée. On voit aisément que la formule précédente satisfait à cette condition, car, en tenant compte de la relation

$$E_1 + E_2 + \cdots + E_n = 0,$$

laquelle signifie qu'il entre autant d'électricité qu'il en sort, la valeur de u se réduit à M, pour une valeur infinie de r_1, r_2, ..., r_n.

On a

$$E_1 + E_2 = 0,$$

$$u = M + \frac{E_1}{2\pi k\varepsilon} \log\left(\frac{r_2}{r_1}\right),$$

et les courbes d'égale tension s'obtiennent en posant

$$\frac{r_2}{r_1} = \text{const.}$$

Ce sont, par conséquent, des cercles qui ont leur centre sur la ligne $A_1 A_2$ dans une situation telle que les extrémités du diamètre de chaque cercle soient placées harmoniquement par rapport aux points A_1 et A_2. Les courbes normales aux précédentes sont par conséquent tous les cercles que l'on peut faire passer par les points A_1 et A_2 [1]. Il résulte de là que, si dans une plaque indéfinie on enlève une portion limitée par une courbe normale aux courbes d'égale tension, tout se passe dans la plaque limitée comme dans la plaque indéfinie. Cette conséquence est générale: mais, dans le cas qui nous occupe, la formule que nous avons donnée convient à une plaque circulaire qui communique avec les électrodes par deux points de sa circonférence. Elle convient également au cas d'une plaque limitée par un système d'arcs de cercle appartenant tous à des circonférences qui passent par les extrémités des électrodes.

180. Cas d'une plaque d'étendue finie. — Dans le cas d'une plaque d'étendue finie, la valeur précédente de u satisfait toujours aux deux premières conditions. Elle y satisfait encore si l'on y ajoute l'expression

$$E'_1 \log r'_1 + E'_2 \log r'_2 + \cdots + E'_n \log r'_n.$$

où $E'_1, E'_2, \ldots, E'_n$ représentent des quantités arbitraires; $r'_1, r'_2, \ldots r'_n$ les distances d'un point de la plaque à des points $A'_1, A'_2, \ldots, A'_n$ pris

---

[1] Les courbes contenant tous les points qui sont traversés par des courants égaux sont dans ce cas des lemniscates dont l'équation est $r_1 r_2 = \text{const.}$

L'expression précédente convient encore à toute plaque qu'on formerait en découpant une portion de la plaque indéfinie limitée par une courbe normale aux courbes d'égale tension.

arbitrairement en dehors de son contour; et, dans beaucoup de cas, on peut disposer des quantités E'_1, E'_2, ..., E'_n, ainsi que de la position des points A'_1, A'_2, ..., A'_n, de manière à satisfaire à la condition relative au contour. Dans le cas d'une plaque circulaire, cela est toujours possible. Si, par exemple, il n'y a que deux électrodes, il suffit de faire $E'_1 = E_1 = -E'_2$, et de déterminer deux points A'_1 et A'_2, à partir desquels on compte les rayons vecteurs auxiliaires r'_1 et r'_2 par la construction suivante : on joint le centre O (fig. 113) de la plaque aux points A_1 et A_2, et, sur les rayons OA_1 et

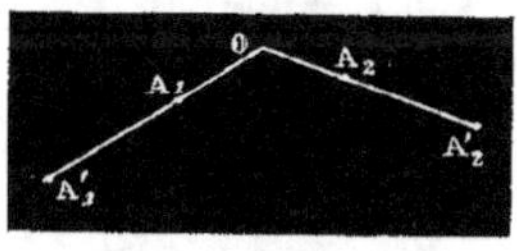

Fig. 113.

OA_2, on prend des longueurs OA'_1 et OA'_2 telles, que le rayon de la plaque soit moyen proportionnel entre OA_1 et OA'_1, comme entre OA_2 et OA'_2. La formule qui donne la valeur de u est donc

$$u = M + \frac{E_1}{2\pi k \varepsilon} \left(\log \frac{r_2}{r_1} + \log \frac{r'_2}{r'_1} \right),$$

et les courbes d'égale tension ont pour équation

$$\log \frac{r_2}{r_1} + \log \frac{r'_2}{r'_1} = 0 \quad \text{(1)}.$$

(1) Pour prouver que les courbes représentées par l'équation

$$\log \frac{r_2}{r_1} + \log \frac{r'_2}{r'_1} = \text{const.}$$

coupent normalement le contour de la plaque, on procède de la manière suivante : l'équation des courbes qui coupent ce contour normalement est, en appelant r_1R, r_2R, r'_1R, r'_2R, les angles que les rayons vecteurs r_1, r_2, r'_1 et r'_2 font avec une droite fixe,

$$v = (r_2R) - (r_1R) + (r'_2R) - (r'_1R) = \text{const.},$$

qui devient une équation du quatrième degré, si on la rapporte à des coordonnées rectilignes. Du reste, les courbes représentées par les équations $\log \frac{r_2}{r_1} = \text{const.}$ et $\frac{r'_2}{r'_1} = \text{const.}$ coupent perpendiculairement le cercle que l'on peut faire passer par les quatre points A_1, A_2, A'_1, A'_2; il en sera de même des courbes représentées par

$$\log \frac{r_2}{r_1} + \log \frac{r'_2}{r'_1} = \text{const.}$$

L'équation de ce cercle se trouvera donc contenue dans l'équation $v = \text{const.}$ Il en résulte que le premier terme de cette équation, quand il devient nul pour certaine valeur de la constante, se décompose en deux facteurs dont l'un est le premier terme de l'équation du

S'il y a plus de deux électrodes, on satisfera à toutes les conditions
en prenant la formule suivante :

$$u = \mathrm{M} - \frac{\mathrm{E}_1}{2\pi k\varepsilon}(\log r_1 + \log r_1') - \frac{\mathrm{E}_2}{2\pi k\varepsilon}(\log r_2 + \log r_2') + \cdots$$

$$- \frac{\mathrm{E}_n}{2\pi k\varepsilon}(\log r_n + \log r_n'),$$

les points A_1', A_2',..., A_n' étant déterminés par rapport au centre O et
aux points A_1, A_2,...., A_n, comme dans le cas de deux électrodes.

**181. Influence des surfaces par lesquelles l'électricité
arrive sur la plaque.** — Dans les expériences, l'électricité n'arrive pas sur une plaque conductrice par des points mathématiques,
mais par des conducteurs de dimensions sensibles, le plus souvent
par des fils cylindriques d'un très-petit diamètre. En général, cette
circonstance ne change rien aux résultats précédents. On peut en
effet assimiler un fil de section transversale très-petite, mais finie, au
système d'une infinité de points très-voisins par lesquels l'électricité
arriverait dans la plaque; et il en résulte qu'à toute distance un peu

cercle qui passe par les points A_1, A_2, A_1', A_2', et l'autre, égalé à zéro, représente le contour
de la plaque, comme nous allons le démontrer.

Prenons C pour origine des coordonnées; posons $CA_1 = \rho_1$, $CA_2 = \rho_2$, $CA_1' = \rho_1'$,
$CA_2' = \rho_2'$; appelons φ_1 et φ_2 les angles de ρ_1 et de ρ_2 avec l'axe des x: les équations des
deux courbes dont il s'agit seront

$$x^2 + y^2 - \rho_1 \rho_1' = 0 \qquad \text{ou} \qquad x^2 + y^2 - \rho_2 \rho_2' = 0 ,$$

et

$$x^2 + y^2 + \frac{(\rho_1 + \rho_1')\sin\varphi_2 - (\rho_2 + \rho_2')\sin\varphi}{\sin(\varphi_1 - \varphi_2)}x$$
$$- \frac{(\rho_1 + \rho_1')\cos\varphi_2 - (\rho_2 + \rho_2')\cos\varphi_1}{\sin(\varphi_1 - \varphi_2)}y + \rho_1\rho_1' = 0.$$

L'équation $v = C$ devient, en prenant R pour axe des y,

$$C = \operatorname{arc\,tang}\frac{x - \rho_2\cos\varphi_2}{y - \rho_2\sin\varphi_2} - \operatorname{arc\,tang}\frac{x - \rho_1\cos\varphi_1}{y - \rho_1\sin\varphi_1} + \operatorname{arc\,tang}\frac{x - \rho_2'\cos\varphi_2}{y - \rho_2'\sin\varphi_2}$$
$$- \operatorname{arc\,tang}\frac{x - \rho_1'\cos\varphi_1}{y - \rho_1'\sin\varphi_1}.$$

Mettons cette équation sous une forme algébrique et posons $C = \varphi_1 - \varphi_2$, nous obtiendrons
une expression identique au produit des deux premières équations.

grande par rapport au diamètre du fil les formules précédentes sont applicables.

Il y a encore une autre différence entre les conditions ordinaires des expériences et les conditions que suppose la théorie précédente. On ne connaît pas, en général, la quantité d'électricité qui, pendant l'unité de temps, arrive par chaque électrode sur une plaque conductrice : on connaît seulement les forces électro-motrices et les résistances qui existent dans le circuit dont la plaque fait partie, et il s'agit de déterminer, en fonction de ces éléments, les valeurs qu'il faudra mettre pour E_1, E_2, ..., dans les formules. On y parvient sans difficulté dans le cas de deux électrodes. Quel que soit le circuit dans lequel la plaque est introduite, on peut toujours le réduire idéalement à un fil unique de conductibilité k', de diamètre 2ρ, et de longueur $l_1 + l_2$, dans lequel une force électro-motrice F existe en un point D placé à une distance l_1 de l'extrémité A_1 et à une distance l_2 de l'extrémité A_2. D'après la théorie de Ohm, la tension u' en un point du fil est représentée par

$$u' = m - nl,$$

pour la portion du fil comprise entre A_1 et D_1, et par

$$u' = m - F + nl'$$

pour la portion comprise entre D et A_2, l ou l' représentant la distance du point considéré au point D. La tension d'un point de la plaque est toujours exprimée par

$$u = M - \frac{E}{2\pi\, ke} \log \frac{r_1 r_1'}{r_2 r_2'},$$

r_1 et r_2 étant les distances du point considéré aux centres A_1 et A_2 des sections du fil qui touchent la plaque, r_1' et r_2' les distances aux points A_1' et A_2' déterminés comme il a été dit plus haut.

Mais, si E désigne la quantité d'électricité qui passe par une extrémité du fil pendant l'unité de temps, E n'est autre chose que l'intensité du courant. On a donc, d'après la théorie de Ohm, pour les conducteurs linéaires,

$$E = nk'\pi\rho^2,$$

d'où

$$n = \frac{E}{k'\pi\rho^2}.$$

Si l'on porte cette valeur de n dans l'expression de u', les valeurs u'_1 et u'_2 de la tension aux extrémités A_1 et A_2 seront données par les formules [1]

$$u'_1 = m - \frac{E}{k'\pi\rho^2} l_1, \qquad u'_2 = m - F + \frac{E}{k'\pi\rho^2} l_2.$$

D'autre part, les circonférences des extrémités des fils peuvent être regardées comme appartenant à la plaque, et l'on peut calculer la tension que doit y prendre l'électricité, à l'aide de la formule générale qui donne les valeurs de u. Pour la circonférence qui a pour centre le point A_1, on aura $r_1 = \rho$, et, en négligeant ρ devant des quantités beaucoup plus grandes, $r'_1 = A_1A'_1$. $r_2 = A_1A_2$, $r'_2 = A_1A'_2$. Semblablement, pour l'autre circonférence, $r_1 = A_1A_2$, $r'_1 = A'_1A_2$, $r_2 = \rho$, $r'_2 = A_2A'_2$. On a donc

$$u'_1 = M - \frac{E}{2\pi k\varepsilon} \log \frac{\rho A_1A'_1}{A_1A_2 \cdot A_1A'_1},$$

$$u'_2 = M - \frac{E}{2\pi k\varepsilon} \log \frac{A_1A_2 \cdot A'_1A_2}{\rho A_2A'_2}.$$

On déduit de ces quatre équations

$$F = E\left\{ \frac{l_1 + l_2}{k'\pi\rho^2} + \frac{1}{2\pi k\varepsilon} \log \left[\left(\frac{A_1A_2}{\rho}\right)^2 \frac{A_1A'_2 \cdot A'_1A_2}{A_1A'_1 \cdot A_2A'_2} \right] \right\}.$$

L'intensité E du courant est ainsi égale au quotient de la force électro-motrice divisée par la somme de deux termes dont le premier représente la résistance du fil $l_1 + l_2$; il faut donc que le second terme représente la résistance de la plaque conductrice.

---

[1] Cette expression n'est pas tout à fait exacte; car dans le voisinage de la plaque l'équation $u' = m - nl$ n'est plus applicable, puisque les courants dans le fil ne sont plus parallèles à son axe. Cependant, comme nous considérons ρ comme infiniment petit, nous pouvons négliger cette circonstance.

182. Vérifications expérimentales de M. Kirchhoff. —
1ᵒ *Forme des courbes d'égale tension.* — M. Kirchhoff a vérifié les conclusions de sa théorie par des expériences variées.

En premier lieu, il a étudié la forme des lignes d'égale tension
sur une plaque circulaire communiquant par deux points de son con-

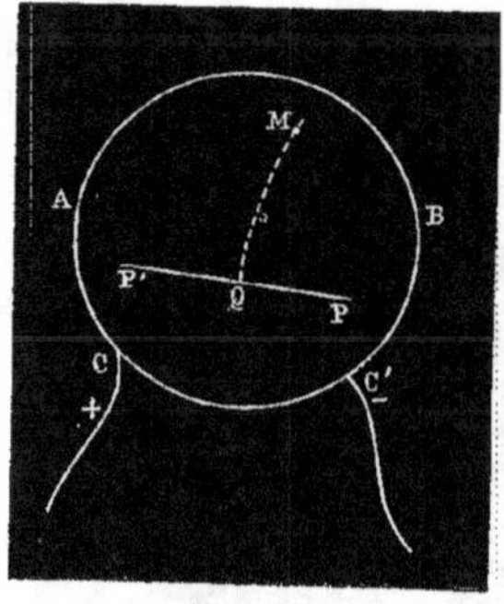

tour avec les fils conducteurs d'une pile.
Il s'est servi d'un disque circulaire AB
(fig. 114), en cuivre très-mince, d'environ 30 centimètres de diamètre. En
deux points de sa circonférence C, C'
distants d'environ 25 centimètres,
étaient soudés les deux fils conducteurs.
On touchait la plaque avec les extrémités de deux fils qui communiquaient
avec un galvanomètre très-sensible.
L'une des extrémités étant en M,
l'autre en P, on observe une déviation

Fig. 114.

de l'aiguille du galvanomètre. On ne peut encore rien conclure de la
distribution électrique antérieure au contact; mais si l'on amène un
des fils en P', l'autre étant fixé en M, on verra un renversement des
courants s'opérer dans le galvanomètre. Alors on ramène le fil mobile
vers P et l'on resserre les limites entre lesquelles a lieu le renversement des courants; de sorte que l'on arrive, après quelques tâton-
nements, à trouver une position Q pour laquelle la déviation de
l'aiguille a lieu dans un sens ou dans l'autre, dès qu'on écarte l'extrémité vers P ou vers P'. Il est clair que, dans toute position de ce
genre, le contact des fils n'apporte aucune perturbation à l'état électrique de la plaque, et que les deux points M et Q appartiennent à
une même courbe d'égale tension. M. Kirchhoff a pu ainsi vérifier
d'une manière très-satisfaisante la forme circulaire (fig. 115) et la
situation assignée par la théorie à ces courbes.

Cette méthode est susceptible de beaucoup d'applications. M. Matteucci a employé ce procédé pour déterminer la direction des courants dans un disque circulaire au voisinage d'un aimant.

2ᵒ *Distribution des tensions.* — En second lieu M. Kirchhoff a vérifié l'expression théorique de la tension électrique,

$$u = M + N \log \frac{r_2}{r_1} \cdot$$

Le disque métallique étant introduit de la manière qui vient d'être indiquée dans le circuit d'une pile à courant constant, on le touchait en deux points avec deux fils reliés à un élément thermo-électrique

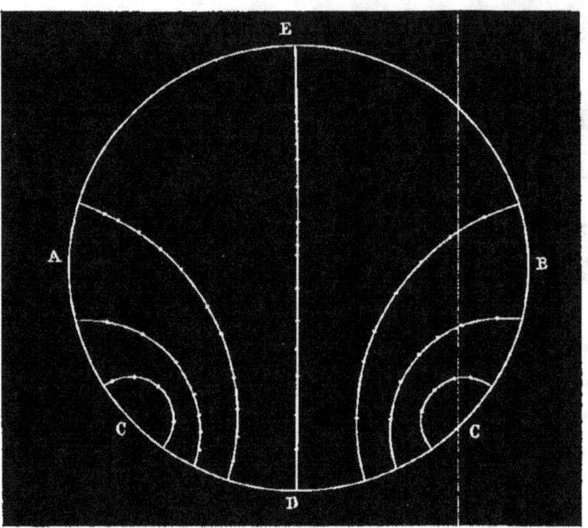

Fig. 115.

zinc et cuivre et à un galvanomètre disposés à la suite l'un de l'autre. On déterminait les positions des fils pour lesquelles la déviation galvanométrique était nulle. Aucun courant ne passant du disque sur les fils ou des fils sur le disque, l'état électrique n'était pas changé. et, comme l'absence de courant résultait d'une opposition entre la force électro-motrice propre à l'élément thermo-électrique et la force électro-motrice due à la différence de tension des deux points touchés, cette différence de tension était mesurée par la force électro-motrice de l'élément. On pouvait ainsi trouver une série de couples de points pour lesquels la différence de tension était constante et vérifier la formule théorique; les résultats des expériences ont encore été complétement satisfaisants.

Quant à l'expression théorique de la résistance d'un disque métallique. M. Kirchhoff n'a pu la vérifier avec certitude, cette résistance ayant toujours été beaucoup trop faible pour se prêter à une mesure exacte.

3° Intensité du courant électrique aux divers points de la plaque [1]. — Enfin M. Kirchhoff a mesuré les déviations d'une petite aiguille aimantée suspendue à une très-petite distance au-dessus des divers points du disque et les a trouvées conformes à la théorie. Si la distance de l'aiguille au plateau est suffisamment petite, les actions électro-magnétiques des points situés au-dessous de chaque pôle ont seules une composante horizontale sensible et, par conséquent, contribuent seules à dévier l'aiguille en dehors du méridien magnétique. Par conséquent, si l'on appelle φ l'angle que fait la direction du courant en un point du disque avec le méridien magnétique pris pour axe des x, i l'intensité du courant au point considéré, X et Y les composantes parallèles aux axes de l'action électro-magnétique exercée sur le pôle austral situé au-dessus de ce point, et k une constante, on aura

$$X = - ki \sin\varphi, \qquad Y = ki \cos\varphi,$$

en se rappelant le sens de la force électro-magnétique.

Soit u la tension électrique au même point, on a, d'après la théorie précédente,

$$i \sin\varphi = - m \frac{du}{dy},$$

$$i \cos\varphi = - m \frac{du}{dx},$$

m étant une constante; de telle façon qu'en désignant par μ le produit des deux constantes m et k il vient

$$X = \mu \frac{du}{dy}, \qquad Y = - \mu \frac{du}{dx}.$$

Si l'on conçoit une petite aiguille mobile autour de son milieu et réduite à ses deux pôles magnétiques, on aura, en appelant u' et u''

---

[1] *Poggendorff's Annalen*, t. LXVII, p. 344 (1846).

les tensions électriques au-dessous des pôles, X' et Y', X'' et Y'' les composantes de l'action électro-magnétique exercée sur chaque pôle,

$$X' = \mu \frac{du'}{dy}, \qquad\qquad X'' = \mu \frac{du''}{dy},$$

$$Y' = -\mu \frac{du'}{dx}, \qquad\qquad Y'' = -\mu \frac{du''}{dx}.$$

L'aiguille étant supposée en équilibre sous l'influence de l'action terrestre et des actions électro-magnétiques, le moment des forces précédentes pris par rapport au milieu de l'aiguille devra être proportionnel au moment magnétique. Donc, en désignant par M une nouvelle constante, et par ψ la déviation, on aura

$$\sin\psi = M\left[\frac{du'}{dy}\sin\psi - \frac{du'}{dx}\cos\psi + \frac{du''}{dy}\sin\psi - \frac{du''}{dx}\cos\psi\right].$$

Si l'on désigne par $\frac{d}{dl}$ une différentiation exécutée dans la direction de l'axe de l'aiguille, la formule précédente se réduit aisément à

$$\sin\psi = M\left(\frac{du'}{dl} + \frac{du''}{dl}\right).$$

L'aiguille aimantée employée par M. Kirchhoff dans ses expériences était un fil d'acier d'environ 2 centimètres de longueur, fixé perpendiculairement à un petit miroir que soutenait un faisceau de fils de soie sans torsion. Le disque métallique était une feuille circulaire d'étain appliquée sur une plaque de verre et communiquant avec le circuit d'une pile par deux points situés aux extrémités d'un diamètre parallèle au méridien magnétique. Les déviations de l'aiguille se mesuraient comme dans l'appareil de M. Weber, en observant l'image d'une règle divisée donnée par le miroir, et l'on prenait la moyenne des deux observations faites en intervertissant la direction du courant. Dans ces conditions particulières, l'origine des coordonnées étant au centre de la plaque, la tension était, en général, représentée par

$$u = A + B\log\frac{(x+R)^2+y^2}{(x-R)^2+y^2}.$$

Les déviations étant très-petites, on peut remplacer $\sin\psi$ par ψ,

$\frac{d}{dl}$ par $\frac{d}{dx}$, et l'on obtient comme formule définitive après toutes ces simplifications

$$\psi = K \frac{(R-L)(R+L)+\rho^2}{[(R-L)^2+\rho^2]\,[(R+L)^2+\rho^2]},$$

K désignant une nouvelle constante, 2L la longueur de l'aiguille, ρ la distance du centre de l'aiguille au centre du cercle. L'expérience a complétement vérifié cette formule.

183. Expériences de M. G. Quincke [1]. — M. Kirchhoff n'a étudié par l'expérience que le cas d'une plaque circulaire communiquant par deux points de sa circonférence avec les réophores d'une

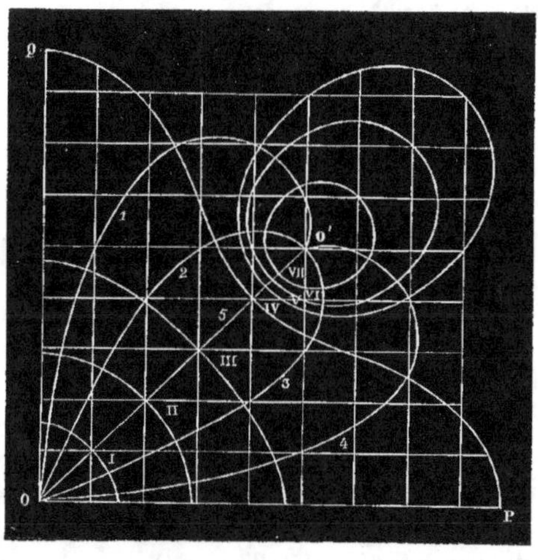

Fig. 116.

pile. M. Quincke a examiné deux autres cas un peu moins simples, et a trouvé. comme M. Kirchhoff, un accord très-satisfaisant entre l'expérience et la théorie.

Le premier cas étudié par M. Quincke est celui d'une plaque

[1] *Poggendorff's Annalen*, t. XCVII, p. 382 (1856). — Verdet a donné une analyse de ce mémoire dans les *Annales de chimie et de physique*, (3), t. XLVII, p. 203 (1856).

carrée dans laquelle l'électricité arrive par un des sommets et par un
point pris sur la diagonale qui passe par ce sommet. Si la distance
de ce deuxième point au sommet dont il s'agit est peu considérable
par rapport aux dimensions de la plaque, on peut assimiler la plaque
à une plaque indéfinie, limitée seulement par deux droites indéfinies OP et OQ (fig. 116) qui se coupent à angle droit, et l'analyse
peut déterminer la forme des lignes que M. Kirchhoff a appelées
lignes d'égale tension, et qui jouissent de la propriété que la fonction
potentielle de l'électricité libre a la même valeur en tous leurs
points. Si l'on désigne par r la distance d'un point quelconque de
la plaque au sommet O où arrive l'un des réophores, par r' sa distance au point O' où arrive le deuxième réophore, par r'_1, r'_2, r'_3
ses distances à trois points que l'on peut regarder comme les trois
images que donneraient du point O' deux miroirs rectangulaires qui
auraient pour traces sur la figure les lignes OP et OQ, on a pour
équation des lignes d'égale tension

$$\frac{r' r'_1 r'_2 r'_3}{r^4} = \text{const.}$$

La forme de ces lignes est indiquée dans la figure par les courbes
marquées de chiffres romains; les courbes marquées de chiffres arabes
sont les normales aux courbes précédentes, c'est-à-dire les lignes
de propagation de l'électricité.

Pour vérifier expérimentalement ces conséquences de la théorie.
M. Quincke s'est servi d'une plaque de plomb carrée d'environ
65 centimètres de côté, sur laquelle étaient tracés deux systèmes de
droites parallèles aux côtés OP et OQ, distantes entre elles de 27 millimètres (un pouce). Aux points O et O' étaient soudées les extrémités coniques de deux gros fils métalliques. On plaçait successivement
une extrémité du fil d'un galvanomètre aux divers points où la diagonale OO' rencontrait les sommets des mailles du réseau rectangulaire tracé sur la plaque, et on donnait à l'autre extrémité du galvanomètre une série de positions telles que l'aiguille du galvanomètre
ne fût pas déviée. On a pu ainsi construire par points plusieurs
courbes d'égale tension. et leur forme a été exactement celle que la
théorie avait indiquée. On a donné dans ces expériences une forme

particulière aux extrémités du galvanomètre; on s'est servi de deux
petites plaques de plomb supportées chacune par deux tiges de verre
et une tige métallique. Les fils du galvanomètre se fixaient à des vis
supportées par des plaques de plomb, et communiquaient ainsi avec
les tiges métalliques, de sorte qu'il n'y avait qu'à placer sur la
grande plaque des expériences ces sortes de trépieds pour mettre en
rapport cette plaque avec le galvanomètre. En prenant à la main les
tiges de verre, on pouvait à volonté déplacer les points de contact
sans échauffer les parties métalliques de l'appareil, et, par conséquent, sans exciter de courants thermo-électriques.

Le deuxième cas étudié par M. Quincke est celui d'une plaque
hétérogène, composée d'une plaque semi-circulaire de plomb et
d'une plaque semi-circulaire de cuivre, soudées ensemble suivant
leur diamètre commun, les réophores de la pile communiquant avec
deux points de la circonférence de la même plaque semi-circulaire
situés à égale distance de la ligne de soudure. Sur cette plaque,
dont le diamètre était de 25 centimètres, on avait tracé deux systèmes de lignes parallèles et perpendiculaires au diamètre de soudure, distantes entre elles de $13^{mm},5$ (un demi-pouce). L'électricité arrivait par deux points E et E' pris sur la plaque de plomb. En
appelant r_1 et r_1' les distances d'un point de la plaque de plomb
aux points E et E', ρ_1 et ρ_1' les distances de ce même point à deux
points de la circonférence de la plaque de cuivre symétrique de E et
de E', k_1 et k_2 les coefficients de conductibilité du plomb et du cuivre,
δ_1 l'épaisseur du plomb, et δ_2 celle du cuivre, la théorie assigne
l'équation suivante aux lignes d'égale tension de la plaque de plomb :

$$\log \frac{r_1'}{r_1} + \frac{k_1\delta_1 - k_2\delta_2}{k_1\delta_1 + k_2\delta_2} \log \frac{\rho'}{\rho_1} = \text{const.}$$

Sur la plaque de cuivre l'équation des lignes d'égale tension est
beaucoup plus simple. En appelant r_2 et r_2' les distances d'un point
de cette plaque aux points E et E', on trouve

$$\frac{r_2}{r_2'} = \text{const.},$$

équation qui représente une série de cercles.

En déterminant la forme des courbes d'égale tension par le même procédé que dans le cas précédent, M. Quincke a encore reconnu que l'expérience est complétement d'accord avec la théorie.

184. Détermination de la résistance d'un conducteur. — Méthode de M. Kirchhoff. — M. Kirchhoff a aussi déterminé la résistance du circuit. La méthode qu'il a suivie est la plus simple, mais elle n'est pas la plus directe.

Considérons toujours le cas d'une lame conductrice dont deux points sont mis en communication avec la pile voltaïque. Remplaçons la pile complète par un fil unique ayant partout mêmes dimensions et même nature et dont un des points seulement présente une force électro-motrice, cas idéal dans lequel nous nous sommes déjà placés en exposant les lois de Ohm. Nous devons, en outre, connaître le diamètre du fil aux points de contact avec la plaque, car le diamètre influe sur la résistance. Procédons comme nous l'avons toujours fait pour trouver une relation entre les conductibilités et les intensités des courants. Nous aurons à faire le tour du circuit et à exprimer que la tension à l'extrémité est la même qu'au départ. Nous admettrons que la tension en un point est unique et déterminée; ce principe a été démontré d'après les propriétés des fonctions potentielles exposées par Gauss dans ses recherches sur les forces d'attraction et de répulsion qui agissent en raison inverse du carré de la distance. Cela admis, on peut poser

$$u = M + if(x,y),$$

u désignant la tension au point x, y. En effet, à l'expression de la tension quelle qu'elle soit en fonction des coordonnées du point, il est permis d'ajouter une constante sans altérer la différence $(u' - u'')$ des valeurs de cette expression en deux points déterminés, par conséquent sans troubler l'équilibre; cela résulte encore de la remarque que l'on ne change pas de cette manière la dérivée première $\frac{du}{dN}$. L'équilibre aura encore lieu si l'on multiplie la fonction dont il s'agit par un facteur constant, car toutes les dérivées seront multipliées par ce facteur; par suite, $\frac{du}{dN}$ sera multiplié par un facteur constant, lequel sera proportionnel à l'intensité du courant; les équations différentielles ne cesseront pas d'être satisfaites, de sorte que l'on peut poser la relation précédente.

Soient AB (fig. 117) la plaque conductrice, AMB le fil idéal substitué à la pile et à ses électrodes. M le point où il y a une force

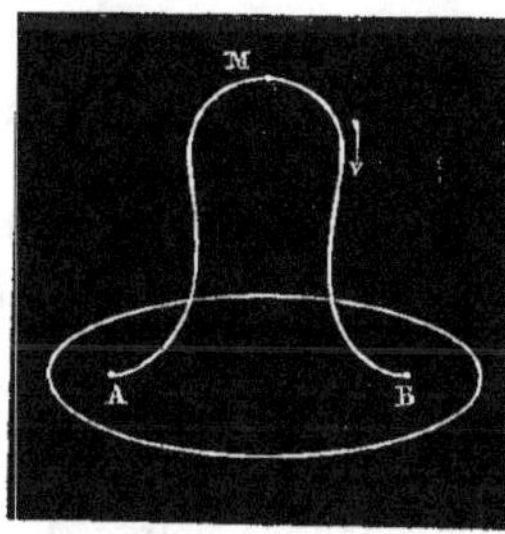
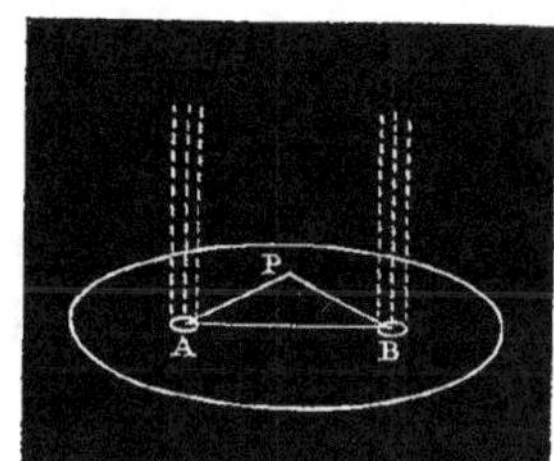

Fig. 117.   Fig. 118.

électro-motrice, m la tension sur le fil à droite du point M. Supposons de plus que les tensions aillent en décroissant dans le sens de la flèche. D'après les lois de Ohm, la tension en B sera

$$(1) \qquad u_1 = m - nl_1,$$

l_1 désignant la longueur du fil idéal qui va de M en B. De A en M la tension varie suivant la même loi, de sorte que, si l'on marche de M vers A, on aura au point A

$$(2) \qquad u_2 = m - F + nl_2;$$

car $m - F$ désigne la tension en un point très-voisin de la gauche de M, où nous supposons que naît la force électro-motrice F.

La considération des courbes d'égale tension va nous donner deux autres expressions de la tension en A et en B. Soit P (fig. 118) un point pris au hasard sur la surface de la plaque et rapporté aux centres des petits cercles de contact des fils, au moyen de rayons vecteurs r et r'; on aura pour la tension au point P

$$u = M + if(r, r').$$

Dans le cas particulier des points de la circonférence du cercle de contact du fil en B, on aura pour la tension

$$u_1 = \mathrm{M} + if(\rho, r'),$$

2ρ désignant le diamètre du petit cercle, et semblablement

$$u_1 = \mathrm{M} + if(\rho, \Delta),$$

Δ étant la distance AB. Cette substitution de Δ à r' est légitime, si AB est grand par rapport à ρ, de sorte que nous avons ainsi une expression assez approximative de la tension en B, lorsque les deux extrémités A et B ne sont pas trop voisines; sans quoi il faudrait tenir compte de la modification des courbes d'égale tension. Nous aurons de même en A

$$u_2 = \mathrm{M} + if(\Delta, \rho).$$

Nous écrivons (Δ, ρ) en ordre contraire pour les points A et B, parce que r et r' n'entrent pas symétriquement dans la fonction $f(r, r')$.

Or

$$i = k'\omega n,$$

d'où

$$n = \frac{i}{k'\omega};$$

par suite,

$$u_1 = m - \frac{i}{k'\omega} l_1,$$

$$u_2 = m - \mathrm{F} + \frac{i}{k'\omega} l_2.$$

Éliminons maintenant M et m, u_1 et u_2, afin d'avoir entre les conductibilités et l'intensité du courant une relation qui nous permette d'en déduire la résistance.

Retranchons membre à membre les équations qui expriment les valeurs de u_1 et de u_2, nous trouverons

$$\mathrm{M} - m + i\left[f(\rho,\Delta) + \frac{l_1}{k'\omega}\right] = 0,$$

$$\mathrm{F} + \mathrm{M} - m + i\left[f(\Delta,\rho) - \frac{l_2}{k'\omega}\right] = 0.$$

En retranchant ces deux équations l'une de l'autre, il vient

$$i = \frac{\mathrm{F}}{\dfrac{l_2 + l_1}{k'\omega} + \left[f(\rho, \Delta) - f(\Delta, \rho) \right]}.$$

Dans cette expression, le dénominateur représente évidemment la résistance totale, et comme $\dfrac{l_2 + l_1}{k'\omega}$ est la résistance du fil, il s'ensuit que le terme $[f(\rho, \Delta) - f(\Delta, \rho)]$ représente la résistance de la plaque.

Si la communication avait lieu autrement que par de très-petits cylindres, on raisonnerait de la même manière. Toutes les difficultés de cette vérification tiennent à l'étendue de la surface de contact des électrodes, qui doit toujours être très-petite.

Quoi qu'il en soit, M. Kirchhoff n'a pu vérifier avec certitude l'expression théorique de la résistance de la plaque, cette résistance ayant toujours été trop faible pour se prêter à une mesure exacte.

185. Recherches de M. Smaasen. — Théorème sur l'influence réciproque de plusieurs électrodes. — Dans deux mémoires publiés quelque temps après le travail de M. Kirchhoff, M. Smaasen [1] a traité la question de la propagation de l'électricité, non-seulement dans un plan, mais dans un corps solide à trois dimensions. Nous allons indiquer ce que ces recherches ont ajouté aux résultats obtenus par M. Kirchhoff.

Après avoir établi l'équation différentielle du mouvement de l'électricité,

$$\frac{d^2u}{dx^2} + \frac{d^2u}{dy^2} + \frac{d^2u}{dz^2} = 0,$$

comme nous l'avons indiqué page 286, M. Smaasen étudie de la manière suivante l'influence réciproque de plusieurs électrodes.

Si l'électricité arrive dans un plan conducteur par plusieurs électrodes, la tension électrique en un point quelconque du plan est

---

[1] *Poggendorff's Annalen*, t. LXIX, p. 161, et t. LXXII, p. 435 (1847). Verdet a donné une analyse de ces mémoires (1846) dans les *Annales de chimie et de physique*, [3], t. XL, p. 236 (1854).

une fonction linéaire des tensions qui existeraient en ce point sous l'influence séparée de chacune des électrodes.

Soient μ et μ_1 les tensions électriques de deux électrodes qui communiquent avec un plan conducteur en deux points dont les coordonnées sont respectivement a et b, a_1 et b_1. Si les dimensions des deux électrodes sont très-petites relativement à leurs distances, on peut regarder ces tensions comme constantes en tous les points d'une même électrode. Si la deuxième électrode est supprimée, la tension de la première sera modifiée et prendra une nouvelle valeur μ', également constante en tous ses points. Sous l'influence de cette électrode unique, chaque point du plan prendra une tension qui dépendra de ses coordonnées et sera proportionnelle à μ'. On pourra donc la représenter par la formule

$$u' = \mu' \, \mathrm{F}(x, y),$$

$\mathrm{F}(x, y)$ étant une fonction qui satisfait à l'équation différentielle de l'équilibre dynamique, ainsi qu'à la condition relative aux limites, et qui se réduit à l'unité si l'on y fait $x = a$, $y = b$. Semblablement, si l'on supprime la première électrode, la tension de la deuxième se réduira à μ_1', et sous l'influence de cette électrode unique la tension de chaque point du plan sera exprimable par

$$u_1' = \mu_1' \, \mathrm{F}_1(x, y),$$

F_1 étant une nouvelle fonction qui satisfait à l'équation différentielle, ainsi qu'à la condition relative aux limites, mais qui se réduit à l'unité pour $x = a_1$, $y = b_1$. Or, il résulte d'une propriété connue des équations linéaires que la somme des formules précédentes, c'est-à-dire la formule

$$U = \mu' \, \mathrm{F}(x, y) + \mu_1' \, \mathrm{F}_1(x, y),$$

sera encore une solution de l'équation différentielle. Il est d'ailleurs facile de voir qu'elle vérifiera la condition relative aux limites ; donc, s'il est possible qu'elle prenne aux points (a, b) et (a_1, b_1) les valeurs μ et μ_1 des tensions électriques des électrodes, elle sera la solution générale de la question, car elle satisfera à toutes les conditions. Or, il suffit de déterminer μ' et μ'_1 par les relations

$$\mu = \mu' + \mu'_1 \, F_1(a, b),$$
$$\mu_1 = \mu' \, F(a_1, b_1) + \mu'_1.$$

Il est clair que les valeurs de μ' et de μ'_1, ainsi déterminées, sont des fonctions linéaires de μ et de μ_1. Mais, d'autre part, si chacune des électrodes existait seule, la première avec la tension μ, la seconde avec la tension μ_1, la tension d'un point du plan serait, dans le premier cas,

$$u = \mu F(x, y),$$

et dans le second,

$$u_1 = \mu_1 \, F_1(x, y).$$

Il est par conséquent visible que U est une fonction linéaire de ces deux fonctions u et u_1; en d'autres termes, la tension qui résulte de la présence de deux électrodes est une fonction linéaire de celle que produirait chaque électrode considérée à part avec la tension qui lui est propre.

Il est facile de généraliser ces raisonnements, et de les étendre au cas de plusieurs électrodes et au cas d'un corps conducteur à trois dimensions.

186. Distribution de l'électricité dans un corps à trois dimensions. — Supposons d'abord que l'électricité arrive par une sphère de rayon ρ, ayant son centre à l'origine des coordonnées, de telle façon que la tension de l'électricité en tous les points de la surface de cette sphère soit constante et égale à μ. Admettons, de plus, qu'il s'agisse d'un corps conducteur indéfini dans tous les sens : la distribution de l'électricité sera évidemment symétrique autour de l'origine des coordonnées; en d'autres termes, la tension d'un point ne dépendra que de sa distance r à l'origine des coordonnées. Il suit de là que l'on aura

$$\frac{du}{dx} = \frac{x}{r}\frac{du}{dr}, \qquad \frac{du}{dy} = \frac{y}{r}\frac{du}{dr}, \qquad \frac{du}{dz} = \frac{z}{r}\frac{du}{dr},$$

et

$$\frac{d^2u}{dx^2} = \frac{x^2}{r^2}\frac{d^2u}{dr^2} + \frac{1}{r}\frac{du}{dr} - \frac{x^2}{r^3}\frac{du}{dr},$$

$$\frac{d^2u}{dy^2} = \frac{y^2}{r^2}\frac{d^2u}{dr^2} + \frac{1}{r}\frac{du}{dr} - \frac{y^2}{r^3}\frac{du}{dr},$$

$$\frac{d^2u}{dz^2} = \frac{z^2}{r^2}\frac{d^2u}{dr^2} + \frac{1}{r}\frac{du}{dr} - \frac{z^2}{r^3}\frac{du}{dr}.$$

Si l'on substitue ces valeurs dans l'équation différentielle de l'équilibre dynamique, il vient, en tenant compte de la relation

$$r^2 = x^2 + y^2 + z^2,$$

$$\frac{d^2u}{dr^2} + \frac{2}{r}\frac{du}{dr} = 0,$$

d'où l'on conclut aisément

$$u = -\frac{\alpha}{r} + \alpha',$$

α et α' étant deux constantes.

Supposons maintenant que l'électricité arrive simultanément par deux petites sphères de même rayon ρ, séparées par un intervalle égal à $2a$, et possédant sur leurs surfaces des tensions égales et de signe contraire μ et $-\mu$: un système de courants électriques se propagera dans l'espace conducteur. Si l'on désigne par r et r' les distances d'un point de l'espace aux centres des deux sphères, il résulte de la formule précédente, et du théorème sur l'influence de plusieurs électrodes, que la tension électrique au point r, r' sera représentée par

$$u = \frac{\beta}{r} + \frac{\beta'}{r'} + \beta''.$$

Si l'on prend la droite qui joint les centres des deux sphères pour axe des x d'un système de coordonnées rectangulaires, et si l'on place l'origine au milieu de cette droite, la formule précédente deviendra

$$u = \frac{\beta}{\sqrt{(x-a)^2 + y^2 + z^2}} + \frac{\beta'}{\sqrt{(x+a)^2 + y^2 + z^2}} + \beta''.$$

Les constantes β, β' et β'' seront faciles à déterminer, car, premièrement, à une distance infinie, la tension devra être nulle, ce qui
exige que l'on ait $\beta'' = 0$; de plus, on aura $u = \mu$ à la surface de la
première sphère, $u = -\mu$ à la surface de la seconde. Si l'on suppose
que le rayon ρ des sphères soit très-petit par rapport à leur distance,
ces deux conditions se réduisent, par approximation, à

$$\frac{\beta}{\rho} + \frac{\beta'}{2a} = \mu,$$

$$\frac{\beta}{2a} + \frac{\beta'}{\rho} = -\mu,$$

d'où l'on conclut

$$\beta = -\beta' = \frac{\rho\mu}{1 - \dfrac{\rho}{2a}},$$

ou, en négligeant $\dfrac{\rho}{2a}$,

$$\beta = -\beta' = \rho\mu.$$

Par conséquent,

$$u = \rho\mu \left[\frac{1}{\sqrt{(x-a)^2 + y^2 + z^2}} - \frac{1}{\sqrt{(x+a)^2 + y^2 + z^2}} \right]$$

est l'équation des surfaces d'égale tension, lorsqu'on y donne successivement à u des valeurs déterminées. Ces surfaces sont évidemment de révolution autour de l'axe des x, et, si l'on construit les
surfaces de révolution qui leur sont orthogonales, les méridiens de
ces nouvelles surfaces sont les lignes suivant lesquelles se propage
l'électricité. On démontre facilement que les surfaces de ce nouveau
système ont pour équation générale

$$\frac{x+a}{\sqrt{(x+a)^2 + y^2 + z^2}} - \frac{x-a}{\sqrt{(x-a)^2 + y^2 + z^2}} = 1 + \cos\theta,$$

θ représentant l'angle de l'axe des x avec le rayon vecteur mené du
centre de l'une des petites sphères qui font fonction d'électrodes à
l'un des points où cette sphère est coupée par la surface dont il s'agit
(ces points sont évidemment sur un petit cercle de la sphère, et θ est
le même pour tous).

Si l'on fait passer un plan par le centre des deux sphères, on divisera l'espace conducteur indéfini en deux parties symétriques, et chacune des deux sphères en deux hémisphères : si, de plus, on suppose que l'espace ne soit conducteur que d'un seul côté du plan, il est facile de voir que cette nouvelle hypothèse ne modifiera en rien les conséquences précédentes. En effet, l'équation des surfaces d'égale tension donnée plus haut représente un système de surfaces qui coupe à angle droit tout plan mené par l'axe des x; ces surfaces satisfont donc à la condition relative aux limites des corps, et comme elles satisfont aussi aux conditions exprimées par l'équation différentielle, et à celles qui résultent de la valeur de la tension à la surface des sphères qui font l'office d'électrodes, il en résulte qu'elles sont bien les surfaces d'égale tension, comme dans le cas où l'espace conducteur était supposé indéfini dans tous les sens.

187. Détermination de la résistance d'un espace conducteur indéfini. — Pour déterminer la résistance des conducteurs à deux et à trois dimensions, M. Smaasen n'a pas suivi la méthode indirecte dont M. Kirchhoff avait fait usage. Il s'est servi d'une méthode entièrement directe, qui a l'inconvénient d'entraîner à des calculs plus compliqués que ceux de la méthode de M. Kirchhoff, mais qu'il est cependant utile de connaître.

Supposons connues les surfaces d'égale tension et celles des électrodes. Concevons alors toutes les lignes normales aux surfaces d'égale tension et qui ne sont autres que les directions des courants; l'espace compris entre les électrodes se trouve divisé par ces lignes en une infinité d'éléments infiniment petits qui ont tous une de leurs dimensions parallèle à la direction suivant laquelle se propage l'électricité dans leur intérieur. Comme chacun de ces éléments peut être assimilé à un petit fil métallique dont la résistance est proportionnelle à la longueur et en raison inverse de la section, il ne reste plus qu'à calculer la résistance de l'ensemble, comme on calcule celle d'un système de fils traversés par un courant.

Soient donc M et M' (fig. 119) les deux électrodes sphériques, AB et A'B' les méridiens de deux surfaces infiniment voisines orthogonales aux surfaces d'égale tension, ac et bd les éléments des méri-

diens de deux surfaces d'égale tension infiniment voisines; le petit
rectangle *abcd*, en tournant autour de l'axe des x, engendrera un
espace dont la résistance sera facile à estimer. Ce sera, en effet, un

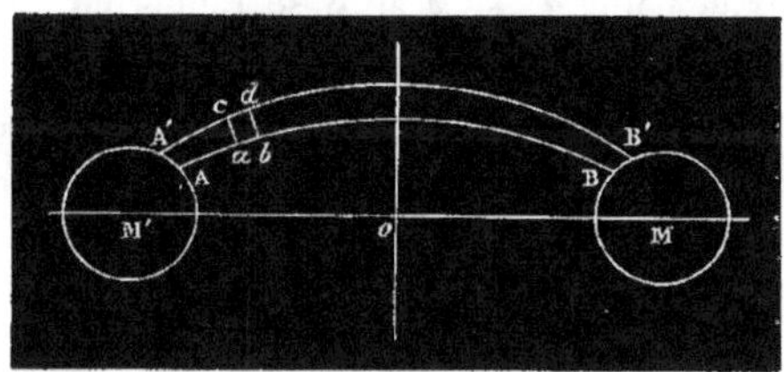

Fig. 119.

anneau conique conducteur traversé par l'électricité dans le sens *ab*;
sa résistance sera donc proportionnelle à *ab* et en raison inverse de
la surface engendrée par *ac*; si l'on désigne par R la distance du
point *a* à l'axe, cette résistance aura pour expression

$$\frac{k \times ab}{2\pi \mathrm{R} \times ac},$$

k étant le coefficient spécifique de résistance du corps conducteur.
En faisant la somme d'une infinité d'expressions de ce genre, on aura
la résistance de l'espace infiniment étroit engendré par la révolution
de la bande ABA'B'. Ensuite on prendra l'inverse de cette résistance
et de la résistance de tous les espaces analogues; faisant la somme
de tous ces inverses, on aura l'inverse de la résistance du corps conducteur tout entier, de même qu'on obtient l'inverse de la résistance
d'un système de fils parallèles en ajoutant les inverses des résistances
des divers fils.

Désignons par x, $x + \delta x$, $x + \Delta x$ les abscisses des points a, b et c,
par R, R + δR, R + ΔR les distances de ces mêmes points à l'axe
des x, nous aurons

$$ab = \sqrt{\delta x^2 + \delta \mathrm{R}^2} \qquad\qquad ac = \sqrt{\Delta x^2 + \Delta \mathrm{R}^2};$$

soient, de plus,

$$\psi(x, \mathrm{R}) = b, \qquad\qquad \varphi(x, \mathrm{R}) = c$$

les équations générales des surfaces d'égale tension et des surfaces orthogonales, b et c désignant deux paramètres variables, et R la distance $\sqrt{y^2 + z^2}$ d'un point donné à l'axe des x. Supposons que les valeurs des paramètres b et c se rapportent aux courbes ac et AB qui passent par le point a; si x et R se rapportent pareillement au point a, on aura pour ce point

$$\psi(x, \text{R}) = b. \qquad \varphi(x, \text{R}) = c.$$

et pour le point b, infiniment voisin,

$$\psi(x + \delta x, \text{R} + \delta\text{R}) = b + db, \qquad \varphi(x + \delta x, \text{R} + \delta\text{R}) = c;$$

d'où l'on conclut

$$\frac{d\psi}{dx}\delta x + \frac{d\psi}{d\text{R}}\delta\text{R} = db, \qquad \frac{d\varphi}{dx}\delta x + \frac{d\varphi}{d\text{R}}\delta\text{R} = 0.$$

Semblablement on aura, pour le point c,

$$\psi(x + \Delta x, \text{R} + \Delta\text{R}) = b, \qquad \varphi(x + \Delta x, \text{R} + \Delta\text{R}) = c + dc.$$

d'où l'on conclut

$$\frac{d\psi}{dx}\Delta x + \frac{d\psi}{d\text{R}}\Delta\text{R} = 0, \qquad \frac{d\varphi}{dx}\Delta x + \frac{d\varphi}{d\text{R}}\Delta\text{R} = dc.$$

De là les valeurs suivantes de δx, δR, Δx et ΔR :

$$\delta x = \frac{-\dfrac{d\varphi}{d\text{R}}db}{\dfrac{d\psi}{d\text{R}}\dfrac{d\varphi}{dx} - \dfrac{d\psi}{dx}\dfrac{d\varphi}{d\text{R}}}, \qquad \delta\text{R} = \frac{\dfrac{d\varphi}{dx}db}{\dfrac{d\psi}{d\text{R}}\dfrac{d\varphi}{dx} - \dfrac{d\psi}{dx}\dfrac{d\varphi}{d\text{R}}},$$

$$\Delta x = \frac{\dfrac{d\psi}{d\text{R}}dc}{\dfrac{d\psi}{d\text{R}}\dfrac{d\varphi}{dx} - \dfrac{d\psi}{dx}\dfrac{d\varphi}{d\text{R}}}, \qquad \Delta\text{R} = \frac{-\dfrac{d\psi}{dx}dc}{\dfrac{d\psi}{d\text{R}}\dfrac{d\varphi}{dx} - \dfrac{d\psi}{dx}\dfrac{d\varphi}{d\text{R}}}.$$

On en déduit pour les valeurs de ab et de ac

$$ab = \frac{db\sqrt{\left(\dfrac{d\varphi}{dx}\right)^2 + \left(\dfrac{d\varphi}{d\text{R}}\right)^2}}{\dfrac{d\psi}{d\text{R}}\dfrac{d\varphi}{dx} - \dfrac{d\psi}{dx}\dfrac{d\varphi}{d\text{R}}}, \qquad ac = \frac{dc\sqrt{\left(\dfrac{d\psi}{dx}\right)^2 + \left(\dfrac{d\psi}{d\text{R}}\right)^2}}{\dfrac{d\psi}{d\text{R}}\dfrac{d\varphi}{dx} - \dfrac{d\psi}{dx}\dfrac{d\varphi}{d\text{R}}}.$$

Substituant ces valeurs, on obtient pour résistance de l'anneau élémentaire

$$\frac{k}{2\pi R}\frac{db}{dc}\sqrt{\frac{\left(\frac{d\varphi}{dR}\right)^2+\left(\frac{d\varphi}{dx}\right)^2}{\left(\frac{d\psi}{dR}\right)^2+\left(\frac{d\psi}{dx}\right)^2}}.$$

En intégrant cette expression par rapport à b[1], on obtient la résistance de l'espace engendré par la révolution de la bande ABA'B',

$$W=\frac{k}{\pi\,dc}\int_{b_0}^{b_1}\frac{1}{R}\frac{\sqrt{\left(\frac{d\varphi}{dR}\right)^2+\left(\frac{d\varphi}{dx}\right)^2}}{\sqrt{\left(\frac{d\psi}{dR}\right)^2+\left(\frac{d\psi}{dx}\right)^2}}\,db.$$

On prend pour limites la valeur minimum et la valeur maximum du
paramètre b, et l'on double l'intégrale par suite de la distribution
symétrique des tensions de part et d'autre du plan yz. La résistance
de l'espace entier sera donnée par la formule

$$\frac{1}{L}=\int\frac{1}{W}=\frac{\pi}{k}\int dc\,\frac{1}{\displaystyle\int_{b_0}^{b_1}\frac{1}{R}\frac{\sqrt{\left(\frac{d\varphi}{dR}\right)^2+\left(\frac{d\varphi}{dx}\right)^2}}{\sqrt{\left(\frac{d\psi}{dR}\right)^2+\left(\frac{d\psi}{dx}\right)^2}}\,db}.$$

Les limites de c sont les valeurs qui correspondent à $\theta=0$ et à
$\theta=\pi$, c'est-à-dire 2 et 0.

Dans le cas où l'espace conducteur est supposé indéfini, on a

$$\psi-b=\frac{1}{\sqrt{(x-a)^2+R^2}}-\frac{1}{\sqrt{(x+a)^2+R^2}}-b=0,$$

$$\varphi-c=\frac{x+a}{\sqrt{(x+a)^2+R^2}}-\frac{x-a}{\sqrt{(x-a)^2+R^2}}-c=0;$$

---

[1] Cette intégration est légitime, car en vertu des relations $\varphi(x,R)=b$ et $\psi(x,R)=c$
on peut exprimer x et R en fonction du paramètre c, qui est constant dans toute l'étendue
de la ligne AB, et du paramètre b, qui varie d'un point à l'autre de cette ligne.

et ensuite, en différentiant, on trouve

$$\frac{d\varphi}{dR} = \frac{R\,(x-a)}{\left[R^2+(x-a)^2\right]^{\frac{3}{2}}} - \frac{R\,(x+a)}{\left[R^2+(x+a)^2\right]^{\frac{3}{2}}},$$

$$\frac{d\varphi}{dx} = \frac{R^2}{\left[R^2+(x+a)^2\right]^{\frac{3}{2}}} - \frac{R^2}{\left[R^2+(x-a)^2\right]^{\frac{3}{2}}},$$

$$\frac{d\psi}{dR} = \frac{R}{\left[R^2+(x-a)^2\right]^{\frac{3}{2}}} - \frac{R}{\left[R^2+(x+a)^2\right]^{\frac{3}{2}}},$$

$$\frac{d\psi}{dx} = \frac{x+a}{\left[R^2+(x+a)^2\right]^{\frac{3}{2}}} - \frac{x-a}{\left[R^2+(x-a)^2\right]^{\frac{3}{2}}}.$$

On vérifie facilement les conditions

$$\frac{d\varphi}{dR} = -R\frac{d\psi}{dx}, \qquad\qquad \frac{d\varphi}{dx} = -R\frac{d\psi}{dR}.$$

Par conséquent,

$$\left(\frac{d\varphi}{dx}\right)^2 + \left(\frac{d\varphi}{dR}\right)^2 = R^2\left[\left(\frac{d\psi}{dx}\right)^2 + \left(\frac{d\psi}{dR}\right)^2\right],$$

et l'expression de W se réduit à la forme très-simple

$$W = \frac{k}{\pi\,dc}\int_{b_0}^{b_1} db = \frac{k}{\pi\,dc}(b_1 - b_0).$$

On prendra pour limites de l'intégration $b_0 = 0$ et $b_1 = \frac{1}{\rho}$, ce qui donne

$$W = \frac{k}{\pi\rho\,dc};$$

de là la valeur de L,

$$L = \frac{k}{2\pi\rho}.$$

S'il s'agit d'un espace conducteur limité par un plan indéfini, mais illimité dans tout autre sens, sa résistance sera évidemment double de la précédente et sera exprimée par

$$L = \frac{k}{\pi\rho}.$$

188. Application à la terre. — Si l'on applique ces principes au cas d'un conducteur limité par le plan des électrodes, mais indéfini dans les autres sens, les électrodes étant de plus hémisphériques, on aura la représentation de ce qui se passe quand un fil télégraphique communique avec le sol. L'expression théorique de la résistance $L = \dfrac{k}{\pi\rho}$ sera celle de la résistance du globe, ρ désignant le rayon des surfaces hémisphériques des électrodes et k la conductibilité du conducteur interposé. Nous voyons que *cette résistance L ne dépend pas de la distance des deux extrémités des électrodes, que la forme des électrodes a une influence certaine sur sa valeur et qu'elle varie en raison inverse de leur rayon.*

189. Insuffisance de la plupart des expériences. — Critique des expériences de Matteucci. — On n'a pas encore vérifié rigoureusement cette formule. Matteucci avait cru constater par expérience la non-influence de la distance des points de contact des électrodes. Il opérait sur une ligne télégraphique à deux fils qui communiquent d'abord ensemble; une pile et un galvanomètre sont à l'une des stations, et à l'autre station se trouve un observateur. On fait communiquer les deux fils, et, lorsque le courant passe, on observe une certaine intensité du courant

$$i = \frac{E}{r},$$

r étant la résistance des fils; on supprime alors l'un des fils et on le remplace par la terre; on reconnaît que l'intensité du courant augmente beaucoup, fait qui avait déjà été observé par Steiner; on prend le rapport des intensités observées. En opérant sur une voie de 8 à 80 kilomètres, Matteucci a en effet vérifié que la distance n'influe pas sur le rapport observé. Mais on peut faire à cette manière d'opérer une objection capitale : les deux électrodes que l'on amène dans le sol étant plongées dans un terrain humide, comme les fils de paratonnerre, décomposent l'eau, et il se produit une polarisation qui ajoute son effet à celui du courant primitif, et que l'on n'a pas encore étudiée. Matteucci prétendait avoir reconnu que l'effet de la polarisation n'était pas sensible au premier instant, et que l'on s'en rendait indépendant en observant la première déviation du galvanomètre provenant de l'impulsion produite par la première onde électrique. Mais son opinion est erronée, car Lenz a montré que dans le passage des courants des batteries électriques dans les liquides il y a une polarisation des électrodes. Ainsi l'expression

$$L = \frac{k}{\pi \rho}$$

n'est pas encore vérifiée.

Il ne faudrait pas croire que l'on dût mettre pour ρ le diamètre du fil; car on place celui-ci dans un puits d'eau ou dans une masse de charbon, et c'est ce puits ou cette masse de charbon qui constitue le conducteur que l'on doit envisager. On a alors un système de plusieurs conducteurs, le fil, le puits et le grand conducteur terrestre, hétérogène sans doute; mais les petites différences des matières constituantes disparaissent devant les dimensions du tout. Ce sont ces grandes dimensions qui nous expliquent le peu de résistance de la terre. On peut en effet l'assimiler à celle d'un cylindre de terre dont la longueur serait ρ et le diamètre de la section ρ. L'expression de la résistance de ce cylindre est $\dfrac{\rho k}{\pi \rho^2}$ ou $\dfrac{k}{\pi \rho}$, valeur qui serait encore trop considérable si l'on prenait pour ρ le petit diamètre du fil de l'électrode.

190. Propagation de l'électricité dans un système de conducteurs non linéaires. — Possibilité de substituer idéalement à tout système de ce genre un système équivalent de conducteurs linéaires. — Nous allons maintenant exposer un théorème très-général et très-important dû à M. Kirchhoff[1]. Il rend légitime un mode de raisonnement qui avait besoin de démonstration. On applique les formules de Ohm, trouvées pour un fil, à une pile, à un vase plein de liquide et de forme quelconque; c'est admettre *à priori* qu'un conducteur de forme et de nature quelconques peut être remplacé par un système de fils conducteurs.

Considérons le cas général d'un système de conducteurs à trois

____

[1] *Poggendorff's Annalen*, t. LXXV, p. 189 (1848). Verdet a donné une analyse de ce mémoire dans les *Annales de chimie et de physique*, [3], t. XL, p. 327 (1854).

dimensions, où l'on suppose qu'il existe des forces électro-motrices aux surfaces de contact des conducteurs de nature différente. Les conditions analytiques du problème sont faciles à établir.

Premièrement, dans l'intérieur de chaque corps du système, on aura en chaque point, si l'on désigne par u la tension électrique,

$$(1) \qquad \frac{d^2 u}{dx^2} + \frac{d^2 u}{dy^2} + \frac{d^2 u}{dz^2} = 0.$$

Tous les points situés à la surface extérieure du conducteur satisfont à l'équation

$$(2) \qquad \frac{du}{dN} = 0.$$

Pour les points situés à la surface de contact de deux conducteurs différents, on aura deux conditions nouvelles. D'abord, s'il existe une force électro-motrice sur la surface de contact, on aura, en appelant u et u_1 les tensions électriques de part et d'autre de cette surface, et E une constante proportionnelle à la force électro-motrice,

$$(3) \qquad u - u_1 = \mathrm{E}.$$

Ensuite il faudra que, pour chaque élément de la surface de contact, il sorte de l'un des corps précisément autant d'électricité qu'il en entre dans le deuxième corps. Cette condition s'exprime par l'équation

$$(4) \qquad k \frac{du}{dN} = k_1 \frac{du_1}{dN},$$

qui devra être satisfaite dans toute l'étendue de la surface de contact, si l'on désigne par k et k_1 les coefficients de conductibilité des deux corps voisins et par $\frac{d}{dN}$ une différentiation exécutée suivant la normale à la surface de contact.

Ces quatre conditions déterminent complétement la propagation de l'électricité. En effet, si l'on suppose que deux fonctions différentes u' et u'' puissent représenter la distribution des tensions électriques dans un corps du système, on démontre, en s'appuyant sur les propriétés des fonctions potentielles étudiées par Gauss [1], que la différence $(u' - u'')$ est constante [2]. Il en résulte que les diverses distributions possibles ne diffèrent que par la valeur absolue des

[1] *Untersuchungen über die in verkehrten Verhältnisse des Quadrats der Entfernung wirkenden Anziehungs- und Abstossungskräfte* (1839).

[2] Posons $u' - u'' = v$ et cherchons la valeur de

$$(5) \qquad \sum k \int\int\int \delta x\, \delta y\, \delta z \left[\left(\frac{dv}{dx}\right)^2 + \left(\frac{dv}{dy}\right)^2 + \left(\frac{dv}{dz}\right)^2 \right],$$

en étendant l'intégration au volume entier de chacun des conducteurs et la sommation au système tout entier. Cette expression s'annule par suite des conditions auxquelles u' et u'' satisfont; mais, comme elle est une somme de termes essentiellement positifs, il faut que chacun d'eux soit nul, c'est-à-dire que, dans l'intérieur de chaque conducteur, les quantités

$$\frac{dv}{dx}, \qquad \frac{dv}{dy}, \qquad \frac{dv}{dz}$$

soient respectivement nulles. Il en résulte que v est constant dans l'intérieur de chaque conducteur, et, par suite, dans tout le système, en ayant égard à l'équation (3). Pour démontrer que l'expression (5) doit s'annuler effectivement, on remarque que les fonctions u' et u'', dans l'intérieur du corps auquel elles se rapportent, satisfont à l'équation (1); par suite, v y satisfait aussi; donc, comme l'a prouvé Gauss, l'intégrale triple qui est multipliée par k dans l'expression (5) est égale à

$$-\int d\omega \cdot v\, \frac{dv}{dN},$$

$d\omega$ étant un élément de la surface du corps considéré, N la normale à cet élément dirigée vers l'intérieur, et l'intégration s'étendant à toute la surface. Pour la partie de cette surface par laquelle le corps n'est pas en contact avec les autres conducteurs, $\frac{dv}{dN}$ s'annule, car $\frac{du}{dN}$ et $\frac{du'}{dN}$ doivent s'annuler; on ne doit donc étendre l'intégration qu'aux parties de la surface qui sont communes avec d'autres corps. Il en résulte que l'expression (5) se transforme en une somme d'intégrales se rapportant aux surfaces de contact qui se trouvent dans le système. Par exemple, pour le contact de deux corps auxquels correspondent les grandeurs k, v, N, et k', v', N', on aura à prendre l'intégrale

$$\int d\omega \left(kv\, \frac{dv}{dN} + k_1 v_1 \frac{dv_1}{dN_1} \right),$$

et à effectuer la sommation pour toutes les surfaces de contact. Mais de l'équation (3), à laquelle u' et u'' doivent satisfaire, on tire $v = v_1$, et de l'équation (4) on déduit

$$k\, \frac{dv}{dN} + k_1\, \frac{dv_1}{dN_1} = 0.$$

Donc le coefficient de $d\omega$ dans notre intégrale est nul; par suite cette intégrale est nulle; il en est de même de toutes les intégrales semblables, et par suite de l'expression (5).

tensions électriques; mais les différences des tensions dans les divers points sont les mêmes dans toutes ces distributions, et, comme le mouvement de l'électricité ne dépend que des différences de tension, ce mouvement a toujours lieu de la même manière. Il est donc entièrement déterminé.

191. Application au cas de deux conducteurs réunis par deux fils de section très-petite. — M. Kirchhoff applique ces formules au cas de deux systèmes de conducteurs quelconques A et B réunis ensemble par deux fils conducteurs p et q de section très-petite. Il suppose que, dans le système A, les corps soient disposés en série, c'est-à-dire que le deuxième corps du système ne soit en contact qu'avec le premier et le troisième, et ainsi de suite. Aux surfaces de contact, il peut y avoir des forces électro-motrices. Le système B est absolument quelconque.

Ces hypothèses conduisent aux conséquences suivantes. Soient 1, 2, 3,..., n les divers corps qui constituent le système A, et u_1, u_2,..., u_n les tensions de l'électricité dans ces divers corps; ces tensions seront entièrement déterminées en appliquant les formules (1) et (2) à chaque corps en particulier, les formules (3) et (4) à chaque surface de contact de deux corps successifs, et en supposant connues les valeurs que prennent la tension du corps 1 au point d'attache du fil p et la tension du corps n au point d'attache du fil q. Soient u_p et u_q ces deux valeurs. Supposons que le système B soit changé d'une manière quelconque, et que dans le système A les forces électro-motrices seulement viennent à changer, la forme, la conductibilité et la disposition des corps demeurant les mêmes; les tensions électriques dans les corps du système A prendront de nouvelles valeurs u'_1, u'_2,..., u'_n qui satisferont aux mêmes équations (1), (2) et (4) que les précédentes, mais non aux mêmes équations (3). En effet, dans le premier état du système, on aura, sur les diverses surfaces de contact :

$$u_1 - u_2 = \mathrm{E}_{1,2},$$
$$u_2 - u_3 = \mathrm{E}_{2,3},$$
$$\cdot \cdot \cdot \cdot \cdot \cdot \cdot \cdot,$$
$$u_{n-1} - u_n = \mathrm{E}_{n-1,n}.$$

Dans le deuxième état du système, on aura sur les mêmes surfaces
de contact

$$u'_1 - u'_2 = E'_{1,2},$$
$$u'_2 - u'_3 = E'_{2,3},$$
$$\dots\dots\dots\dots$$
$$u'_{n-1} - u'_n = E'_{n-1,n}.$$

Enfin, aux points d'attache des fils p et q, les tensions auront de
nouvelles valeurs u'_p et u'_q. Or il est facile de voir qu'une relation
très-simple lie les tensions $u'_1, u'_2, \dots, u'_n$ avec les tensions $u_1, u_2, \dots,$
u_n. En effet, si l'on pose

$$(\mathrm{L}) \quad \left\{ \begin{aligned} u'_1 &= \alpha u_1 + \beta_1, \\ u'_2 &= \alpha u_2 + \beta_2, \\ &\cdots\cdots\cdots \\ u'_n &= \alpha u_n + \beta_n, \end{aligned} \right.$$

$\alpha, \beta_1, \beta_2, \beta_3, \dots, \beta_n$ étant des constantes arbitraires, ces expressions
satisferont évidemment aux équations (1), (2) et (4). Elles satisfe-
ront pareillement aux équations (3) et aux conditions relatives aux
points d'attache p et q, si l'on a

$$(\mathrm{M}) \quad \left\{ \begin{aligned} \beta_1 - \beta_2 &= E'_{1,2} - \alpha E_{1,2}, \\ \beta_2 - \beta_3 &= E'_{1,2} - \alpha E_{2,3}, \\ &\cdots\cdots\cdots\cdots\cdots \\ \beta_{n-1} - \beta_n &= E'_{n-1,n} - \alpha E_{n-1,n}, \\ \beta_1 &= u'_p - \alpha u_p, \\ \beta_n &= u'_q - \alpha u_q. \end{aligned} \right.$$

Si l'on détermine les $n+1$ constantes $\alpha, \beta_1, \beta_2, \dots, \beta_n$ par ces
$n+1$ équations du premier degré, l'on obtiendra un système de
valeurs de $u'_1, u'_2, \dots, u'_n$ qui satisfera à toutes les conditions du
problème ; et comme le problème ne comporte qu'une solution, ce
système sera le seul admissible.

Les équations précédentes s'obtiennent de la manière suivante.
On doit avoir pour les forces électro-motrices

$$u'_1 - u'_2 = E'_{1,2};$$

précédemment on avait

$$u_1 - u_2 = \mathrm{E}_{1,2};$$

on a de plus le système (L), d'où

$$\alpha\left(u_1 - u_2\right) + \beta_1 - \beta_2 = \mathrm{E}'_{1,2};$$

donc

$$\beta_1 - \beta_2 = \mathrm{E}'_{1,2} - \alpha\mathrm{E}_{1,2},$$

$$\cdot\;\cdot\;\cdot\;\cdot\;\cdot\;\cdot\;\cdot\;\cdot\;\cdot\;\cdot\;\cdot\;\cdot\;\cdot$$

Relativement aux points de contact des deux corps avec le fil p et le fil q, on devra avoir sur le premier

$$u'_p = \alpha u_p + \beta_1,$$

et sur le dernier

$$u'_q = \alpha u_q + \beta_n.$$

Ce sont là les deux dernières équations du système (M).

Il résulte de la forme des relations précédentes, et de l'expression connue du flux d'électricité en un point donné, que les flux d'électricité en un point quelconque du système A, considérés dans le premier et dans le second état, seront entre eux dans le rapport de 1 à α. Cela aura lieu en particulier aux points d'attache des fils p et q. Or en ces points le flux électrique n'est autre chose que l'intensité du courant telle qu'on pourrait la mesurer dans les deux fils qui font partie du circuit. Donc, si l'on appelle I et I' les deux intensités dans les deux états successifs de l'expérience, on aura

$$\frac{\mathrm{I}'}{\mathrm{I}} = \alpha.$$

Mais on peut déterminer α par les équations du premier degré (M); on n'a qu'à ajouter les $(n-1)$ premières membre à membre, et l'on aura

$$\beta_1 - \beta_n = \Sigma\mathrm{E}' - \alpha\Sigma\mathrm{E}.$$

Les deux dernières donnent

$$\beta_1 - \beta_n = u'_p - u'_q - \alpha\left(u_p - u_q\right).$$

Donc

$$\alpha = \frac{E'_{1,2} + E'_{2,3} + \cdots + E'_{n-1,n} + u'_q - u'_p}{E_{1,2} + E_{2,3} + \cdots + E_{n-1,n} + u_q - u_p},$$

ou, en désignant par $\Sigma E'$ et ΣE les sommes des forces électro-motrices,

$$\alpha = \frac{\Sigma E' + u'_q - u'_p}{\Sigma E + u_q - u_p} = \frac{I'}{I};$$

on en tire

$$\frac{\Sigma E' + u'_q - u''_p}{I'} = \frac{\Sigma E + u_q - u_p}{I}.$$

L'expression $\dfrac{\Sigma E + u_q - u_p}{I}$ est donc la même dans les deux états successifs. En d'autres termes, elle est indépendante de l'état du système B et des forces électro-motrices du système A; elle ne dépend que de la forme, de la disposition et de la conductibilité du système A. Si le système A était composé de conducteurs linéaires, cette quantité ne serait autre que sa résistance; on peut donc, dans le cas général, la désigner sous le nom de *résistance du système*.

Cela posé, on peut démontrer que la distribution des courants électriques dans le système B est entièrement déterminée si l'on connaît seulement la résistance R du système A et la somme ΣE des forces électro-motrices qui y existent. En effet, on aura d'abord à considérer pour le système B les équations générales (1), (2), (3) et (4). On aura de plus une autre équation, savoir :

$$\frac{\Sigma E + u_q - u_p}{I} = R,$$

ou bien

$$(5) \qquad u_q - u_p = IR - \Sigma E.$$

On prouve que, si ces cinq conditions comportent plusieurs solutions, les valeurs de la tension dans ces dernières solutions ne diffèrent que par une constante. Par conséquent la distribution des courants électriques est toujours la même.

L'importance de ce dernier résultat n'a pas besoin d'être indiquée. Les physiciens font journellement usage des piles voltaïques qui sont formées de conducteurs non linéaires; et l'expression précédente prouve que deux piles qui ont même résistance et même force électro-motrice produisent exactement les mêmes courants lorsqu'on les fait communiquer successivement avec le même système de conducteurs. On voit que ce fait général est complétement d'accord avec la théorie, et ne résulte pas seulement, comme on l'a dit quelquefois, de la forme des éléments voltaïques, peu différente, dans beaucoup de cas, de la forme linéaire.

192. Tentative faite pour rattacher les principes de Ohm à la théorie de l'électricité statique. — Nous allons maintenant exposer la série des raisonnements par lesquels M. Kirchhoff rattache la théorie de Ohm aux principes ordinaires de l'électricité statique découverts par Coulomb [1]. Nous aurons besoin de rappeler quelques définitions relatives aux actions mutuelles des molécules qui s'attirent ou se repoussent proportionnellement aux masses et en raison inverse du carré des distances.

Considérons un corps de forme quelconque dont la densité électrique ρ soit variable d'un point à un autre, et cherchons les composantes de son action sur une molécule chargée d'électricité (α, β, γ). En appelant μ sa charge électrique et $\dfrac{f}{r^2}$ l'action mutuelle de deux unités de masse à une distance r, l'action d'un élément dm du corps sera $\dfrac{f\mu\,dm}{r^2}$, et les composantes de l'action du corps entier seront

$$X = -f\mu \iiint \frac{dm}{r^2} \cdot \frac{x-\alpha}{r},$$

$$Y = -f\mu \iiint \frac{dm}{r^2} \cdot \frac{y-\beta}{r},$$

$$Z = -f\mu \iiint \frac{dm}{r^2} \cdot \frac{z-\gamma}{r}.$$

Posons

$$\iiint \frac{dm}{r} = V.$$

Cette intégrale est une certaine fonction de (α, β, γ). Nous lui don-

---

[1] *Poggendorff's Annalen*, t. LXXVIII, p. 506 (1849). Verdet a donné une analyse du mémoire de M. Kirchhoff dans les *Annales de chimie et de physique*, [3], t. XLI, p. 496 (1854).

nerons le nom de fonction potentielle, en conservant, avec Green[1],
le nom de potentiel à

$$\int\int\int\int\int\int \frac{dm\,dm'}{r},$$

intégrale sextuple qui joue un rôle important et du même genre.

Différentions V par rapport à α, β, γ, en remarquant que

$$r = \sqrt{(x-\alpha)^2+(y-\beta)^2+(z-\gamma)^2},$$
$$\frac{dr}{d\alpha} = -\frac{x-\alpha}{r},$$
$$\frac{dr}{d\beta} = -\frac{\gamma-\beta}{r},$$
$$\frac{dr}{d\gamma} = -\frac{z-\gamma}{r}.$$

Nous aurons, en laissant de côté le coefficient,

$$X = -\frac{dV}{d\alpha},$$
$$Y = -\frac{dV}{d\beta},$$
$$Z = -\frac{dV}{d\gamma},$$

de sorte qu'il suffira de déterminer l'intégrale V pour en déduire
les composantes de l'action du corps entier sur l'élément considéré.
Ces valeurs de X, Y, Z seront toujours exactes, lors même que V
prendrait une valeur infinie; dans le cas, par exemple, d'un corps
indéfini. En effet, ces valeurs seront toujours convenables, tant qu'on
ne considérera qu'une partie finie du solide. Si maintenant on étend
indéfiniment la partie considérée du conducteur, les composantes de
son action seront toujours $-\dfrac{dV}{d\alpha}$, $-\dfrac{dV}{d\beta}$, $-\dfrac{dV}{d\gamma}$, que V devienne ou
non infini. Donc, si ces trois expressions ont des limites, ce sont les
composantes X, Y, Z de l'action du corps indéfini chargé d'électricité.

<hr>

[1] Green, *An essay on the Application of mathematical Analysis on the theories of Electricity and Magnetism*, Nottingham, 1828; et *Journal de Crelle*, t. XXXIX, p. 73 (1859)
t. XLIV, p. 356 (1852), et t. XLVII, p. 161 (1853).

Si elles croissent indéfiniment, on en conclura que l'action du corps croît sans limites à mesure que l'on considère une plus grande masse électrique; c'est ce que l'on exprime en disant que l'action est infinie.

Quand la molécule μ (α, β, γ) fait partie du corps, $\frac{f}{r^2}$ devient infini; mais les formules subsistent toujours. On peut, en effet, les appliquer à tout le corps moins une sphère infiniment petite qui renferme la molécule μ. Or V a une limite quand cette sphère tend vers zéro; car le volume de la molécule exprimé en coordonnées polaires ayant pour origine le point α, β, γ a pour expression

$$r^2\, dr \sin\theta\, d\theta\, d\varphi,$$

et, si l'on divise par r et que l'on intègre dans l'étendue de la sphère, on aura une quantité infiniment petite du deuxième ordre. Il suit de là que la fonction potentielle V, étendue à tous les points du corps, est finie, et, par suite, ses dérivées par rapport à α, β, γ le sont aussi. On voit de même que X, Y, Z sont aussi des limites. Donc les formules qui donnent X, Y, Z sont encore exactes quand on considère le corps entier dont le point fait partie.

193. Propriétés de la fonction potentielle. — La fonction potentielle jouit de propriétés remarquables.

D'après la valeur de r, on a

$$\frac{d\frac{1}{r}}{d\alpha} = \frac{x-\alpha}{r^3},$$

$$\frac{d\frac{1}{r}}{d\beta} = \frac{y-\beta}{r^3},$$

$$\frac{d\frac{1}{r}}{d\gamma} = \frac{z-\gamma}{r^3},$$

$$\frac{d^2\frac{1}{r}}{d\alpha^2} = \frac{3(x-\alpha)^2}{r^5} - \frac{1}{r^3},$$

$$\frac{d^2\frac{1}{r}}{d\beta^2} = \frac{3(y-\beta)^2}{r^5} - \frac{1}{r^3},$$

$$\frac{d^2\frac{1}{r}}{d\gamma^2} = \frac{3(z-\gamma)^2}{r^5} - \frac{1}{r^3};$$

d'où l'on conclut

$$\frac{d^2\frac{1}{r}}{d\alpha^2}+\frac{d^2\frac{1}{r}}{d\beta^2}+\frac{d^2\frac{1}{r}}{d\gamma^2}=0.$$

Mais puisque

$$V=\iiint\frac{dm}{r},$$

et que, pour différentier une intégrale par rapport à des quantités considérées comme constantes dans l'intégration et qui n'entrent pas dans les limites de cette intégrale, il suffit de différentier sous le signe $\int$, on aura

$$\frac{d^2V}{d\alpha^2}=\iiint\frac{d^2\frac{1}{r}}{d\alpha^2}\,dm,$$

$$\frac{d^2V}{d\beta^2}=\iiint\frac{d^2\frac{1}{r}}{d\beta^2}\,dm,$$

$$\frac{d^2V}{d\gamma^2}=\iiint\frac{d^2\frac{1}{r}}{d\gamma^2}\,dm,$$

pourvu toutefois que la fonction $\frac{1}{r}$ ne devienne infinie pour aucune valeur comprise dans les limites de l'intégration, car on sait qu'alors la différentiation sous le signe $\int$ peut donner des résultats inexacts. Donc, si le point α, β, γ ne fait pas partie du conducteur électrisé, on aura

$$(1)\qquad\frac{d^2V}{d\alpha^2}+\frac{d^2V}{d\beta^2}+\frac{d^2V}{d\gamma^2}=0.$$

Si la molécule μ fait partie du conducteur, que celui-ci soit homogène ou hétérogène, on peut toujours lui circonscrire une sphère infiniment petite dans tous les points de laquelle la densité électrique ρ sera la même. On aura alors

$$V=V'+V'',$$

V'' désignant la fonction potentielle relative à la petite sphère. La fonction V′ considérée pour tout le reste du conducteur satisfera à l'équation (1). Soit O le centre de la petite sphère; les composantes de l'action sur la molécule μ intérieure seront respectivement

$$-\frac{dV''}{d\alpha} = \frac{4}{3}\pi\rho\,(\alpha - a),$$

$$-\frac{dV''}{d\beta} = \frac{4}{3}\pi\rho\,(\beta - b),$$

$$-\frac{dV''}{d\gamma} = \frac{4}{3}\pi\rho\,(\gamma - c),$$

a, b, c étant les coordonnées du centre O. D'où, en faisant la somme et remarquant que V′ ne donne rien,

$$(2) \qquad \frac{d^2V''}{d\alpha^2} + \frac{d^2V''}{d\beta^2} + \frac{d^2V''}{d\gamma^2} = -\,4\pi\rho.$$

194. L'électricité libre n'existe qu'à la surface des corps.
— Green a fait ressortir des équations (1) et (2) une conséquence vérifiée par l'expérience, c'est que, dans un système chargé d'électricité, l'équilibre n'est possible que si toute l'électricité est à la surface.

En effet, d'après le théorème de Poisson [1]; les trois composantes de l'action qu'éprouve une molécule intérieure sont nulles; de sorte que l'on a, pour tout point pris dans l'intérieur du système,

$$\frac{dV}{d\alpha} = 0, \qquad \frac{dV}{d\beta} = 0, \qquad \frac{dV}{d\gamma} = 0;$$

d'où il résulte que la fonction potentielle a une valeur constante dans toute l'étendue du corps. Cette valeur change de l'un des corps du système à l'autre, mais pour chacun d'eux elle est constante dans l'intérieur. Si l'on différentie une deuxième fois, on a évidemment

$$\frac{d^2V}{d\alpha^2} + \frac{d^2V}{d\beta^2} + \frac{d^2V}{d\gamma^2} = 0.$$

---

[1] «Pour qu'un système de corps parfaitement conducteurs demeure dans un état élec-«trique permanent, il faut et il suffit que la résultante des actions des couches fluides «qui le recouvrent, sur un point quelconque pris dans l'intérieur de l'un de ces corps, soit «égale à zéro.»

Cette équation est vraie pour tous les points du corps conducteur.
Or nous avons vu qu'elle n'a lieu que lorsque le point α, β, γ ne
fait pas partie du système chargé d'électricité. Les points qui agissent par attraction ou par répulsion sont ici les molécules électriques.
Donc il ne peut y avoir d'électricité libre en aucun des points du
corps. S'il y en avait en un point, de telle sorte que la densité électrique fût égale à ρ, on aurait

$$\frac{d^2 V}{d\alpha^2} + \frac{d^2 V}{d\beta^2} + \frac{d^2 V}{d\gamma^2} = -\, 4\pi\rho.$$

L'électricité libre ne peut donc exister que dans la couche d'air
qui enveloppe le corps, et non sur le conducteur. Par conséquent, il
est démontré que les principes de Ohm sont inexacts. Cependant
les conséquences simples que l'on en déduit étant vérifiées par tant
d'expériences décisives, on pourrait soupçonner que ses équations
différentielles sont la traduction exacte de principes différents déjà
connus par les travaux de Coulomb, de Poisson, etc., ou qu'il s'a-
gissait de découvrir. C'est ce qu'a recherché M. Kirchhoff, et il a
trouvé une démonstration des lois de Ohm fondée sur les principes
ordinaires de l'électricité statique.

**195. Démonstration des lois de Ohm fondée sur les
principes de l'électricité statique.** — M. Kirchhoff[1] considère
deux corps conducteurs, de nature différente, mis en contact : par
exemple, un morceau de cuivre et un morceau de zinc. On sait qu'il
y a séparation des fluides électriques par suite du contact, le zinc
se chargeant de fluide positif et le cuivre de fluide négatif. Des quantités égales de ces deux fluides demeurent accumulées sur la surface
de contact, de façon que leurs actions sur un point extérieur se détruisent; le reste se distribue librement à la surface; pour l'équilibre,
il est nécessaire et suffisant que la résultante des actions des fluides
libres sur un point quelconque de l'intérieur des conducteurs soit
nulle. Il résulte de là que la fonction potentielle de toute l'électricité
libre devra être constante dans toute l'étendue de chacun des con-

---

[1] *Poggendorff's Annalen*, t. XXVIII, p. 506 (1849). Verdet a donné une analyse de ce
mémoire dans les *Annales de chimie et de physique*, [3], t. XLI, p. 496 (1854).

ducteurs; mais elle devra changer de valeur quand on passera d'un conducteur à l'autre, car l'analyse fait voir que, s'il en était autrement, il n'y aurait point d'électricité libre.

Soient V_1 la fonction potentielle relative à l'un des conducteurs, V_2 la fonction potentielle relative à l'autre, on aura

$$V_1 - V_2 = V_{1,2},$$

en appelant $V_{1,2}$ la différence déterminée entre les fonctions potentielles relatives aux deux conducteurs A et B. Cette différence semble devoir dépendre de la nature et de la forme des corps. M. Kirchhoff suppose qu'elle ne dépend que de leur nature et est indépendante de leur forme, de façon qu'elle représente ce que, dans la théorie de Ohm, on nomme la tension ou la force électro-motrice. Si l'on dispose un nombre quelconque de corps conducteurs en série, sans faire toucher les deux conducteurs extrêmes, l'équilibre sera toujours possible et les équations suivantes seront alors satisfaites :

$$V_1 = A,$$
$$V_1 - V_2 = V_{1,2},$$
$$V_2 - V_3 = V_{2,3},$$
$$\cdot \cdot \cdot \cdot \cdot \cdot \cdot \cdot \cdot \cdot \cdot$$
$$V_{n-1} - V_n = V_{n-1,n}.$$

Mais si l'on met en contact les deux conducteurs extrêmes, l'équilibre ne pourra pas toujours avoir lieu. Il ne sera possible que si l'on a, outre les n équations précédentes,

$$V_n - V_1 = V_{n,1},$$

et, par conséquent,

$$V_{1,2} + V_{2,3} + V_{3,4} + \cdots + V_{n-1,n} + V_{n,1} = 0.$$

Cette condition est satisfaite si tous les conducteurs sont des métaux à la même température.

Si cette condition n'est pas satisfaite, l'équilibre n'aura pas lieu, et, par conséquent, la fonction potentielle de l'électricité libre cessera d'être constante dans toute l'étendue d'un même conducteur. Elle

variera d'une manière continue d'un point à l'autre dans l'étendue
de chaque conducteur, et variera brusquement lorsqu'on passera
d'un conducteur au suivant. M. Kirchhoff suppose que cette variation brusque de la fonction potentielle à la surface de contact de
deux conducteurs est la même que lorsqu'il y a équilibre. Il fait en
outre l'hypothèse suivante sur le mouvement de l'électricité. Si R
désigne la résultante des actions de l'électricité libre sur un point du
conducteur, il passe pendant un temps infiniment petit dt, par un
élément $d\omega$ normal à la direction de la résultante, des quantités
égales de fluides de nature contraire qui marchent en sens opposé,
et ces quantités sont représentées par

$$k R \, d\omega \, dt,$$

k désignant un coefficient qui dépend de la nature du conducteur, le
coefficient de conductibilité. L'égalité des flux électriques de nature
contraire a toujours lieu, qu'il y ait de l'électricité libre ou de l'é-
lectricité neutre au point considéré.

A l'aide de ces diverses hypothèses, on retrouve toutes les lois de
Ohm. En effet, si l'on désigne par V la fonction potentielle, et par
$\dfrac{d}{dN}$ une différentiation suivant la normale à l'élément superficiel $d\omega$,
on a

$$R = -\frac{dV}{dN},$$

en vertu des théorèmes généraux sur les forces qui varient en raison
inverse du carré de la distance. Le flux d'électricité, pendant un
temps infiniment court, est donc représenté par

$$- k \frac{dV}{dN} \, d\omega \, dt.$$

Il s'exprime au moyen de la fonction potentielle, comme il s'exprimait dans la théorie de Ohm au moyen de la tension; et il suit
de là que toutes les formules mathématiques données par Ohm, par
M. Kirchhoff et par M. Smaasen sont vraies, si l'on conçoit que la
lettre qui désignait la tension désigne la fonction potentielle. On aura

donc, lorsque l'état du système sera devenu stationnaire,

$$\frac{d^2V}{d\alpha^2} + \frac{d^2V}{d\beta^2} + \frac{d^2V}{d\gamma^2} = 0,$$

dans toute l'étendue de chaque conducteur.

A la surface libre de chaque conducteur on aura

$$\frac{dV}{dN} = 0\,;$$

à chaque surface de contact on aura

$$k\frac{dV}{dN} = k_1\frac{dV_1}{dN},$$

et le flux d'électricité relatif à l'unité de temps sera représenté par

$$-\,k\,d\omega\,\frac{dV}{dN}\,.$$

Ainsi les formules relatives à la propagation des courants peuvent se déduire de principes qui ne sont nullement en contradiction avec les lois de l'électricité statique. De plus, il résulte de l'équation

$$\frac{d^2V}{d\alpha^2} + \frac{d^2V}{d\beta^2} + \frac{d^2V}{d\gamma^2} = 0$$

qu'il ne peut y avoir, dans un circuit fermé comme dans un circuit ouvert, d'électricité libre qu'à la surface des conducteurs. Enfin, si l'on fait communiquer l'un des plateaux d'un condensateur avec un point du circuit, on pourra regarder le plateau et le fil de communication comme faisant partie du système de conducteurs; on pourra donc leur appliquer les formules précédentes et l'on démontrera sans difficulté tous les résultats que M. Kohlrausch a obtenus dans ses expériences.

196. Du mouvement de l'électricité dans les conducteurs. — Nous venons de voir comment M. Kirchhoff est parvenu à déduire des principes ordinaires de l'électricité statique les formules connues de Ohm qui représentent la propagation d'un courant dans un cir-

cuit où la distribution de l'électricité libre est arrivée à un état stationnaire; nous allons maintenant étudier d'après lui l'état variable
par où passent la distribution de l'électricité libre et la propagation
du courant avant d'arriver à un état stationnaire [1]. La manière dont
un courant s'établit ou se détruit dans un circuit donné, et par conséquent toutes les questions qui se rapportent à ce qu'on est convenu
d'appeler la vitesse de l'électricité, rentrent dans le cadre de ces recherches.

**197. Recherche de la force électro-motrice en un point
du conducteur.** — Soit un conducteur de forme quelconque. Désignons par x, y, z les coordonnées d'un de ses points et proposons-
nous d'évaluer la force électro-motrice qui existe en ce point à une
époque donnée. Cette force électro-motrice aura une double origine : 1° l'action de l'électricité libre du conducteur sur l'électricité
contenue au point considéré; 2° l'action inductrice résultant de ce
qu'en tous les points du conducteur l'intensité du courant est inces-
samment variable.

1° *Action de l'électricité libre sur l'électricité contenue au point considéré.* Occupons-nous d'abord d'évaluer la première partie de la force
électro-motrice. Si l'on appelle Ω la fonction potentielle de l'électri-
cité libre, $-\dfrac{d\Omega}{dx}$, $-\dfrac{d\Omega}{dy}$ et $-\dfrac{d\Omega}{dz}$ sont les composantes parallèles aux
axes de l'action de l'électricité libre sur une masse d'électricité po-
sitive égale à l'unité concentrée au point (x, y, z), ces composantes
étant prises positivement quand elles agissent dans le sens où les
coordonnées sont croissantes, et négativement dans le cas contraire.
Les composantes de l'action exercée sur l'unité d'électricité négative
seront égales et contraires aux précédentes; les différences des com-
posantes parallèles à un même axe, c'est-à-dire $-2\dfrac{d\Omega}{dx}$, $-2\dfrac{d\Omega}{dy}$ et
$-2\dfrac{d\Omega}{dz}$, seront les composantes de la première partie de la force
électro-motrice rapportée aux unités absolues de M. Weber.

---

[1] *Poggendorff's Annalen*, t. C, p. 193, et t. CII, p. 529 (février et décembre 1857).
Le premier mémoire de M. Kirchhoff traite seulement le cas particulier d'un fil conducteur; le second traite le cas général d'un conducteur quelconque. Verdet en a donné une
analyse dans les *Annales de chimie et de physique*, [3], t. LVII, p. 238 (1859).

2° *Action inductrice résultant des changements d'intensité du courant.*
Pour déterminer la deuxième partie de la force électro-motrice, nous ferons usage de la formule de M. Weber relative aux actions inductrices qui résultent des changements d'intensité d'un courant. On sait que, d'après cette formule, si di' est la variation d'intensité d'un courant i' qui a lieu en un temps dt dans un élément de fil conducteur ds', r la distance de l'élément ds' à un autre élément ds, θ et θ' les angles des éléments ds et ds' avec la droite qui les joint, et c^2 une constante positive [1], la force électro-motrice développée en un point de l'élément ds est

$$- \frac{8}{c^2} \frac{di'}{dt} \frac{ds'}{r} \cos\theta \cos\theta'.$$

Par conséquent, si, en un autre point (x', y', z') du conducteur, on désigne par $u'\,dy'\,dz'\,dt$, $v'\,dx'\,dz'\,dt$ et $w'\,dx'\,dy'\,dt$ les flux d'électricité qui traversent dans le temps dt les trois éléments $dy'\,dz'$, $dx'\,dz'$, $dx'\,dy'$, perpendiculaires aux trois axes qui ont leur sommet commun en ce point, ou si, pour se servir d'une expression fréquemment usitée dans cette théorie, on représente par u', v', w' les *densités* des trois composantes du courant au point (x', y', z'), il est facile de voir qu'une variation $\frac{du'}{dt}\,dt$ de la composante u' induira au point (x, y, z) une force électro-motrice qui aura pour composantes parallèles aux axes :

$$- \frac{8}{c^2} \frac{du'}{dt} dy'\,dz' \frac{dx'}{r} \frac{(x-x')^2}{r^2} = - \frac{8}{c^2} \frac{dx'\,dy'\,dz'}{r^3} (x-x')^2 \frac{du'}{dt},$$

$$- \frac{8}{c^2} \frac{du'}{dt} dy'\,dz' \frac{dx'}{r} \frac{(x-x')}{r} \frac{(y-y')}{r} = - \frac{8}{c^2} \frac{dx'\,dy'\,dz'}{r^3} (x-x')(y-y') \frac{du'}{dt},$$

$$- \frac{8}{c^2} \frac{du'}{dt} dy'\,dz' \frac{dx'}{r} \frac{(x-x')}{r} \frac{(z-z')}{r} = - \frac{8}{c^2} \frac{dx'\,dy'\,dz'}{r^3} (x-x')(z-z') \frac{du'}{dt},$$

[1] La constante c^2 a, suivant M. Weber, une signification théorique qu'il n'est pas inutile de rappeler. M. Weber a expliqué les phénomènes électro-dynamiques et les phénomènes d'induction en supposant que l'action réciproque de deux molécules électriques dépendait non-seulement de leur distance, mais de leur vitesse relative. Dans cette hypothèse, c représente la vitesse relative que devraient avoir deux molécules électriques pour n'exercer aucune action l'une sur l'autre. L'exactitude de la formule est d'ailleurs assurée par sa conformité avec l'expérience, indépendamment de toute idée théorique.

en faisant

$$r^2 = (x - x')^2 + (y - y')^2 + (z - z')^2.$$

Les variations de v' et w' donneront six composantes de l'action inductrice d'une expression analogue, de manière qu'en définitive les composantes de la force électro-motrice induite en un temps dt au point (x, y, z) par les variations d'intensité et de direction du flux électrique qui passe au point (x', y', z') seront

$$-\frac{8}{c^2}\frac{dx'\,dy'\,dz'}{r^3}(x - x')\left[(x - x')\frac{du'}{dt} + (y - y')\frac{dv'}{dt} + (z - z')\frac{dw'}{dt}\right],$$

$$-\frac{8}{c^2}\frac{dx'\,dy'\,dz'}{r^3}(y - y')\left[(x - x')\frac{du'}{dt} + (y - y')\frac{dv'}{dt} + (z - z')\frac{dw'}{dt}\right],$$

$$-\frac{8}{c^2}\frac{dx'\,dy'\,dz'}{r^3}(z - z')\left[(x - x')\frac{du'}{dt} + (y - y')\frac{dv'}{dt} + (z - z')\frac{dw'}{dt}\right].$$

On déduit aisément de là que, si l'on pose

$$U = \iiint \frac{dx'\,dy'\,dz'}{r^3}(x - x')\left[u'(x - x') + v'(y - y') + w'(z - z')\right],$$

$$V = \iiint \frac{dx'\,dy'\,dz'}{r^3}(y - y')\left[u'(x - x') + v'(y - y') + w'(z - z')\right],$$

$$W = \iiint \frac{dx'\,dy'\,dz'}{r^3}(z - z')\left[u'(x - x') + v'(y - y') + w'(z - z')\right],$$

les intégrales triples étant étendues à tout le volume du corps, les composantes de l'action inductrice totale exercée au point (x, y, z) seront

$$-\frac{8}{c^2}\frac{dU}{dt}, \qquad -\frac{8}{c^2}\frac{dV}{dt} \quad \text{et} \quad -\frac{8}{c^2}\frac{dW}{dt}.$$

198. Densité de l'électricité libre en un point donné. — On sait que l'intensité d'un courant électrique stationnaire est représentée en un point quelconque de son circuit par la formule $-2k\sigma\frac{d\Omega}{ds}$, où k représente le coefficient de conductibilité, σ la section du fil, et Ω la fonction potentielle de l'électricité libre, de façon que $-2\frac{d\Omega}{ds}$ soit la valeur de la force électro-motrice au point où la fonction potentielle a la valeur Ω. Le rapport de l'intensité du courant à la section, ou la densité du courant, est donc égal au produit de la force électro-motrice par le coefficient de conductibilité. Si l'on admet qu'il en soit de même dans l'état variable qui précède l'état stationnaire, on aura, en appelant u, v, w les densités des composantes du courant au point $(x,\ y,\ z)$,

$$(1) \qquad u = -\, 2k\left(\frac{d\Omega}{dx} + \frac{4}{c^2}\frac{dU}{dt}\right),$$

$$(2) \qquad v = -\, 2k\left(\frac{d\Omega}{dy} + \frac{4}{c^2}\frac{dV}{dt}\right),$$

$$(3) \qquad w = -\, 2k\left(\frac{d\Omega}{dz} + \frac{4}{c^2}\frac{dW}{dt}\right).$$

Lorsque l'état électrique est devenu stationnaire, il n'y a d'électricité libre qu'à la surface du conducteur. Il n'est pas évident, ni même probable, qu'il en soit de même dans l'état variable qui précède l'état stationnaire; et par conséquent, dans l'expression de la fonction potentielle, on devra faire entrer les termes qui proviennent de l'électricité libre à l'intérieur du corps, aussi bien que ceux qui proviennent de l'électricité libre à sa surface. Si donc l'on désigne par ε' la densité de l'électricité libre au point $(x',\ y',\ z')$, et par e' celle de l'électricité libre sur un élément d^2S' de la surface extérieure, la fonction potentielle sera exprimée par

$$(4) \qquad \Omega = \iiint \frac{\varepsilon'\,dx'dy'dz'}{r} + \iint \frac{e'\,d^2S'}{r},$$

l'intégrale triple étant étendue à tout le volume du corps et l'intégrale double à toute sa surface.

Enfin, en exprimant en fonction de u, v, w l'accroissement de la densité électrique au point $(x,\ y,\ z)$, on obtient l'équation

$$(5) \qquad \frac{du}{dx} + \frac{dv}{dy} + \frac{dw}{dz} = -\,\frac{1}{2}\frac{d\varepsilon}{dt},$$

analogue à l'équation de continuité de l'hydrodynamique. La même détermination effectuée pour un point de la surface du conducteur conduit à l'équation

$$(6) \qquad u\cos\lambda + v\cos\mu + w\cos\nu = -\,\frac{1}{2}\frac{de}{dt},$$

dans laquelle λ, μ, ν représentent les angles des axes coordonnés avec la normale à la surface menée vers l'intérieur du corps.

Si l'on porte dans l'équation (5) les valeurs de $\dfrac{du}{dx}$, $\dfrac{dv}{dy}$, $\dfrac{dw}{dz}$ qui se déduisent des formules (1), (2) et (3), en ayant égard à la relation connue

$$\frac{d^2\Omega}{dx^2} + \frac{d^2\Omega}{dy^2} + \frac{d^2\Omega}{dz^2} = -4\pi\varepsilon,$$

on obtient

$$\frac{d\varepsilon}{dt} = -16k\left[\pi\varepsilon - \frac{1}{c^2}\frac{d}{dt}\left(\frac{dU}{dx} + \frac{dV}{dy} + \frac{dW}{dz}\right)\right].$$

On peut d'ailleurs mettre la valeur de U sous la forme

$$U = -\iiint dx'dy'dz'\frac{d\frac{1}{r}}{dx}\left[u'(x-x')+v'(y-y')+w'(z-z')\right];$$

donc

$$\frac{dU}{dx} = -\iiint dx'dy'dz'\frac{d\frac{1}{r}}{dx}u'$$
$$-\iiint dx'dy'dz'\frac{d^2\frac{1}{r}}{dx^2}\left[u'(x-x')+v'(y-y')+w'(z-z')\right].$$

On aura deux expressions analogues pour $\dfrac{dV}{dy}$ et $\dfrac{dW}{dz}$, et, en les ajoutant, on obtiendra

$$\frac{dU}{dx} + \frac{dV}{dy} + \frac{dW}{dz} = -\iiint dx'dy'dz'\left(u'\frac{d\frac{1}{r}}{dx}+v'\frac{d\frac{1}{r}}{dy}+w'\frac{d\frac{1}{r}}{dz}\right)$$
$$-\iiint dx'dy'dz'\left[u'(x-x')+v'(y-y')+w'(z-z')\right]$$
$$\times\left(\frac{d^2\frac{1}{r}}{dx^2}+\frac{d^2\frac{1}{r}}{dy^2}+\frac{d^2\frac{1}{r}}{dz^2}\right).$$

On peut démontrer que la seconde intégrale est nulle[1] et l'on a, en conséquence, simplement

$$\frac{d\mathrm{U}}{dx}+\frac{d\mathrm{V}}{dy}+\frac{d\mathrm{W}}{dz}=-\int\int\int dx'dy'dz'\left(u'\frac{d\frac{1}{r}}{dx}+v'\frac{d\frac{1}{r}}{dy}+w'\frac{d\frac{1}{r}}{dz}\right).$$

On a d'ailleurs

$$\frac{d\frac{1}{r}}{dx}=-\frac{d\frac{1}{r}}{dx'},\qquad \frac{d\frac{1}{r}}{dy}=-\frac{d\frac{1}{r}}{dy'},\qquad \frac{d\frac{1}{r}}{dz}=-\frac{d\frac{1}{r}}{dz'}.$$

Tenant compte de ces valeurs et intégrant par parties entre des limites convenables, on a

$$-\int\int\int dx'dy'dz'\left(u'\frac{d\frac{1}{r}}{dx}+v'\frac{d\frac{1}{r}}{dy}+w'\frac{d\frac{1}{r}}{dz}\right)$$

$$=\int\int\int dx'dy'dz'\left(u'\frac{d\frac{1}{r}}{dx'}+v'\frac{d\frac{1}{r}}{dy'}+w'\frac{d\frac{1}{r}}{dz'}\right)$$

$$=-\int\int\int\frac{dS'}{r}\left(u'\cos\lambda'+v'\cos\mu'+w'\cos\nu'\right)$$

$$-\int\int\int\frac{dx'dy'dz'}{r}\left(\frac{du'}{dx'}+\frac{dv'}{dy'}+\frac{dw'}{dz'}\right),$$

dS' désignant un élément de la surface extérieure, et λ', μ', ν' les valeurs de λ, μ, ν relatives à cet élément. D'ailleurs, en ayant égard aux équations (4), (5) et (6), on voit aisément que la valeur définitive obtenue pour $\frac{d\mathrm{U}}{dx}+\frac{d\mathrm{V}}{dy}+\frac{d\mathrm{W}}{dz}$ revient à $\frac{1}{2}\frac{d\Omega}{dt}$. Donc enfin

$$(7)\qquad\qquad \frac{d\varepsilon}{dt}=-8k\left(2\pi\varepsilon-\frac{1}{c^2}\frac{d^2\Omega}{dt^2}\right).$$

---

[1] En effet, comme le facteur $\dfrac{d^2\frac{1}{r}}{dx^2}+\dfrac{d^2\frac{1}{r}}{dy^2}+\dfrac{d^2\frac{1}{r}}{dz^2}$ est nul pour tout système de valeurs de x', y', z' différent de x, y, z, il suffit d'étendre l'intégrale à tous les éléments d'une sphère infiniment petite ayant pour centre le point (x, y, z). Si l'on appelle ρ la distance d'un point (x', y', z') pris à l'intérieur de cette sphère au point (x, y, z), φ l'angle de la

199. Existence d'électricité libre à l'intérieur des conducteurs. — Cette relation très-simple peut remplacer l'une quelconque des six équations fondamentales. Elle montre avec évidence que, tant que l'état électrique n'est pas devenu stationnaire, la densité de l'électricité libre n'est pas généralement nulle à l'intérieur du corps. $\frac{d^2\Omega}{dt^2}$ étant en général différent de zéro, il faut que $\frac{d\varepsilon}{dt} + 16k\pi\varepsilon$ soit aussi différent de zéro, ce qui serait impossible si ε était nul partout comme à la surface. Il y a donc de l'électricité libre à l'intérieur du conducteur aussi bien qu'à sa surface, et il est très-vraisemblable que cette électricité libre joue un rôle important dans la production des actions mécaniques qui accompagnent la décharge d'une bouteille de Leyde, par exemple dans la rupture et la réduction en poussière impalpable d'un fil très-fin. L'explication ordinaire de ce phénomène, qui consiste à le regarder comme une simple vaporisation due à l'action calorifique de la décharge, a été depuis longtemps reconnue insuffisante par M. Riess[1].

200. Cas où le conducteur est un fil cylindrique très-fin dont l'axe est rectiligne. — Les équations générales se simplifient beaucoup et s'intègrent sans grande difficulté lorsqu'on suppose que le conducteur est un fil cylindrique très-fin. Considérons

droite ρ avec l'axe des x, et ψ l'angle du plan xy avec un plan mené par la droite ρ et une parallèle à l'axe des x, on pourra poser

$$x' - x = \rho\cos\varphi, \qquad y' - y = \rho\sin\varphi\cos\psi, \qquad z' - z = \rho\sin\varphi\sin\psi.$$

Le produit de l'élément $dx'\,dy'\,dz'$ par $[u'(x-x') + v'(y-y') + w'(z-z')]$ pourra être remplacé sous le signe d'intégration par

$$\rho^3\sin\varphi\,d\rho\,d\psi\,d\varphi\,(u'\cos\varphi + v'\sin\varphi\cos\psi + w'\sin\varphi\sin\psi),$$

expression proportionnelle à ρ^3, tandis que $\dfrac{d^2\frac{1}{r}}{dx^2}$, $\dfrac{d^2\frac{1}{r}}{dy^2}$, $\dfrac{d^2\frac{1}{r}}{dz^2}$ sont en raison inverse de ρ^3. Il suit de là que l'expression à intégrer demeure finie lorsque ρ tend vers zéro, bien que le facteur $\left(\dfrac{d^2\frac{1}{r}}{dx^2} + \dfrac{d^2\frac{1}{r}}{dy^2} + \dfrac{d^2\frac{1}{r}}{dz^2}\right)$ devienne infini, et qu'en conséquence l'intégrale est nulle.

[1] Voyez *Poggendorff's Annalen*, t. LXV, p. 481 (1845).

d'abord le cas où l'axe du fil est rectiligne. Prenons cet axe pour axe des x, et dans chaque section normale du fil concevons un système de coordonnées polaires tel que l'on ait

$$y = \rho\cos\varphi, \qquad z = \rho\sin\varphi,$$
$$y' = \rho'\cos\varphi', \qquad z' = \rho'\sin\varphi'.$$

Conservons à u, u' leur signification, et appelons σ, σ' les densités des composantes du courant normales à l'axe du cylindre aux points $(x,\ \rho,\ \varphi)$ et $(x',\ \rho',\ \varphi')$; supposons en outre que, dans une même section normale et sur son contour, tout soit symétrique par rapport à l'axe. On aura évidemment

$$v = \sigma\cos\varphi, \qquad w = \sigma\sin\varphi,$$
$$v' = \sigma'\cos\varphi', \qquad w' = \sigma'\sin\varphi'.$$

En substituant ces valeurs dans l'expression générale de U, il viendra

$$(8)\quad U = \iiint \frac{d x'\rho'd\rho'd\varphi'}{r^3}\left(x - x'\right)\Big\{u'(x - x') + \sigma'[\rho\cos(\varphi - \varphi') - \rho']\Big\}.$$

On aura de même, en appelant α le rayon du fil et négligeant la petite quantité d'électricité libre qui peut se trouver sur ses deux bases,

$$(9)\qquad \Omega = \iiint \frac{\varepsilon'dx'\rho'd\rho'd\varphi'}{r} + \alpha\iint \frac{e'dx'd\varphi'}{r}.$$

Enfin l'équation (5) et l'équation (6) deviendront

$$(10)\qquad \frac{du}{dx} + \frac{1}{\rho}\frac{d\rho\sigma}{d\rho} = -\frac{1}{2}\frac{d\varepsilon}{dt}$$

et

$$(11)\qquad \sigma = \frac{1}{2}\frac{de}{dt}.$$

Soit l'origine des x au milieu de l'axe du cylindre; posons $x' - x = \xi$, $\beta^2 = \rho^2 + \rho'^2 + 2\rho\rho'\cos(\varphi - \varphi')$, et appelons l la longueur totale du cylindre : l'expression de la fonction potentielle deviendra

$$\Omega = \int_{-\frac{l}{2}-x}^{\frac{l}{2}-x}\int_{0}^{\alpha}\int_{0}^{2\pi} \frac{\varepsilon'd\xi\rho'd\rho'd\varphi'}{\sqrt{\xi^2 + \beta^2}} + \alpha\int_{-\frac{l}{2}-x}^{\frac{l}{2}-x}\int_{0}^{2\pi} \frac{e'd\xi d\varphi'}{r}.$$

Considérons en particulier le deuxième terme de cette expression. Si nous admettons que e' et e soient des fonctions continues de x' et de x, nous pourrons poser

$$e' = e + \frac{de}{dx}\xi + \frac{d^2 e}{dx^2}\frac{\xi^2}{1 \cdot 2} + \cdots$$

En substituant cette valeur dans l'expression à intégrer, et intégrant par rapport à ξ, nous obtiendrons la série

$$e\int\frac{d\xi}{\sqrt{\xi^2+\beta^2}} + \frac{de}{dx}\int\frac{\xi\,d\xi}{\sqrt{\xi^2+\beta^2}} + \frac{1}{1\cdot 2}\frac{d^2 e}{dx^2}\int\frac{\xi^2 d\xi}{\sqrt{\xi^2+\beta^2}} + \cdots$$
$$+ \frac{1}{1\cdot 2\ldots n}\frac{d^n e}{dx^n}\int\frac{\xi^n d\xi}{\sqrt{\xi^2+\beta^2}} + \cdots$$

Or on a

$$\int\frac{d\xi}{\sqrt{\xi^2+\beta^2}} = L\cdot(\xi+\sqrt{\xi^2+\beta^2}),$$
$$\int\frac{\xi\,d\xi}{\sqrt{\xi^2+\beta^2}} = \sqrt{\xi^2+\beta^2}.$$
$$\int\frac{\xi^2 d\xi}{\sqrt{\xi^2+\beta^2}} = \frac{\xi}{2}\sqrt{\xi^2+\beta^2} - \frac{\beta^2}{2}L\cdot(\xi+\sqrt{\xi^2+\beta^2}),$$
$$\cdots \cdots \cdots \cdots \cdots \cdots,$$
$$\int\frac{\xi^n d\xi}{\sqrt{\xi^2+\beta^2}} = \frac{1}{n}\xi^{n-1}\sqrt{\xi^2+\beta^2} - \frac{n-1}{n}\beta^2\int\frac{\xi^{n-2}d\xi}{\sqrt{\xi^2+\beta^2}},$$

et, si l'on suppose que le diamètre du fil et par conséquent β soient infiniment petits, toutes ces intégrales deviennent infiniment petites, à l'exception de la première, dont la valeur prise entre les limites convenables est

$$eL\cdot\frac{\frac{l}{2}-x+\sqrt{\left(\frac{l}{2}-x\right)^2+\beta^2}}{-\frac{l}{2}-x+\sqrt{\left(\frac{l}{2}+x\right)^2+\beta^2}},$$

expression qu'on réduit à $2eL\cdot\dfrac{\sqrt{l^2-4x^2}}{\beta}$, si, $\frac{l}{2}-x$ et $\frac{l}{2}+x$ n'étant ni l'un ni l'autre très-petits, on peut négliger les termes de l'ordre de β^2. D'ailleurs, dans ce cas, $4x^2$ étant une fraction de l^2, la valeur de cette expression ne diffère de $2eL\cdot\dfrac{l}{\beta}$ que d'un multiple de $2e$

342 LEÇONS SUR L'ÉLECTRICITÉ.

par un nombre fini très-petit par rapport à $\ell \cdot \dfrac{l}{\beta}$. On peut donc poser simplement

$$\int_{-\frac{l}{2}-x}^{\frac{l}{2}-x} \frac{c'd\xi}{r} = 2c\,\ell \cdot \frac{l}{\beta},$$

pour tous les points qui ne sont pas très-voisins des extrémités du fil. Pour des points très-voisins des extrémités, le calcul précédent, où l'on néglige l'électricité libre sur les bases du fil, n'est pas applicable. Pour effectuer la deuxième intégration, on remarque que, si ρ' est plus grand que ρ, on a

$$\int_0^{2\pi} \ell \cdot \beta d\varphi' = 2\pi\,\ell \cdot \rho' \text{[1]},$$

et comme, pour tous les points de la surface extérieure du fil, on a $\rho' = \alpha$, on en conclut

$$2\alpha e \int_0^{2\pi} \ell \cdot \frac{l}{\beta} d\varphi' = 4\pi\alpha e\,\ell \cdot \frac{l}{\alpha}.$$

Telle est la valeur du deuxième terme de la fonction potentielle. On trouve celle du premier par des considérations toutes semblables. En

---

[1] Effectivement, en désignant par H la valeur de cette intégrale et tenant compte de la valeur de β, on trouve aisément l'équation

$$\frac{d^2H}{d\rho^2} + \frac{1}{\rho}\frac{dH}{d\rho} = \frac{1}{\rho^2}\frac{d^2H}{d\varphi^2},$$

et, comme H est évidemment indépendant de φ,

$$\frac{d^2H}{d\rho^2} + \frac{1}{\rho}\frac{dH}{d\rho} = 0,$$

dont l'intégrale générale est

$$H = A\,\ell \cdot \rho + B.$$

Supposons $\rho' > \rho$, et considérons en particulier le cas où ρ est nul. Dans ce cas, la valeur de l'intégrale est $2\pi\,\ell \cdot \rho'$, ce qui exige que l'on ait

$$A = 0, \qquad B = 2\pi\,\ell \cdot \rho'.$$

La valeur de H est donc toujours $2\pi\,\ell \cdot \rho'$. Si ρ était plus grand que ρ', on trouverait au contraire $H = 2\pi\,\ell \cdot \rho$, et ces deux valeurs se confondraient l'une avec l'autre dans le cas de $\rho = \rho'$.

appelant ε_0' la valeur de ε au point (x', ρ', φ'), on a, en vertu du calcul qui précède,

$$\int_{-\frac{l}{2}}^{\frac{l}{2}} \frac{\varepsilon' dx'}{r} = 2\varepsilon_0' \mathcal{L} \cdot \frac{l}{\beta}.$$

L'intégration relative à φ' donnera ensuite

$$4\pi \varepsilon_0' \mathcal{L} \cdot \frac{l}{\rho'},$$

si ρ' est plus grand que ρ, et

$$4\pi \varepsilon_0' \mathcal{L} \cdot \frac{l}{\rho},$$

si ρ est plus grand que ρ'; ou, dans l'un et l'autre cas, si l'on néglige des quantités infiniment petites devant des quantités finies,

$$4\pi \varepsilon_0' \mathcal{L} \cdot \frac{l}{\alpha}.$$

Donc, en définitive,

$$\Omega = 4\pi \mathcal{L} \cdot \frac{l}{\alpha} \left(\alpha e + \int_0^\alpha \varepsilon_0' \rho' d\rho' \right).$$

D'ailleurs, en appelant $\mathrm{E}dx$ la quantité d'électricité contenue dans un élément du fil de longueur dx, on aura

$$\mathrm{E} = 2\pi \alpha e + 2\pi \int_0^\alpha \varepsilon_0' \rho' d\rho';$$

donc

$$(12) \qquad \Omega = 2\mathrm{E} \mathcal{L} \cdot \frac{l}{\alpha}.$$

Des considérations toutes pareilles donnent, en désignant par u_0' la valeur de u' au point (x, ρ', φ'),

$$\mathrm{U} = 4\pi \mathcal{L} \cdot \frac{l}{\alpha} \int u_0' \rho' d\rho',$$

et comme l'intensité i du courant qui traverse la section normale menée par le point x est évidemment exprimée par

$$i = 2\pi \int_0^\alpha u_0' \rho' d\rho',$$

on a

$$(13) \qquad U = 2 i \int \cdot \frac{l}{\alpha}.$$

Substituant ces valeurs dans l'expression de u donnée plus haut et faisant $\int \cdot \frac{l}{\alpha} = \gamma$, il vient

$$u = -4k\gamma \left(\frac{dE}{dx} + \frac{4}{c^3} \frac{di}{dt} \right);$$

u est donc indépendant de ρ, et par suite l'intensité du courant peut se représenter par $\pi\alpha^2 u$, ce qui donne

$$(14) \qquad i = -4\pi\alpha^2 k\gamma \left(\frac{dE}{dx} + \frac{4}{c^2} \frac{di}{dt} \right).$$

Enfin on déduit de l'équation (10), en la multipliant par $\rho\, d\rho\, d\varphi$ et intégrant dans toute l'étendue de la section.

$$\frac{di}{dx} + 2\pi\alpha\sigma = -\frac{1}{2} \frac{de}{dt} \int_0^\alpha \int_0^{2\alpha} \rho\, d\rho\, d\varphi,$$

en appelant σ la valeur particulière relative à la surface du fil. Si de cette équation on retranche l'équation (11) multipliée par $2\pi\alpha$, et si l'on tient compte de la relation qui existe entre E, ε et c, on obtient

$$(15) \qquad \frac{di}{dx} = -\frac{1}{2} \frac{dE}{dt}.$$

201. Extension au cas d'un fil curviligne. — Il est bon de remarquer que les équations (14) et (15) ont été obtenues dans l'hypothèse d'un fil rectiligne, mais que, comme elles ramènent les phénomènes qui se passent dans une section normale à dépendre uniquement de l'électricité libre et de l'intensité du courant aux points infiniment voisins de cette section, elles doivent convenir aussi à un fil curviligne, pourvu qu'en tous les points de ce fil le rayon de courbure soit fini, et que deux éléments séparés par un arc de longueur finie ne soient jamais à une distance très-petite l'un de l'autre. Cette dernière condition exclut le cas d'une hélice ou d'une spirale à spires très-rapprochées.

202. Loi des variations de la quantité d'électricité et de l'intensité du courant en chaque point dans deux cas limites. — Résultats. — Les équations (14) et (15), jointes aux équations (7) et (13), peuvent servir à déterminer l'électricité libre à l'intérieur et à la surface du fil, mais leur usage principal est de déterminer la loi des variations de E et de i.

Si l'on suppose que le fil forme un circuit fermé, les solutions générales des équations (14) et (15) sont

$$E = -\sum \left(C_1 e^{-\lambda_1 t} + C_2 e^{-\lambda_2 t} \right) \sin nx + \sum \left(C'_1 e^{-\lambda_1 t} + C''_2 e^{-\lambda_2 t} \right) \cos nx,$$

$$i = -\sum \frac{1}{2n} \left(\lambda_1 C_1 e^{-\lambda_1 t} + \lambda_2 C_2 e^{-\lambda_2 t} \right) \cos nx$$

$$+ \sum \frac{1}{2n} \left(\lambda_1 C''_1 e^{-\lambda_1 t} + \lambda_2 C''_2 e^{-\lambda_2 t} \right) \sin nx,$$

où C_1, C_2, C'_1, C'_2 désignent des constantes arbitraires, c la base des logarithmes népériens, n tout multiple entier quelconque de $\frac{2\pi}{l}$, λ_1 et λ_2 les deux valeurs de la formule

$$\frac{c^2 R}{32\gamma l} \left[1 \pm \sqrt{1 \pm \left(\frac{32\gamma}{cR\sqrt{2}} nl \right)^2} \right].$$

R étant la résistance $\frac{l}{k\pi a^2}$ du fil entier, les constantes arbitraires se déterminent à la manière ordinaire suivant l'état initial.

La signification de ces solutions est très-différente, suivant que λ_1 et λ_2 sont réels ou imaginaires. M. Kirchhoff a traité seulement les deux cas particuliers qui peuvent être regardés comme les limites de ces deux cas généraux, le cas de $\frac{32\gamma}{cR\sqrt{2}}$ très-petit, et le cas de $\frac{32\gamma}{cR\sqrt{2}}$ très-grand. Pour se faire une idée exacte du sens de ces hypothèses, il a considéré le fil de cuivre que M. Jacobi a pris pour étalon de toutes ses recherches, et qu'il a comparé lui-même aux étalons d'un assez grand nombre de physiciens. Ce fil de cuivre a $7^{mm},620$ de longueur, $0^{mm},333$ de rayon, et sa résistance, exprimée au moyen des unités électro-magnétiques de Weber, est égale à 598×10^7. En tenant compte de ces données, de la valeur numérique de c, et de la nature particulière de l'unité au moyen de laquelle R est censé évalué dans la formule précédente, on trouve que, pour le fil étalon de M. Jacobi,

$$\frac{32\,\gamma}{cR\sqrt{2}} = 2070,$$

et cette valeur peut être considérée comme très-grande.

Ainsi, pour tout fil dont les dimensions et la résistance sont du même ordre de grandeur que les dimensions et la résistance de l'étalon de M. Jacobi, $\dfrac{32\,\gamma}{cR\sqrt{2}}$ a une très-grande valeur et λ_1, λ_2 sont imaginaires. Pour un fil de même diamètre et de même nature, mais de très-grande longueur, $\dfrac{32\,\gamma}{cR\sqrt{2}}$ a une très-petite valeur, et λ_1, λ_2 sont réels tant que nl n'est pas très-grand. Si, par exemple, la longueur du fil était de 1,000 kilomètres, on aurait

$$\frac{32\,\gamma}{cR\sqrt{2}} = 0,034.$$

203. Considérons d'abord le cas où $\dfrac{32\,\gamma}{cR\sqrt{2}}$ est très-grand. On pourra, sous le radical, négliger l'unité devant le terme négatif et représenter λ_1 et λ_2 par

$$h \pm cn\sqrt{-1},$$

en faisant $h = \dfrac{c^2 R}{32\,\gamma l}$. On portera cette expression dans la formule générale ci-dessus, on ne gardera que les parties réelles des exponentielles, et, en tenant compte de la manière dont les constantes arbitraires sont liées à l'état initial, on démontrera que, si $E = f(x)$ représente la distribution initiale de l'électricité libre, on doit avoir à l'époque t

$$E = a + \frac{1}{2}e^{-ht}\left[f\left(x + \frac{c}{\sqrt{2}}t\right) + f\left(x - \frac{c}{\sqrt{2}}t\right) - 2a\right],$$

$$i = -\frac{c}{4\sqrt{2}}e^{-kt}\left[f\left(x + \frac{c}{\sqrt{2}}t\right) + f\left(x - \frac{c}{\sqrt{2}}t\right)\right],$$

a désignant une quantité telle que al soit la quantité totale d'électricité libre dans le fil à l'époque $t = 0$. On voit par ces équations que l'intensité du courant tend vers zéro, et que la distribution de

l'électricité libre tend à être uniforme; mais on doit surtout remarquer l'analogie de ces formules avec celles qui représentent la propagation du son dans un tube étroit. On en doit conclure qu'il existe
en quelque sorte dans le fil deux ondes électriques qui se propagent
en sens opposés avec une vitesse égale à $\dfrac{c}{\sqrt{2}}$, en même temps qu'elles
s'affaiblissent indéfiniment. La vitesse $\dfrac{c}{\sqrt{2}}$ est égale à $310,765$ kilomètres par seconde, et ne diffère, par conséquent, de la vitesse de
la lumière que d'une quantité qui est de l'ordre des incertitudes
que présentent les valeurs connues de c et de la vitesse de la lumière. Cette vitesse est d'ailleurs indépendante de la nature et des
dimensions du fil.

204. Soit maintenant le cas où $\dfrac{32\,\gamma}{cR\sqrt{2}}$ est très-petit: λ_1 et λ_2 sont
des quantités réelles dont les valeurs diffèrent très-peu de

$$\lambda_1 = \frac{c^2 R}{16\,\gamma l} \qquad \text{et} \qquad \lambda_2 = \frac{8\,\gamma l}{R}\, n^2.$$

La seconde de ces valeurs est évidemment très-petite par rapport à
la première. En tenant compte de cette circonstance, et en admettant que la valeur initiale de i ne soit pas infiniment grande par
rapport aux valeurs que i peut acquérir lorsque sa valeur initiale
est zéro, on trouve, pour toute époque telle que $e^{-\lambda_1 t}$ soit négligeable
devant $e^{-\lambda_2 t}$, les deux formules

$$E = \sum \left(E_n \sin nx + E'_n \cos nx \right) e^{-\frac{8\,\gamma l}{R} n^2 t},$$

$$i = \frac{4\,\gamma l}{R} \sum n \left(- E_n \cos nx + E'_n \sin nx \right) e^{-\frac{8\,\gamma l}{R} n^2 t},$$

dans lesquelles les coefficients E_n, E'_n sont choisis de telle façon
que $\sum \left(E_n \sin nx + E'_n \cos nx \right)$ représente la valeur initiale de E. Ces
deux expressions sont indépendantes de c et seraient les solutions
rigoureuses des équations

$$i = - \frac{4\,\gamma l}{R} \frac{dE}{dx},$$

$$\frac{di}{dt} = - \frac{1}{2} \frac{dE}{dt}.$$

Or on déduit de ces deux équations, par l'élimination de i,

$$\frac{dE}{dt} = \frac{8\gamma l}{R}\frac{d^2E}{dx^2},$$

équation de même forme que celle qui représenterait la propagation de la chaleur dans un cylindre dépourvu de conductibilité extérieure. L'électricité se propage donc dans ce cas *comme la chaleur*, et, bien qu'il ne puisse plus être question, à proprement parler, d'une vitesse de propagation, on peut dire qu'elle se propage d'autant plus rapidement que la matière du fil est plus conductrice et sa section plus grande.

205. Application de la théorie de la pile à la recherche des lois de la chaleur dégagée par les courants électriques. — On sait que, si un courant électrique constant traverse un fil métallique homogène, il se dégage, pendant l'unité de temps, une quantité de chaleur proportionnelle au carré de l'intensité du courant et à la résistance du fil [1]. M. Clausius [2] est parvenu à rattacher cette loi aux principes de la théorie mécanique de la chaleur; il l'a même généralisée en donnant l'expression de la chaleur dégagée par un courant dans un conducteur homogène de forme quelconque.

Les recherches de M. Kirchhoff sur la propagation de l'électricité ont été le point de départ du travail de M. Clausius. Nous avons vu que, si V désigne la fonction potentielle de l'électricité libre relative à un point d'un système de conducteurs, et $id\omega$ le flux d'électricité relatif à l'unité de temps qui traverse un élément $d\omega$ normal à la résultante des actions électriques, on a

$$(1)\qquad id\omega = k\frac{dV}{dN},$$

$$(2)\qquad \frac{d^2V}{d\alpha^2} + \frac{d^2V}{d\beta^2} + \frac{d^2V}{d\gamma^2} = 0.$$

D'autre part, il résulte des propriétés générales de la fonction potentielle que, si une masse infiniment petite dq d'électricité se meut

---

[1] Joule, *Philosophical Magazine*, 3ᵉ série, t. XIX.
[2] *Poggendorff's Annalen*, t. LXXXVII, p. 415, novembre 1852.

suivant une trajectoire s, la projection de la force accélératrice sur la tangente à la trajectoire est exprimée par $\dfrac{dV}{ds}$, et que le travail élémentaire de cette force pendant un déplacement infiniment petit ds est égal à

$$(3) \qquad dq\,\frac{dV}{ds}\,ds.$$

Le travail correspondant à un déplacement fini est donc égal à

$$(4) \qquad dq \int_{s_0}^{s_1} \frac{dV}{ds}\,ds = (V_1 - V_0)\,dq.$$

L'expression précédente est encore exacte si, au lieu d'une seule masse d'électricité dq parcourant successivement les divers éléments de l'arc $s_1 - s_0$, on considère une infinité de masses égales à dq qui parcourent, pendant un même temps infiniment petit dt, les divers éléments de l'arc $s_1 - s_0$. Il est facile de conclure de là que, si l'on prend une portion d'un conducteur limité par une surface fermée, le travail des forces agissant sur l'électricité qui se meut à l'intérieur de cette surface s'obtiendra, pendant un temps infiniment petit dt, en calculant l'intégrale $\int Vi\,d\omega\,dt$ étendue à tous les points de la surface fermée. Si l'état du système est devenu stationnaire, le travail relatif à l'unité de temps aura pour expression

$$(5) \qquad W = \int Vi\,d\omega.$$

ou bien, en mettant pour i sa valeur,

$$(6) \qquad W = k \int \frac{V\,dV}{ds}\,d\omega.$$

Cette équation représentera le travail total des forces qui agissent dans l'espace considéré, s'il ne se produit dans cet espace ni action chimique, ni action mécanique, ni action inductrice, et s'il n'existe pas de force électro-motrice. Elle sera donc égale à l'accroissement de la somme des forces vives qui existent dans cet espace. Mais si, comme il paraît qu'on doit le faire, on néglige la masse et la force vive des fluides électriques, cet accroissement de forces vives ne peut être autre chose que la chaleur dégagée dans l'espace que l'on considère. En conséquence, si l'on désigne par H cette chaleur dégagée, par A l'inverse de l'équivalent mécanique de la chaleur, on aura

$$(7) \qquad H = Ak \int V \frac{dV}{dN}\, d\omega,$$

formule générale qui convient à un conducteur homogène solide ou liquide de forme quelconque.

206. Loi de Joule. — Si la portion de conducteur que l'on considère est limitée par sa surface extérieure et par deux sections transversales, planes ou courbes, on aura sur toute la surface extérieure $\frac{dV}{dN} = 0$, et il suffira d'étendre l'intégrale aux deux sections transversales. Si, de plus, le conducteur est sensiblement cylindrique, et si les sections transversales sont des plans perpendiculaires à son axe, on pourra regarder i et V comme constants dans toute l'étendue d'une section transversale, de manière qu'en appelant V_1 et V_0 les valeurs de V relatives aux deux sections la formule (7) se réduira à

$$(8) \qquad H = A\,(V_1 - V_0) \int i\, d\omega.$$

D'ailleurs $\int i\, d\omega$ est précisément ce que l'on désigne, dans le cas dont il s'agit, sous le nom d'intensité du courant. En représentant cette intensité par J, on aura

$$(9) \qquad H = A\,(V_1 - V_0)\, J\,;$$

et enfin, comme il résulte des formules établies par M. Kirchhoff que

$$J = \frac{V_1 - V_0}{l},$$

l représentant la résistance de la portion considérée du conducteur, il viendra simplement

$$(10) \qquad H = Al\, J^2.$$

La quantité de chaleur dégagée pendant l'unité de temps dans un conducteur traversé par un courant est proportionnelle au carré de l'intensité du courant et à la résistance du fil.

Ainsi se trouve démontrée théoriquement la loi que M. Joule avait longtemps auparavant découverte par l'expérience et qui a été vérifiée depuis par divers physiciens, particulièrement par M. Lenz, M. Poggendorff, M. Viard, M. Favre, etc.

BIBLIOGRAPHIE.

THÉORIE MATHÉMATIQUE DE LA PILE.

1825. Ohm, Vorläufige Anzeige der Gesetzes nach welchem Metalle die Contactelektricität leiten, *Pogg. Ann.*, IV, 79.

1825. Ohm, Ueber Leitungsfähigkeit der Metalle für Elektricität, *Schweigger's Journ.*, XLIV, 245 et 370.

1826. Ohm, Bestimmung der Gesetzes nach welchem Metallen die Contactelektricität leiten, nebst einem Entwurf zu einer Theorie des Volta'schen Apparats und des Multiplicators, *Schweigger's Journ.*, XLVI, 137.

1826. Ohm, Versuch einer Theorie der durch galvanische Kräfte hervorgebrachten elektroskopischen Erscheinungen. *Pogg. Ann.*, VI. 459, et VII, 45 et 117.

1827. Ohm, Einige elektrische Versuche, *Schweigger's Journ.*, XLIX, 1.

1827. Ohm, *Die galvanische Kette, mathematisch bearbeitet*, Berlin, 1827.

1828. Green, *An essay on the explication of mathematical analysis to the theories of electricity and magnetism*, Nottingham, 1828; et *Journ. de Crelle*, XXXIX, 73, XLIV, 356, et XLVII, 161.

1828. Ohm, Nachträge zur mathematischen Bearbeitung der galvanischen Kette. *Kastner Arch.*, XIV, 475.

1829. Ohm, Experimentale Beiträge zu einer vollständigen Kentniss des elektromagnetischen Multiplicators, *Schweigger's Journ.*, LV, 1.

1829. Ohm, Theoretische Herleitung der Gesetze nach welchen sich das Erglühen von Metalldrähten durch die galvanische Kette richtet, und nähere Bestimmung der Modification die der elektrische Strom durch Spitzen erleidet. *Kastner Arch.*, XVI, 1.

1829. Ohm, Nachweisung des Ueberganges von dem Gesetze der Elektricitätsverbreitungs zu dem der Spannung. *Kastner Arch.*, XVII, 1 et 452.

1829.   Fechner, Beiträge zur Lehre vom Galvanismus, *Schweigger's Journ.*, LVII, 291.

1829.   Fechner, Von der erregenden Oberfläche, gegen De la Rive für die Ohm'sche Theorie sprechende Versuche, *Schweigger's Journ.*, LVII, 9.

1830.   Ohm, Gehorcht die Elektrische Kette den von der Theorie ihr vorgeschriebenen Gesetzen oder nicht? Frage und Antwort, *Schweigger's Journ.*, LVIII, 393.

1830.   Ohm, Versuche zu nähere Bestimmung der naturunipolarer Leiter, *Schweigger's Journ.*, LIX, 385, et LX, 32.

1831.   Fechner, *Maassbestimmungen über die galvanische Kette*, Leipzig, 1831.

1831.   Ohm, Versuche über den Zustand der geschlossenen einfachen galvanischen Kette und daran geknüpfte Beleuchtung einiger dunkeln Stellen in der Lehre vom Galvanismus, *Schweigger's Journ.*, LXIII, 1 et 159.

1831-32. Ohm, An Thatsachen fortgeführte Nachweisung des Zusammenhanges in welchem die mannigfaltigen Eigenthümlichkeiten galvanischer insbesondere hydroelektrischer Ketten unter einander stehen, *Schweigger's Journ.*, LXIII, 385, LXIV, 21, 138 et 257.

1832.   Ohm, Ueber eine verkannte Eigenschaft der gebundenen Elektricität, *Schweigger's Journ.*, LXV, 129.

1833.   Ohm, Zur Theorie der galvanischen Kette, *Schweigger's Journ.*, LXVII, 34.

1837.   Pouillet, Mémoire sur la pile de Volta et sur la loi générale d'intensité que suivent les courants, soit qu'ils proviennent d'une pile à petite ou à grande tension, *Comptes rendus*, I, 267.

1838.   Lenz, Ueber Gesetze der Elektricitätsleitung in Drähten von verschiedenen Länge und Dicke, *Mém. de l'Acad. de Saint-Pétersbourg*, III (1838).

1841.   Joule, On the heat evolved by metallic conductors of electricity and in the cells of a battery during electrolysis, *Phil. Mag.*, (3), XIX, 260, et (4), III, 486.

1841.   Henrici, Zur Galvanometrie, *Pogg. Ann.*, LIII, 277.

1843.   E. Becquerel, Des lois du dégagement de la chaleur pendant le passage des courants électriques à travers les corps solides et liquides, *Ann. de chim. et de phys.*, (3), IX, 21.

1844.   Lenz, Ueber die Gesetze der Wärme-Entwickelung durch den galvanischen Strom, *Bull. phys.-math. de l'Acad. de Saint-Pétersbourg*, I et II, et *Pogg. Ann.*, LXI, 18.

1845.   Kirchhoff, Ueber den Durchgang eines elektrischen Stromes durch eine Ebene, insbesondere durch eine Kreisförmige, *Pogg. Ann.*,

LXIV, 497 (1845), et LXVII, 344 (1846); et *Ann. de chim. et de phys.*, (3), XL, 115 (1854).

1846. POGGENDORFF, Problem der linearen Verzweigung elektrischer Ströme, *Pogg. Ann.*, LXVII, 273.

1846. SMAASEN, *Dissertatio de æquilibrio dynamico electricitatis in plano et spatio*. Traject. ad Rhen. 1846.

1846. SMAASEN, Vom dynamischen Gleichgewicht der Elektricität in einer Ebene oder einem Körper, *Pogg. Ann.*, LXIX, 161.

1846. KNOCHENHAUER, Ueber den Vergleich der elektrischen mit der galvanischen Formeln, *Pogg. Ann.*, LXIX, 421.

1847. PLÜCKER, Ueber das Ohm'sche physikalische Gesetz, *Crelle's Journ.*, XXXV, 93.

1847. KOHLRAUSCH, Ueber das Dellmann'sche Elektrometer, *Pogg. Ann.*, LXXII, 353.

1847. SMAASEN, Vom dynamischer Gleichgewicht der Elektricität in einem Körper und in unbegränztem Raume, *Pogg. Ann.*, LXXII, 435, et *Ann. de chim. et de phys.*, (3), XL, 236 (1854).

1847. KIRCHHOFF, Ueber die Auflösung der Gleichungen auf welche man bei Untersuchung der linearen Vertheilung galvanischer Ströme geführt wird, *Pogg. Ann.*, LXXII, 497.

1848. KOHLRAUSCH, Der Condensator in Verbindung mit dem Dellmann'schen Elektrometer, *Pogg. Ann.*, LXXV, 88.

1848. KIRCHHOFF, Ueber die Anwendbarkeit der Formeln für die Intensitäten der galvanischen Ströme in einem Systeme linearer Leiter auf Systeme die zum Theil aus nicht linearen Leitern bestehen, *Pogg. Ann.*, LXV, 189, et *Ann. de chim. et de phys.*, XL, 327 (1854).

1848. KOHLRAUSCH, Die Elektromotorische Kraft ist der elektroskopischen Spannung an den Polen der geöffneten Kette proportionnal, *Pogg. Ann.*, LXXV, 220, et *Ann. de chim. et de phys.*, (3), XLI, 357 (1854).

1849. KOHLRAUSCH, Die Elektroskopischen Eigenschaften der geschlossenen galvanischen Kette, *Pogg. Ann.*, LXXVIII, 1, et *Ann. de chim. et de phys.*, (3), XLI, 362 (1854).

1849. KIRCHHOFF, Ueber eine Ableitung der Ohm'schen Gesetze welche sich an die Theorie der Elektrostatik anschliesst, *Pogg. Ann.*, LXXVIII, 506, et *Ann. de chim. et de phys.*, (3), XLI, 496 (1854).

1852. CLAUSIUS, Ueber das mechanische Æquivalent einer elektrischen Entladung und die dabei stattfindende Erwärmung der Leitungsdrahtes, *Pogg. Ann.*, LXXXVI, 337.

1852. CLAUSIUS, Ueber die bei einem stationären elektrischen Strom in dem Leiter gethane Arbeit und erzeugte Wärme, *Pogg. Ann.*, LXXXVII, 415, et *Ann. de chim. et de phys.*, (3), XLII, 122 (1854).

354   BIBLIOGRAPHIE.

1852.   Dellmann. Ueber das Dellmann'schen Elektrometer, *Pogg. Ann.*,
         LXXXVI, 524.

1853.   Helmholtz. Ueber einige Gesetze der Vertheilung elektrischer Ströme
         in körperlichen Leitern, mit Anwendung auf die thierische-
         elektrischen Versuche, *Pogg. Ann.*, LXXXIX, 211 et 353.

1853.   Röber, Zum Theorie des Delmann'schen Elektrometers, *Pogg.
         Ann.*, LXXXIX, 258.

1854.   Favre, Recherches thermiques sur les courants hydro-électriques,
         Ann. de chim. et de phys., (3), XL, 293.

1855.   Viard. Mémoire sur la chaleur que développe l'électricité par son
         passage à travers les fils métalliques, *Ann. de chim. et de phys.*,
         (3), XLIII, 304.

1856.   E. Becquerel, Recherches sur le dégagement de l'électricité dans les
         piles voltaïques, *Ann. de chim. et de phys.*, (3), XLVIII, 200.

1856.   Quincke, Ueber die Verbreitung eines elektrischen Stromes in Metal-
         platten, *Pogg. Ann.*, XCVII, 382, et *Ann. de chim. et de phys.*,
         XLVII, 203.

1857.   Kirchhoff, Ueber die Bewegung der Elektricität in Drähten, *Pogg.
         Ann.*, C, 193.

1857.   Kirchhoff, Ueber die Bewegung der Elektricität in Leitern, *Pogg.
         Ann.*, CII, 529, et *Ann. de chim. et de phys.*, LVII, 238 (1859).

1858.   Schering, Zur mathematischen Theorie elektrischer Ströme, *Pogg.
         Ann.*, CIV, 266.

1860.   Gaugain, Sur la propagation de l'électricité dans les conducteurs
         médiocres :
              1er Mémoire, *Ann. de chim. et de phys.*, (3), LIX, 5.
              2° Mémoire, *Ann. de chim. et de phys.*, (3), LX, 326 (1860).
              3e Mémoire, *Ann. de chim. et de phys.*, (3), LXIII, 201 (1861).

VIII.

INDUCTION.

207. Courant inducteur, courant induit — Considérons deux fils de cuivre parallèles, dont l'un fait partie d'un circuit contenant une pile et dont l'autre a ses extrémités attachées aux fils d'un galvanomètre. Si les fils sont en présence et qu'on les rapproche ou qu'on les éloigne l'un de l'autre, ou encore si l'on établit ou qu'on supprime le courant dans le premier fil, l'aiguille du galvanomètre est expulsée du zéro, ce qui prouve qu'il s'est produit un courant dans le deuxième fil; on constate de plus que ce courant est instantané, car l'aiguille revient aussitôt vers le zéro, en oscillant de part et d'autre de cette position de la même manière que lorsqu'on l'en a écartée mécaniquement.

Le courant de la pile s'appelle courant *inducteur*, l'autre courant *induit*, et le phénomène porte le nom *d'induction;* il a été découvert en 1831 par Faraday.

208. Production des courants d'induction, envisagée comme conséquence de la théorie mécanique de la chaleur. — On peut aujourd'hui, au moyen d'une série de raisonnements basés sur la connaissance des lois du développement de la chaleur par les courants, démontrer *a priori* la nécessité de l'existence des phénomènes d'induction.

Nous avons vu (205) que le travail des affinités chimiques mises en jeu dans les éléments d'une pile peut être équivalent à la chaleur totale dégagée dans le circuit. Il n'en est réellement ainsi qu'autant que le courant ne produit pas d'effets mécaniques.

Si, en agissant sur d'autres courants ou sur des aimants, le courant communique une vitesse déterminée à des systèmes matériels, ou déplace le point d'application d'une résistance extérieure, le travail des affinités correspondant à une somme déterminée d'actions

chimiques dans la pile, c'est-à-dire à la dissolution d'un poids déterminé de métal, a pour équivalent : 1° la chaleur dégagée dans le
circuit; 2° la somme du travail mécanique accompli et de la moitié
des forces vives développées, et cette somme ne peut augmenter
sans que la quantité de chaleur dégagée dans le circuit diminue
d'une quantité équivalente.

Ainsi, toutes les fois qu'un courant détermine une production de
travail mécanique ou un développement de forces vives, la quantité
de chaleur que dégage, par exemple, la dissolution d'un équivalent
chimique de métal dans chaque élément de la pile se trouve diminuée.

Mais on sait, d'autre part, qu'en vertu des lois de Joule (206)
cette quantité de chaleur est proportionnelle à la somme des forces
électro-motrices qui existent dans le circuit. Il est donc nécessaire
que cette somme soit diminuée, et, comme les forces électro-motrices des éléments ne peuvent éprouver de variations tant que leur
constitution ne change pas, il est nécessaire qu'il naisse dans le circuit de nouvelles forces électro-motrices, contraires à celles des éléments.

On est donc conduit à énoncer, comme une conséquence nécessaire des principes de la théorie mécanique de la chaleur, la proposition générale suivante :

Toutes les fois qu'un courant électrique, en agissant sur d'autres
courants ou sur des aimants, détermine une production de travail
mécanique ou de forces vives, il naît dans le circuit traversé par ce
courant un système de forces électro-motrices qui en diminue l'intensité.

Si le mouvement résultant de l'action réciproque de deux conducteurs traversés par des courants a pour conséquence une diminution de l'intensité de ces courants, on peut exprimer le phénomène
en disant que ce mouvement fait naître dans chaque conducteur un
courant de sens contraire, c'est-à-dire un courant qui, par sa réaction sur l'autre conducteur, tend à s'opposer au mouvement réalisé
dans l'expérience. Il est d'ailleurs naturel de supposer que cette
production de courant doit avoir lieu suivant les mêmes lois, lorsque
le mouvement relatif des deux conducteurs résulte, non plus de leur

action mutuelle, mais de l'action d'une force extérieure. Enfin il doit en être encore de même si l'un seulement des deux conducteurs est traversé par un courant, l'autre étant primitivement à l'état naturel. On doit donc regarder au moins comme très-probable la conclusion générale suivante :

Si l'on déplace un conducteur fermé, dans le voisinage d'un courant ou d'un aimant, il se développe dans ce conducteur un courant dirigé de façon que, par sa réaction sur le courant ou sur l'aimant, il tende à s'opposer au mouvement. Si le conducteur demeure immobile et qu'on déplace le courant ou l'aimant, il doit encore en être de même.

Nous verrons que l'expérience confirme toutes ces conjectures.

209. Expérience d'Ampère et De la Rive. — Longtemps avant l'époque où Faraday fit la découverte de l'induction, Ampère et De la Rive[1] avaient fait une expérience relative à ces phénomènes et qu'ils n'avaient pas comprise. Ces physiciens cherchaient s'il y avait une action des courants sur des conducteurs placés à distance, par analogie avec les effets d'influence de l'électricité ordinaire ; ils entreprirent une série d'expériences avec l'idée préconçue que le phénomène produit par le passage du courant dans un conducteur voisin serait permanent, c'est-à-dire persisterait pendant tout le temps que le courant traverserait le conducteur ; ayant au contraire observé un phénomène instantané, ils regardèrent ce résultat comme un fait singulier ne méritant pas une étude ultérieure.

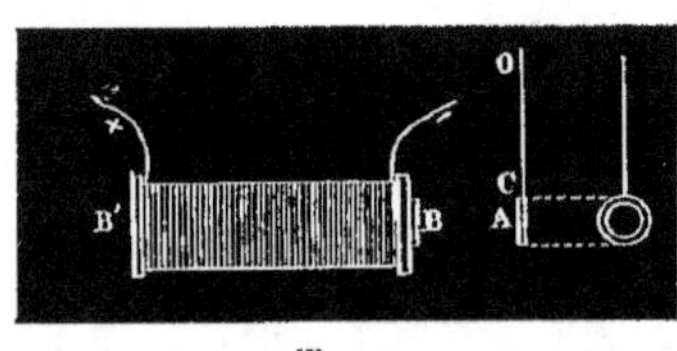

Fig. 120.

Voici en quoi consistait leur expérience : un fil fin de cuivre enroulé en anneau A (fig. 120) était suspendu à un fil de soie sans torsion OC, devant la base d'un électro-aimant BB', de manière que les plans des spires de l'électro-aimant fussent parallèles au plan de l'anneau. A l'instant où le courant était lancé dans l'électro-aimant, l'anneau était

[1] *Bibliothèque universelle*, septembre 1822, et *Annales de chimie et de physique*, [2], t. XXI, p. 47 (1822), et t. XXV, p. 272 (1824).

repoussé; mais cette déviation ne persistait pas, et bientôt le fil revenait rigoureusement à la verticale. Si l'on interrompait le courant, on observait une attraction aussi peu persistante que la répulsion.

Aussitôt que Faraday eut fait connaître sa découverte, Ampère donna l'explication de son ancienne expérience. Le passage du courant dans l'hélice magnétique aimante le fer doux et développe dans l'anneau un courant induit inverse qui est repoussé par la bobine et l'électro-aimant. Le courant induit étant de très-courte durée, le phénomène n'est pas persistant. Lorsqu'on supprime le courant inducteur, il se produit dans l'anneau un courant de même sens et par suite il y a attraction. S'il peut sembler singulier que l'anneau soit attiré lorsque le courant n'existe plus, il faut remarquer que la cessation du courant n'est pas instantanée, comme le prouve l'étincelle qui jaillit au moment où l'on rompt le circuit et qui continue le courant pendant un instant. C'est pendant cette période, où l'intensité du courant va en décroissant, que le courant induit se développe et qu'il est attiré par le courant inducteur.

A cette occasion Ampère rappela. aussi une expérience de Fresnel entreprise dans le but de rechercher l'influence du magnétisme sur les actions chimiques[1]. Les deux fils d'un appareil à décomposer l'eau par la pile étaient en fer et communiquaient avec les extrémités d'une hélice environnant un fort aimant. L'oxydation des fils de fer était plus considérable au bout d'un certain temps que s'ils n'eussent pas communiqué avec cette hélice. Ce résultat, qui n'est nullement certain, trouverait, d'après Ampère, son explication dans des courants induits d'une extrême faiblesse produits par les variations diurnes du magnétisme de l'aimant et qui accéléreraient l'oxydation du fer.

Ces expériences, que nous n'avons rappelées que pour mémoire, n'enlèvent évidemment rien au mérite de la découverte de Faraday[2].

210. Diverses classes de courants induits. — Faraday et d'autres physiciens constatèrent la production de courants induits

---

[1] *Annales de chimie et de physique*, [2], t. XV, p. 219 (1820).

[2] Lettre dans *le Temps*, 28 décembre 1831, d'après une lettre à Hachette du 17 décembre 1831; *Experimental Researches*, série 1; *Philosophical Transactions for* 1832, p. 125.

sous l'influence d'un courant dont l'intensité varie, ou que l'on approche et que l'on éloigne; ils reconnurent aussi que les lhénomènes obtenus avec le courant de la pile se produisent encore sous l'influence des aimants, du magnétisme terrestre et des décharges électriques ordinaires. De là la distinction de diverses classes de courants induits : lorsque l'induction sera développée par un courant électrique ordinaire, nous la nommerons, avec Faraday, induction volta-électrique, et nous distinguerons deux cas suivant que l'induction sera produite par une variation d'intensité du courant inducteur ou qu'elle sera due à un déplacement relatif des deux circuits; nous appellerons l'induction magnéto-électrique, lorsqu'elle résultera de l'action du magnétisme; nous nommerons tellurique l'induction développée sous l'influence de la terre, et leyd-électrique l'induction produite par les décharges électriques ordinaires.

COURANTS INDUITS VOLTA-ÉLECTRIQUES.

1° COURANTS DUS A UNE VARIATION D'INTENSITÉ.

211. Loi de Faraday. — On peut produire ces courants en interrompant ou en fermant le circuit inducteur.

Il n'est pas nécessaire que le courant inducteur se détruise complétement ou qu'il prenne naissance pour qu'il y ait induction. Le changement d'intensité du courant produit les mêmes effets que l'établissement ou la suppression du courant; on comprend, en effet, que si, par exemple, l'intensité du courant inducteur augmente, c'est comme si l'on fermait un deuxième courant ajouté au premier. L'expérience se fait en établissant ou en enlevant, à l'aide d'un commutateur F, une dérivation MFN (fig. 121) dans le circuit PMABN; seulement le courant induit est d'autant plus faible que la variation est plus lente.

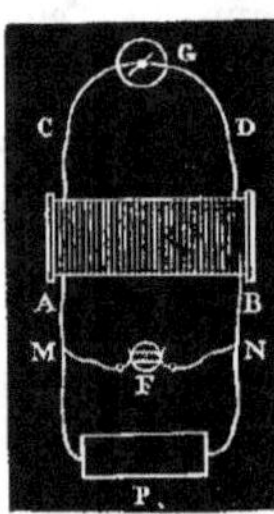

Fig. 121.

Dans le cas où les deux fils sont tendus parallèlement, ou lorsqu'il s'agit de spirales plates ou d'hélices dans lesquelles les deux fils sont très-rapprochés, la loi suivante, énoncée par Faraday, détermine le sens des courants induits : quand on *ferme* le courant de la pile, il se développe un courant induit de *sens contraire* au courant inducteur; quand on *rompt* le courant, il se développe un courant induit de *même sens*.

212. Loi élémentaire. — Formules de M. Weber et de M. Neumann. — Mais si les circuits ne se trouvent pas dans un même plan ou dans des plans parallèles, ou s'ils ne présentent pas deux éléments parallèles deux à deux, la loi précédente laisse la question indécise.

Étant donnés deux éléments infiniment petits placés d'une manière quelconque, trouver l'intensité du courant produit dans l'un d'eux, lorsque l'autre est traversé par un courant dont l'intensité varie : tel est le problème général de l'induction. Cette question est encore aujourd'hui sans solution expérimentale, car il est impossible de faire agir l'un sur l'autre deux courants non-fermés, les artifices auxquels on a recours pour faire agir des courants non fermés dans les expériences d'électro-dynamique ne pouvant être utilisés lorsque l'on considère

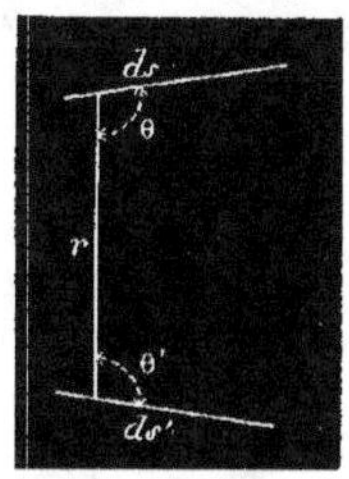

Fig. 122.

les phénomènes d'induction, et les décharges électriques n'étant pas non plus des courants non fermés, comme on pourrait le supposer après un examen superficiel.

Quelques auteurs ont cherché la loi dont il s'agit : M. Weber[1] et M. Neumann[2] sont arrivés à deux lois élémentaires différentes, mais conduisant dans l'application aux mêmes conséquences pour les courants fermés.

Soient ds, ds' (fig. 122) deux éléments des circuits inducteur et induit, r leur distance, θ, θ' les angles que cette droite fait avec leurs directions; les variations d'intensité de ds étant représentées par $\frac{di}{dt}\,dt$, les variations de ds' le seront, d'après M. Weber, par

$$\frac{a\,ds\,ds'}{r}\cos\theta\cos\theta'\frac{di}{dt}.$$

[1] *Elektrodynamische Maassbestimmungen*, Leipzig (1846).
[2] *Abhandlungen der Berliner Akademie der Wissenschaften*, 1845 et 1847.

Si la variation d'intensité n'a pas lieu d'une manière brusque pendant chaque élément de temps dt, pour avoir l'intensité du courant induit on intégrera par rapport au temps, après avoir multiplié par dt.

D'après cette formule, deux éléments parallèles entre eux et perpendiculaires à la ligne qui joint leurs milieux n'ont aucune action l'un sur l'autre; au contraire, l'action est maximum quand les éléments sont placés à la suite l'un de l'autre.

La formule donnée par M. Neumann est $a\dfrac{ds\,ds'}{r}\cos\varepsilon\dfrac{di}{dt}$, ε étant l'angle des deux éléments. et la quantité d'électricité qui circule pendant le temps dt est proportionnelle à

$$\frac{dt\displaystyle\int\frac{ds\,ds'}{r}\cos\varepsilon\frac{di}{dt}}{\Sigma\lambda}.$$

Cette intégrale est équivalente à celle de M. Weber pour des circuits fermés, mais les calculs sont plus simples avec cette seconde formule; aussi se sert-on surtout de celle de M. Neumann, qui paraît aussi plus rationnelle. Elle nous montre que si les deux éléments de courants sont parallèles ou à la suite l'un de l'autre, il y a maximum d'action; ce sont donc des résultats différents de ceux que donne la formule de M. Weber.

Dans tous les cas, la force électro-motrice est bien représentée par

$$a\frac{di}{dt}dt\int\frac{ds\,ds'}{r}\cos\varepsilon.$$

C'est une formule que l'on a pu vérifier dans beaucoup de cas; on avait reconnu déjà, avec des conducteurs formés de spirales planes, que la loi de la simple distance est plus satisfaite que celle du carré de la distance.

Quant à l'intégrale $\displaystyle\int\frac{ds\,ds'}{r}\cos\varepsilon$, prise dans toute l'étendue des deux circuits, elle porte le nom de *fonction potentielle électro-dynamique* des deux circuits, et son signe indique le sens du courant.

213. Identité des courants induits et des courants produits par les actions chimiques. — A l'époque où Faraday découvrait les courants induits, les recherches de Melloni sur la chaleur venaient de démontrer qu'un agent qu'on avait jusque-là regardé comme simple était complexe, de sorte qu'on fut naturellement conduit à penser que les courants induits n'étaient pas de même espèce que les courants produits par les actions chimiques. De là une grande quantité d'expériences qui n'ont plus maintenant le même intérêt qu'à l'époque où elles ont été faites, car on est aujourd'hui familiarisé avec cette idée qu'il n'y a qu'une seule espèce de courant électrique. Elles ont toutes démontré l'identité des propriétés des courants induits et des courants produits par les actions chimiques; il n'y a de différence que pour l'intensité et la durée.

On constate facilement leur action sur l'aiguille aimantée en les faisant passer par le fil d'un galvanomètre; si l'on emploie une hélice dans l'axe de laquelle se trouve une aiguille à coudre, on observe qu'elle s'aimante sous l'influence du courant induit et que le pôle austral est vers la gauche du courant. On peut aussi, à l'aide des courants induits, aimanter le fer doux et employer pour manifester cette aimantation le rhééelectromètre de M. Marianini[1].

M. Weber[2] et M. Lallemand[3] ont constaté, à l'aide d'appareils électro-dynamiques très-sensibles, que les courants induits produisent les mêmes phénomènes d'équilibre et de mouvement que les courants ordinaires : en se servant de bobines très-longues et de spirales plates portées par des leviers en bois suspendus à des fils sans torsion, ils ont reconnu que les lois de l'électro-dynamique leur sont applicables.

L'action calorifique n'est pas douteuse, et l'on peut aisément la manifester en faisant passer le courant dans un fil de platine très-fin qui devient incandescent.

On peut constater les actions chimiques de ces courants en mettant les deux extrémités du fil induit sur un papier amidonné im-

[1] *Annales de chimie et de physique*, [3], t. X, p. 491 (1844).

[2] *Elektrodynamische Maassbestimmungen*, Leipzig (1846).

[3] *Annales de chimie et de physique*, [3], t. XXII, p. 19 (1848), et t. XXXII, p. 431 (1851).

prégné d'une dissolution d'iodure de potassium : il s'y fait une tache
bleue. Avec un papier de tournesol rouge à une extrémité, bleu à
l'autre, et mouillé d'une dissolution de sulfate neutre de soude, on
voit, si le papier est convenablement placé entre les deux bouts du
fil induit, l'extrémité rouge bleuir sous l'influence de la base et l'autre
extrémité rougir sous l'action de l'acide. Pour produire des effets
intenses, pour décomposer l'eau d'une manière appréciable, par
exemple, il faut faire naître un système de courants induits assez
nombreux; de là l'utilité de placer dans le circuit inducteur une roue
dentée que l'on met en mouvement à la main et qui établit ou supprime le courant suivant qu'une languette communiquant avec un
des pôles de la pile est ou n'est pas en contact avec une dent de la
roue qui communique avec l'autre pôle. Que la roue ait, par exemple,
cent dents et fasse seulement dix tours par seconde, et le courant
inducteur sera fermé mille fois et ouvert mille fois; on aura par
conséquent deux mille courants induits en une seconde. En faisant
arriver ces courants dans un voltamètre, on recueillerait dans chaque
éprouvette un mélange d'oxygène et d'hydrogène, car les courants
induits sont alternativement directs et inverses; si l'on voulait recueillir les gaz séparés, il faudrait employer un commutateur supprimant un des systèmes de courants ou donnant aux deux systèmes
une direction constante. Du reste, si un seul courant induit ne peut
décomposer l'eau d'une manière évidente, il suffit pour polariser les
électrodes, ce qui est un indice manifeste de décomposition.

Enfin les actions physiologiques des courants induits peuvent être
facilement mises en évidence, et leur courte durée les rend même
très-propres à donner des secousses. On a constaté, en effet, qu'un
courant constant ne produit aucun effet sur l'économie, à moins
que son intensité ne soit telle qu'il décompose les tissus. Ainsi, supposons que l'on tienne d'une main un fil communiquant avec les
pôles d'une pile de 100 éléments par exemple, et que de l'autre on
promène un fil d'un bout à l'autre de la pile, de manière à accroître
graduellement l'intensité du courant sans jamais l'interrompre, on
ne sent aucune secousse; au contraire, toute variation brusque d'intensité, la fermeture du circuit, sa rupture, déterminent une action
physiologique. Les courants induits, à cause de leur courte durée,

seront donc éminemment propres à donner des commotions, et, par une succession rapide de courants induits, on produira des secousses très-multipliées. Si l'on veut les ressentir aussi bien que possible, il faut mouiller d'eau salée ou acidulée la couche sèche et peu conductrice qui constitue l'épiderme des doigts et qui affaiblit beaucoup l'intensité du courant.

Les courants induits n'ont donc de spécial que leur origine et leur courte durée.

214. Quantité du courant induit. — L'action du courant induit sur le galvanomètre cessant brusquement, il s'ensuit que le courant a duré très-peu ; mais pendant ce temps il a varié d'une manière continue : son intensité, d'abord nulle, a augmenté avec le temps, puis est redevenue égale à zéro ; on peut donc la représenter par une courbe de la forme ABC (fig. 123). L'action du courant sur l'aiguille est à chaque instant proportionnelle à cette intensité, et, en outre, au moment magnétique de l'aiguille ; elle dépend aussi de sa distance, mais, dans la courte durée que nous considérons, rien ne change que l'intensité du courant : ainsi l'aiguille est sollicitée par une force constante de direction, variable de grandeur ; elle entre en mouvement, et sa vitesse est proportionnelle à l'intégrale de ces actions élémentaires, c'est-à-dire à

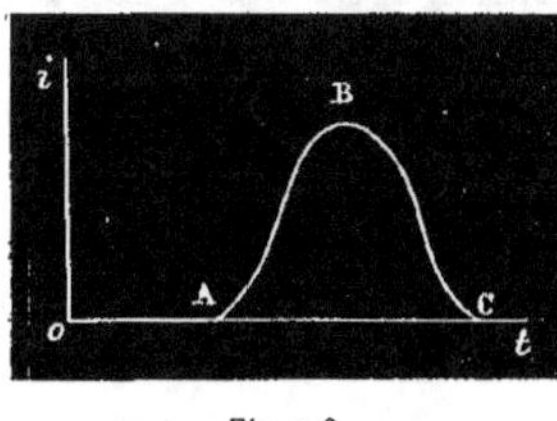

Fig. 123.

$$\mu f \int_{0}^{\theta} i\,dt,$$

expression dans laquelle i est l'intensité du courant, θ sa durée, μ le moment magnétique de l'aiguille et f un facteur qui dépend de la disposition du cadre. Soit q la quantité d'électricité qui a traversé la section du fil induit depuis que le courant induit a commencé, c'est-à-dire pendant le temps θ ; i est proportionnel à la quantité d'électricité qui traverse une section du conducteur pendant l'unité de temps : si cette intensité est variable, on devra prendre pour me-

sure de cette intensité une quantité proportionnelle à la limite du
rapport de la quantité dq d'électricité qui passe dans un temps dt à
ce temps : on a donc

$$i = k\frac{dq}{dt},$$

de sorte que la vitesse du mouvement de l'aiguille est proportionnelle à

$$\nu f k \int_0^\theta \frac{dq}{dt}\,dt = \mu\,cq,$$

c étant une constante. Cette quantité s'appelle *intensité intégrale du
courant induit*, ou, pour abréger, *quantité* du courant induit.

**215. Détermination de l'intensité et de la durée des
courants induits à l'aide du galvanomètre et de l'électro-
dynamomètre.** — La quantité du courant induit peut être mesurée
à l'aide du galvanomètre ; en effet, l'aiguille, sollicitée par une force
proportionnelle à μcq, s'écarte de sa position d'équilibre ; une fois
déviée, elle n'est plus soumise qu'à l'action du magnétisme terrestre,
c'est-à-dire à une force proportionnelle au sinus de l'angle d'écart ;
l'aiguille oscille donc comme un pendule écarté d'un angle fini de
sa position d'équilibre, et la vitesse de son mouvement est proportionnelle au sinus de la demi-amplitude. Il suffit donc de mesurer l'angle d'écart : son sinus représente la quantité du courant
induit, et, dans le cas où les angles sont petits, lorsqu'ils ne dé-
passent pas 15 à 20 degrés par exemple, on pourra substituer les
arcs aux sinus et les regarder comme proportionnels à la quantité q
ou, comme on dit, au courant. Donc des courants qui produiront
des déviations égales, quelles que soient ces déviations, seront égaux
en quantité, car ils font passer la même quantité d'électricité par
une section du circuit pendant le temps qu'ils subsistent.

On peut avoir la valeur non-seulement de la quantité, mais aussi
de la durée du courant induit, en utilisant à la fois les indications
du galvanomètre et celles de l'électro-dynamomètre.

Cet instrument est une modification très-heureuse du magnétomètre bifilaire de Gauss; il se compose d'une bobine fixe E (fig. 124 et 125), dans laquelle est placée une bobine B suspendue à un

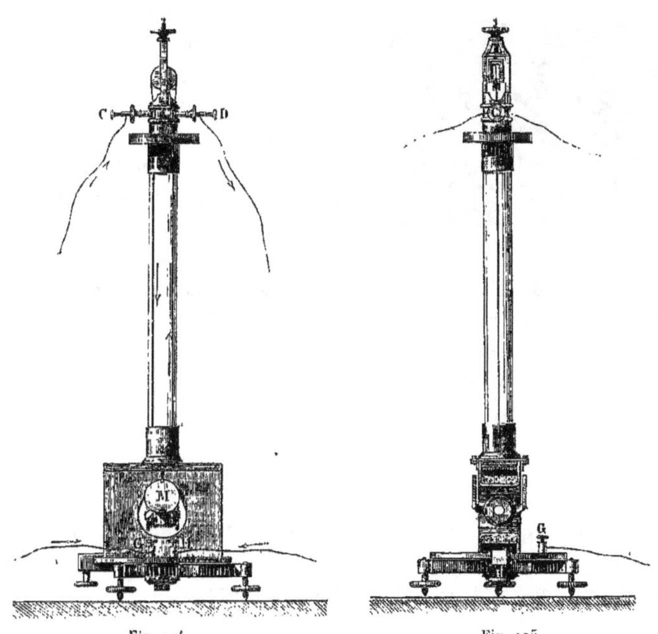

Fig. 124.   Fig. 125.

cadre et pouvant osciller comme une aiguille aimantée; seulement elle est suspendue par deux fils et son axe est perpendiculaire à l'axe de la première. Si une force agit sur la bobine mobile, les fils verticaux deviennent obliques, le centre de gravité s'élève, et, comme la déviation a une très-faible amplitude, sa tangente est proportionnelle à la force qui la produit. Or on sait que lorsqu'on fait circuler le même courant simultanément dans les deux bobines de l'instrument, la tangente de la déviation de la bobine mobile est proportionnelle au carré de l'intensité du courant; si cette déviation est suffisamment petite, on pourra la prendre pour mesure du carré de l'intensité.

Cela posé, supposons que, dans le temps θ que dure le courant

induit, son intensité soit constante sauf pendant les deux périodes
initiale et finale, dont nous regarderons la durée comme négligeable,

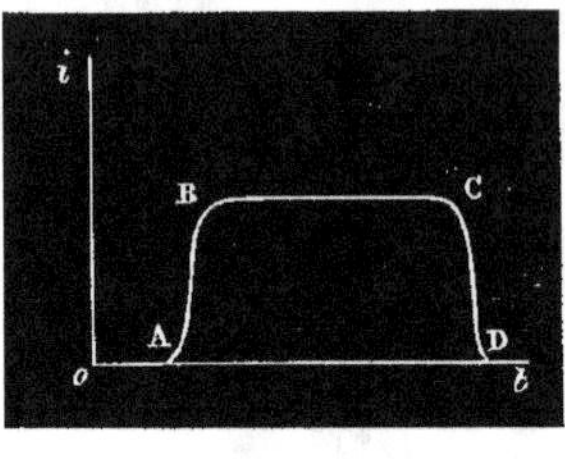

Fig. 126.

où l'intensité passe de zéro à sa valeur constante, puis revient de cette
valeur à zéro : c'est-à-dire supposons
que la courbe qui représente l'intensité pendant le temps θ soit de la
forme ABCD ci-contre (fig. 126); si
nous appelons I cette intensité cons-
tante, l'intégrale $\int_0^\theta i\,dt$ se réduit sen-

siblement à $I\theta$. Faisons passer ce courant à la fois dans les deux
bobines de l'électro-dynamomètre. L'action du conducteur fixe sur
le conducteur mobile pendant le temps infiniment petit dt est
proportionnelle à $i^2 dt$, et par suite l'action pendant le temps θ est
proportionnelle à

$$\int_0^\theta i^2\,dt.$$

Pour calculer cette intégrale il faut connaître la valeur de i en fonction du temps ; mais si nous supposons encore l'intensité sensiblement constante et égale à I pendant le temps θ, nous aurons

$$\int_0^\theta i^2\,dt = I^2\theta.$$

Supposons maintenant qu'on ait observé les impulsions initiales G
et E communiquées au galvanomètre et à l'électro-dynamomètre :
on aura, d'après ce qui précède,

$$G = hI\theta,$$
$$E = kI^2\theta,$$

h et k étant des constantes et G et E étant des angles assez petits
pour que l'on puisse remplacer le sinus et la tangente par l'arc. .
On déduit de là

$$\frac{E}{G} = \frac{k}{h}I.$$

Le rapport $\dfrac{E}{G}$ est donc proportionnel à l'intensité du courant induit. Si l'on divise le carré de G par E, on a au contraire

$$\frac{G^2}{E} = \frac{h^2}{k}\,\theta.$$

Le rapport $\dfrac{G^2}{E}$ est donc proportionnel à la durée du courant induit.

Nous avons ainsi un moyen de comparer les durées et les intensités de courants de durée très-courte, en supposant que ces courants à leur début acquièrent en un temps inappréciable une valeur constante qu'ils perdent brusquement en un temps également inappréciable, ce qui est le cas des courants induits. Dans toutes ces expériences, il faut avoir soin de placer le galvanomètre à une grande distance de la bobine inductrice, afin qu'elle ne puisse agir sensiblement sur les aiguilles aimantées; on s'arrange de plus de manière que cette action soit très-petite, en plaçant la bobine verticalement.

216. Autres procédés employés pour déterminer l'intensité des courants induits. — Les autres procédés ajoutent peu de chose à cette double détermination, mais ils ont été plus fréquemment employés, car l'invention et surtout l'usage de l'électro-dynamomètre de M. Weber sont relativement récents.

L'aimantation d'une aiguille d'acier par le passage du courant a souvent été utilisée comme donnant des résultats assez satisfaisants, quoique moins précis que ceux que fournit l'électro-dynamomètre. On sait que l'intensité du magnétisme d'une aiguille est une fonction de l'intensité maximum du courant qui a traversé l'hélice magnétisante, et nullement des variations d'intensité qui ont pu se produire postérieurement, tant que l'intensité est restée au-dessous de ce maximum. Si donc on met deux aiguilles identiques dans deux hélices identiques, on verra par l'intensité de leur magnétisme quelle a été l'intensité maximum des courants.

Supposons maintenant qu'il s'agisse de deux courants de même quantité : si l'un d'entre eux a une plus courte durée que l'autre, son intensité maximum sera probablement plus grande. Soit en effet un courant induit dont l'intensité puisse être représentée par une courbe

de la forme ABC (fig. 127); faisons varier les conditions de l'expérience de manière à obtenir un second courant induit qui envoie
dans un même conducteur la même quantité d'électricité, en un
temps beaucoup plus court; l'intensité de ce dernier courant sera

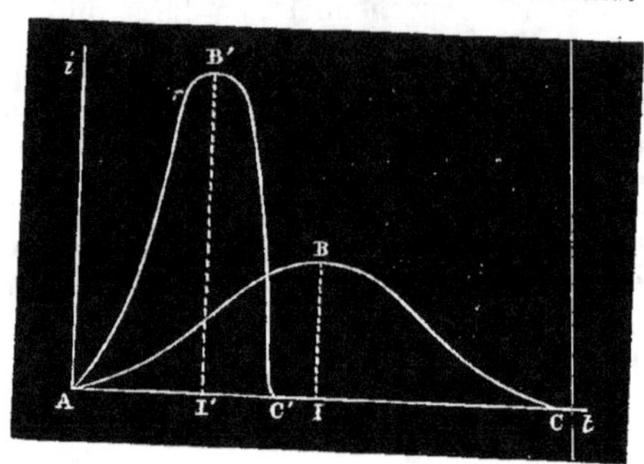

Fig. 127.

représentée aux diverses époques de cette durée par les ordonnées
correspondantes d'une courbe AB'C', dont l'aire totale sera égale à
celle de la courbe précédente et dont la base sera beaucoup plus
courte; il est donc très-probable que l'ordonnée maximum B'I' de
cette seconde courbe sera plus grande que l'ordonnée maximum BI
de la première [1].

Ce procédé fait connaître seulement la valeur d'une certaine
fonction du maximum de l'intensité du courant. Si l'on joint à cette
donnée les indications du galvanomètre, on pourra en déduire sur
la durée du courant et son intensité moyenne quelques conséquences
très-probables, comme le prouve la comparaison des résultats obtenus par ce procédé avec ceux que fournit l'électro-dynamomètre.

On peut faire sur les actions physiologiques des remarques analogues aux précédentes; l'accroissement de l'action physiologique
indique avec une grande probabilité que la durée du courant diminue.

L'action chimique n'apprend rien que le galvanomètre n'ait dé-

[1] L'observation de ces phénomènes et leur explication sont dues à M. Henry, physicien
américain. Voir *Transactions of the American Philosophical Society*, t. VI, et *Annales de
chimie et de physique*, [3], t. III, p. 394 et 407.

montré, mais elle confirme les résultats auxquels il conduit. Lorsqu'on l'utilise pour l'étude des courants induits, on s'appuie sur cette loi de Faraday, que la quantité d'électricité qui traverse la section du fil en un temps donné est proportionnelle à la quantité du corps décomposé chimiquement; mais, pour obtenir un effet sensible, il faut répéter un très-grand nombre de fois l'action du courant.

Enfin l'action calorifique d'un courant, étant fonction du carré de l'intensité, pourrait, jusqu'à un certain point, remplir le même office que l'électro-dynamomètre, si la quantité de chaleur dégagée était facile à évaluer exactement.

217. Comparaison du courant direct et du courant inverse. — Identité des quantités d'électricité des deux courants. — Nous avons vu qu'en supprimant le courant de la pile on développe un courant induit direct, et qu'au contraire en l'établissant on détermine un courant inverse. Ces deux courants ont été l'objet d'un grand nombre d'expériences que l'on ne sut pas d'abord interpréter convenablement; mais on est parvenu depuis à ramener les phénomènes à un petit nombre de faits généraux.

C'est M. Lenz, physicien russe, qui a montré que les courants direct et inverse sont égaux en quantité, car ils donnent à l'aiguille du galvanomètre des vitesses initiales identiques. On conclut de là la relation élémentaire qui existe entre les courants induits et les variations d'intensité du courant inducteur. On peut en effet toujours regarder les phénomènes d'induction provenant d'une variation d'intensité du courant inducteur comme dus à l'établissement ou à l'interruption d'un courant additionnel. L'expérience prouve que l'intensité du courant induit est toujours proportionnelle à la variation de ce courant additionnel partant de zéro. Cette loi s'observant dans les conditions les plus variées, on doit admettre qu'elle est encore vraie pour une variation infiniment petite de l'intensité du courant inducteur; d'après cela, une variation infiniment petite produite pendant le temps dt, c'est-à-dire une variation moyenne $\frac{di}{dt}$, tend à développer dans un conducteur voisin une action proportionnelle à $\frac{d}{dt}$, et, comme cette cause agit pendant le temps dt, elle fait passer dans le conducteur une quantité d'électricité proportionnelle à di.

Quelle que soit donc la loi suivant laquelle varient les quantités d'électricité qui circulent dans un conducteur, la quantité totale d'électricité du courant induit est proportionnelle à la quantité totale d'électricité du courant inducteur qui le produit.

On peut constater encore que les deux courants direct et inverse sont égaux en quantité par leur action sur l'eau acidulée. A l'aide d'un commutateur convenablement disposé, on fait arriver une série de courants directs dans un circuit dont les extrémités aboutissent à un voltamètre, et l'on vérifie que la quantité d'eau décomposée est la même que lorsqu'on fait arriver dans le même circuit le même nombre de courants inverses.

M. Lenz a aussi vérifié sur les courants induits les lois de Ohm, en faisant voir que l'intensité $\int_0^{\theta} i\,dt$ ou le sinus de la demi-déviation totale est en raison inverse de la résistance du circuit. Il suffit pour cela d'introduire dans le circuit, et loin du fil inducteur, d s fils de résistance variable.

218. Différence des intensités des deux courants. — L'égalité des quantités d'électricité correspondant aux deux courants induits direct et inverse n'implique nullement l'égalité de leurs intensités. Leurs effets sont en réalité différents. Si le courant inducteur n'est pas celui d'une pile très-puissante, le courant inverse a une faible action magnétisante et physiologique ; le courant direct, égal en quantité, est très-violent, surtout si la pile est faible et le circuit très-résistant. D'après ce qui précède, on peut en conclure que le courant direct a une plus courte durée que le courant inverse. Cela doit être, car, lorsqu'on ferme le circuit inducteur, le courant met un certain temps à s'établir, à cause de la résistance du circuit. Ce temps est d'autant plus grand que la conductibilité du circuit est moindre, et d'autant plus court au contraire que la tension du courant est plus grande, c'est-à-dire que le nombre des éléments de la pile est plus considérable [1]. Il n'en est pas de même du courant

[1] L'influence de la résistance du circuit sur la durée nécessaire à l'établissement du

direct, qui ne dépend que de la durée de l'interruption du circuit inducteur; du moment que l'interruption est complète, il n'y a plus de courant induit. La durée du courant induit direct peut être aussi courte que l'on veut, si les procédés d'interruption dont on dispose sont suffisamment rapides. Il résulte de cette explication que, si la pile est très-forte, le courant s'établit aussi vite qu'il cesse, et toute différence entre les deux courants induits doit disparaître; c'est en effet ce que prouve l'expérience.

Les puissants appareils d'induction construits dans ces dernières années par M. Ruhmkorff ont manifesté une différence plus grande encore entre les intensités des deux courants; la durée du courant induit direct est tellement courte et a une telle intensité que, si le fil conducteur se trouve interrompu par une couche d'air, le courant direct la traversera sous forme d'étincelle, et il pourra franchir ainsi des intervalles de plusieurs décimètres; tandis que le courant inverse, dans les mêmes machines, ne donne jamais d'étincelles, lors même que le conducteur ne serait interrompu que sur une très-faible longueur. Ainsi, quand on dirige l'électricité produite par une telle machine dans un conducteur interrompu en un point, le courant a une direction constante dans ce conducteur; on peut donc parler du pôle positif et du pôle négatif d'une bobine d'induction.

A mesure que la conductibilité du circuit augmente et que le nombre des éléments de la pile devient plus considérable, la différence entre les propriétés des deux courants induits inverse et direct va en diminuant.

2° COURANTS DUS À UN CHANGEMENT DE POSITION.

219. Loi de Lenz. — Faraday a fait connaître un autre procédé fondamental pour produire des courants induits : c'est le déplacement relatif d'un conducteur quelconque et d'un circuit traversé par le courant de la pile. Quand il s'agit de deux spirales plates dont l'une est traversée par le courant de la pile et l'autre communique avec un galvanomètre, on obtient un courant induit inverse du cou-

courant se conçoit bien si l'on se rappelle que, dans une barre dont la conductibilité extérieure est négligeable, le temps nécessaire à la chaleur pour arriver à l'état stationnaire est proportionnel au carré de la longueur de la barre.

rant inducteur lorsqu'on approche l'une de l'autre les deux spirales, et un courant direct lorsqu'on les éloigne. On voit que le rapprochement du circuit est l'analogue de l'établissement du courant inducteur, et que l'éloignement du circuit est l'analogue de la suppression de ce courant. Les courants induits ainsi développés ont d'ailleurs les mêmes propriétés que les précédents.

Lorsque la situation relative des deux conducteurs est quelconque, on peut trouver le sens du courant induit produit par un déplacement du circuit, en suivant la loi donnée par M. Lenz[1] peu de temps après la découverte de Faraday, et que l'on peut formuler de la manière suivante : Soient deux conducteurs dont l'un est traversé par un courant constant; *le courant induit qui se développe dans l'autre, lorsqu'on change leur situation relative, est tel que leur action réciproque tend à produire le mouvement inverse.* Il est facile de voir que le développement des courants induits dans l'expérience précédente se fait suivant cette loi. Lorsqu'on approche, par exemple, l'une des spirales de l'autre, ou un conducteur linéaire d'un autre parallèle, il se développe un courant de sens contraire à celui qui déterminerait le rapprochement des deux conducteurs, par conséquent inverse du courant inducteur. Il résulte de là que le courant induit est une résistance au mouvement relatif.

220. Théorie de M. Neumann. — Lorsque le mouvement imprimé au circuit inducteur ne peut être produit par un courant, il n'y a pas de courant induit : tel est le point de départ de la théorie imaginée par M. Neumann[2].

Si ds, ds' éprouvent un déplacement relatif, et si l'on calcule la force électro-dynamique f qui existerait s'ils étaient traversés par un courant, il est naturel d'admettre que la force électro-motrice, dans le cas de l'induction, est proportionnelle à f. Or, si entre les deux éléments il y a réellement production d'un mouvement par

[1] *Poggendorff's Annalen*, t. XXXI, p. 483 (1834), présenté à l'Académie des sciences de Saint-Pétersbourg le 29 novembre 1833.

[2] *Abhandlungen der Berliner Akademie der Wissenschaften*, 25 octobre 1845 et 9 août 1847.

une force électro-motrice, cette force est $F\,ds\,ds'$ d'après la formule d'Ampère ; il résulte de ce qui précède que l'action inductrice serait proportionnelle à $F\,ds\,ds'$. Mais, en outre, si l'élément ds' est perpendiculaire au milieu de l'élément ds, l'action est nulle ; il faut donc qu'il y ait dans son expression un facteur, tel que $\cos\alpha$, qui s'annule pour cette position. La force inductrice est donc déjà proportionnelle à $F\cos\alpha\,ds\,ds'$. De plus, elle doit dépendre de la vitesse v du mouvement, et la loi la plus simple encore est de supposer la proportionnalité ; on peut donc dire que $F\,ds\,ds'\,v\cos\alpha\,dt$ est la force électro-motrice lorsque deux éléments infiniment petits se déplacent.

L'intensité totale sera donc $dt\displaystyle\int\frac{v\cos\alpha\,F\,ds\,ds'}{\Sigma\lambda}$.

La formule se trouve ici assez générale et ne convient pas seulement au cas des courants fermés, mais à tous ceux où la loi de Lenz est applicable, par conséquent aux deux cas des actions de circuits non fermés considérés par Ampère, à l'action d'un courant non fermé sur un courant fermé, et à l'action d'un courant non fermé sur un courant non fermé terminé aux mêmes extrémités. Dans tous ces cas la formule a été vérifiée avec une exactitude qui lui a donné une probabilité allant presque jusqu'à la certitude.

Il est intéressant de savoir comment on a pu vérifier l'action d'un courant non fermé sur un courant fermé. L'expérience est possible,

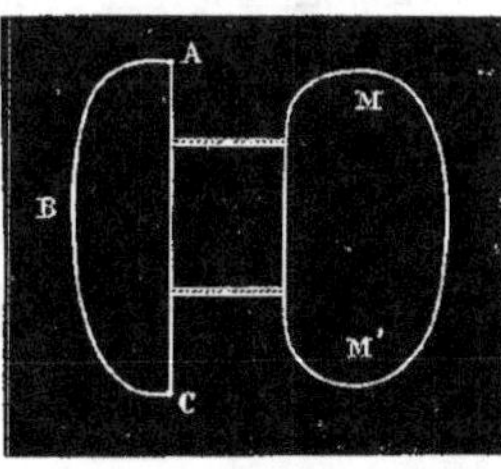

Fig. 128.

et voici comment : on fixe d'une manière invariable le circuit MM' (fig. 128) à la ligne AC, dont les extrémités A et C sont fixes et dont la partie ABC tourne autour de AC comme axe : il suffit de déplacer la partie mobile, qui forme un circuit non fermé, pour qu'il se développe dans MM' un courant que l'on peut constater en introduisant dans ce circuit un galvanomètre. Cette expérience peut se faire aussi avec l'appareil d'Ampère, dans lequel l'aimant fait partie du circuit.

Le cas de l'action d'un courant non fermé sur un courant non fermé aboutissant aux mêmes extrémités s'observe dans les machines électro-magnétiques.

Ce qu'il y a de plus hypothétique dans toutes les suppositions que nous avons faites, c'est la proportionnalité de l'induction à la vitesse. M. Weber a vérifié cette hypothèse en se servant de l'électro-dynamomètre. La bobine fixe est traversée par un courant voltaïque : on déplace la bobine mobile et on observe les oscillations; il y a induction d'un courant dans la bobine mobile, et par conséquent réaction électro-magnétique qui, d'après la loi de Lenz, doit tendre à ralentir les oscillations. Ces oscillations doivent donc décroître plus vite lorsqu'il y a un courant dans la bobine fixe que lorsqu'il n'y en a pas. En examinant les oscillations dans le cas où il n'y a pas induction et dans celui où il y a induction, on trouve que les oscillations décroissent en progression géométrique : on en conclut que la force qui tend à arrêter les oscillations est proportionnelle à la vitesse.

De la formule $dt \int v \cos \alpha \, ds \, ds'$ on peut facilement arriver à une formule tout à fait générale; ds étant le courant induit, on intègre par rapport à ds' pour avoir l'action d'un solénoïde. Comme l'action d'un solénoïde équivaut à celle d'un pôle d'un aimant, si on suppose deux pôles contraires coïncidant, et si on les déplace d'une petite quantité, on aura l'action inductrice produite par l'aimantation d'un petit barreau. On sait, d'un autre côté, que l'aimantation d'un barreau d'acier est assimilable au développement d'un petit courant fermé environnant ses deux pôles. On peut connaître l'action produite par le déplacement d'un petit courant fermé; de cette action on déduit celle d'un courant fermé quelconque. A cet effet on décomposera l'aire de ce courant d'une manière arbitraire en aires infiniment petites: on aura ainsi un système identique : c'est la méthode d'Ampère. Telle est la marche que M. Neumann a suivie pour arriver à sa formule.

Dans le cas de variation d'intensité et de déplacement relatif, on arrive à comprendre le phénomène général dans la formule suivante : $\int \dfrac{i \cos \varepsilon \, ds \, ds'}{r}$, qui représente la fonction potentielle électro-dynamique du courant induit par rapport au courant inducteur. Si la fonction potentielle éprouve une variation quelconque, la force électro-dynamique sera proportionnelle à la variation du courant inducteur et $\dfrac{d}{dt} \displaystyle\int \dfrac{i \cos \varepsilon\, ds\, ds'}{r}\, dt$ sera proportionnelle à la force inductrice.

Il est un grand nombre de cas où il est facile de voir dans quelle situation la fonction potentielle est nulle ou maximum.

221. Vérification de la loi de Lenz. — La loi de Lenz peut être confirmée par de nombreuses expériences. Prenons une expérience électro-dynamique quelconque dans laquelle une portion d'un conducteur est mobile; supprimons la pile et remplaçons-la par un galvanomètre, faisons mouvoir le conducteur mobile devant un conducteur fixe traversé par un courant : il y aura, pendant le mouvement, développement d'un courant induit accusé par le galvanomètre et de sens inverse à celui qui aurait déterminé le mouvement communiqué.

La plus remarquable des expériences fondées sur ce principe est celle que M. Lenz avait indiquée dès l'origine comme une vérification de sa loi, et que Matteucci, M. Weber et d'autres physiciens qui la croyaient impossible ont répétée tant de fois et avec des soins si minutieux pour chercher à l'expliquer par des causes accidentelles, qu'il ne peut rester aucun doute sur sa réalité. Cette expérience est celle d'Ampère sur la rotation d'un aimant autour de son axe sous l'influence d'un courant. La pile est remplacée par un galvanomètre et l'on fait tourner l'aimant à la main. Si l'aimant est puissant, on constate que le galvanomètre est traversé par un courant dirigé en sens contraire de celui qui produisait la rotation du courant dans le sens du mouvement qu'on lui a donné. Quoique cette expérience de M. Lenz se fasse avec un aimant, nous pouvons la citer dès maintenant, car on pourrait la réaliser également avec un solénoïde.

Ce mode de développement de courants induits dans un conducteur par suite du changement des positions relatives d'un conducteur et d'un courant ne dépendant que du mouvement relatif des deux conducteurs, il est indifférent que ce soit l'un ou l'autre qui se meuve.

222. Induction du courant sur lui-même ou extra-courant. — Les deux modes spéciaux d'induction que nous venons d'étudier ont une conséquence importante pour la théorie de la propagation de l'électricité. Si ces phénomènes d'induction sont l'expression d'une loi générale des actions électriques, chaque portion d'un circuit qui éprouve une variation d'intensité tend par là même à développer dans tout conducteur voisin une force électro-motrice déterminée. Cette action ne dépend que de la distance, et il est tout à fait indifférent que l'élément inducteur et l'élément induit fassent ou non partie d'un même circuit, de sorte que dans un circuit unique une variation d'intensité d'un élément agit immédiatement sur un élément quelconque du même conducteur et y détermine un courant, quelle que soit la nature des corps interposés et quelle que soit la forme du circuit. Ce courant induit est de sens contraire au courant principal si la variation est un accroissement; il est de même sens si c'est au contraire un décroissement d'intensité. Les phénomènes d'induction tendent donc à ralentir l'accroissement ou la diminution de l'intensité du courant qui traverse un conducteur. De là les faits connus sous le nom d'induction du courant sur lui-même ou d'extra-courant.

223. Expériences de Faraday. — Pour manifester ces phénomènes, on emploie la disposition suivante, imaginée par Faraday. Le courant fourni par une pile A B (fig. 129) traverse une bobine H,

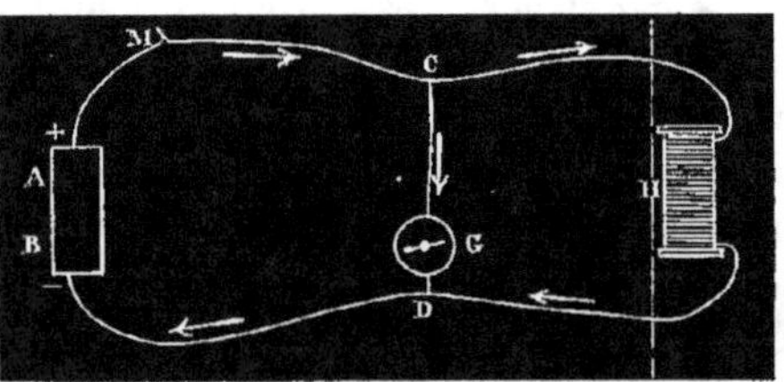

Fig. 129.

sur laquelle est enroulée une très-grande longueur d'un fil très-fin; une dérivation est établie entre la pile et la bobine à l'aide d'un conducteur C D passant par un galvanomètre G dont le fil ne fait qu'un petit nombre de tours. Le courant se partage entre CHD et CGD, en raison inverse des résistances des deux circuits, et l'aiguille du galvanomètre est déviée. On la ramène au zéro et on l'y maintient par un obstacle qui l'empêche de se mouvoir dans le sens où la sollicite le courant. Cela posé, on interrompt le courant en M entre la pile et le fil de dérivation; l'aiguille est alors vivement chassée en sens contraire du sens primitif, puis elle revient rapidement au zéro. Au moment où l'on supprime le courant, le galvanomètre a donc été traversé pendant un temps très-court par un courant allant de D en C. Cela s'explique facilement si l'on suppose qu'il y a in-duction de chaque élément du fil conducteur sur tous les autres. Il est évident, en effet, que c'est dans la région du circuit où les di-verses portions du fil sont le plus voisines, c'est-à-dire dans la bo-bine, que les actions inductrices seront le plus énergiques. Or ces actions tendent à développer dans la bobine un courant induit de même sens que le courant principal, au moment où celui-ci cesse; ce courant sera donc dirigé suivant CHD, c'est-à-dire qu'il traversera le galvanomètre en sens inverse du courant primitif.

Dans cette expérience l'action d'un élément du circuit sur les autres se trouve favorisée par l'enroulement du fil sur une bobine, les diverses parties du courant étant ainsi le plus rapprochées pos-sible les unes des autres; on constate en effet que, lorsqu'on déroule le fil pour l'étendre en ligne droite, le phénomène tend à dispa-raître.

Dans ces expériences le galvanomètre est placé loin et en dehors de la bobine; c'est pour cela que l'on a appelé ce courant induit *extra-courant*.

Si l'on remplace le galvanomètre par une hélice *mn* (fig. 130), dans l'axe de laquelle se trouve une aiguille d'acier, on peut aimanter l'aiguille par le courant induit; si l'on tient avec la main les parties du fil *m* et *n*, on éprouve une commotion au moment de l'ouverture du circuit. Ces observations expliquent le fait suivant, remarqué par Pouillet: si l'on tient à la main un fil traversé par le courant d'une pile et que de l'autre on vienne à rompre le courant en un point éloigné, on reçoit une forte secousse.

224. Lorsqu'on supprime la dérivation qui contient le galvanomètre, l'induction n'existe pas moins dans le circuit; le courant induit se superpose au courant principal et en augmente l'intensité.

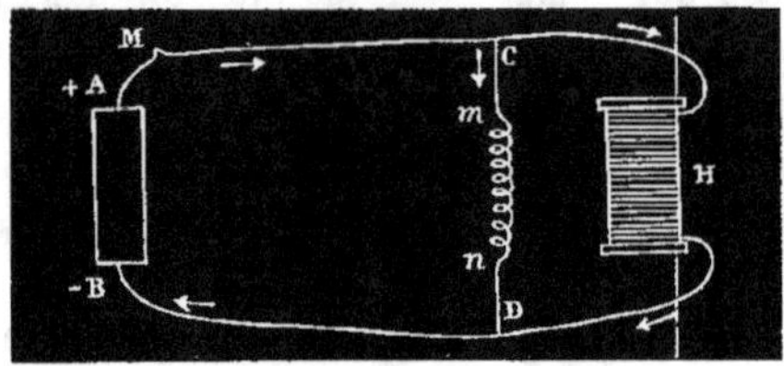

Fig. 130.

Ainsi un fil fin qui n'est échauffé que faiblement pendant que dure
le courant principal peut rougir au moment de la rupture du circuit.

Pour rendre cela tout à fait clair, considérons un courant produit
par une pile de force électro-motrice A; soit R la résistance de la
pile et du circuit, l'intensité de ce courant sera représentée, si l'on
n'a pas de phénomène d'induction, par $i = \dfrac{A}{R}$. Supposons que par
une cause quelconque, par exemple en retirant un fil d'une capsule
de mercure, on introduise une résistance qui devienne rapidement
infinie; le courant cessera, mais pas instantanément, et, dans la durée
très-courte pendant laquelle il persistera, la résistance sera augmentée d'une quantité $\varphi(t)$. Cette fonction du temps $\varphi(t)$ doit être
telle que pour $t = 0$ elle soit nulle, et que pour $t = \theta$, durée du courant induit, elle ait une valeur infinie. L'intensité du courant, abstraction faite des effets d'induction, serait représentée pendant la période
variable par

$$i = \frac{A}{R + \varphi(t)}.$$

Mais, par suite de l'interruption du courant, il se développe une
force électro-motrice de même sens que la force électro-motrice qui
produit le courant principal, et proportionnelle à chaque instant à
la variation infiniment petite de l'intensité du courant principal, de
sorte que la force électro-motrice du courant résultant de la super-
position des deux courants inducteur et induit est $A + m\dfrac{di}{dt}$, m étant

un coefficient dépendant de la forme du circuit et de ses dimensions ; d'après cela, l'intensité de ce courant est représentée à chaque instant par

$$i = \frac{A + m\frac{di}{dt}}{R + \varphi(t)}.$$

La loi véritable que suit l'intensité du courant n'est donc pas celle que donne la formule de Ohm, mais celle que l'on déduit de l'intégration de cette équation ; elle sera donc parfaitement déterminée si l'on connaît la fonction $\varphi(t)$.

Les mêmes principes s'appliquent au courant induit inverse qui se produit au moment où l'on ferme le circuit : la fonction $\varphi(t)$ doit être différente, car elle doit être infinie pour une valeur du temps égale à zéro, et nulle quand on a $t = \theta$.

Dans ce cas, le même appareil de Faraday (fig. 129) peut servir à montrer l'existence de forces électro-motrices d'induction au moment où l'on ferme le circuit. A cet effet, on commence par fermer le circuit, et, lorsque la déviation de l'aiguille du galvanomètre est stationnaire, on place un obstacle qui empêche l'aiguille de revenir au zéro, sans l'empêcher de se mouvoir en sens inverse. On supprime alors le courant, puis on ferme de nouveau le circuit, et l'aiguille est chassée du côté où elle peut se mouvoir, tandis qu'elle aurait dû rester appuyée contre l'obstacle si le courant avait eu seulement l'intensité primitive. Il s'est donc produit au moment de la fermeture du circuit un courant inverse dans la bobine, puisque le courant passe dans le galvanomètre dans le sens CGDH.

225. Expériences de M. Edlund sur l'extra-courant. — Dans les expériences de Faraday, l'extra-courant se superpose toujours au courant principal ; il paraît difficile de le mesurer séparément, et la plupart des physiciens qui en ont fait une étude spéciale se sont bornés à déterminer le sens de l'influence que les conditions diverses où il est produit peuvent exercer sur son intensité.

M. Edlund a fait disparaître cette difficulté par une disposition d'appareils qui permet d'annuler complétement l'action du courant principal sur les instruments de mesure et ne laisse subsister que celle de l'extra-courant [1]. Le courant principal produit par une pile AB, et sur le trajet duquel se trouve un interrupteur en K (fig. 131),

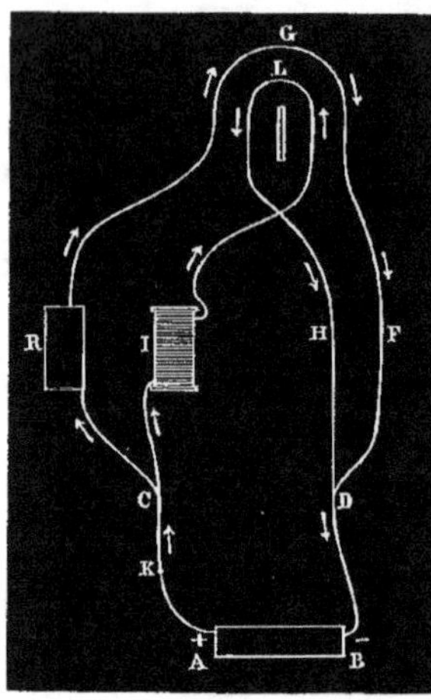

Fig. 131.

se bifurque aux points C et D en deux courants distincts qui circulent en sens contraires dans les deux fils d'un galvanomètre différentiel ; une des parties CIL contient une bobine à gros fil I et l'un des fils d'un galvanomètre ; l'autre CRGF contient le deuxième fil du galvanomètre et un rhéostat R à fil très-fin, dont une faible longueur a une résistance égale à celle de la bobine I, sans être pour cela assimilable à cette bobine. Le circuit de la pile étant fermé, on donne au rhéostat une position telle, que sous l'influence des deux fractions du courant principal qui traversent le galvanomètre en sens contraires l'aiguille demeure au repos. On ouvre alors le circuit en K ; un extra-courant est induit dans la bobine I, et il est facile de voir que, par suite de l'arrangement des fils, il parcourt dans le même sens les deux fils du galvanomètre ; une déviation se produit donc sous l'influence de cet extra-courant. Semblablement, lorsqu'on referme le circuit, le courant principal n'agit pas sur l'aiguille du galvanomètre, mais cette aiguille peut encore être déviée par l'extra-courant. Seulement il faut remarquer qu'aux points C et D l'extra-courant se partage entre l'un des fils du galvanomètre et la portion du circuit qui contient la pile AB. D'ailleurs, les deux fils du galvanomètre étant sensiblement identiques et enroulés de la même façon, les extra-courants induits dans ces deux fils considérés comme deux bobines se détruisent réciproquement à très-peu près.

[1] *Poggendorff's Annalen*, t. LXXVII, p. 161 (1849). Le mémoire de M. Edlund a été analysé par Verdet dans les *Annales de chimie et de physique*, [3], t. LIII, p. 51 (1858).

226. Expression de l'action de l'extra-courant sur le galvanomètre. — Mesure de cette action. — Soient A la force électro-motrice qui produit l'extra-courant au moment où le circuit est ouvert, r la résistance du conducteur CILD qui contient la bobine inductrice, r_1 celle du conducteur CRGD qui contient le rhéostat, l'extra-courant sera proportionnel à $\dfrac{A}{r+r_1}$, et son action sur l'aiguille du galvanomètre proportionnelle à $\dfrac{A\,(k+k_1)}{r+r_1}$, si l'on désigne par k et k_1 deux coefficients qui représentent l'action exercée séparément sur l'aiguille par chacun des fils du galvanomètre traversés par des courants égaux à l'unité et de même direction. D'ailleurs, l'aiguille du galvanomètre demeurant en équilibre sous l'influence des deux fractions du courant principal qui traversent les fils en sens contraires et sont respectivement proportionnelles à r_1 et à r, on doit avoir évidemment

$$kr_1 = k_1 r.$$

Si l'on désigne par A_1 la force électro-motrice qui produit l'extra-courant au moment où l'on referme le circuit, et par R la résistance de la pile et des fils AC, BD, il est facile de voir, à l'aide des formules des courants dérivés, que dans la portion CILD l'extra-courant est proportionnel à

$$\frac{A_1\,(R+r_1)}{Rr+rr_1+Rr_1},$$

et dans la partie CRGD proportionnel à

$$\frac{A_1 R}{Rr+rr_1+Rr_1}.$$

Il suit de là que son action sur l'aiguille du galvanomètre est proportionnelle à

$$\frac{A_1[k(R+r_1)+k_1 R]}{Rr+rr_1+Rr_1},$$

et, en vertu de la relation $kr_1 = k_1 r$, cette expression se réduit à

$$\frac{A_1 k\left(R+r_1+\dfrac{Rr_1}{r}\right)}{Rr+rr_1+Rr_1} = \frac{A_1 k}{r}.$$

En vertu de la même relation l'expression $\frac{A(k+k_1)}{r+r_1}$ se réduit à $\frac{Ak}{r}$. Il résulte de là que, si les forces électro-motrices qui produisent les deux extra-courants sont égales, les actions exercées sur l'aiguille du galvanomètre devront aussi être égales, malgré la complication apparente de l'expérience [1].

Le galvanomètre employé par M. Edlund était un galvanomètre de M. Weber. La pile se composait d'un petit nombre d'éléments de Grove. Le rhéostat était disposé de manière qu'il ne pût agir comme bobine d'induction. On observait non-seulement la déviation initiale de l'aiguille, mais un certain nombre de ses oscillations, et l'on calculait ensuite, à l'aide des méthodes de M. Weber, la valeur exacte de la vitesse communiquée à l'aiguille par le passage de l'extra-courant. On mesurait l'intensité du courant principal avant et après chaque série d'expériences, en introduisant dans l'une des divisions du circuit principal un fil de longueur médiocre qui, sans altérer sensiblement la résistance du circuit total et par conséquent l'intensité, détruisait l'équilibre des actions exercées sur l'aiguille et donnait naissance à une déviation qu'on pouvait prendre pour mesure de l'intensité.

227. Résultats. — Les expériences font voir que l'extra-courant direct est toujours un peu inférieur à l'extra-courant inverse; mais il ne faudrait pas conclure de là qu'il y ait une différence essentielle entre les forces électro-motrices qui produisent ces deux extra-courants, et le phénomène doit s'expliquer d'une tout autre manière. Au moment où l'on interrompt le circuit, après l'avoir laissé fermé pendant quelque temps, l'intensité du courant principal est toujours un peu affaiblie par la polarisation, qui se produit assez vite, même dans les piles les plus constantes. Il suit de là que

---

[1] L'aiguille du galvanomètre étant en équilibre sous l'influence simultanée des deux fractions du courant principal, cet équilibre n'était pas en général durable. Les variations de température produites par le courant principal altérant dans des rapports inégaux les résistances des diverses parties de l'appareil, il en résultait au bout de quelque temps une petite déviation de l'aiguille dans un sens ou dans l'autre. M. Edlund a reconnu que le changement produit dans les formules précédentes par ces petits changements de résistance était, dans ses expériences, tout à fait négligeable.

l'extra-courant direct est toujours induit dans les expériences par un courant principal moins intense que le courant qui induit l'extra-courant inverse au moment où l'on ferme le circuit. Il est donc à présumer que les forces électro-motrices d'induction seraient les mêmes dans les deux cas et que les deux courants induits seraient exactement égaux, si le courant principal conservait jusqu'au moment de l'interruption du circuit toute l'intensité qu'il possède dans les premiers instants qui suivent la fermeture du circuit.

Un artifice très-simple a permis à M. Edlund de démontrer l'exactitude de cette conjecture. Avant d'interrompre le circuit pour obtenir un extra-courant direct, il a d'abord fait communiquer les points K et D par un fil, de résistance égale à la résistance de la portion divisée du circuit, et, les deux opérations s'étant succédé rapidement, il a obtenu, sans interrompre le circuit qui contient la pile, le même extra-courant inverse que s'il l'eût réellement interrompu. Renversant ensuite le commutateur et supprimant la communication des points D et K, il a obtenu l'extra-courant direct. Il s'est donc produit deux extra-courants, comme dans les expériences précédentes, mais, le circuit n'ayant pas été ouvert dans l'intervalle de deux observations, la cause d'erreur signalée plus haut a entièrement disparu. Les deux extra-courants se sont alors trouvés exactement égaux dans toutes les expériences.

Les expériences de M. Edlund conduisent encore à une conclusion intéressante, c'est que l'extra-courant est proportionnel à l'intensité du courant inducteur.

228. Comparaison des intensités des deux extra-courants direct et inverse. — Expériences de M. Rijke. — M. Rijke[1] s'est servi des procédés d'observation de M. Edlund pour comparer les intensités des deux extra-courants direct et inverse.

Il a d'abord reconnu que l'égalité de ces deux courants se maintient lorsqu'un barreau de fer doux est placé dans l'axe de l'hélice inductrice. Ensuite il a cherché à se rendre compte des différences

---

[1] *Poggendorff's Annalen*, t. CII, p. 481, décembre 1857. Verdet a donné une analyse du mémoire de M. Rijke dans les *Annales de chimie et de physique*, [3], t. LIII, p. 57 (1858).

que l'observation manifeste entre les propriétés des deux extra-courants. L'égalité démontrée par M. Edlund se rapporte en effet uniquement aux quantités d'électricité que les deux extra-courants font passer par une section donnée du fil. La déviation galvanométrique ne mesure pas autre chose que ces quantités totales et n'apprend rien sur la durée des extra-courants, ni par conséquent sur ce qu'on doit appeler, à proprement parler, *son intensité.* Chacun sait d'ailleurs qu'une différence d'intensité est accusée avec certitude par la différence des actions physiologiques ou magnétisantes des deux extra-courants, mais, avant le travail de M. Rijke, cette différence n'avait jamais été mesurée avec précision.

229. Pour résoudre la question dont il s'agit, M. Rijke a combiné l'observation du galvanomètre avec celle de l'électro-dynamomètre, conformément aux indications données par M. Weber dans la première partie de ses *Elektrodynamische Maassbestimmungen.* Si l'on désigne par i l'intensité d'un courant pendant le temps dt, par θ la durée totale, supposée très-petite, de ce courant, l'impulsion communiquée à l'aiguille du galvanomètre est la mesure de l'expression

$$\int_0^\theta i\, dt.$$

Dans l'électro-dynamomètre, le même courant agissant non plus sur une aiguille aimantée, mais sur une hélice mobile qu'il parcourt aussi bien que l'hélice fixe, l'impulsion communiquée à l'hélice mobile est la mesure de

$$\int_0^\theta i^2\, dt.$$

Les expériences de M. Edlund prouvent simplement que l'expression $\int_0^\theta i\, dt$ a la même valeur pour les deux extra-courants. Si l'expression $\int_0^\theta i^2\, dt$ a des valeurs différentes, on en pourra déduire une explication des différences que présentent certaines propriétés des extra-courants.

Supposons en effet que les deux courants aient des durées différentes, celui dont la durée est la plus courte aura, en moyenne, la
plus grande intensité et correspondra par conséquent à la plus
grande valeur de l'intégrale $\int_0^\theta i^2\,dt$. La mesure de cette intégrale
peut donc apprendre quel est celui des deux courants dont la durée
est la plus courte ou l'intensité la plus grande.

Pour appliquer cette méthode, M. Rijke a fait communiquer les
extrémités de l'électro-dynamomètre E (fig. 132) avec deux points
P et Q pris sur les deux circuits CRGFD et CILHD, dans lesquels
se divisait le circuit principal, et choisis de telle manière que la
portion du courant principal dérivée par l'électro-dynamomètre fût

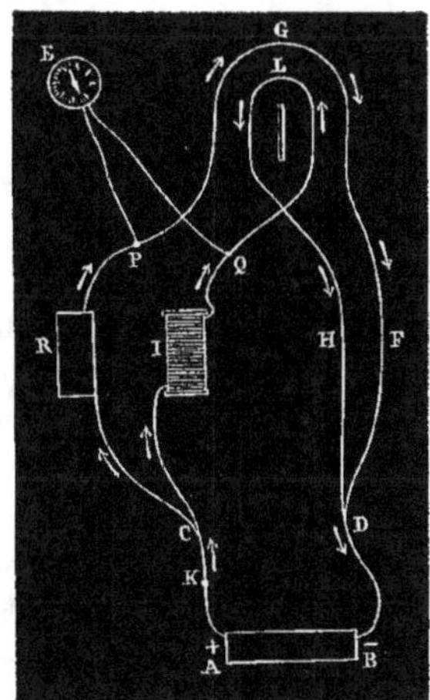

Fig. 132.

nulle. Il est facile de voir, en faisant usage des formules de M. Kirchhoff relatives à ce genre de dérivation[1], que les actions exercées par
les deux extra-courants sur l'électro-
dynamomètre devaient être dans le
même rapport que si les deux extra-
courants avaient traversé des circuits
non divisés et de même résistance.

L'expérience a montré que l'inté-
grale $\int_0^\theta i^2\,dt$ est plus grande pour
l'extra-courant inverse que pour
l'extra-courant direct. *L'extra-courant
inverse a donc une plus grande intensité
et une moindre durée que l'extra-courant direct*, et il en est ainsi lors même
que dans l'axe de l'hélice inductrice on place un barreau de fer
doux. Ce résultat est contraire à celui que l'on aurait attendu
d'après les propriétés connues des courants induits dans un circuit
extérieur. Si l'on admet que l'intensité de l'extra-courant est à peu
près constante pendant la plus grande partie de sa très-courte

[1] Voir un mémoire de M. Poggendorff, *Poggendorff's Annalen*, t. LIV, p. 160 (1841),
et *Annales de chimie et de physique*, [3]. t. XVIII, p. 489 (1846).

durée, et qu'on désigne cette intensité constante par I pour l'extra-courant direct et par I' pour l'extra-courant inverse, on aura sensiblement, en appelant θ et θ' les durées de ces deux courants,

$$\int_0^\theta i\,dt = I\theta, \qquad \int_0^{\theta'} i'\,dt = I'\theta',$$

$$\int_0^\theta i^2\,dt = I^2\theta, \qquad \int_0^{\theta'} i'^2\,dt = I'^2\theta'.$$

Les expériences de M. Edlund ont montré que $I\theta = I'\theta'$. L'usage de l'électro-dynamomètre permet de mesurer le rapport de $I^2\theta$ à $I'^2\theta'$. Soit m ce rapport, on aura

$$\frac{I}{I'} = \frac{\theta'}{\theta} = m,$$

et l'on connaîtra ainsi le rapport des durées ou des intensités des deux courants. Dans les expériences de M. Rijke, ce rapport a été $\frac{1}{5,76}$, et il est devenu sensiblement $\frac{1}{4}$ lorsqu'on a placé un barreau de fer doux dans l'axe de la bobine inductrice. Il est très-probable d'ailleurs que ces nombres changeraient d'un circuit inducteur à un autre.

M. Rijke a ensuite examiné si l'extra-courant est modifié en quelque manière par la présence d'un circuit voisin fermé, dans lequel le courant principal développe un courant induit au moment même où l'extra-courant a lieu. Le galvanomètre lui a montré d'abord que la quantité d'électricité mise en mouvement par l'extra-courant n'est pas modifiée par cette circonstance. Mais l'électro-dynamomètre l'a conduit à énoncer la loi suivante : *La présence d'un circuit induit voisin diminue l'intensité et augmente la durée d'un extra-courant ; lorsque la bobine inductrice contient un barreau de fer doux, la diminution d'intensité est plus marquée, et, dans ce cas, elle est beaucoup plus considérable pour l'extra-courant inverse que pour l'extra-courant direct.* A l'exception de ce dernier résultat, cette loi aurait pu être prévue à l'aide des principes généraux de la théorie des courants d'induction.

230. Courants induits de divers ordres. — Si l'induction est une propriété si générale qu'elle se manifeste aussi bien entre les parties voisines d'un même courant qu'entre un courant et un conducteur voisin; si, de plus, les courants induits ont toutes les propriétés des courants ordinaires, il est évident, *a priori*, qu'un courant induit doit produire des effets d'induction dans un conducteur voisin.

231. Courants induits de second ordre. — On donnera le nom de courant induit de second ordre au courant développé dans ces circonstances. Faraday, qui avait fait le raisonnement précédent, avait remarqué de plus que, dans le courant induit de premier ordre, dont la durée est très-courte, les deux périodes d'accroissement et de décroissement d'intensité se succédaient avec une grande rapidité et, par conséquent, le courant inducteur agissant en sens contraire à deux époques très-voisines, il en concluait que le courant induit de second ordre était impossible. Mais M. Henry, qui s'est surtout occupé des différences entre les courants induits direct et inverse, a fait remarquer que les deux actions inductrices successives duraient des temps très-différents, et que, par conséquent, les deux courants contraires de second ordre devaient bien être égaux en quantité, mais différents en durée et par suite en intensité. Sur un galvanomètre ils n'auront donc pas d'action sensible, car ils agissent successivement dans un temps inappréciable; mais une aiguille d'acier placée dans une hélice magnétisante prendra une

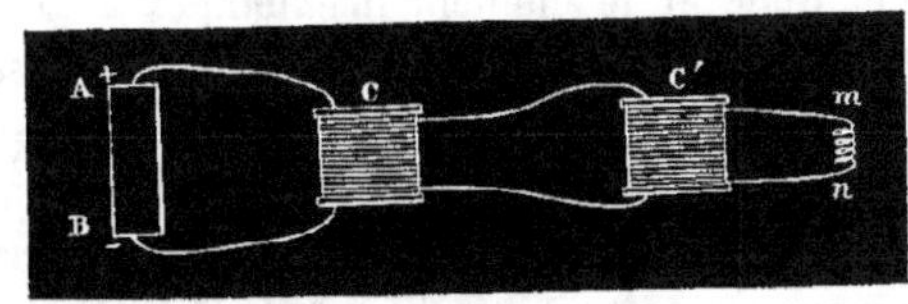

Fig. 133.

aimantation sensible, et le sens de cette aimantation indiquera que le courant prédominant est de sens contraire au courant de premier ordre qui lui a donné naissance, que celui-ci soit direct ou inverse.

On peut réaliser le phénomène à l'aide de deux bobines C, C'

sur chacune desquelles sont enroulés deux fils isolés (fig. 133).
Le courant de la pile circule dans le fil inducteur de la première C;
le fil induit de celle-ci est attaché au fil inducteur de la seconde C',
dont le fil induit est fermé en *mn* par une hélice magnétisante ou par
le corps humain. On peut remplacer les bobines par des spirales
plates que l'on dispose deux à deux l'une sur l'autre, et l'on a soin,
dans tous les cas, d'éloigner suffisamment les groupes, pour que la
bobine qui est traversée par le courant de la pile ne développe pas,
dans les bobines du second groupe, des courants induits de premier
ordre. Les conclusions de la théorie ont été mises hors de doute
par ces deux expériences distinctes.

**232. Action galvanométrique des courants induits de
second ordre.** — Une étude plus complète de l'action galvanométrique a montré que, sous l'action d'un courant induit de second
ordre, l'aiguille pouvait être déviée à volonté vers la droite ou vers
la gauche, suivant qu'on la plaçait artificiellement à droite ou à
gauche du zéro. On peut facilement se rendre compte de cette particularité. En effet, si l'aiguille n'a pas son axe dans le plan de
symétrie perpendiculairement auquel s'exerce l'action du courant,
cette action a une composante sensible dans le sens de l'axe de l'aiguille. Il n'y a d'ailleurs pas d'aiguille en acier qui ne soit un mélange de molécules d'acier et de molécules de fer doux ; le passage
du courant tendra par conséquent à renforcer le magnétisme de
l'aiguille. Soit donc M le moment magnétique de l'aiguille avant
l'expérience, ce moment deviendra $M + m$ après le passage du courant, et l'impulsion sera $(M + m)q$, en appelant q la quantité totale
d'électricité que le courant fait passer dans une section du fil. Au
premier courant en succède un second de sens contraire, qui diminue le moment magnétique de l'aiguille de m, en sorte que l'impulsion due à ce courant est proportionnelle à $(M - m)q$. Ces deux
impulsions qui se succèdent à très-peu d'intervalle ne se détruisent
donc pas, et il reste une petite impulsion proportionnelle à $2mq$. On
augmentera donc ainsi la déviation primitivement donnée à l'aiguille ; on peut d'ailleurs vérifier cette conséquence avec des appareils convenablement disposés.

233. Actions chimiques des courants de second ordre.
— L'étude des actions chimiques conduit aux mêmes résultats. Si l'on met un circuit de second ordre en communication avec un voltamètre, et qu'au moyen d'un commutateur on fasse en sorte que les courants induits de premier ordre auquel sont dus les courants de second ordre soient tous de même direction, on recueille dans le voltamètre un mélange des deux gaz oxygène et hydrogène, ce qui prouve bien l'existence de courants alternatifs et contraires. Au commencement de l'opération les gaz s'accumulent sur le platine ou se dissolvent dans l'eau, de sorte qu'en faisant l'analyse du mélange on ne trouve pas le rapport de 1 à 2 entre les volumes de l'oxygène et de l'hydrogène; mais on approche beaucoup de ce rapport en prenant pour électrodes des fils de platine très-fin (fig. 134), soudés par fusion dans des tubes de verre dont les pointes sont usées à l'émeri : le gaz ne se dégage qu'à l'extrémité découverte A de chaque fil et ne peut s'y accumuler en grande quantité; les causes perturbatrices sont ainsi affaiblies.

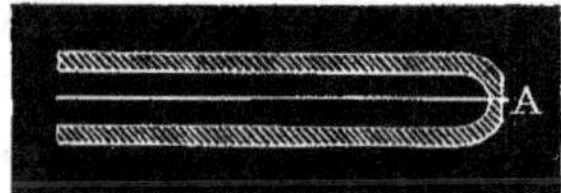

Fig. 134.

234. Succession des courants induits de divers ordres.
— A un courant induit de premier ordre correspond donc un courant induit de second ordre formé par la succession de deux courants de direction opposée; on en conclut facilement que le courant induit de troisième ordre est la succession de quatre courants de divers sens, que le courant de quatrième ordre est formé de huit courants de divers sens, etc. Mais le nombre de ces courants peut être moindre, car on voit que deux courants successifs peuvent avoir même direction et se confondre en un seul de durée plus grande.

Nous allons essayer de représenter par des courbes, de la manière la plus probable, la succession de courants induits de divers ordres. Voyons d'abord comment s'opère la destruction du courant inducteur. Au moment où commence le décroissement de l'intensité du courant, on doit avoir $\frac{di}{dt} = 0$, sinon il se produirait à ce moment un extra-courant qui augmenterait brusquement l'intensité du courant principal; la courbe des intensités doit donc être tangente à la parallèle à l'axe des t qui représente l'intensité constante du courant lorsque le circuit est fermé. Il faut de même à la fin que $\frac{di}{dt}$ soit nul, sinon il existerait une force électro-motrice d'induction sensible et le courant ne cesserait pas. La courbe des intensités aura donc une forme analogue à celle que nous figurons ci-dessous (fig. 135-1).

Il est facile de voir quelle sera la nature du courant induit de premier ordre. La courbe qui le représente doit être tangente à l'axe des t au commencement et à la fin, sinon il y aurait réaction des divers éléments les uns sur les autres et création d'une force électro-motrice de grandeur finie; la courbe offrira donc deux points d'inflexion et l'ordonnée passera par un maximum. L'expérience semble montrer que la période d'accroissement est plus courte que la période de décroissement. On a donc la forme représentée en ABC (fig. 135-2).

Si maintenant nous considérons le courant induit de second ordre, l'intensité de ce courant sera trois fois nulle, aux deux extrémités et au point correspondant au maximum du courant induit de premier ordre, ce qui conduit à la courbe ABCDE (fig. 136-2).

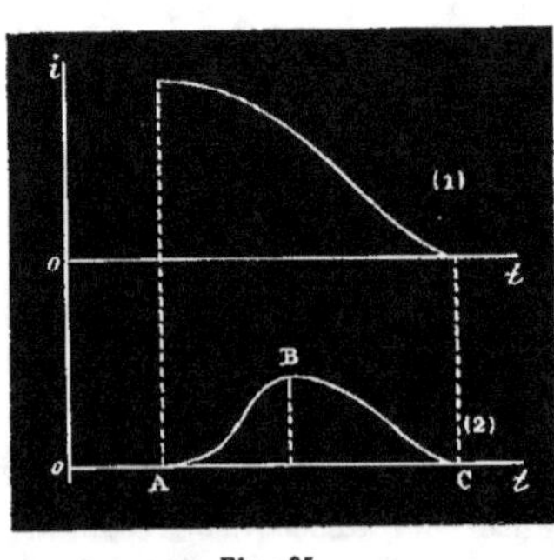

Fig. 135.

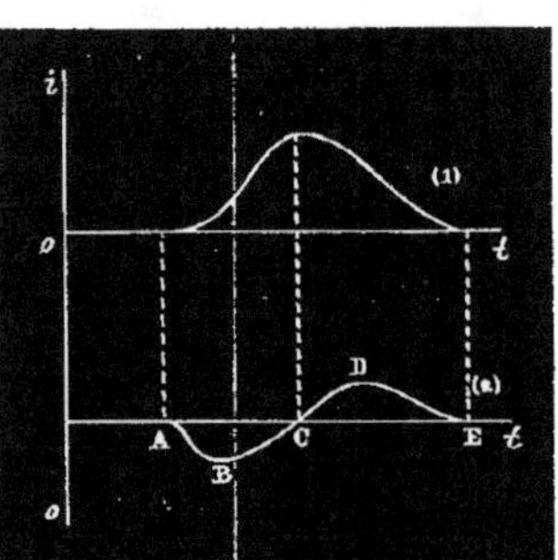

Fig. 136.

Au delà du second ordre le phénomène est plus complexe. Le nombre des courants dont la succession constitue le courant induit de troisième ordre dépend de la forme de la courbe qui représente le courant de second ordre. Si cette courbe offre un point d'inflexion,

soit avant, soit après le point où elle coupe l'axe des t (fig. 137-1),
elle présente seulement un maximum et un minimum, et la courbe
figurative du courant induit de troisième ordre ne coupera l'axe des t
qu'en quatre points (fig. 137-2) ; il n'y aura en réalité que trois
courants différents. Mais il peut se faire que chacun des deux courants dont la succession constitue le courant de second ordre se

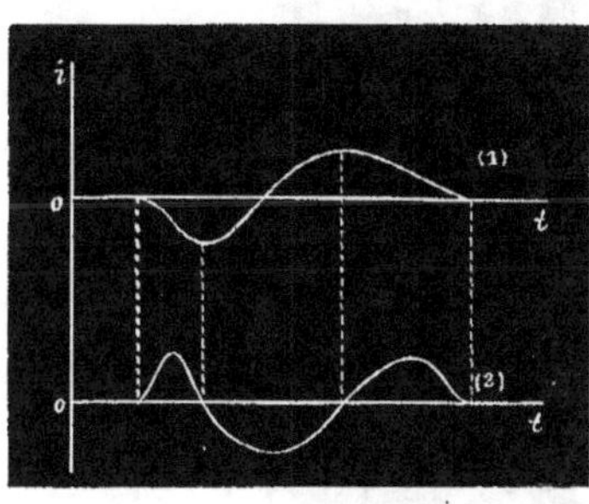

Fig. 137. Fig. 138.

comporte en se terminant comme s'il devait être suivi d'un courant
nul (fig. 138-1), ce qui modifie singulièrement la courbe du courant
de troisième ordre, qui prend alors une forme analogue à la
figure 138-2 ; on aurait alors quatre courants distincts.

Tout ce que l'on sait de certain, c'est que les courants d'ordre
supérieur résultent toujours de mouvements en sens contraire de
quantités égales d'électricité, et que leur action sur le galvanomètre
et le voltamètre est analogue à celle des courants induits de second
ordre.

235. Influence des diaphragmes. — Les lois précédentes
expliquent l'influence des plaques sur la production des courants
induits. Lorsqu'on interpose une lame métallique entre deux spirales
plates, dont l'une est traversée par le courant de la pile AB (fig. 139),
le courant induit que l'on produit dans l'autre semble perdre complétement la propriété d'aimanter et de donner des secousses ; le
diaphragme paraît donc arrêter les effets magnétiques et physiolo-

giques du courant induit, mais, chose singulière, la déviation galvanométrique n'est pas modifiée.

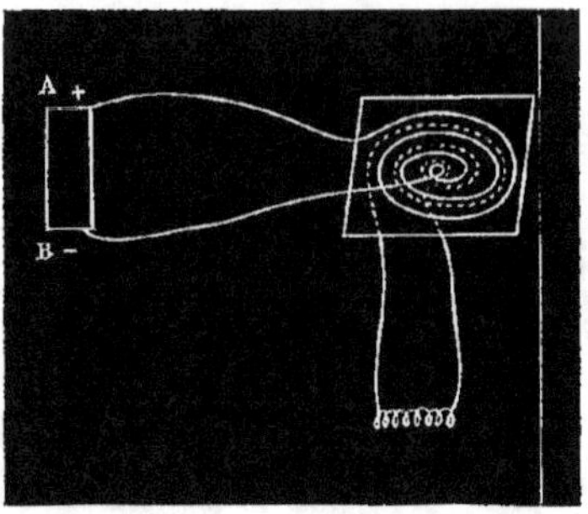

Fig. 139.

M. Henry a expliqué ce phénomène remarquable. Au lieu d'une
plaque interposons une spirale C (fig. 140) et fermons le circuit C'EF

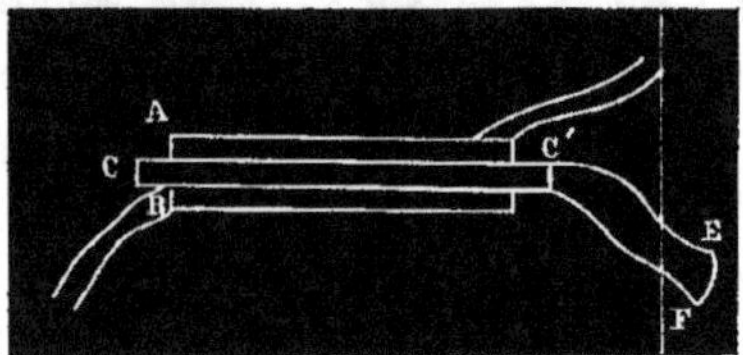

Fig. 140.

qu'elle présente, elle agira comme la plaque métallique ; laissons
au contraire la spirale ouverte, et elle n'agira plus. L'action de ces
diaphragmes semble donc tenir à des courants qui les traversent ;
et en effet, si l'on coupe la plaque suivant un rayon pour interrompre le courant, elle n'a plus d'action. Pour nous rendre compte
de ce fait, représentons par des courbes les intensités du courant
inducteur A et du courant induit B ; avant l'interposition de la
plaque les courbes figuratives des deux courants sont ABC, DEF
(fig. 141, p. 394). Quand la plaque est interposée, il s'y produit
un courant induit de premier ordre direct, c'est-à-dire tout à fait
analogue à celui que représente DEF et qui détermine dans la spirale B un courant de deuxième ordre D'GHIK. Ce dernier est donc
superposé au courant DEF, et, en faisant la somme des ordonnées

de ces deux courbes, on a la courbe D″E′F′, qui représente l'intensité

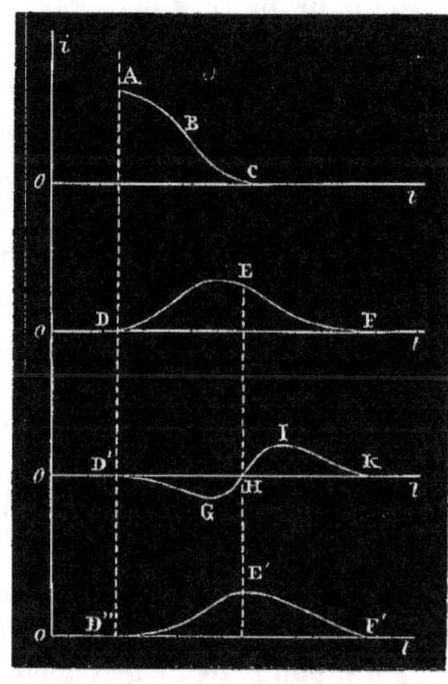

Fig. 141.

du courant dans la spirale B après l'interposition de la plaque. On voit que son ordonnée maximum est bien plus petite que dans DEF: mais l'aire est la même, parce que les portions D′GH et HIK ont des aires égales, et que l'une s'ajoute tandis que l'autre se retranche; on en conclut que les effets magnétiques et physiologiques qui ne dépendent que de la valeur de l'ordonnée maximum diminuent d'intensité, tandis que l'action galvanométrique reste la même.

Il résulte de là que, toutes les fois qu'on voudra produire des effets d'induction dépendant de l'intensité maximum, il faudra éviter l'interposition de corps conducteurs ou avoir soin de les fendre pour annuler leur influence.

COURANTS MAGNÉTO-ÉLECTRIQUES.

236. Production de courants magnéto-électriques. — Si dans l'axe d'une bobine mise en communication avec un galvanomètre on place un barreau de fer doux et qu'on approche un aimant, on observe un courant instantané; lorsqu'on l'éloigne, il se produit un courant de sens contraire. Quant à la direction de ces courants par rapport aux pôles de l'aimant, on la trouve facilement en supposant que l'aimant soit remplacé par un solénoïde, et alors le courant induit par l'aimantation commençante est de sens contraire à celui du solénoïde; il est de même sens lorsque l'aimantation finit. La loi est donc la même que pour les courants volta-électriques, et, en substituant un solénoïde à l'aimant, la loi de M. Neumann permettra de prévoir le sens du courant dans tous les cas.

On peut encore produire des courants induits de même espèce en
approchant ou en éloignant d'une bobine un barreau déjà aimanté.
Dans ce cas, le courant induit est proportionnel à la vitesse du déplacement et à la composante parallèle au déplacement de la force
électro-dynamique. M. Neumann en a déduit la somme des intensités
des courants induits qui circulent successivement dans le fil pendant
le mouvement relatif; cette somme, entre deux limites correspondant au commencement et à la fin du mouvement, égale la quantité
d'électricité qui a passé dans le fil.

**237. Rôle d'un axe de fer doux dans une bobine d'in-
duction.** — De l'identité de ces lois avec celles des courants volta-
électriques il résulte que, si dans l'axe d'une bobine d'induction on
place un barreau de fer doux, les changements qu'éprouve le magnétisme de ce barreau produisent des effets d'induction de même
sens que l'induction volta-électrique; mais ces effets sont incom-
parablement plus intenses, à tel point qu'il faudrait une pile vingt
fois plus forte, et même davantage, pour produire les mêmes effets en
ôtant le fer doux. Aussi, devant les intensités des courants magnéto-
électriques, peut-on presque négliger celles des courants volta-électriques.

Dans ces circonstances, la tige de fer doux agit de deux manières
différentes qui ont été distinguées par M. Dove. Le passage du courant
dans la bobine aimante et désaimante le fer doux : il en résulte des
courants qui s'ajoutent à ceux qui proviennent de l'établissement et
de la suppression du courant ; en même temps, si la tige est compacte
et d'un grand diamètre, au moment où l'on supprime le courant inducteur, il se produit dans le fer doux un courant induit de même sens
qui réagit sur la bobine induite et y développe un courant de second
ordre. L'intensité du courant total circulant dans la bobine induite
est la somme géométrique des intensités des deux courants développés dans le fil de cette bobine. Si donc on représente par ABC
(fig. 142) la forme de la courbe des intensités du courant induit
principal, et par A'B'C' celle du courant de second ordre, l'aspect
de la courbe des intensités dont l'ordonnée est égale à la somme
géométrique des ordonnées des deux premières est complétement

modifié, et il peut arriver que l'intensité maximum du courant induit soit diminuée, la courbe prenant l'apparence A″B″C″. Il est probable que le courant induit de premier ordre augmente beaucoup plus rapidement d'intensité qu'il ne décroît; par suite, la durée du courant inverse de second ordre sera beaucoup plus petite que celle du courant direct qui lui succédera; de là résulte une grande diminution des ordonnées de la courbe de premier ordre dans toute la portion où elles vont en croissant, et, dans ce cas, il est très-probable que l'ordonnée maximum de la nouvelle courbe des intensités sera plus petite que l'ordonnée maximum de l'ancienne. Dès lors, bien que la quantité totale d'électricité mise en mouvement dans la bobine induite n'ait pas varié, l'intensité maximum étant diminuée, tous les effets physiques ou physiologiques du courant se trouvent diminués.

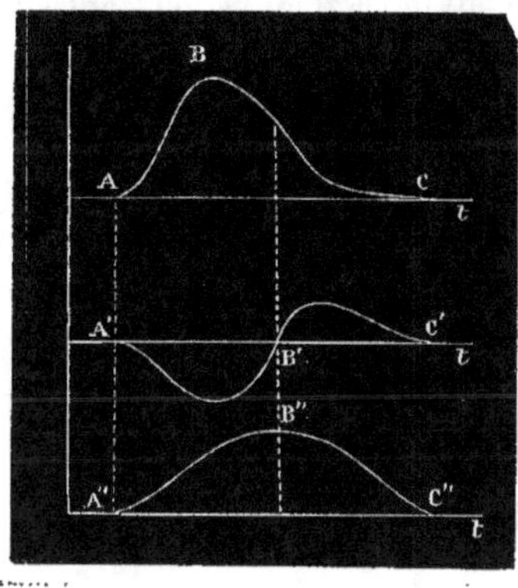

Fig. 142.

Le courant qui se développe dans le fer doux diminue donc les actions magnétiques et physiologiques du courant induit; aussi a-t-on substitué au barreau de fer doux unique un faisceau de petits barreaux qui sont toujours isolés, du moins partiellement, par une couche d'oxyde ou de poussières accidentelles, ou que l'on prend même la précaution de recouvrir d'un vernis isolant. Le courant induit qui se développe dans le fer doux ne circule plus alors que dans des fils d'un petit diamètre, et les phénomènes de tension augmentent dans un rapport comparable à l'accroissement de l'action galvanométrique. Si l'on enveloppe ces barreaux d'un cylindre de cuivre un peu épais, on diminue beaucoup les effets dus à la tension, à moins que l'on ne prenne la précaution de fendre longitudinalement ce cylindre, de manière à rendre impossibles les courants perpendiculaires à l'axe du cylindre.

Pour étudier expérimentalement l'influence des axes de fer doux,

M. Dove s'est servi d'un appareil composé de deux bobines à deux
fils, identiques et ayant leur fil inducteur dans un même circuit de
pile AB (fig. 143); leurs fils induits sont réunis par les extrémités
contraires[1]. De cette manière, les deux forces d'induction étant égales
et contraires, on peut interposer le corps humain ou une hélice

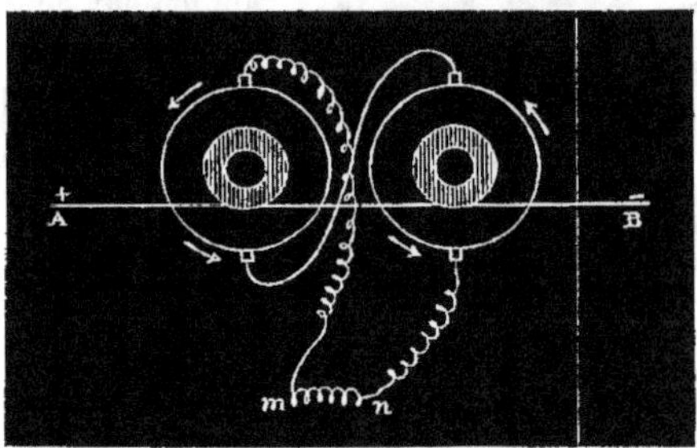

Fig. 143.

magnétisante *mn* dans le fil induit, sans que rien se produise par
l'ouverture ou la fermeture du courant de la pile. Mais, si dans une
des bobines on met un axe de fer doux, les actions physiologiques
et magnétisantes sont très-vives. On peut détruire ces actions en mettant dans l'axe de la deuxième bobine soit un cylindre de fer doux,
soit des fils de fer doux dont on augmente le nombre progressivement.

On trouve ainsi que le poids des petits fils est moindre que celui
du cylindre massif, et d'autant moindre que les fils ont un plus petit
diamètre; mais il faut que ces fils soient bien séparés, et on affai-
blirait leur action en les mettant dans une enveloppe de cuivre.
Seulement, dans la pratique, on ne peut réduire indéfiniment le
diamètre des fils, car le fer très-doux est impossible à obtenir en fils
au-dessous d'un certain diamètre.

COURANTS TELLURIQUES.

238. Expériences de Faraday. — On peut produire des
courants induits sous l'influence de l'action de la terre comme sous

---

[1] *Abhandlungen der Berliner Academie der Wissenschaften* (1841), et *Poggendorff's
Annalen*, t. LIV, p. 305.

l'influence d'un aimant. Les circonstances dans lesquelles ils prennent naissance se déduisent de la loi de Lenz.

Tout mouvement d'un conducteur qui peut être produit par l'action de la terre sur un courant qui traverserait ce conducteur donne lieu à un courant d'induction de sens contraire au courant de la pile, et tout mouvement du conducteur qui ne pourrait pas être produit dans ces circonstances, sous l'influence de la terre, ne donne pas de courant induit.

Ce principe nous permet de comprendre facilement les expériences de Faraday sur l'induction tellurique. Un fil de cuivre plié

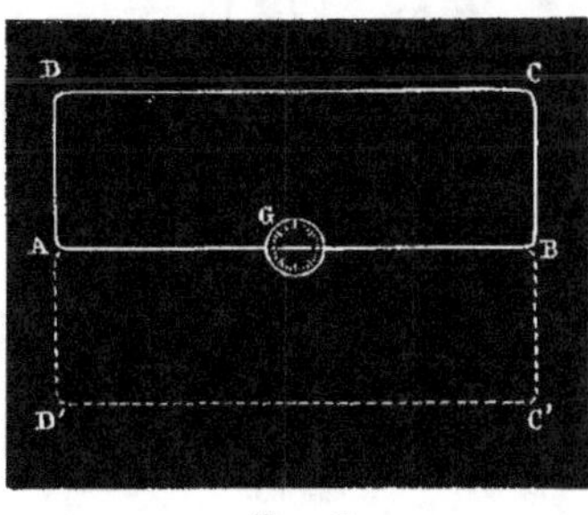
Fig. 144.

en rectangle ABCD (fig. 144) communique, par ses extrémités situées au milieu de l'un des côtés, avec le fil d'un galvanomètre. Dans une première expérience, ce cadre, qui peut tourner autour de AB comme charnière, est disposé perpendiculairement au plan du méridien magnétique; le côté DC étant d'abord au nord de AB, on l'amène en D'C', au sud, par une demi-révolution. Si ce côté DC était traversé par un courant de l'est à l'ouest, l'action de la terre l'amènerait précisément de DC en D'C'; l'action de la terre sur les parties AD, BC du courant ne pourrait les faire tourner. L'induction ne s'exerce donc que sur CD, et elle y développe un courant traversant DC de l'ouest à l'est.

Dans une autre expérience, on faisait tourner le cadre de façon à amener le côté AB à être parallèle à l'aiguille d'inclinaison, et dans ces conditions on n'observait aucun courant induit, quel que fût le mouvement donné au cadre autour de AB, car l'action de la terre sur un cadre ainsi orienté ne peut lui communiquer aucun mouvement.

239. Cerceau de Delezenne. — On peut aussi manifester l'induction par l'action de la terre au moyen d'un conducteur cir-

culaire MN (fig. 145), mobile autour d'un axe situé dans son plan [1].
Supposons cet axe perpendiculaire au méridien magnétique, et
amenons le plan du cerceau à être perpendiculaire à l'aiguille d'inclinaison. Si le cerceau était traversé par un courant dirigé de l'est
à l'ouest dans la partie inférieure, il serait en équilibre stable dans
cette position ; si la direction du courant était inverse, l'équilibre
serait instable et le courant tournerait de 180 degrés pour se mettre

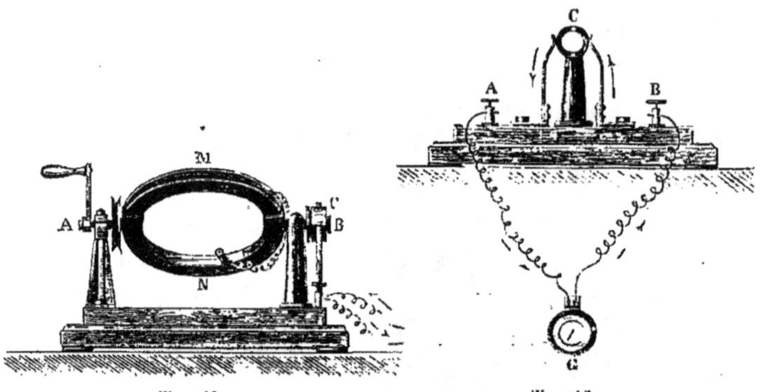

Fig. 145.   Fig. 146.

en équilibre stable. En produisant artificiellement cette rotation, nous
développerons donc un courant induit de sens contraire à celui qui
déterminerait le mouvement, et l'on voit que la direction du courant induit changera à chaque demi-révolution du cerceau. Au
moyen d'un commutateur C (fig. 146), on pourra facilement obtenir
un courant de direction constante. Palmieri, qui a employé le premier une grande bobine plate comme cerceau conducteur, a obtenu,
par induction terrestre, un courant capable de décomposer l'eau et
donnant des étincelles et des secousses musculaires très-fortes.

Puisque l'action de la terre ne peut produire aucun déplacement
du centre de gravité d'un courant fermé, mais seulement des rotations, on peut déplacer un conducteur fermé parallèlement à lui-
même sans y développer de courant induit. Il résulte de là que, pour
obtenir des courants induits énergiques, il faut, au lieu de bobines

[1] *Mémoires de la Société des sciences de Lille*, [1], t. XXIII, p. 1, décembre 1844.

d'une hauteur considérable, employer des hélices plates d'une petite hauteur et d'un grand diamètre ; en effet, dans le mouvement de l'hélice, chaque spire éprouve à la fois une rotation et un déplacement. Le déplacement est indifférent à la production du phénomène ; or, lorsqu'on emploie des hélices d'une faible hauteur, le déplacement est faible et le mouvement se réduit presque entièrement à une rotation. Ces faits ont été mis en évidence par M. Weber et par Faraday.

INDUCTION PAR LES DÉCHARGES ÉLECTRIQUES.

240. Expériences diverses. — Une décharge électrique doit être considérée comme un courant d'une très-courte durée ; dès lors il est clair qu'elle donnera lieu à des courants induits. Faraday et plusieurs autres physiciens constatèrent, en effet, qu'une décharge effectuée dans un circuit développe dans un circuit voisin ce que nous appellerons une décharge induite, en attendant que nous en connaissions bien la nature.

Il faut d'abord écarter la possibilité d'une transmission directe de l'électricité du courant inducteur sur le conducteur placé à côté : aussi évite-t-on l'emploi de bobines à deux fils. Des spirales séparées par une lame de verre sont bien préférables, et de plus, en faisant l'expérience dans l'obscurité, on constate qu'il n'y a pas transport d'électricité. Les effets que l'on observe sont donc bien des phénomènes d'induction.

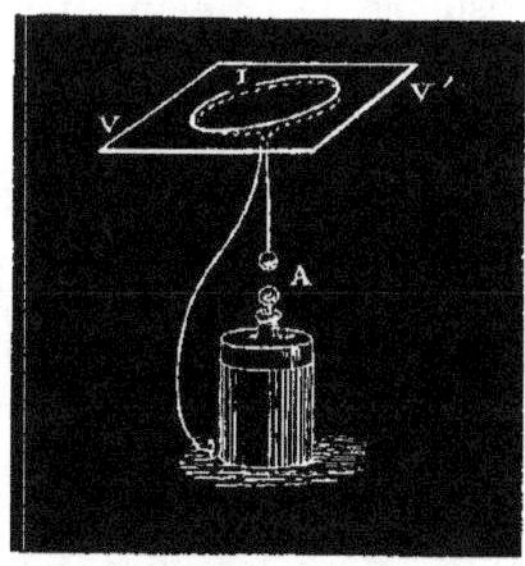

La première expérience relative à ce sujet paraît être celle qu'on doit à Aimé, directeur de l'observatoire d'Alger ; elle date de 1836 : un fil courbé circulairement est interrompu en I (fig. 147) ; un autre fil disposé au-dessous du premier en est séparé par une lame de verre VV' ; on le fait traverser par la décharge d'une bouteille de Leyde, et l'on voit immédiatement une étincelle jaillir en I.

Fig. 147.

En 1839, M. Henry de Philadelphie, M. Riess, Masson et M. Marianini firent des expériences analogues.

M. Riess a remplacé les deux fils par deux spirales et a placé en I la boule de son thermomètre : il a constaté une élévation de température.

Masson a touché en I les deux parties du fil avec les mains mouillées d'eau salée, et a reçu une secousse au moment où l'on produisait en A la décharge de la bouteille de Leyde.

Enfin, M. Marianini a placé en I une hélice magnétisante à l'aide de laquelle il a aimanté une aiguille d'acier.

241. Action magnétique des courants induits par les décharges électriques. — Maintenant il s'agit de voir si l'idée préconçue sur la décharge est exacte : si c'est un courant, il fait passer dans le fil une faible quantité d'électricité, mais dans un temps extrêmement court. La décharge induite sera donc la succession de deux courants induits égaux en quantité, et qui diffèrent sans doute par leur intensité maximum.

Constatons d'abord que toutes les expériences qu'on a faites en présumant que la décharge induite a une direction n'ont aucune valeur. Ainsi, le phénomène de l'aimantation semblerait devoir indiquer le sens du courant; mais Savary a fait remarquer que l'on ne peut rien conclure ni du sens, ni de l'existence de l'aimantation relativement à la direction du courant. En effet, il fit passer une

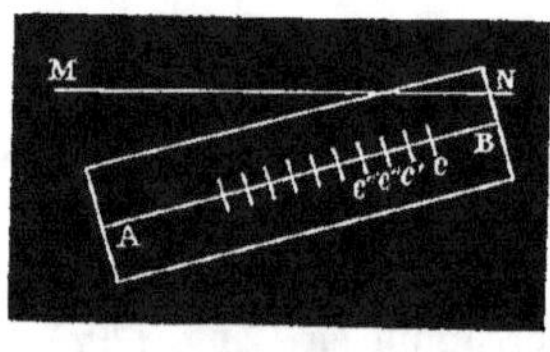

Fig. 148.

décharge assez forte dans un fil tendu horizontalement au-dessus d'une série d'aiguilles d'acier disposées en croix avec la ligne de plus grande pente AB (fig. 148) : la première eut son pôle austral à gauche, suivant la loi; la deuxième aussi, mais elle était faiblement aimantée; la troisième n'était pas aimantée; dans les suivantes les pôles étaient en sens inverse, après quoi venait une aiguille non aimantée; dans la suivante le pôle austral était à gauche, etc. Donc l'aimantation est une fonction de la distance de l'aiguille, de l'intensité du courant, etc., qui est compliquée, et l'on ne peut rien conclure du sens ni de l'existence de l'aimantation. Savary a aussi reconnu qu'en augmentant l'intensité de la décharge le nombre des changements de signe pour les pôles va en croissant. Enfin, en augmentant la durée de la décharge, à l'aide d'un fil très-long interposé, on n'obtient plus dans toutes les aiguilles que l'aimantation normale, c'est-à-dire le pôle austral à gauche.

Les courants induits, si courte que soit leur durée, n'ont rien produit d'analogue ; ainsi on doit en conclure que la durée des étincelles est extrêmement courte par rapport à celle des courants induits les plus courts. Si l'on explique le magnétisme par l'hypothèse d'Ampère, on dira qu'une décharge tend à porter les courants moléculaires dans une telle direction que le pôle austral soit à gauche ; mais l'impulsion violente et très-courte peut leur faire dépasser la direction convenable, et les amener dans l'état anomal que nous avons reconnu. Si au contraire le courant a une durée finie, il fixe, par la persistance de son action, le pôle austral à gauche.

Il résulte de ce qui précède que la décharge électrique aimante tantôt d'une manière, tantôt d'une autre ; or, la décharge induite jouit des mêmes propriétés qu'une décharge ordinaire : on peut d'ailleurs le démontrer en faisant circuler la même décharge induite à travers différentes hélices, les unes de diamètre très-petit et les autres de très-grand diamètre. Cependant M. Henry[1] a pu constater que la décharge induite paraît donner le même sens à l'aimantation que la décharge inductrice ; de même, si l'on prend la décharge induite de second ordre, elle paraît, au point de vue de l'aimantation, avoir le même sens que celle de premier ordre, etc.; en général, toutes les décharges induites des différents ordres donnent à l'aimantation la même direction, si l'on se sert de fils un peu gros dans des hélices un peu larges.

Si l'on fait varier la distance en employant des spirales plates, on trouve que le sens de l'aimantation varie avec la distance.

M. Marianini[2] substitua à l'aimantation de l'acier celle du fer doux, pensant qu'elle fournissait un caractère plus certain ; le chan-

---

[1] *Annales de chimie et de physique*, [3], t. III, p. 394 (1842).

[2] *Annales de chimie et de physique*, [3], t. X, p. 491 ; t. XI, p. 385 et 395 (1844); t. XIII, p. 237 (1845).

gement d'aimantation est, dans ce dernier cas, beaucoup plus difficile à obtenir que dans le premier, cependant on peut le constater;
par conséquent. on ne peut rien conclure de rigoureux de ses expériences. Elles étaient exécutées à l'aide de son rhéélectromètre : par
le passage de la décharge induite. il y a aimantation temporaire
du fer doux et déviation de l'aiguille ; l'aimantation peut même devenir un peu permanente, parce que le fer doux se trempe. Dans
ce cas, on recuit la tige de fer doux pour la faire servir une seconde
fois.

Si l'on dispose les deux fils des décharges inductrice et induite
l'un à côté de l'autre, on peut constater, au passage d'une décharge
électrique dans l'un d'eux, une déviation sensible de l'aiguille du
rhéélectromètre.

Mais, quand bien même on pourrait connaître quelque chose de
l'aimantation du fer doux, on en pourrait conclure seulement que,
des deux décharges induites qui se produisent, l'une est plus forte
que l'autre pour aimanter.

**242. Expériences de Matteucci sur la décharge in-
duite.** — A l'étude des actions magnétiques Matteucci a substitué
celle des actions galvanométriques ; mais, d'après ce qu'il dit lui-
même, cette méthode ne lui a pas fourni de résultats certains ; elle
serait bonne dans l'hypothèse où la décharge aurait un sens déterminé.

Il employait encore un autre procédé : il se servait de deux spirales plates ; le circuit induit était fermé par un perce-carte, et il
concluait, par la position du trou. la direction de la décharge induite.
Il a ainsi trouvé que la direction de la décharge induite était contraire à celle de la décharge inductrice.

Mais on doit remarquer, en admettant deux décharges induites,
que si la décharge induite inverse passe la première, c'est elle qui
fait le trou dans la carte. L'autre, qui est directe, le ferait vers
l'autre pointe ; mais, comme le chemin lui est ouvert plus facile par
le trou qui vient d'être fait, elle y passe également ; on ne peut donc
rien conclure de cette expérience.

243. Expériences de M. Knochenhauer. — Enfin les phénomènes calorifiques étudiés par M. Knochenhauer n'ont donné aucune indication exacte sur la direction de la décharge induite. Ce physicien a imaginé de faire passer dans le même thermomètre à air les décharges qui traversent le fil inducteur et le fil induit; il a reconnu une diminution dans l'échauffement, et il en a conclu à tort que la décharge induite a une direction contraire à celle qui traverse le fil inducteur.

La décharge induite est, en effet, la succession de deux décharges : l'une affaiblit, l'autre renforce l'effet de la décharge inductrice; comme l'effet sur le thermomètre dépend du carré de l'intensité, la moindre augmentation dans la durée du passage de l'électricité, affaiblissant beaucoup i^2, diminuera par suite l'effet calorifique.

Du reste, on peut encore faire l'expérience suivante : superposer les deux décharges inductrice et induite et interposer une lame d'or; la distance franchie devrait être diminuée : or c'est tout le contraire qu'on observe; d'où il faudrait conclure, d'après le système de M. Knochenhauer, que la décharge induite est directe.

244. Expériences de M. Riess. — M. Riess[1] a aussi cherché sans succès à utiliser les phénomènes calorifiques pour reconnaître la direction de la décharge induite. Ses recherches lui ont pourtant fourni un résultat important : la quantité de chaleur développée au passage de la décharge induite est proportionnelle à la quantité d'électricité qui circule dans la décharge inductrice.

Il a, de plus, essayé le procédé suivant, qui ne l'a pas conduit davantage à résoudre la question.

Les deux extrémités du fil induit étaient mises en rapport avec deux pointes métalliques qui pouvaient se rapprocher l'une de l'autre à volonté. Entre ces pointes on plaçait une plaque de métal recouverte sur ses deux faces d'une couche un peu épaisse de poix-résine; les deux électricités se répandaient au moins en partie sur les faces de la lame, et, pour en connaître la nature, on projetait

[1] *Poggendorff's Annalen*, t. LI, p. 351 (1840), et *Repertorium der Physik*, t. VI, Berlin, 1842.

successivement sur chaque face le mélange de soufre et de minium pulvérisés qui sert à produire les figures de Lichtenberg.

Dans l'expérience de M. Riess, sur les deux faces les figures offraient une grande analogie, sans être toutefois identiques; de chaque côté étaient des arborescences de soufre et des taches de minium.

Si l'on répétait plusieurs fois l'expérience, en faisant varier l'écartement des deux pointes et les dimensions de la plaque de résine, sans rien changer à la décharge inductrice, les deux figures se reproduisaient toujours avec la même forme du même côté; elles s'échangeaient l'une dans l'autre, si l'on changeait la direction de la décharge inductrice. La position de ces figures dépend donc uniquement de la direction de la décharge induite, et leur observation est tout à fait propre à manifester si, dans une série d'expériences, cette direction est constante ou variable : tel est aussi l'usage auquel l'a appliqué M. Riess. Des expériences très-nombreuses lui ont fait voir que ni l'intensité de la décharge inductrice, ni la distance du fil induit au fil inducteur, ni la conductibilité de l'un ou de l'autre circuit n'ont d'influence sur la direction de la décharge induite.

Si l'on substituait à la résine les deux plateaux d'un condensateur, il ne resterait aucune trace d'électricité, car les fluides se recombineraient par l'intermédiaire du fil; mais si on les met à une petite distance, de manière que l'électricité passe des fils aux plateaux sous forme d'étincelles, on peut charger le condensateur.

Cette méthode, qui paraît rigoureuse, ne donne aucun résultat certain; l'intensité, de même que la direction, est constamment variable, et l'on ne peut assigner une loi aux variations; les phénomènes sont en outre compliqués de la décharge latérale. Pour le reconnaître, il suffit de substituer aux spirales de grosses plaques de métal qu'on rapproche ; les phénomènes d'induction sont alors très-faibles, mais les phénomènes de décharge latérale conservent toute leur intensité.

Si les deux pointes ne sont pas également voisines des plateaux du condensateur, l'un d'eux se chargera plus que l'autre, et l'excès peut se faire soit d'un côté, soit de l'autre; il pourra même arriver qu'il n'y ait aucune charge. De même, quand on a de longs fils, on ne sait pas si l'effet est dû à la décharge induite ou à la décharge latérale.

Ces expériences sont donc tout à fait incertaines, et M. Riess, qui avait d'abord annoncé que la direction de la décharge induite était constamment la même que celle de la décharge inductrice, obtint plus tard des résultats contraires aux précédents, sans qu'il fût possible d'apercevoir la cause de cette anomalie, et il en conclut que la décharge induite était un phénomène plus complexe qu'il ne l'avait pensé d'abord.

245. Expériences de Verdet[1]. — Existence de deux courants dans la décharge induite. — Toutes les expériences précédentes semblaient à leurs auteurs indiquer un sens unique à la décharge induite ; mais répétons que, d'après nos prévisions théoriques, cette décharge n'a pas de sens déterminé ; elle se compose de deux courants induits successifs égaux et contraires. C'est ce qu'il faut bien démontrer.

Si nous pouvions faire passer dans le fil inducteur un nombre immense de décharges toujours dans le même sens, il faudrait qu'un voltamètre, interposé dans le fil induit, nous donnât, à ses deux électrodes, un mélange d'oxygène et d'hydrogène : cela prouverait l'existence des doubles courants ; mais une telle expérience est impraticable à cause de sa longue durée.

Heureusement la visibilité des gaz dégagés n'est pas la seule preuve de décomposition ; Henrici, physicien allemand, a montré que la polarisation des électrodes est un signe infiniment plus sensible ; ainsi, pour n'en citer qu'un exemple, si l'on fait passer dans un circuit de platine muni d'un voltamètre la décharge d'un bâton de verre électrisé, on peut constater l'existence d'un courant de polarisation en sens contraire de la décharge. Ce courant, très-faible sans doute, dure peu et ne se manifeste qu'avec un galvanomètre à long fil, très-sensible ; mais on peut l'accroître en augmentant la force de la décharge.

On a aussi reconnu qu'un liquide qui convient très-bien comme conducteur, et qui polarise fortement par sa décomposition, est l'io-

---

[1] *Annales de chimie et de physique*, [3], t. XXIV, p. 377 (1848).

dure de potassium en solution concentrée : le dépôt d'iode produit une polarisation de cinquante à soixante fois plus forte que ne le ferait l'eau acidulée.

Prenons donc un voltamètre à fils de platine et rempli d'une dissolution d'iodure de potassium ; faisons-y passer une décharge induite. Si elle est la succession de deux courants induits égaux en quantité et contraires, il est bien clair qu'il n'y aura nulle polarisation. Ceci n'est toutefois pas entièrement rigoureux, et l'on doit observer une polarisation très-faible dans la décharge directe ; en effet, quand celle-ci a lieu, sa force électro-motrice est accrue de la force de polarisation due à la décharge inverse ; et, en effet, l'expérience fait voir que la décharge directe est un peu plus grande en quantité.

On dispose l'expérience de la manière suivante. L'appareil est composé de deux spirales plates S, S' (fig. 149), dont l'une est en

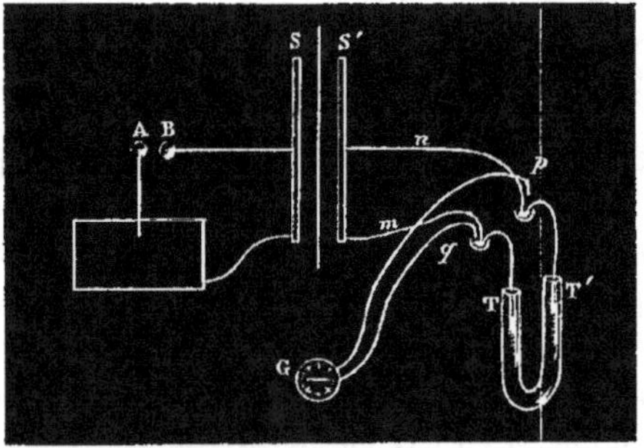

Fig. 149.

rapport avec une batterie de grandes jarres. Lorsque la distance des deux boules A et B augmente, la quantité d'électricité augmente proportionnellement depuis une certaine valeur de la distance. La deuxième spirale par laquelle passe la décharge induite a ses deux fils m, n plongés dans deux godets de mercure bien isolés, d'où des fils se rendent à un tube en U, TT', qui contient la solution d'iodure de potassium. A côté des godets sont les fils d'un galvanomètre très-sensible G, et, aussitôt que la décharge a passé, on enlève les fils m, n et l'on met à leur place les fils p, q. On n'observe qu'une polarisation très-faible, dans la décharge directe, quand l'intensité de la décharge inductrice est très-forte.

Puisqu'il y a compensation complète, c'est qu'il existe deux courants contraires dans la décharge induite.

Étudions leurs propriétés : la différence doit venir probablement d'une inégale durée, ou, comme on dit, d'une inégale tension.

Si l'on interrompt le fil induit en e, e' (fig. 150), les courants passent sous forme d'étincelles, mais celui dont la tension est la plus faible est bien plus affaibli par cette résistance que l'autre ; ce der-

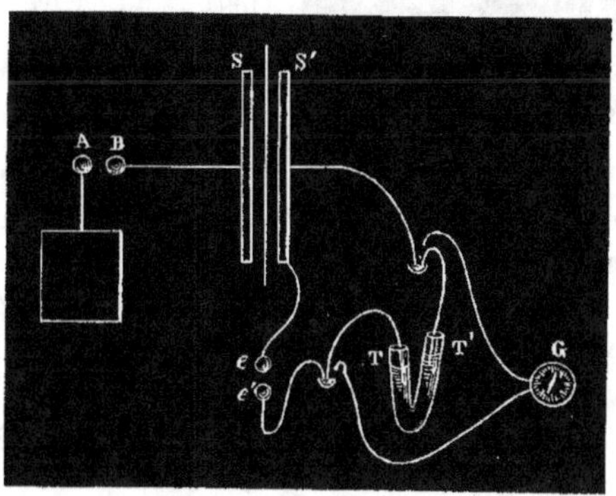

Fig. 150.

nier prédomine d'autant plus que la distance des boules e, e' de l'interrupteur est plus grande : par conséquent la polarisation doit augmenter. Ce résultat, vérifié par l'expérience, est tout à fait décisif contre l'hypothèse d'un courant unique, et l'on trouve que c'est le courant direct qui prédomine quand la distance des boules e, e' n'est pas très-petite.

Quand la distance des boules est petite, l'état de leur surface produit des anomalies qu'il est bon d'étudier. Nous remplacerons pour cela les boules par une pointe adaptée à une vis micrométrique A (fig. 151), qui permet de l'approcher ou de l'éloigner à volonté de la surface d'un bain de mercure contenu dans une capsule C. On se sert d'une décharge inductrice constante, en ne faisant pas varier la distance explosive, ni par suite la charge de la batterie ; on laisse aussi constante la distance de la spirale induite à la spirale inductrice, et on fait varier graduellement la distance de la pointe à la surface du mercure.

Lorsque cette distance est peu considérable, le phénomène est variable assez irrégulièrement de sens et d'intensité; quand la distance est un peu grande, la polarisation des électrodes est dans le sens d'une décharge induite qui aurait même direction que la décharge inductrice : on remarque de plus que la polarisation croît avec la distance jusqu'au moment où il n'y a plus de décharge.

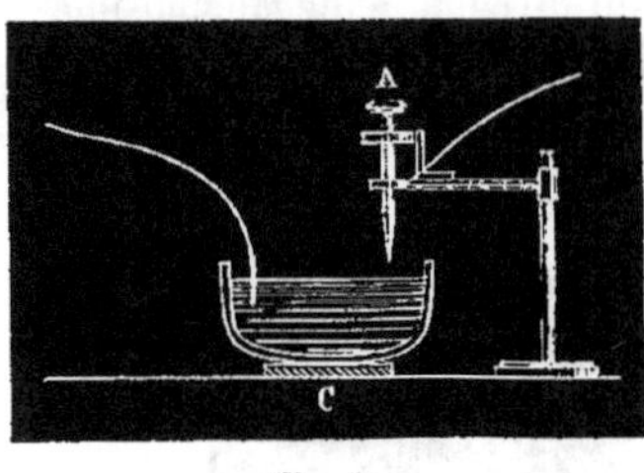

Fig. 151.

D'après cette seconde période de l'expérience, il faudrait admettre une décharge induite dont les effets seraient croissants d'intensité ; mais il faut encore expliquer la première période, et nous verrons qu'il n'est pas nécessaire d'admettre deux lois différentes.

En effet, il résulte d'abord de là que la décharge induite directe a une plus grande tension que la décharge inverse ; par conséquent cette décharge doit être arrêtée en grande partie quand la distance augmente; de là aussi l'accroissement de polarisation.

On comprend comment la distance diminue la proportion de la décharge inverse qui circule ; en effet, cette décharge a deux périodes, l'une d'accroissement, l'autre de décroissement. La première portion pourra être arrêtée pour une distance assez grande, car, avant que l'étincelle passe, il faudra qu'elle ait acquis une certaine tension. L'étincelle ne sera donc produite que par la seconde portion, et cette portion, qui passera par le fil induit, sera d'autant plus faible que la distance de la pointe au mercure sera plus grande. D'un autre côté, la décharge directe, ayant une tension plus grande et par suite une durée moindre que la décharge induite inverse, passe presque en aussi grande quantité, quand la distance a augmenté, que quand elle était faible. On comprend ainsi comment l'excès de la décharge directe sur la décharge inverse peut être augmenté par une cause qui tend évidemment à affaiblir l'effet total de l'induction.

Arrivons aux variations qu'éprouve le phénomène pour de petites distances : elles sont soumises à une loi très-simple. Supposons que dans la décharge inverse le fluide positif arrive par la pointe ; pour de petites distances, la polarisation due à la décharge inverse est prédominante ; pour des distances plus grandes, c'est la décharge directe qui l'emporte. Or, il faut se rappeler que, dans les courants, si une interruption a lieu entre une pointe et une plaque, l'arc lumineux voltaïque se produit plus facilement à de grandes distances quand le fluide positif arrive par la pointe. On en peut conclure, par analogie, qu'une décharge électrique doit franchir plus facilement l'intervalle d'une pointe à la surface d'un liquide, si le fluide positif est dirigé de la pointe au liquide, que s'il est dirigé du liquide à la pointe. Nous nous expliquons alors bien facilement les anomalies observées ; en effet, pour de petites distances, la décharge induite directe, quoique possédant une tension plus forte, éprouve une résistance au passage, tandis que la décharge inverse passera au contraire facilement ; la première pourra donc être arrêtée en partie et l'autre passer intégralement ; on comprend donc que tantôt l'une, tantôt l'autre pourra prédominer.

On remarque au contraire que si, dans la décharge inverse, le fluide positif arrive par le mercure, la décharge directe l'emporte à de petites comme à de grandes distances. Quand la distance est un peu considérable, il devient indifférent d'avoir une pointe et une plaque ou autre chose, et alors c'est la décharge qui a la plus grande tension qui doit l'emporter dans tous les cas. Les irrégularités disparaissent à peu près complétement si l'on interrompt le circuit en deux points, à l'aide de deux vis micrométriques semblables, de telle manière que la décharge induite, quelle qu'en soit la direction, doive traverser l'une des interruptions en allant de la pointe au mercure, l'autre en allant du mercure à la pointe.

On arrive au même résultat si l'on emploie deux boules métalliques à surface parfaitement polie ; mais les étincelles cessent de passer pour une distance beaucoup moindre que dans les expériences précédentes. De plus, lorsque la distance des sphères est très-petite, il arrive assez souvent que la décharge inverse l'emporte sur la décharge directe, probablement par suite de l'influence de petites irrégularités superficielles qui font l'office de pointes. Dans le cas de deux vis micrométriques, on observe quelquefois la même anomalie pour des distances extrêmement petites, les extrémités inférieures des deux pointes n'étant pas exactement identiques.

Ainsi la décharge induite est formée de deux décharges égales et contraires. L'une d'elles, la décharge directe, a plus de tension, par conséquent moins de durée. Aussi, en général, la polarisation due à la décharge directe l'emporte; mais il peut arriver que ce soit l'autre qui prédomine, quand la production des étincelles inverses est favorisée.

246. Expériences de M. Buff. — M. Buff[1] est parvenu à faire prédominer la décharge inverse ou l'autre. Voici la disposition de son appareil : ABC (fig. 152) est le fil de la décharge inductrice, GDEF celui de la décharge induite, qui est interrompu au point P et dont les extrémités portent chacune une boule. De plus, en K et L viennent se disposer deux fils terminés eux-mêmes par deux boules M ; GHF est le vase qui contient le liquide conducteur dont on étudie la polarisation.

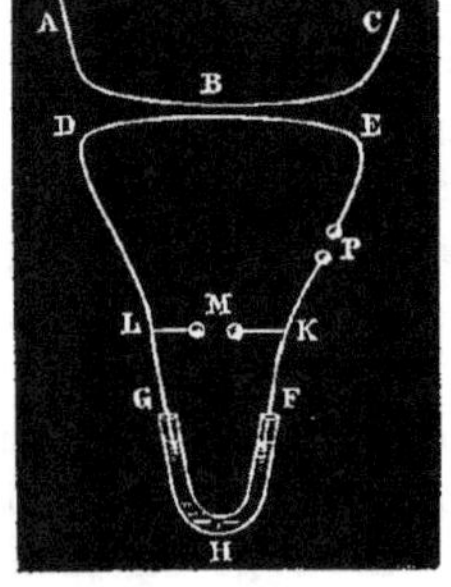

Fig. 152.

Faisons abstraction pour un instant des fils KM et LM; alors l'appareil se trouve disposé comme précédemment : la décharge directe passera seule entre les boules, la décharge inverse sera arrêtée en totalité ou en partie. On constate, en effet, que la polarisation croît avec la distance des boules P; il est inutile de dire qu'elle est due à la décharge directe. Supposons maintenant que les boules P soient en contact, et que les boules M soient à une certaine distance; la décharge directe, ayant plus de tension que la décharge inverse, passera presque tout entière entre les boules M, tandis qu'il n'y passera qu'une très-faible partie de la décharge inverse. C'est donc la décharge inverse qui prédominera dans le cir-

[1] *Annalen der Chemie und Pharmacie*, t. LXXXVI, p. 293 (1853), et *Annales de chimie et de physique*, [3], t. XXXIX, p. 502.

cuit KFHGL, et, par suite, dans la polarisation. On peut d'ailleurs
varier les effets en faisant varier la distance des boules M.

**247. Explication des expériences de Matteucci et de
M. Riess.** — Il sera maintenant facile d'expliquer les expériences
de M. Riess et de Matteucci.

Dans l'expérience où M. Riess produit les figures de Lichtenberg,
il y a deux décharges contraires; il n'est donc pas étonnant qu'on
voie sur chacune des faces les effets dus aux deux électricités.

Les anomalies observées par M. Riess, dans les expériences sur
le condensateur, peuvent s'expliquer par l'influence de la forme et
de la distance des conducteurs d'où l'étincelle passe sur les plateaux;
la décharge directe doit en général l'emporter sur la décharge inverse, en raison de sa plus grande tension; mais il peut arriver que,
dans certains cas, les irrégularités des surfaces métalliques rendent
plus facile le passage de la décharge inverse. Il serait nécessaire,
pour vérifier cette hypothèse, de faire une série d'expériences où l'on
ferait arriver les étincelles par des pointes dont la distance à la
surface des plateaux serait rigoureusement déterminée.

L'expérience du perce-carte confirme, en réalité, les explications
précédentes. Au moment où la décharge inductrice commence, il y
a décharge induite inverse qui perce la carte au voisinage de la
pointe négative. La décharge directe qui vient ensuite passe à travers ce trou au lieu d'en faire un nouveau.

248. Décharge induite de second ordre. — Puisque la
décharge induite de premier ordre est formée de deux décharges,
l'une inverse, l'autre directe, elle devra produire dans un conducteur voisin un ensemble de quatre décharges successives. une décharge directe, deux inverses, et enfin une directe. Si ces décharges
n'ont pas la même tension, on pourra, en laissant une solution de
continuité dans le circuit de second ordre, les affaiblir inégalement
et faire prédominer quelques-unes d'entre elles. En utilisant le phénomène de polarisation des électrodes, comme nous l'avons indiqué
plus haut, on reconnaît que l'effet des décharges inverses est supérieur à celui des décharges directes, quelles que soient du reste la

distance des circuits, leur conductibilité, la nature chimique du liquide placé dans l'appareil de décomposition et la constitution du circuit de premier ordre.

249. Extra-courants produits par les décharges électriques. — Lorsqu'on produit une décharge dans un circuit quelconque, il se manifeste dans ce circuit des phénomènes d'induction que M. Buff a étudiés de la manière suivante.

Un fil de cuivre de 4 mètres de longueur et $0^{mm}.4$ de diamètre faisait 138 tours sur un tube de verre PQ (fig. 153) et communiquait, par une extrémité, avec la boule B, voisine du conducteur positif A de la machine électrique; par l'autre extrémité, avec le

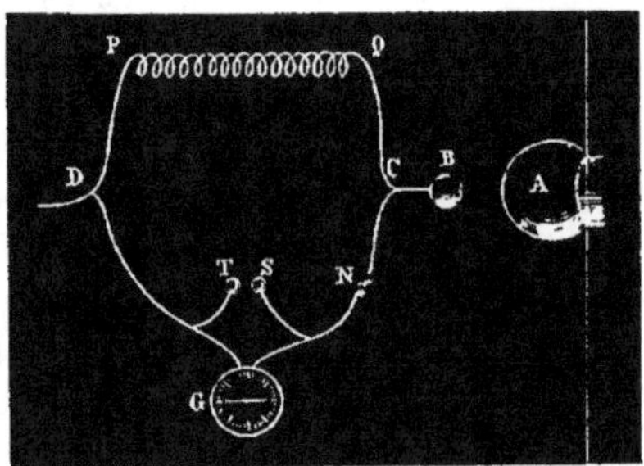

Fig. 153.

conducteur négatif. Un second fil CGD communiquait également avec la boule B et avec le conducteur négatif, mais présentait une interruption entre les deux boules marquées N sur la figure; en G se trouvait un galvanomètre, et des extrémités de ce galvanomètre partaient deux fils terminés par des boules de platine T et S. Le galvanomètre était d'ailleurs formé de deux fils de cuivre recouverts de soie, de 1 millimètre de diamètre chacun, et enroulés ensemble sur le cadre seulement trente fois.

Les boules N étant en contact l'une avec l'autre, le fil CQPD étant supprimé et la boule B amenée au contact de la machine, le passage continu de l'électricité à travers le galvanomètre ne produisait qu'une déviation de 5 degrés. En replaçant le fil CQPD, on établissait une dérivation, de façon que l'électricité ne passait pas tout entière à travers le galvanomètre, et la déviation de l'aiguille était réduite à 4 degrés. Dans ces conditions, l'électricité se déchargeant d'une manière à peu près constante, il ne pouvait se produire de phénomènes d'induction. Il n'en était plus de même lorsque la boule B était éloignée de la machine ; la décharge se faisait par étincelles, d'une manière discontinue, et comme chaque décharge, individuellement, était évidemment composée d'une période d'intensité croissante et d'une période d'intensité décroissante, il y avait lieu de penser qu'il se produisait deux inductions successives dans le circuit principal lui-même.

L'expérience a confirmé cette manière de voir. La distance de la boule B au conducteur étant de 7 millimètres et le fil CQPD étant supprimé, la décharge, en traversant le galvanomètre, produisait une déviation de 5 degrés. En remettant le fil CQPD, on ne laissait plus passer qu'une fraction (environ les $\frac{4}{5}$) de la décharge principale, et cependant la déviation, bien loin de diminuer, s'élevait à 11 degrés. Elle atteignait même 15 degrés, lorsque les deux boules T et S étaient assez voisines l'une de l'autre pour qu'il se produisît une étincelle. Au contraire, si l'on supprimait les fils latéraux T et S, et si l'on séparait les boules N par un intervalle à peu près égal à l'épaisseur d'une feuille de papier, la déviation de l'aiguille changeait de sens et devenait égale à — 6 degrés.

Ces phénomènes s'expliquent sans difficulté de la manière suivante. Les deux extra-courants que produit l'induction de l'hélice PQ sont égaux en quantité, mais inégaux en vitesse et opposés en direction. L'extra-courant direct a la plus grande tension et prédomine, en conséquence, lorsqu'il y a une interruption en N ; de là la déviation négative de l'aiguille, laquelle indique évidemment un courant qui, dans la portion PQ du circuit, a la même direction que le courant inducteur. Lorsque les boules N sont en contact, les effets des deux extra-courants se compensent. Mais, si l'on rapproche l'une de l'autre les boules T et S, une portion de l'extra-courant direct passe à travers ces deux boules sous forme d'étincelle, et l'extra-courant inverse, devenu prédominant dans le galvanomètre,

produit une déviation positive. Enfin, lors même que la distance des
boules T et S est trop grande pour qu'il y ait étincelle, il peut arriver qu'une partie de l'extra-courant direct passe à travers la soie
qui recouvre le fil galvanométrique sans agir sur l'aiguille aimantée,
et qu'en conséquence l'effet de l'extra-courant inverse devienne prédominant.

MAGNÉTISME DE ROTATION.

250. Définition du phénomène; sa découverte. — Lorsque des conducteurs sont en mouvement dans le voisinage d'un aimant ou d'un système de courants, il se produit un ensemble de
phénomènes magnétiques que l'on sait maintenant expliquer par
les lois générales de l'induction et qui ont été désignés sous le nom
de magnétisme de rotation. Ce nom, n'exprimant rien d'hypothétique
et rappelant seulement un fait, peut être conservé. L'expression de
magnétisme en mouvement, indiquant au contraire une idée théorique inexacte, doit être abandonnée.

En 1824, on observa, dans l'atelier de Gambey, que les oscillations de l'aiguille de déclinaison s'amortissent plus vite en présence
d'une plaque épaisse de cuivre rouge que dans l'air.

Cette observation donna lieu à un perfectionnement important
dans la construction des galvanomètres. On disposa sous l'aiguille
un disque épais de cuivre rouge, qui agit sur l'aiguille lorsqu'elle
oscille et diminue le temps nécessaire pour qu'elle atteigne sa position d'équilibre.

Arago, à qui l'on communiqua ce fait, y reconnut la preuve de
l'action d'une force qui n'existe qu'autant que l'aiguille ou la masse
de cuivre est en mouvement, et donna à l'expérience une forme
remarquable.

251. Expérience d'Arago. — Lorsque l'aiguille revient rapidement au repos, il y a évidemment réaction de l'aiguille sur le
disque de cuivre ; si donc l'observation de Gambey n'est pas un
accident fortuit, un disque métallique mis en mouvement sous une
aiguille aimantée devra la dévier du méridien magnétique, et peut-

être l'entraîner avec lui. L'appareil, tel qu'il fut construit par Arago[1]
pour vérifier cette conséquence, se compose d'un disque de cuivre
CC′ (fig. 154) recevant d'un mécanisme d'horlogerie un mouvement
de rotation très-rapide, et d'une aiguille
aimantée *ab* suspendue au-dessus de ce
disque par un fil sans torsion; une feuille
de papier ou de baudruche établit une séparation complète entre l'aiguille et l'air qui
environne le disque; on peut d'ailleurs recouvrir l'aiguille d'une cloche de verre.

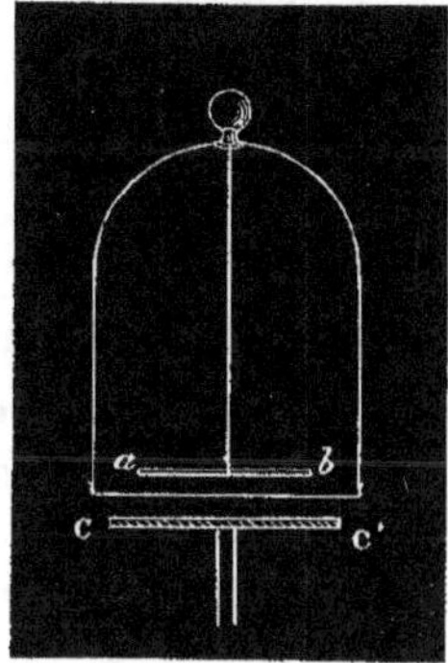

Fig. 154.

Quand le disque est immobile, l'aiguille
prend une position d'équilibre qu'elle aban-
donne aussitôt que le disque est mis en
mouvement; la déviation s'effectue dans le
sens de la rotation, et elle augmente avec
la rapidité du mouvement, dépasse 90 de-
grés, et l'aiguille tourne alors avec une vitesse croissante.

Ainsi, lorsqu'un disque métallique est en mouvement au-dessous
d'une aiguille aimantée, il naît une force qui tend à entraîner l'aiguille. Faut-il en conclure que cette force est dirigée tangentielle-
ment au cercle décrit par l'aiguille? Non, car toute composante de la
force qui serait perpendiculaire au plan du disque serait sans effet
sur le mouvement de l'aiguille : il en serait de même d'une composante dirigée suivant le rayon; le mouvement de l'aiguille indique
seulement que l'aiguille a une composante dirigée suivant une tangente au cercle décrit. Arago eut le mérite de chercher les deux
autres composantes de l'aiguille. Il fit pour cela deux expériences
dans lesquelles l'aiguille était libre de se mouvoir dans deux directions perpendiculaires à la précédente. Les expériences de mesure
dont il s'agit ont beaucoup perdu de leur importance, mais les faits
qu'elles démontrent sont toujours intéressants à connaître.

Pour reconnaître si la force a une composante perpendiculaire au
plan du disque, on suspendait l'aiguille *ab* (fig. 155) verticalement
sous l'un des plateaux d'une balance et l'on mettait le disque en

---

[1] *Annales de chimie et de physique*, [2], t. XXVII, p. 363 (1824), et t. XXVIII, p. 325
(1825).

mouvement. On trouva ainsi que le poids de l'aiguille paraissait diminuer quel que fût le pôle voisin du disque. Par conséquent

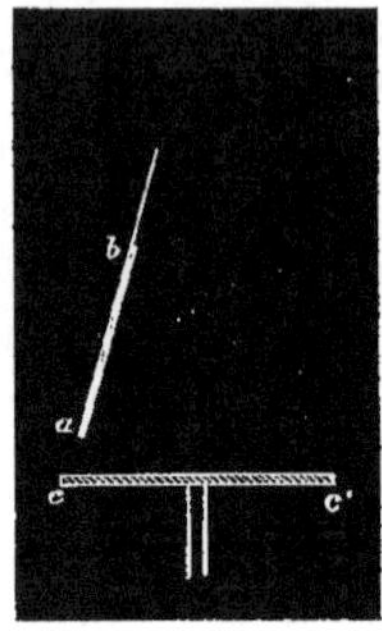

l'aiguille était sollicitée, dans la première expérience, par des forces égales appliquées aux deux pôles qui tendaient à soulever l'aiguille.

Pour reconnaître si la force a une composante dirigée parallèlement au rayon, on se sert d'une aiguille verticale ne pouvant se mouvoir qu'autour d'un axe horizontal. On prend pour cela une aiguille montée comme l'aiguille d'inclinaison, et l'on dispose son plan de rotation perpendiculairement au méridien magnétique : elle est alors verticale.

Fig. 155.

On place ensuite le centre du disque dans le plan vertical dans lequel peut tourner l'aiguille, et on l'amène successivement à diverses distances de la projection de l'aiguille. On constate ainsi que, lorsque la projection P (fig. 156) du centre de l'aiguille sur le plan du

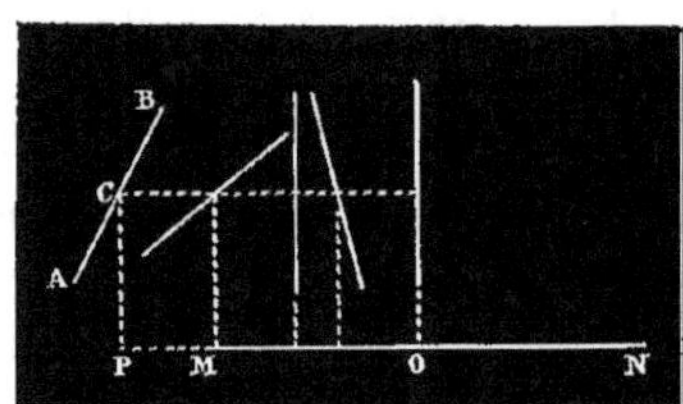

Fig. 156.

disque tombe en dehors de ce disque MN, le pôle inférieur A paraît repoussé. A mesure que la projection se rapproche du bord M, cet écart augmente, et il est sensiblement maximum lorsque P est très-peu intérieur au bord. Ensuite l'écart diminue, devient nul, puis le pôle inférieur se rapproche du centre jusqu'à un certain maximum; au delà, l'aiguille se redresse et devient verticale sur l'axe. L'expérience instituée pour le diamètre du disque perpendiculaire au plan du méridien magnétique est évidemment valable pour tous les autres, car cette disposition n'a pour effet que d'éliminer l'influence terrestre.

Connaissant ainsi les composantes de l'action du disque sur l'aimant, on pouvait en déduire l'intensité de cette action.

252. Théorie du magnétisme en mouvement. — Poisson, fidèle aux théories de Coulomb, chercha à expliquer ces faits par la théorie du magnétisme en mouvement[1]. D'après lui, tous les corps de la nature contiennent du fluide magnétique; tous s'aimantent sous l'influence d'un aimant voisin, et cette aimantation persiste un certain temps après qu'on a éloigné l'aimant. Si donc une aiguille aimantée AB (fig. 157) est placée au-dessus d'un disque, les por-

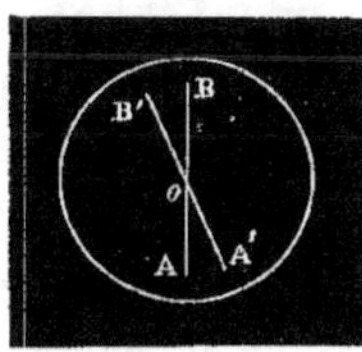
Fig. 157.

tions du disque aimantées au voisinage du pôle austral A ont leurs pôles boréaux dirigés vers A; lorsque le disque est en repos, la disposition du magnétisme est symétrique des deux côtés de AB. Mettons le disque en mouvement et supposons que l'aimantation ne prenne pas immédiatement la nouvelle orientation qui conviendrait à la position relative actuelle, la ligne d'aimantation maximum A'B' va faire un certain angle avec AB, et cet angle sera d'autant plus grand que la vitesse de rotation du disque sera elle-même plus considérable. L'aiguille se mettra donc en mouvement dans le même sens que le disque.

Il ne serait peut-être pas impossible de rendre ainsi compte des différents phénomènes qui se rapportent au magnétisme de rotation, mais l'hypothèse qui sert de point de départ à cette explication est complétement inadmissible. Pour le zinc, le cuivre, l'argent, la force magnétique est extrêmement petite. Comment de simples variations d'une action magnétique, insensible à l'état de repos, peuvent-elles produire des effets aussi énergiques?

Cette théorie fut pourtant assez généralement adoptée sur l'autorité de Poisson, et Arago se dégoûta de ses recherches sur ce sujet, que cette explication très-simple faisait rentrer dans les phénomènes électriques ordinaires. Sans cette circonstance, on aurait peut-être connu quelques années plus tôt les phénomènes d'induction.

[1] *Mémoires de l'Académie des sciences*, t. VI, p. 439, et *Annales de chimie et de physique*, [2], t. XXXII, p. 225 et 306.

Il y avait cependant un point remarquable dans cette théorie, c'était l'idée, énoncée pour la première fois, d'une durée nécessaire à la modification de l'état magnétique. C'est en appliquant cette même idée à la modification de l'état électrique que Faraday a pu établir sa théorie du magnétisme de rotation[1].

253. Théorie de Faraday. — Pendant les huit années qui suivirent l'expérience d'Arago et l'explication de Poisson, se succédèrent de nombreuses expériences, qui ne reçurent d'explication satisfaisante que lorsque Faraday fit remarquer qu'on pouvait les considérer comme des phénomènes d'induction.

Reprenons, en effet, l'expérience d'Arago : si nous considérons les deux moitiés du disque situées de côtés différents du diamètre AB (fig. 158) passant par la ligne des pôles de l'aiguille, il est évident

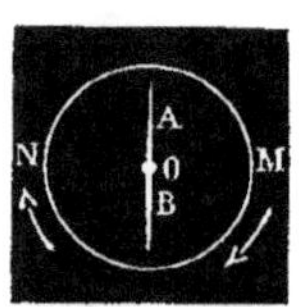

Fig. 158.

que tous les points de la moitié M vont à un instant donné en s'éloignant du pôle austral A de l'aiguille, tandis que les points de la moitié N s'en rapprochent. Donc, en vertu de la loi de Lenz, il y a, dans la moitié AMB, induction de courants qui, par leur réaction sur l'aiguille, tendent à rapprocher le pôle austral de AMB; et dans la partie ANB, induction de courants qui, par leur réaction sur l'aiguille, tendent à écarter ce même pôle de ANB. Ces deux actions sont évidemment concordantes et tendent à faire marcher l'aiguille dans le sens de la rotation. Il en est de même des actions exercées sur le pôle boréal.

On explique de la même manière le fait observé par Gambey : dans les parties du disque dont l'aiguille s'éloigne, il se développe des courants qui l'attirent; dans les parties dont elle se rapproche, circulent des courants tendant à l'éloigner.

254. Expériences diverses. — Un grand nombre d'expériences confirment cette explication. Ces expériences ont été effectuées tantôt par la méthode de Gambey, tantôt par celle d'Arago ou par la méthode inverse de Christie, de Herschel et Babbage[2], qui dé-

[1] *Philosophical Transactions* f. 1832, p. 146.
[2] *Philosophical Transactions* f. 1825, p. 317, 347, 467 et 497.

27.

terminaient le mouvement d'un disque de cuivre autour de son centre en faisant tourner au-dessous de lui un aimant puissant, ou enfin par la méthode de Faraday, qui suspendait un disque par un axe ne passant pas par son centre et le faisait osciller entre les deux branches d'un électro-aimant.

Il est utile de remarquer d'abord que les phénomènes ne sont produits d'une manière certaine que par les corps bons conducteurs, métaux ou charbon calciné. Cependant Arago, plaçant une aiguille aimantée au voisinage d'une substance non conductrice, obtenait encore un certain ralentissement des oscillations; mais il lui était impossible de reproduire, avec une telle substance, son expérience de la rotation de l'aiguille aimantée en présence d'un disque animé d'un mouvement rapide de rotation, ainsi que les deux autres expériences par lesquelles il avait réussi à déterminer les composantes de la force, dans le cas d'un disque de cuivre. En réalité, le voisinage des corps mauvais conducteurs n'a pas d'autre influence que de gêner l'air dans son mouvement, d'où il résulte qu'une aiguille aimantée, suspendue à très-peu de distance d'une table de bois, oscillera moins longtemps que si elle est à une certaine distance des corps qui s'opposent au mouvement de l'air.

Herschel et Babbage ont fait à ce sujet des expériences remarquables : ils substituaient au disque de cuivre, dans l'expérience d'Arago, un disque tel que les courants induits qui s'y développent soient gênés; ils prenaient par exemple un disque divisé par des

Fig. 159.

traits de scie en un grand nombre de secteurs (fig. 159), et les phénomènes étaient alors beaucoup moins intenses[1]. En interposant dans les fentes une poussière métallique, on n'obtient pas plus d'effet, mais, si l'on rétablit avec de la soudure la continuité du disque, on lui rend, à très-peu près, toutes ses propriétés. Un disque formé de poix, de résine et de limaille de cuivre ne donne que des effets presque nuls, quoiqu'il contienne beaucoup de cuivre.

[1] Cette expérience a été imaginée par Arago (*OEuvres de F. Arago*, t. IV, p. 441). Ampère avait fait une expérience analogue, qui consistait à employer comme disque tournant une plaque coupée en étoile (*Bibliothèque universelle*, t. XXIX, p. 262 [1825]).

On remarque du reste que l'intensité des effets est d'autant plus grande que le métal est meilleur conducteur; ainsi, toutes choses égales d'ailleurs, en comparant les différents métaux, on trouve que l'effet maximum s'observe avec un disque d'argent, et l'effet minimum avec un disque de bismuth.

255. Expériences de Faraday. — Les arguments tirés de ces expériences suffisent pour justifier la théorie fondée sur l'induction. Cependant Faraday rechercha une confirmation plus directe : il imagina les deux expériences suivantes, qui avaient pour objet de démontrer, la première, qu'on ne peut expliquer la rotation par le magnétisme ordinaire : la seconde, qu'il y a des courants induits dans le disque.

Il employait, dans sa première expérience, un disque de fer dans lequel l'action dont parle Poisson doit principalement se manifester.

On suspend une plaque de fer doux PP′ (fig. 160) par deux points O, O′, en regard l'un de l'autre, de manière qu'elle puisse tourner autour de cet axe horizontal OO′, puis on la fait osciller en présence d'un aimant AB ; les oscillations devront diminuer plus rapidement en présence de ce pôle qu'en son absence.

Disposons de l'autre côté un barreau aimanté A′B′ en sens inverse du premier : l'amplitude des oscillations diminue encore plus rapi-

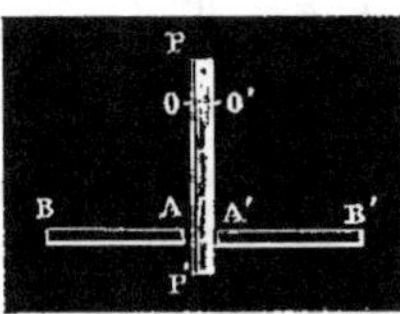

Fig. 160.

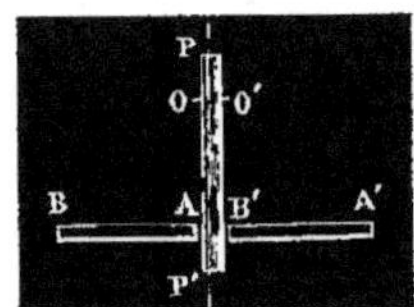

Fig. 161.

dement, car le magnétisme développé par les deux barreaux dans le disque est de même nature ; les actions s'ajoutent donc. Renversons le second barreau (fig. 161): le phénomène devrait disparaître, car le premier barreau tend à produire un pôle boréal, l'autre un pôle austral ; si les barreaux sont égaux, les deux actions tendent à se détruire : s'ils sont inégaux, le disque ne sera influencé que par la différence des actions. Au lieu d'un disque de fer, employons un disque de cuivre : la même chose devra se produire, si toutefois c'est la théorie de Poisson qu'il faut adopter, et tout devra se passer dans la seconde position comme s'il n'y avait pas d'aimantation. Or, c'est le contraire qui a lieu : si les deux pôles semblables se regardent, l'effet des forces du magnétisme de rotation est nul ; dans le cas contraire, il est maximum.

Ces phénomènes s'expliquent au contraire parfaitement par la production de courants induits. Examinons d'abord le premier cas, et considérons un barreau seulement : le disque devra être attiré par le pôle A ; si l'on met de l'autre côté un second barreau, il faut que les éléments de courant soient disposés en sens inverse. La direction de l'action d'un élément quelconque de courant sur le disque change de sens quand on passe du pôle A au pôle A'. Donc, si un courant d'une certaine direction tend à rapprocher le disque de A, il l'éloigne de A' ; donc les deux courants doivent être de directions opposées, et il n'y aura pas d'effet produit.

Dans le second cas, au contraire, nous aurons un effet beaucoup plus considérable, car le pôle B' tend à induire des courants de même sens que A ; donc les deux actions devront s'ajouter.

On se représente encore plus clairement les choses, si l'on a recours aux courants moléculaires de la théorie d'Ampère.

Dans le second cas, la direction des courants particulaires est la même dans les deux barreaux : ces courants s'attirent et sont parallèles ; ils doivent donc déterminer la même action sur le disque.

Dans le premier cas, au contraire, les courants induits sont de sens contraire ; ils doivent se détruire.

Donc l'hypothèse de Poisson, qui explique les faits dans le cas des métaux magnétiques, n'en rend pas compte pour ce qui concerne le cuivre, l'argent et les autres métaux.

Dans une seconde expérience, Faraday a pu manifester l'existence des courants induits. Il faisait tourner le disque métallique devant les pôles d'un aimant puissant, l'aimant naturel de la Société Royale de Londres, dont les pôles sont rapprochés comme ceux d'un aimant d'acier en fer à cheval. En touchant presque au hasard deux points du disque avec les extrémités du fil d'un galvanomètre, on observe la production d'un courant; mais il est impossible de déduire d'une expérience de ce genre rien de précis et de concluant sur la direction des courants. En effet, on forme une dérivation et par là on modifie les actions sur le disque. Le fait suivant fera bien comprendre ce que nous voulons dire.

Si l'aiguille est sur le prolongement de l'axe du disque, il n'y a pas de courant produit, et cependant, si l'on touche deux points, le centre et un point de la circonférence, par exemple, on a un courant; c'est qu'alors on a détruit la symétrie qui existait d'abord.

Cette remarque suffit pour réfuter les raisonnements de Nobili et Antinori, dont les expériences ne peuvent rien donner de certain. Faraday s'est borné beaucoup plus sagement.

256. Distribution des courants dans un disque en mouvement. — Quant à la détermination expérimentale de la direction des courants, elle a fait l'objet des recherches de Matteucci, qui s'est appuyé sur des principes établis par M. Kirchhoff. Pour aborder cette question, il faut étudier la propagation de l'électricité dans des masses dont les trois dimensions soient comparables. Les lois de Ohm s'appliquent à des fils ou à des corps analogues : tous les points de la section sont traversés de la même manière; il n'en est pas ainsi dans un corps de dimensions finies.

Les propriétés de l'électricité ne permettent pas de penser qu'un courant électrique entrant dans le corps ne circule pas partout. Ohm admettait que l'effet des forces électro-motrices d'une pile est de produire des différences finies de tensions entre deux surfaces en contact. Dans toute l'étendue d'un corps homogène, les tensions ne sont pas les mêmes partout. Il résulte de là un mouvement continuel de fluide électrique comparable au mouvement de chaleur dans un système à températures stationnaires, et l'on peut assimiler ce phénomène à celui de la propagation de la chaleur. Cette hypothèse est loin de la loi élémentaire trouvée par Coulomb : il n'est pas sûr toutefois qu'elle soit tout à fait inexacte. Elle a conduit M. Kirchhoff aux conclusions suivantes : il existe sur le disque des lignes d'égale tension; le mouvement de l'électricité est perpendiculaire à ces lignes. Leurs équations se déterminent par le calcul, connaissant la forme

du disque et les points par lesquels entre le courant. Si l'on touche
deux points sur une pareille ligne, il n'y a pas de raison pour qu'il
y ait un courant dérivé plutôt dans un sens que dans un autre. En
effet, ces deux points tendent à céder l'électricité avec la même
énergie : il n'y a pas de courant; il en est de même si l'on touche
avec un fil conducteur les deux extrémités d'un même diamètre. On
comprend facilement ces résultats, car il doit exister sur le disque
des points tels, qu'en les joignant par un fil conducteur on n'obtienne
pas de courant. Si le système de ces lignes est déterminé, la propagation de l'électricité dans le disque sera déterminée. On aura
autant de points que l'on voudra de ces lignes d'égale tension, en
touchant un point du disque, puis un autre, avec le même fil, et en
faisant varier le second point jusqu'à ce qu'il ne passe plus de courant dans le fil.

Examinons maintenant d'un peu plus près les phénomènes.

La première expérience d'Arago est expliquée par la loi de Lenz,
comme nous l'avons vu. Pour examiner et analyser l'effet de réaction des courants produits, soient un disque de cuivre tournant dans
le sens indiqué par la flèche et AB (fig. 162) la projection de l'aimant;

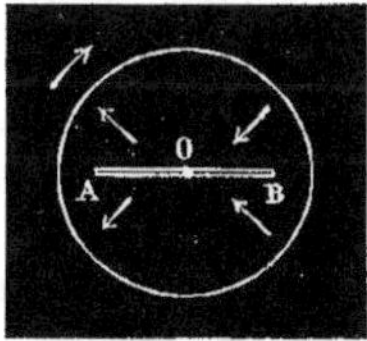

Fig. 162.

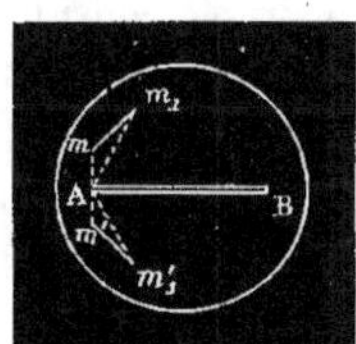

Fig. 163.

voyons les actions inductrices exercées par le pôle A : il est facile de
reconnaître que les courants qu'il induit dans un élément sont dirigés du centre à la circonférence, et qu'au contraire le pôle B induit
des courants centripètes dans des éléments placés de la même manière.

Dans tous les autres points, il y aura des forces électro-motrices
d'induction dirigées de la même manière; en un mot, dans toute
l'étendue du disque assez voisine pour que la force électro-motrice
soit sensible, il y aura des actions qui ont la même direction. L'ac-

tion du reste du disque est insensible. Il résulte de là les phénomènes
suivants : il devra se produire un courant allant du centre à la circonférence; ce courant doit revenir sur ses pas. Les courants doivent
être symétriques par rapport à OA et, dans OA, aller de O vers A.
De là l'explication de la composante tangentielle. Prenons deux
éléments de courant symétriques mm_1 et $m'm'_1$ (fig. 163). L'action
de l'élément mm_1 sur A se réduit à une force appliquée en ce pôle
normalement au plan mm_1A et dirigée de telle manière que le pôle A
tende à se porter vers la gauche du courant mm_1; cette force s'élève
donc au-dessus du plan mm_1A et penche conséquemment vers mm_1.
L'action de l'élément $m'm'_1$ est aussi appliquée en A, normalement
au plan $m'm'_1$A, et dirigée de telle manière que le pôle A tende vers
la gauche du courant $m'm'_1$; cette nouvelle force s'abaisse donc au-
dessous du plan $m'm'_1$A et penche aussi vers $m'm'_1$.

Par raison de symétrie, elle est autant inclinée en dessous que
la première l'était en dessus; donc la résultante de ces deux actions
est horizontale. L'action des points les plus voisins tend donc à faire
tourner l'aimant dans le sens du disque; elle l'emporte comme plus
rapprochée sur l'action des éléments les plus éloignés.

Par cette simple considération de la symétrie, on voit que la force
est identique à celle qui est manifestée dans la première expérience
d'Arago. Mais la force n'est ni parallèle au plan du disque, ni perpendiculaire au rayon; l'explication précédente est donc incomplète.

Ici se place une idée ingénieuse due à Faraday et tout à fait
analogue à l'hypothèse de Poisson : on admet que, dans un circuit
ordinaire, quand les forces électro-motrices cessent, le courant cesse
immédiatement; Faraday pense que cette durée peut être insensible
dans les expériences ordinaires et être sensible par ses conséquences
dans une masse d'un corps conducteur. Le maximum d'intensité du
courant induit ne sera donc pas correspondant à la ligne d'action
maximum, mais à une ligne voisine.

Quand le mouvement commence, il se produit un système de
courants symétriques par rapport à AB. Ce système de courants subsiste, mais son influence se combine avec d'autres, et les phénomènes ne restent pas symétriques par rapport à AB; ils sont symétriques par rapport à une ligne un peu différente. Les forces ne sont

plus alors parallèles au plan du disque et perpendiculaires au rayon;
en effet, il n'y aura plus symétrie du côté du centre et de la circonférence; la force pourra être dirigée tantôt d'un côté, tantôt de
l'autre.

Quant à la troisième composante, on comprend bien qu'elle existe,
mais ce qu'on en peut dire est très-vague.

257. Expériences de Matteucci [1]. — La persistance des
courants induits doit être d'autant plus sensible que la vitesse de
rotation est plus grande.

Disons un mot, à ce sujet, du travail de Matteucci. Supposons d'a-
bord que l'on donne une petite vitesse de rotation au disque, qui est
mis en face d'un aimant en fer à cheval, de manière que tout soit symétrique par rapport aux extrémités d'un diamètre, et nous obtiendrons

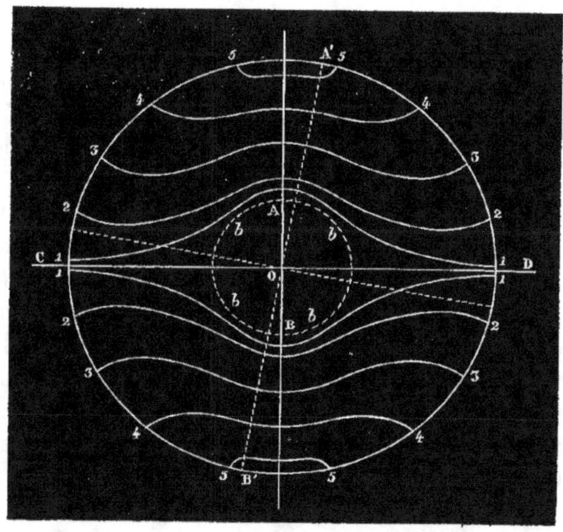

Fig. 164.

les résultats suivants : AB (fig. 164) est un axe de symétrie pour
toutes les lignes d'égale tension; la première ligne d'égale tension est
la ligne CD, perpendiculaire en O à AB. Les autres, 1, 2, 3, 4, 5,

[1] *Annales de chimie et de physique,* [3], XLIX, p 129 (1857).

sont symétriques par rapport à AB; le dernier élément de ces lignes
s'infléchit de manière à être perpendiculaire au bord du disque. Les
points des lignes où se fait l'inversion des courants ne sont pas bien
déterminés. Matteucci indique encore une ligne circulaire (b, b),
mais il est probable que cela n'est pas aussi simple.

Si l'on modifie la vitesse, tout cesse d'être symétrique; les courants se modifient comme l'a indiqué Faraday. Les lignes d'égale
tension semblent devenir symétriques par rapport à une ligne $A'B'$
voisine de AB, ce qui justifie les idées de Faraday.

258. Remarques de M. Jochmann[1]. — Matteucci avait
cru pouvoir déduire de ses expériences la forme des courants dont le
disque est le siége, en supposant que la direction de ces courants
est partout normale à celle des courbes d'égale tension. M. Jochmann
a fait remarquer que ce mode de raisonnement, parfaitement exact
lorsqu'on l'applique à une plaque conductrice immobile communiquant par deux électrodes avec les pôles d'une pile, n'est plus légitime lorsqu'on l'applique au disque tournant étudié par Matteucci.
Dans le premier cas, la seule force qui tende à mettre l'électricité
en mouvement en un point quelconque du disque est la résultante
des actions de l'électricité libre, et on en conclut aisément que la
direction du flux d'électricité maximum, c'est-à-dire du courant électrique, est partout normale aux courbes (ou plus exactement aux
surfaces) d'égale tension ou d'égal potentiel. Dans le cas du disque
tournant, au contraire, trois forces distinctes agissent sur l'électricité
à l'intérieur du disque, savoir: 1° la résultante des actions de l'électricité libre; 2° l'action inductrice directe de l'aimant extérieur;
3° la résultante des actions inductrices provenant de ce que la matière du disque est mobile, tandis que le système des courants demeure fixe dans l'espace. Le problème est donc beaucoup moins
simple qu'on ne l'avait en général pensé, et il semble même que
l'expérience soit impuissante à en donner la solution.

M. Jochmann s'est, en conséquence, proposé d'examiner la
question au point de vue théorique, en partant des principes de

[1] *Poggendorff's Annalen*, CXXII, p. 214, et *Annales de chimie et de physique*, [4],
III, p. 494 (1864).

M. Wilhelm Weber, qui ont conduit, comme on sait, M. Kirchhoff à
de si importants résultats dans le cas des conducteurs immobiles [1].
Il n'a pu traiter le problème qu'en supposant la vitesse de rotation
du disque assez petite pour négliger la troisième des forces électro-
motrices que nous venons de mentionner et qu'on pourrait appeler
l'action inductrice du disque sur lui-même. Il a déterminé séparément la forme des courbes d'égal potentiel et celle des courants
électriques qui ne sont pas, en général, normaux à ces courbes.
Dans le cas où un disque circulaire est soumis à l'action de deux
pôles magnétiques égaux et de nom contraire, la forme assignée par
la théorie aux courbes d'égale tension est précisément celle des
courbes que Matteucci a déterminées par l'expérience. Cette remarquable confirmation autorise à penser que la forme des courants
déduite par M. Jochmann de sa théorie est également conforme à
la vérité. Les expériences de Matteucci, dont les remarques critiques
de M. Jochmann paraissaient d'abord singulièrement réduire l'importance, conservent ainsi toute leur valeur; sans doute elles ne
peuvent suffire à déterminer la forme des courants induits sur le
disque tournant d'Arago, mais elles démontrent l'exactitude d'une
théorie d'où peut ensuite se déduire la forme exacte de ces courants.

259. Influence du temps. — Les explications précédentes
montrent qu'il faut avoir égard au temps dans les phénomènes d'induction. Cette influence est peu sensible dans les fils, mais elle est
importante dans les masses métalliques. On peut le démontrer au
moyen de la machine de Page [2].

Un aimant très-puissant en fer à cheval (fig. 165) présente ses
pôles A, B à une plaque de fer doux PP' qui tourne rapidement
autour de l'axe L. Si la plaque est en cuivre ou en argent, il s'y
développe des courants induits qui changent de figure et de sens
après un quart de révolution.

Ces courants de la plaque agissent par induction sur le fil d'une
bobine, disposée autour des branches de l'aimant; ce fil aboutit par les
fils V', F à un commutateur Q'Q représenté à part (fig. 166) et qui ne

[1] Voir page 296.
[2] Verdet, *Annales de chimie et de physique*, [3], XXXI, p. 187 (1850).

laisse arriver le courant au galvanomètre par les fils U, V que pendant
la douzième partie d'une révolution de la plaque, ce qui permet d'ana-

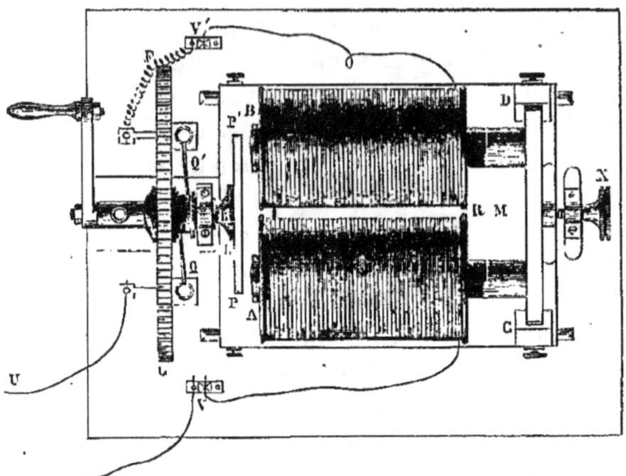

Fig. 165.

lyser le phénomène dans ses détails. En cherchant l'action du courant
inducteur de la plaque sur le courant induit de la bobine, d'après la
formule de M. Neumann, on trouve que le potentiel électro-dynamique
$\int \dfrac{ds\,ds' \cos \varepsilon}{r}$ est nul quand le grand côté de la plaque est parallèle
ou perpendiculaire à la ligne des pôles; dans les positions intermé-

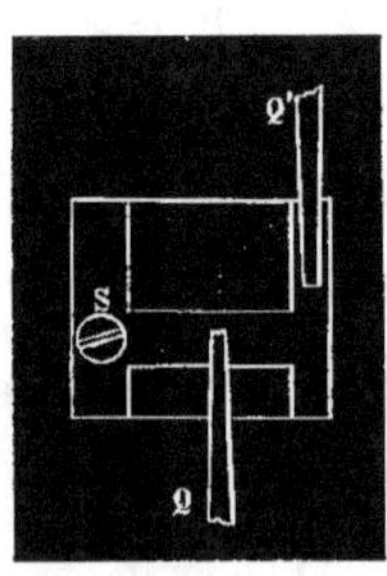

Fig. 166.

diaires il a des signes différents; or le courant induit est constamment de signe contraire à la variation du potentiel; il doit donc
se produire des courants de signe variable,
mais distribués d'une manière entièrement
symétrique pendant la période où la plaque
s'éloigne de la ligne des pôles et pendant la
période où elle s'en rapproche. Or l'expérience indique entre ces deux périodes une
dissymétrie complète, d'autant plus marquée
que la vitesse de rotation est plus grande. Cette
contradiction entre les résultats de la théorie et ceux que l'on ob-

serve s'explique très-bien si l'on admet l'influence du temps sur le développement des courants induits.

On s'est assuré, du reste, que les phénomènes attribués à l'influence du temps sur l'induction n'étaient pas dus à l'influence du temps sur les variations du magnétisme de l'aimant, ni à une réaction des courants induits sur l'aimant, en remplaçant l'aimant de

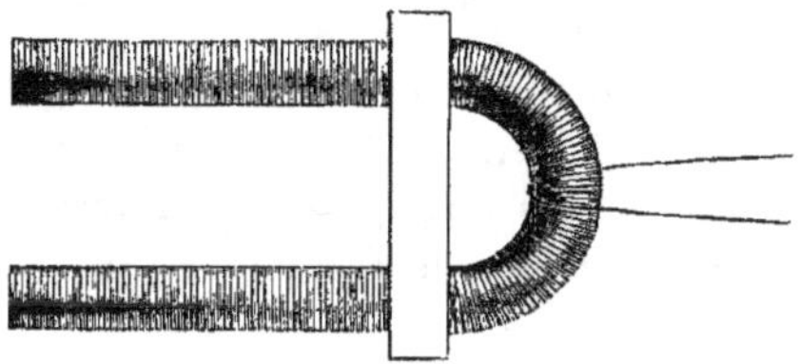

Fig. 167.

l'appareil de Page par un puissant solénoïde (fig. 167). Les courants induits ont été moins intenses qu'avec un aimant, mais leurs lois générales ont été les mêmes, et la dissymétrie par laquelle se manifeste l'influence du temps a toujours persisté.

260. **Expérience de Plücker.** — La production des courants induits dans les conducteurs mis en mouvement dans le voisinage des aimants permet d'expliquer une expérience remarquable imagi-

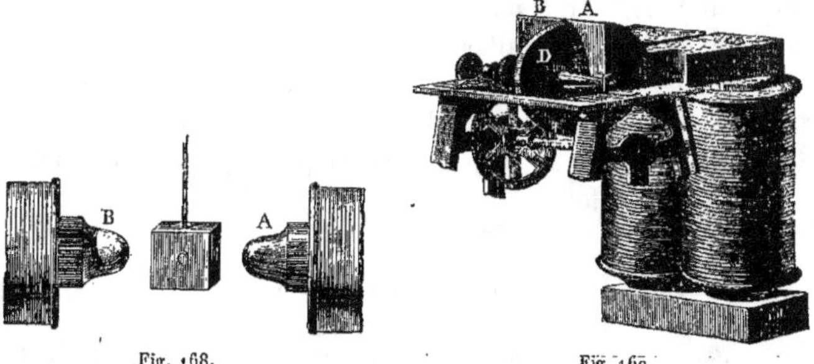

Fig. 168.   Fig. 169.

née par Plücker. Entre les pôles A et B (fig. 168) d'un fort électro-aimant, on dispose un cube de cuivre C suspendu à l'extrémité d'un fil. Avant de faire passer le courant dans les bobines de l'électro-aimant, on communique au cube un mouvement de rotation rapide en tordant le fil, puis l'abandonnant à lui-même; lorsque le cube tourne avec le plus de rapidité, on fait passer le courant dans l'é-lectro-aimant et le cube s'arrête brusquement sous l'influence des courants induits qui s'y développent. Lorsqu'on supprime l'aimantation, il se produit des courants induits de sens contraire qui déterminent le mouvement du cube.

L'expérience réussit aussi bien avec une lame d'argent ou de cuivre dont le plan est vertical; il en est de même si l'on se sert d'un cube formé de lames superposées dont le plan soit vertical, mais l'effet est nul si le plan des lames est horizontal.

261. Expérience de Foucault. — On doit à Foucault une expérience analogue [1]. On communique un mouvement de rotation très-rapide, à l'aide d'une manivelle et d'un système de roues dentées, à un disque de cuivre D (fig. 169) qui tourne librement entre les armatures d'un fort électro-aimant AB. Dès que le courant passe dans les bobines et aimante les armatures, il se développe des courants induits qui arrêtent brusquement le disque. Si alors on essaye de faire tourner le disque, on éprouve une très-grande résistance due à la réaction de l'électro-aimant sur les courants développés dans le disque de cuivre. En même temps, par suite de la grande conductibilité de ce métal, les courants qui le traversent ont une grande intensité et l'échauffent fortement, comme on peut s'en assurer soit à la main, soit avec une pile thermo-électrique. Il est évident, d'ailleurs, que la chaleur dégagée par ces courants est l'équivalent du travail de la force motrice par laquelle le mouvement du disque est entretenu.

APPAREILS D'INDUCTION.

262. Machine de Ruhmkorff. — De tous les appareils auxquels a donné lieu la découverte des courants induits, le plus important et le seul que nous décrirons est la machine d'induction construite par M. Ruhmkorff. Les pièces principales de cette machine

[1] *Annales de chimie et de physique*. [3], XLV, p. 316 (1855).

ont été imaginées par divers physiciens. M. Ruhmkorff a eu le mérite de la construire avec le plus grand soin et de lui donner une
grande puissance.

Sur un tube de verre creux contenant des faisceaux de fil de fer
doux est enroulé un fil de cuivre de gros diamètre, long seulement
de quelques centaines de mètres et dont les spires sont parfaitement

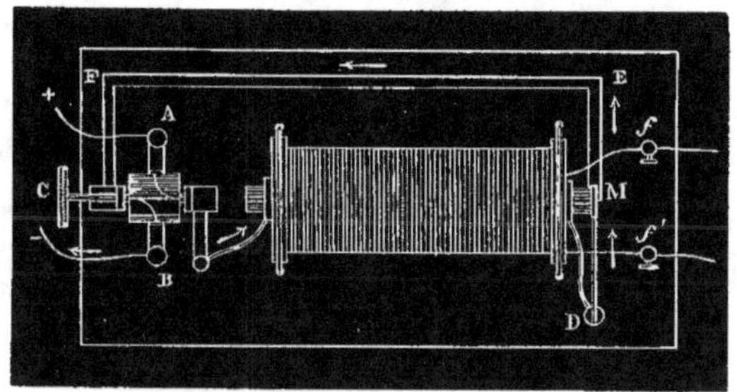

Fig. 170.

isolées; il constitue le circuit inducteur; le courant de la pile vient
en A (fig. 170), et, si le commutateur C est tourné convenablement,

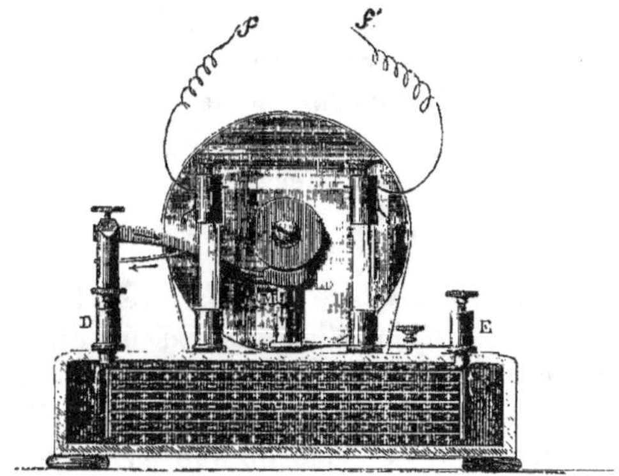

Fig. 171.

il passe de là dans la bobine inductrice et revient à la pile par le
chemin DMEFB; mais en M (fig. 170 et 171) il est fermé par un
petit marteau en fer doux placé sous l'électro-aimant. Or, au mo-

ment où le courant passe, le faisceau de fils de fer attire le marteau
et le circuit est rompu; mais alors, le courant cessant de passer, le
marteau retombe et le courant passe de nouveau, et ainsi de suite[1].
Autour de la bobine inductrice se trouve une bobine formée d'un
fil très-long et très-fin, dont les spires sont isolées avec le plus grand
soin; elle est séparée de la première par un cylindre de verre; il se
développera donc dans cette bobine une succession rapide de courants alternativement inverses et directs. Les extrémités f, f' du fil
induit ne sont donc nullement assimilables aux deux pôles d'une
pile. Il est très-facile de le prouver en interposant en ff' un galvanomètre; on n'a aucune déviation, ou, si l'on en a une, c'est que
le cadre du galvanomètre n'est pas symétrique par rapport à l'aiguille placée au zéro; on conçoit, en effet, qu'alors le magnétisme
de l'aiguille soit augmenté d'un côté; du reste, on s'aperçoit, dans
ce cas (comme nous l'avons déjà vu), que la déviation dépend de la
position de l'aiguille sur le cadre. Un voltamètre donne aussi aux
deux fils un dégagement d'oxygène et d'hydrogène.

Mais, si l'on établit une interruption dans le circuit induit, on
trouve que la décharge inverse est arrêtée, sa tension ne lui permettant de franchir qu'une fraction de millimètre dans l'air libre ou
de quelques centimètres dans l'air raréfié; la décharge directe passe
seule. Dès lors, il est vrai de dire que la machine d'induction constitue une machine électrique ayant un pôle positif et un pôle négatif.
Les effets produits sur le galvanomètre, le voltamètre, etc., prouvent
qu'il en est ainsi.

263. **Perfectionnements divers.**—Telle fut, dans l'origine,
la disposition de la machine d'induction; depuis cette époque elle a
reçu diverses modifications. D'abord on a augmenté ses dimensions.
M. Ruhmkorff en construit de grandes, dans lesquelles le fil inducteur a 4o mètres et le fil induit 8o,ooo mètres de longueur. En
Allemagne, M. Poggendorff a fait renoncer à ces grandes machines
qui éclatent souvent; la différence des tensions en deux points voisins

---

[1] Le principe de cet interrupteur automatique avait été formulé depuis longtemps
par MM. de la Rive, Riess, Wagner, etc. — L'interrupteur à marteau avait été employé
dans un appareil destiné à décomposer l'eau par l'extra-courant.

est en effet croissante avec la longueur du fil qui les sépare; il peut
donc jaillir une étincelle malgré le vernis isolant, et l'appareil est
mis hors de service. M. Poggendorff préfère associer de petites machines, c'est-à-dire qu'il fractionne la bobine totale en un certain
nombre d'autres juxtaposées. Voici, en outre, un perfectionnement
qu'il a proposé pour l'isolement parfait des spires; on supprime le
vernis isolant, et les fils avec leur seule enveloppe de soie plongent
dans l'essence de térébenthine. L'isolement est ainsi beaucoup plus
parfait qu'avec un vernis, et de plus il est aisé de remédier à la production d'une étincelle.

264. Condensateur de M. Fizeau. — Au moment où le circuit est interrompu, il se produit un extra-courant qui augmente le
courant inducteur en tension et en durée; il en résulte qu'une étincelle jaillit sur le marteau, qui s'altère rapidement, et de plus que la
durée du courant induit est prolongée et par conséquent sa tension
diminuée. On obvie à cet inconvénient en disposant dans le circuit
inducteur un condensateur à vaste surface, qui recueille l'électricité
de l'extra-courant[1] : aussitôt que celui-ci est fini, cette électricité
se répand sur le fil inducteur et produit ainsi un courant opposé à
celui de la pile ; il en résulte un courant induit direct, qui s'ajoute
au courant direct connu pour en accroître la tension.

Ce condensateur est formé d'une feuille de taffetas gommé comprise
entre deux lames métalliques, deux feuilles d'étain, par exemple:
quelquefois on l'enroule de manière à lui donner la forme d'un cylindre, en l'enveloppant de deux feuilles de taffetas pour empêcher
le contact des deux armatures; le plus souvent on replie ce système
de feuilles de taffetas et d'étain, de façon à lui donner la forme prismatique, et on le dispose dans le socle de l'appareil.

265. Interrupteur de Foucault. — Foucault est arrivé plus
simplement à augmenter la tension du courant induit, en perfec-
tionnant le mode d'interruption du courant inducteur[2]. Si, en effet,

[1] *Comptes rendus*, t. XXXVI, p. 418 (1853).
[2] *Comptes rendus*, t. XLIII, p. 44 (1856).

on rend cette interruption à peu près instantanée, la tension du
courant induit direct acquiert la plus grande valeur possible. Foucault a employé comme interrupteur un petit appareil électro-magnétique. En face d'un électro-aimant est une plaque de fer doux F

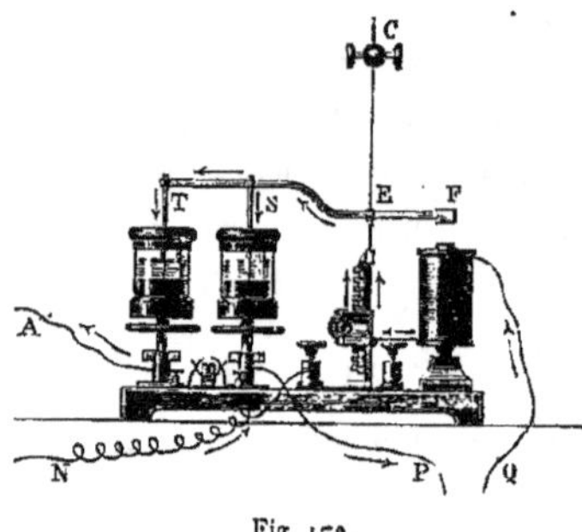

Fig. 172.

(fig. 172) fixée à l'extrémité de
l'un des bras d'un levier FT mobile autour d'un point fixe. L'autre
bras du levier porte deux pointes
en platine, S, T, qui descendent
dans deux capsules remplies de
mercure. La pointe S, le mercure
dans lequel elle plonge et l'électro-aimant font partie du circuit
d'une pile spéciale formée d'un
ou de deux éléments de Bunsen.

Lorsque le circuit QESP est fermé, l'électro-aimant attire le fer
doux F ; le levier s'incline, la pointe S sort du mercure et le courant est interrompu ; le fer doux cesse d'être attiré et le levier
reprend sa position primitive ; le courant passe de nouveau, et la
même série de phénomènes se reproduit : il en résulte des oscillations du levier FS qui soulèvent et abaissent successivement la
pointe T. Or cette pointe fait partie du circuit inducteur NETA, qui
ne se trouve fermé qu'autant qu'elle plonge dans le mercure ; le mouvement du levier déterminera donc une série de passages et d'interruptions du courant inducteur. Jusque-là cet interrupteur ne vaudrait pas mieux que le précédent, car il se produirait une étincelle
à la surface du mercure comme sur le marteau. Ce qui constitue le
perfectionnement, c'est l'addition d'une couche d'alcool absolu à la
surface du mercure, de sorte qu'au moment où la pointe de platine
quitte le mercure elle s'en trouve séparée par une couche d'alcool
absolu qui est un isolant parfait et ne permet pas au platine et au
mercure volatilisés de continuer sous forme d'étincelle la communication ; aussi l'étincelle est-elle presque insensible. On obtient
encore un meilleur résultat en substituant au mercure un amalgame
liquide de palladium. Du reste, on peut augmenter ou diminuer la
rapidité des oscillations, et par suite faire varier le nombre des in-

terruptions, en déplaçant un contre-poids C le long de la tige verticale qui porte le levier.

266. Disposition de M. Grove pour la production des effets lumineux intenses. — Pour obtenir avec la bobine d'induction des effets lumineux très-intenses, on emploie un artifice dû à M. Grove[1]. On met les extrémités du fil induit en communication avec les armatures d'une bouteille de Leyde. Le courant direct qui a la plus grande tension va charger la bouteille; mais si les choses restaient dans cet état, la bouteille, après s'être chargée, se déchargerait à travers le fil de la bobine induite; or ce fil, étant très-fin et ayant plusieurs kilomètres de longueur, présente une très-grande résistance; si donc on ajoute un circuit beaucoup moins résistant, c'est par ce circuit que s'effectuera la décharge. C'est là un phénomène de décharge latérale, comme on peut en produire aisément à l'aide d'un condensateur chargé par la machine électrique. Ce circuit accessoire est formé par les deux branches ac, bd (fig. 173) d'un.

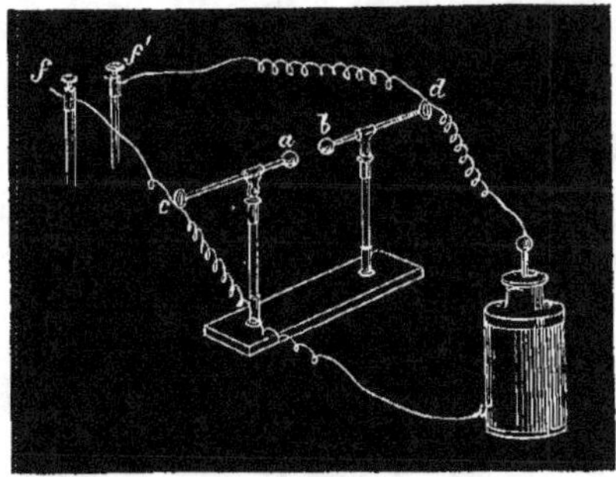

Fig. 173.

excitateur universel dont les boules a, b sont à une petite distance; la résistance de la couche d'air comprise entre a et b étant sensiblement nulle, dès que la décharge est possible, la plus grande partie de la charge traversera l'air à cet endroit, et il en ira très-peu dans le fil; on aura donc en a, b des étincelles, comme avec une bouteille

(1) *Philosophical Magazine*, [4], t. IX, p. 1, et *Annales de chimie et de physique*, [3], t. XLIII, p. 379 (1855).

chargée par une machine électrique. Il est évident que, si la distance *ab* est très-grande, la résistance devenant infinie, cette disposition perd tous ses avantages et il n'y a plus d'étincelles. Par le procédé de M. Grove, on peut donc charger et décharger une bouteille de Leyde ou une batterie toujours dans le même sens et un nombre de fois assez considérable par minute; on a alors en *ab* un trait lumineux d'une grande intensité. Avec une machine électrique ordinaire on ne pourrait obtenir que des décharges infiniment moins nombreuses.

267. Constitution de l'étincelle d'induction. — En rapprochant dans l'air les boules *a, b* qui terminent le fil induit d'une bobine d'induction, on obtient une étincelle à peu près cylindrique. Si l'on dirige sur cette étincelle un courant d'air violent produit par un soufflet, on en sépare une espèce d'auréole (fig. 174) et il ne reste entre les boules qu'un trait lumineux très-fin. Avec un courant

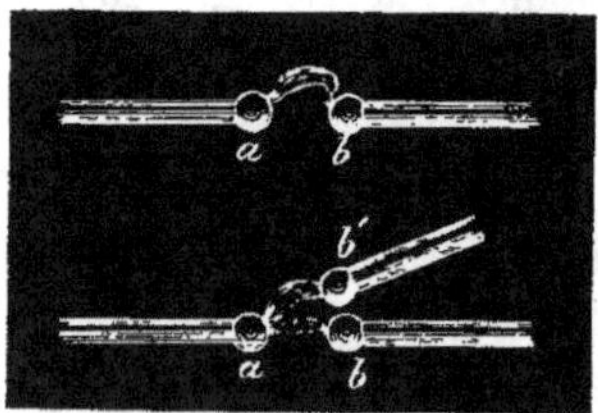

Fig. 174.

d'air très-vif, M. Perrot a divisé l'étincelle en deux, et, en disposant un deuxième fil *b'* à côté de *b*, il a formé ainsi deux circuits partiels, dans lesquels on pouvait étudier les propriétés des deux parties de l'étincelle. Le circuit du trait lumineux n'affecte pas le galvanomètre et ne produit pas d'action chimique: c'est tout le contraire pour l'autre. On a aussi reconnu qu'à chaque étincelle le trait de feu est instantané, tandis que l'auréole dure un certain temps : on pense que le trait est formé d'une très-petite quantité d'électricité dont la vitesse serait extrêmement grande; c'est un passage de vapeur métallique; l'auréole dure et contient la plus grande quantité de l'électricité de la décharge; l'aimant agit sur elle, et elle jouit de toutes les propriétés des courants électriques.

268. Étincelle d'induction dans les gaz raréfiés. — L'étincelle produite par la machine d'induction présente des propriétés remarquables, surtout lorsqu'on l'observe dans les gaz ou les

vapeurs raréfiés. On y reconnaît alors facilement trois parties distinctes : une auréole diffuse autour du pôle négatif, un espace
obscur, et une gerbe lumineuse qui s'étend jusqu'au pôle positif.
Dans l'air raréfié, l'auréole négative est bleuâtre, la lumière positive
rougeâtre; ces couleurs changent avec la nature des gaz, mais l'auréole négative et la traînée lumineuse positive diffèrent toujours de
nuance et sont séparées par un intervalle obscur. Ces caractères qui
distinguent l'un de l'autre les deux pôles sont tellement constants,
qu'ils peuvent servir, à défaut d'autres, pour indiquer la direction
du courant qui produit une étincelle.

Lorsque la raréfaction est poussée suffisamment loin, et qu'au
vide produit par la machine pneumatique on substitue le vide beaucoup plus parfait de la chambre barométrique, la lumière positive
se partage en stratifications d'un éclat et d'une beauté extraordi-
naires. M. Geissler, à Bonn, et, à son exemple, M. Alvergniat, à
Paris, ont construit depuis quelques années des tubes des formes les
plus variées, contenant des gaz et des vapeurs raréfiés de diverse
nature, où la lumière électrique se montre sous les aspects les plus
différents. Ce sont des tubes de verre ou de cristal (fig. 175) que

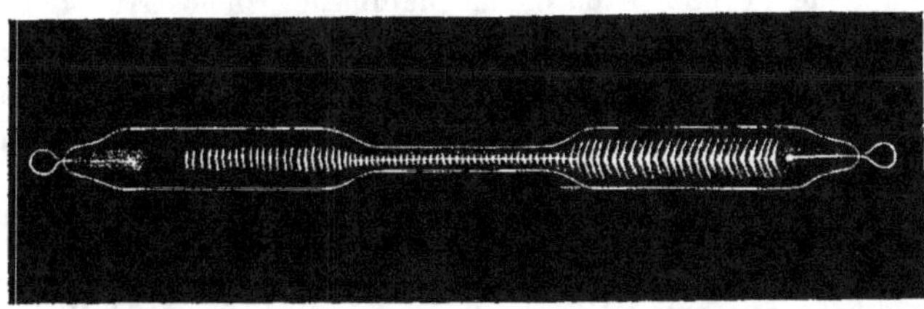

Fig. 175.

l'on a fermés à la lampe, après y avoir laissé une très-faible quantité de matière; l'électricité de la machine d'induction arrive dans
ces tubes par des fils de platine soudés dans l'épaisseur du verre et
prolongés à l'intérieur du tube par une petite tige en aluminium.

On aperçoit dans toute la longueur du tube une série de nappes
lumineuses séparées les unes des autres par des intervalles obscurs,
souvent convexes du côté du pôle négatif; un intervalle obscur assez

large sépare le pôle négatif de la première couche lumineuse, mais,
immédiatement en contact avec le pôle négatif lui-même, on voit
une atmosphère lumineuse divisée en couches extrêmement fines. La
couleur et l'éclat de la lumière dépendent de la nature de la matière gazeuse répandue dans l'intérieur des tubes; cette nature est
souvent assez difficile à déterminer, à cause des effets chimiques qui
peuvent résulter du passage prolongé de la décharge électrique.
L'aspect du phénomène est, dans bien des cas, rendu plus remarquable encore par la fluorescence du verre, que la lumière électrique
est particulièrement apte à développer. Ces effets disparaissent dans
le vide absolu; l'électricité ne passe plus alors d'un pôle à l'autre,
comme Masson l'a démontré.

**269. Action des aimants sur les courants transmis dans
les gaz raréfiés.** — Les conducteurs gazeux formés par les vapeurs électrisées jouissent des mêmes propriétés que les conducteurs
solides ou liquides, et obéissent comme eux à l'action des aimants
et des courants. Lorsqu'on dispose l'arc voltaïque verticalement
entre les deux pôles d'un aimant puissant, il se trouve chassé horizontalement comme le dard d'un chalumeau. Un observateur anglais,
M. Walker[1], a réalisé la rotation indéfinie de l'arc voltaïque sous
l'influence d'un aimant. Il produisait l'arc voltaïque entre un aimant
puissant et un anneau métallique qui l'environnait; la rotation
s'effectuait dans le sens indiqué par la théorie. Pour réaliser com-
modément l'expérience, on emploie un électro-aimant et on produit
l'arc voltaïque en écartant graduellement l'anneau, que l'on a d'a-
bord beaucoup approché; ou plutôt, comme le faisait M. Walker, on
décharge une bouteille de Leyde entre l'anneau et l'aimant : cet arc
voltaïque instantané se reproduit et persiste tant qu'on n'écarte pas
trop les extrémités. Cette expérience a été réalisée dans l'air raréfié
par M. A. de la Rive, qui a imaginé les deux appareils suivants[2].

Une bobine puissante E (fig. 176), mise en communication avec
les pôles p, q d'une pile, sert à aimanter un barreau de fer doux FG,

[1] *Transactions of the London electrical Society from 1837 to 1840*, et *Poggendorff's
Annalen*, t. LIV, p. 514 (1841).
[2] *Bibliothèque universelle*, mai 1858.

qui se prolonge suivant son axe à l'intérieur d'un vase de verre V

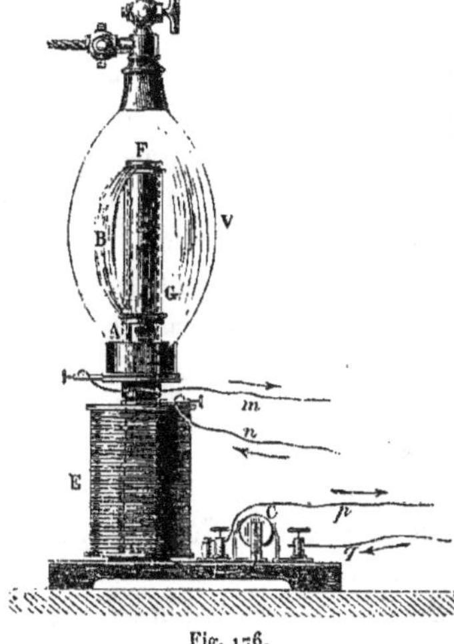

Fig. 176.

dans lequel on peut faire le vide par un robinet supérieur. Ce barreau est entouré d'une enveloppe isolante qui le sépare de l'anneau métallique A et ne laisse à découvert que son extrémité F. Deux fils métalliques isolés m, n mettent en communication le barreau et l'anneau avec les extrémités du fil induit de l'appareil d'induction. Lorsque l'air est raréfié et que l'on fait passer l'étincelle entre les fils m et n, une étincelle d'apparence continue FBA jaillit entre l'extrémité F et l'anneau A. Si alors on fait passer le courant dans la bobine de manière à aimanter le fer doux, l'arc lumineux B se met à tourner comme le ferait un conducteur solide.

L'anneau métallique A de l'appareil précédent étant remplacé

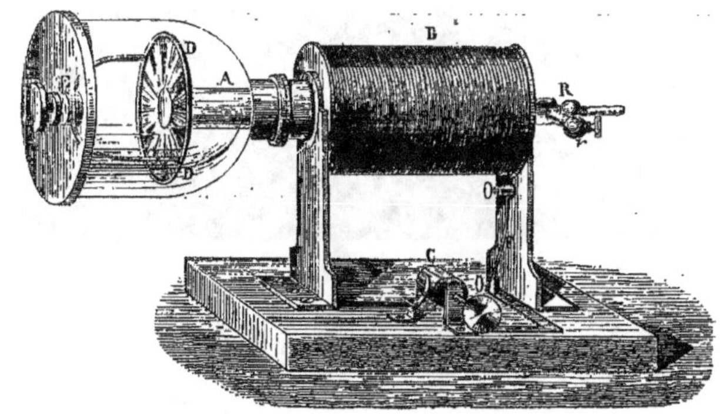

Fig. 177.

par un anneau DD' (fig 177) situé dans le même plan que l'extrémité libre F du cylindre de fer doux, il se produit, lorsque le gaz est très-raréfié, une nappe lumineuse presque continue qui, au moment où l'électro-aimant entre en action, se met à tourner comme l'arc lumineux de l'expérience précédente. M. de la Rive pense que l'aurore boréale est composée de nappes lumineuses analogues à celles qu'on observe dans cette expérience; ces nappes seraient dues à des décharges électriques produites dans les couches les plus élevées et les plus rares de l'atmosphère. Les mouvements que l'observation a constatés résulteraient de l'influence du magnétisme terrestre, comme ils résultent, dans l'expérience précédente, de l'action d'un électro-aimant. L'origine de ces décharges électriques resterait seule à expliquer.

270. Expériences de Plücker. — Plücker[1] a soumis à l'action d'un électro-aimant de grande puissance les décharges électriques des tubes remplis d'air ou de gaz raréfié. Sur les branches d'un puissant électro-aimant en fer à cheval il a placé deux armatures en fer doux, arrondies sur leurs faces en regard et maintenues à une distance constante d'environ 4 millimètres par une plaque de cuivre interposée; il a ensuite posé sur ces armatures les tubes de Geissler, tantôt dans la position axiale, tantôt dans la position équatoriale, et il a observé des phénomènes qui lui semblaient d'a-

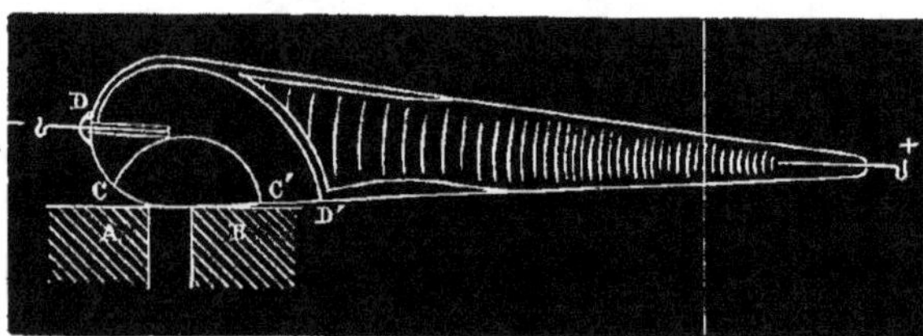

Fig. 178.

bord inexplicables. La matière lumineuse paraît se condenser sur une surface ou sur un ensemble de lignes telles que DD', CC' (fig. 178), qui ont exactement la configuration d'un système de molécules de

---

[1] *Poggendorff's Annalen*, t. CIII, p. 88 et 151, et t. CIV, p. 113 (1858). — Verdet a donné une analyse des travaux de Plücker dans les *Annales de chimie et de physique*, [3], t. LIV, p. 243, et t. LV, p. 241.

limaille de fer suspendues dans le milieu; elle suit les courbes du spectre magnétique de telle façon que les éléments soient dans la direction de la résultante.

L'action d'un aimant sur un élément de courant est, comme on sait, une force normale au plan qui contiendrait l'élément de courant et la résultante des actions que l'aimant exercerait sur une molécule de fluide magnétique libre située au milieu de l'élément de courant, et proportionnelle au sinus de l'angle compris entre la direction de l'élément de courant et la direction de la résultante dont il s'agit, de façon que, lorsque l'angle est nul, la force est nulle. Comme, d'ailleurs, ce qu'on appelle *courbes magnétiques* n'est autre chose que le système des courbes tangentes en chacun de leurs points à la résultante des actions de l'aimant sur une molécule magnétique située en ce point, on peut dire que l'action d'un aimant sur un élément de courant est perpendiculaire à la fois à l'élément de courant et à la courbe magnétique passant par le milieu de l'élément, et qu'elle est nulle toutes les fois que l'élément de courant est tangent à la courbe magnétique. Cela posé, que l'on considère un conducteur *absolument flexible,* traversé par un courant et soumis à l'action d'un aimant, il ne pourra être en équilibre sous l'influence des forces normales à ses divers éléments qu'autant que toutes ces forces seront nulles, ce qui exige, d'après la remarque précédente, qu'il prenne la forme d'une courbe magnétique. Ainsi se trouve démontré le nouveau principe électro-magnétique suivant :

Si un conducteur absolument flexible, traversé par un courant, est soumis à l'action d'un système quelconque de forces magnétiques, il est nécessaire et suffisant, pour l'équilibre, que le conducteur prenne la forme d'une courbe magnétique.

Si cette condition ne peut être remplie, il ne peut y avoir équilibre; et si les divers éléments du conducteur ne sont pas réunis ensemble par la cohésion ou quelque autre force, le conducteur devra se briser sous l'influence des forces magnétiques. Il n'y a rien à changer à ce qui précède si, au lieu d'un conducteur absolument flexible traversé par un courant, on considère un courant qui n'est pas lié à un conducteur, mais qui se fraye à lui-même sa route dans un espace contenant une matière pondérable dépourvue de cohésion. Un tel courant suit un chemin qui varie plus ou moins d'un instant à l'autre, mais, sous l'influence d'un aimant, il prend nécessairement la direction d'une courbe magnétique. Si cette condition ne peut être remplie, le courant ne peut continuer d'exister et l'électricité doit se dissiper sans former à proprement parler un courant[1].

L'application de ce principe aux expériences de Plücker est évidente. On doit d'ailleurs distinguer dans cette application trois cas principaux.

Premièrement, la décharge électrique se fait entre deux points fixes. Tel est le cas de l'arc voltaïque ordinaire dans l'air ou dans le vide. Sous l'influence d'un aimant, l'arc voltaïque doit prendre la forme d'une courbe magnétique, *si ses deux extrémités se trouvent sur une même courbe magnétique.* Si cette condition n'est pas satisfaite, l'arc voltaïque ne peut subsister et il éprouve les transformations singulières qui ont été décrites par divers physiciens.

En deuxième lieu, l'une des extrémités de la décharge électrique peut être fixe et l'autre simplement assujettie à la condition de se trouver toujours sur une surface donnée. Tel est le cas de la décharge lumineuse qui environne l'électrode négative dans les tubes de Geissler, et qui se termine d'un côté à cette électrode, de l'autre à la surface interne du verre. Sous l'influence d'un aimant, cette décharge doit prendre la forme d'une surface magnétique passant par l'électrode et se terminant aux parois internes du verre. Ainsi s'expliquent les propriétés que Plücker a découvertes dans cette décharge.

Troisièmement enfin, les extrémités de la décharge ne sont assujetties qu'à se trouver sur deux surfaces ou deux portions de surface données. Tel est le cas observé par Plücker dans le renflement

---

[1] Il peut assurément sembler extraordinaire qu'un conducteur voltaïque et un fil magnétique absolument flexibles prennent, sous l'influence d'un aimant, exactement la même forme; mais, ainsi que l'a fait remarquer Plücker, c'est pour des raisons très-différentes que la même forme convient à la fois à un conducteur voltaïque et à un fil magnétique. Le conducteur voltaïque prend la forme d'une courbe magnétique, parce que l'action exercée sur tous ses éléments devient ainsi nulle, et le fil magnétique parce que l'action exercée sur ses éléments, devenant ainsi tangente à ces éléments eux-mêmes, ne peut plus modifier sa figure.

ellipsoïdal du milieu d'un tube de Geissler. Cet ellipsoïde étant placé sur les armatures d'un puissant électro-aimant, de manière que son axe fût perpendiculaire à la ligne des pôles, il s'est formé dans son intérieur, à distance des deux électrodes, une voûte lumineuse présentant la forme d'une surface magnétique terminée de toutes parts à la paroi interne du verre.

Dans le cas où le courant électrique serait assujetti à se trouver tout entier sur une surface donnée, il n'est pas toujours possible qu'il prenne la forme d'une courbe magnétique; cette condition n'est d'ailleurs pas nécessaire, et l'équilibre a lieu si l'action exercée sur chaque élément de courant est normale à la surface donnée et tend à appliquer l'élément sur cette surface. De là la règle suivante :

Si un conducteur absolument flexible, traversé par un courant et assujetti à demeurer sur une surface donnée, est soumis à l'action d'un aimant, il est nécessaire et suffisant pour l'équilibre que la résultante des actions électro-magnétiques soit, en chaque point du conducteur, normale à la surface donnée, et dirigée du dehors de cette surface vers le dedans.

Comme d'ailleurs la résultante des actions électro-magnétiques en un point donné est normale à la courbe magnétique qui passe par ce point, la condition précédente ne peut être satisfaite que si, en chaque point du conducteur, la surface donnée est tangente à la courbe magnétique qui passe par ce point. Le lieu géométrique des points où cette nouvelle condition a lieu est précisément la figure que doit prendre le conducteur, et l'on voit enfin qu'il ne peut y avoir équilibre qu'autant que les extrémités fixes du conducteur se trouvent sur ce lieu géométrique. S'il n'en est pas ainsi, l'équilibre ne peut avoir lieu; et si le conducteur est dépourvu de cohésion, le courant ne peut persister sous l'influence de l'aimant.

Le deuxième principe explique sans difficulté les phénomènes observés par Plücker, dans lesquels, par suite de l'action magnétique, la décharge allait s'appliquer tout entière sur les parois internes des tubes de verre.

BIBLIOGRAPHIE.

1820.   FRESNEL, Note sur des essais ayant pour but de décomposer l'eau par
        un aimant, *Ann. de chim. et de phys.*, (2), XV, 219.

1822.   AMPÈRE, Action d'un aimant sur un conducteur circulaire, *Ann. de
        chim. et de phys.*, (2), XXI, 47, *Bibl. univ.*, septembre 1822, et
        Ann. de chim. et de phys., XXV, 272 (1824).

1824.   ARAGO, De l'influence que tous les métaux exercent sur l'aiguille ai-
        mantée, *Ann. de chim. et de phys.*, (2), XXVII, 363.

1824.   DUHAMEL, Action que le cuivre exerce sur l'aiguille aimantée, *Ann.
        de chim. et de phys.*, (2), XXVII, 367.

1825.   ARAGO, Sur les déviations que les métaux en mouvement font éprou-
        ver à l'aiguille aimantée, *Ann. de chim. et de phys.*, (2), XXVIII,
        325.

1825.   PREVOST et DANIEL COLLADON, Extrait d'un mémoire sur l'action que
        quelques corps animés d'un mouvement de rotation exercent sur
        les aimants, *Bibl. univ. de Gen.*, XXIX, 316.

1825.   BACELLI et LÉOP. NOBILI, *Sul magnetismo del rame a di altre sostanze*,
        memorie I, 25, et *Bibl. univ. de Gen.*, XXXI, 45.

1825.   SEEBECK, Von dem in allen Metallen durch Vertheilung zu erregenden
        Magnetismus, *Abhandl. der physikal. Klasse der Berl. Akad. der
        Wissenschaften* für 1825, 71, et *Pogg. Ann.*, VII, 203 (1826).

1825.   BARLOW, On the temporary magnetic effect induced in iron bodies by
        rotation (14 avril 1825), *Phil. Trans.* f. 1825, 317.

1825.   S. H. CHRISTIE, On the magnetism of iron arising from its rotation,
        Phil. Trans. f. 1825, 347.

1825.   BARLOW et HERSCHEL, Account of the repetition of M. Arago's expe-
        riments on the magnetism manifested by various substances du-
        ring the act of rotation, *Phil. Trans.* f. 1825, 467.

1825.   BARLOW et MARSH, etc. Exposé des recherches de MM. Babbage,
        Herschel, Christie, Barlow et Marsh sur le magnétisme développé
        par la rotation dans le fer et d'autres métaux, *Bibl. univ. de Gen.*,
        août 1825, XXIX, 254; *Edinb. Philos. Journ.*, n° 25, 119, et
        Journ. of Sc. and Arts, n° 38, 276.

1825.   S. H. CHRISTIE, On the magnetism developed in copper and other
        substances during rotation, *Phil. Trans.* f. 1825, 497.

1826.   ARAGO, Note concernant les phénomènes magnétiques auxquels le
        mouvement donne naissance, *Ann. de chim. et de phys.*, (2),
        XXXII, 213, et XXXIII, 223.

1826.   POISSON, Mémoire sur la théorie du magnétisme en mouvement, lu
        à l'Acad. des sc. le 10 juillet 1826. *Mém. de l'Acad. des sc.*,

VI, 439, et par extrait, *Ann. de chim. et de phys.*, (2), XXXII, 225.

1826. Poisson, Addition à l'article sur la théorie du magnétisme en mouvement, *Ann. de chim. et de phys.*, (2), XXXII, 306.

1826. Ampère et Colladon, Note sur une nouvelle expérience électro-dynamique qui constate l'action d'un disque métallique en mouvement sur une portion de conducteur voltaïque plié en hélice ou en spirale, *Bullet. des sc. math.*, VI, 211.

1826. Ampère, Action d'un disque en mouvement sur un conducteur voltaïque, *Ann. de chim. et de phys.*, (2), XXXII, 322.

1826. Baumgartner, Neue Versuche über die Bewegung einer Magnetnadel durch schnell rotirende Metalle, *Baumgartner und Ettinghausen's Zeitschrift*, 1, 146.

1826. Pohl, Ueber die durch Schwingungen, Rotation und Ablenkung versichtbarte Gegenwirkung zwischen der Magnetnadel und andern metallischen oder nicht metallischen Substanzen, *Pogg. Ann.*, VIII, 369.

1828. De Haldat, Expériences sur le magnétisme par rotation, *Ann. de chim. et de phys.*, XXXIX, 232.

1828. Saigey, Expériences sur le magnétisme par rotation, *Bullet. des sc. math., phys. et nat.*, juillet 1828, X, 33.

1829. Marianini, Mémoire sur la secousse qu'éprouvent les animaux au moment où ils cessent de servir d'arc de communication entre les pôles d'un électro-moteur, et sur quelques autres phénomènes physiologiques produits par l'électricité, *Ann. de chim. et de phys.*, (2), XL, 225.

1830. Plateau, De l'action qu'exerce sur une aiguille aimantée un barreau aimanté tournant dans un plan et parallèlement au-dessous de l'aiguille, *Corresp. math. de Quetelet*, VI, 1830.

1830. Snow Harris, On the transient magnetic state of which various substances are susceptible, *Phil. Trans.* f. 1831, 67 (lu le 17 juin 1830).

1831. Faraday, *Experimental researches in electricity*, ser. I : On the induction of electric currents, 125; On the evolution of electricity from magnetism, 131; On a new electrical condition of matter, 139; On Arago's magnetic phenomena, 146; *Phil. Trans.* f. 1832, 125; lettre dans le *Temps*, 28 décembre 1831, d'après une lettre à M. Hachette, 17 décembre 1831; *Ann. de chim. et de phys.*, (2), XLVIII, 402, et L, 5.

1831. Becquerel et Ampère, Courants produits par l'influence des aimants et des courants, *Ann. de chim. et de phys.*, (2), XLVIII, 403.

1831. Nobili, *Teoria fisica delle induzione elettro-dinamiche*, memorie I, 255, et *Pogg. Ann.*, XXIV, 621.

1832. Faraday, *Experimental researches in electricity*, ser. II (Bakerian lecture): Terrestrial magneto-electric induction, 163; General remarks and illustrations of the force and direction of magneto-electric induction, 177, *Phil. Trans.* f. 1832, 163, présenté à la Société Royale le 12 janvier 1832, et *Ann. de chim. et de phys.*, (2), L, 113.

1832. Nobili et Antinori, Sur la force électro-motrice du magnétisme, *Ann. de chim. et de phys.*, (2), XLVIII, 412, et *Antolog. Fiorent.*, vol. XLVI, n° 131.

1832. Nobili et Antinori, Nouvelles expériences électro-magnétiques, *Ann. de chim. et de phys.*, (2), L, 280.

1832. Nobili et Antinori, Sopra vari punti di magneto-elettrismo, *Antol. Fiorent.*, XLVI, n° 138, et *Musée de Florence*, 10 juillet 1832.

1832. Pohl, Ueber den Magneto-Elektrismus im Gegensatz zum Electro-Magnetismus, *Pogg. Ann.*, XXIV, 489 (Berlin, 16 avril 1832).

1832. Hachette, Construction de la machine électro-magnétique de M. H. Pixii, *Ann. de chim. et de phys.*, (2), L, 322 (3 septembre 1832).

1832. Sturgeon, On the distribution of magnetic polarity in metallic bodies, *Phil. Mag.*, new ser., II, 270, 324.

1832. Hachette, De l'action chimique produite par l'induction électrique, décomposition de l'eau, *Ann. de chim. et de phys.*, (2), LI, 72 (8 octobre 1832).

1832. Botto, Notice on the chemical action of the magneto-electric currents, *Phil. Mag.*, new ser., I, 441 (12 octobre 1832).

1832. Erman, Ueber Erzeugung von Elektromagnetismus durch blosse Modification der Vertheilung der Polarität in einem unbewegten Magnet. *Abhandl. der Berl. Akad.* für 1832, I, 17 (25 octobre 1832).

1832. Ampère, Note sur une expérience de M. Hipp. Pixii, etc., *Ann. de chim. et de phys.*, (2), LI, 76 (28 octobre 1832).

1832. Faraday, Lettre à M. Gay-Lussac sur les phénomènes électro-magnétiques, *Ann. de chim. et de phys.*, (2), LI, 404.

1832. Nobili, Théorie du magnétisme de rotation, *Antol. Fiorent.*, n° 142 (1832), et *Pogg. Ann*, XXVII, 401 (1833).

1832. Scoresby, An exposition of some of the laws and phenomena of magnetic induction, *Edinb. new Phil. Journ.*, XIII, 257.

1833. Lenz, Ueber die Bestimmung der Richtung des durch elektrodynamische Vertheilung erregten galvanischen Stromes, *Pogg. Ann.*, XXXI, 483 (1834), présenté à l'Acad. des sc. de Saint-Pétersbourg le 29 novembre 1833.

1833. S. H. Christie, Experimental determination of the laws of magnetic induction in different masses of the same metal and its intensity in different metals. *Phil. Trans.* f. 1833. 95.

1833. Ritchie, Experimental researches in electro-magnetism and magneto-electricity, *Phil. Trans.* f. 1833, 313.

1833. Dove, Magnetoelektrische Elektromagnete, *Pogg. Ann.*, XXXI, 461.

1833. Lenz, Ueber die Gesetze nach welchen der Magnet auf eine Spirale einwirkt, wenn er ihr plötzlich genähert oder von ihr entfernt wird, und über die vortheilhafteste Construction der Spiralen zu magnetoelektrischem Behufe, *Mém. de l'Acad. de Saint-Pétersbourg*, sér. VI, II (1833), et *Pogg. Ann.*, XXXIV, 385 (1835).

1834. Faraday, On the magneto-electric spark and shock, and on a peculiar condition of electric and magneto-electric induction, *Phil. Mag.*, (3), V, 349.

1834. Faraday, On the influence by induction of an electric current on itself and on the inductive action of electric currents generally (décembre 1834), et *Phil. Trans.* f. 1835, 39.

1835. Masson, De l'induction d'un courant sur lui-même, *Ann. de chim. et de phys.*, (2), LX, 6.

1836. Watkins, On magneto-electric induction, *Phil. Mag.*, (3), IX, 162.

1836. Linari et Matteucci, Expériences d'induction, extrait d'une lettre de Matteucci à Arago, *Comptes rendus*, III, 46.

1836. Saxton, On his magneto-electric machine, *Phil. Mag.*, (3), IX, 360 (nov. 1836), et *Pogg. Ann.*, XXXIX, 401.

1836. Gauss, Erdmagnetismus und Erdmagnetometer, *Schumach. Astr. Jahrb.*, 1836, 1.

1836. Magnus, Ueber die Wirkung des Ankers auf Elektromagnete und Stahlmagnete, *Pogg. Ann.*, XXXVIII, 417.

1837. Sturgeon, An experimental investigation of the laws which govern the production of electric shocks from a single voltaic pair of metal, *Sturgeon Ann. of Elect.*, I, 192.

1837. Sturgeon, On the theory of magnetic electricity, *Sturgeon Ann. of Elect.*, I, 251.

1837. Henry, On the influence of a spiral conductor in increasing the intensity of electricity from galvanic arrangement of a single pair. *Sturgeon Ann. of Elect.*, I, 281, mémoire lu à la Société philosophique américaine le 6 février 1835.

1837. Page, Methode of increasing shoks and experiments with Prof. Henry's apparatus for obtaining sparks and shocks from the calorimotor, *Sturgeon Ann. of Elect.*, I, 290.

1837. Masson, De l'induction d'un courant sur lui-même, *Ann. de chim. et de phys.*, (2), LXVI, 6.

1837. Weber, Das Inductions-inclinatorium, *Resultate des Gött. Ver.*, 1837, 81.

1837. Bachhoffner, Letter to Sturgeon, *Sturgeon Ann. of Elect.*, I, 496.

1837. Moser, *Dove Repert. der Phys.*, I, 328.

1838. Poggendorff, Magnetisirungserscheinungen und Gesetze der Induction und Magnetisirung. *Pogg. Ann.*, XLV, 353, 380 et 381.

1838. Weber, Der Inductor zum Magnetometer, *Resultate des Gött. Ver.* 1838, 29.

1838. Weber, Der Rotations-Inductor, *Resultate des Gött. Ver.*, 112.

1838. Weber, Beweglichkeit des Magnetismus im weichen Eisen, *Resultate des Gött. Ver.*, 118.

1838. Marianini, Sulle correnti per induzione leida-elettrica, Memorie di fisica esperimentale, Modena, 1838, *Arch. de l'Électr.*, III, 29.

1838. Jacobi, Ueber die Inductionsphänomene beim Öffnen und Schliessen einer volta'schen Kette, *Bull. de l'Acad. de Saint-Pétersbourg*, III, n° 21, et *Pogg. Ann.*, XLV, 132.

1838. Faraday, On induction : Experimental researches in electricity, 11° série, *Phil. Trans.* f. 1838, 1; Supplementary note to Experimental researches in electricity, 11° série, *Phil. Trans.* f. 1838, 79; On induction : Experimental researches in electricity. 12° série, *Phil. Trans.* f. 1838, 83, et 13° série, 125.

1838. Page, New-magneto electrical machine of great power, *Silliman's Journ.*, XXXIV (1838).

1839. Page. Double helix for inducing magnetism, *Silliman's Journ.*, XXXV, (1839).

1839. Page, Magneto-electric multiplier, *Silliman's Journ.*, XXXVII (1839).

1839. Weber, Unipolare Induction, *Resultäte des Gött. Ver.*, 1839, 63, et *Pogg. Ann.*, LII, 353 (1841).

1839. Riess, Magnetisirung und Wärmeerzeugung mittelst eines durch den Schliessungsdraht der elektrischen Batterie erregten Stromes, *Pogg. Ann.*, XLVII, 55.

1839. Magnus, Ueber die Wirkung von Bündeln von Eisendraht beim Öffnen der galvanischen Kette, *Pogg. Ann.*, XLVIII, 95.

1837-40. Ch. V. Walker, Rotation des Lichtstroms zwischen den Polen einer volta'schen Batterie, *Transactions of the London electrical Society* from 1837 to 1840, et *Pogg. Ann.*, LIV, 514 (1841).

1840. Dove, Ueber inducirte Ströme, welche bei galvanometrischer Gleichheit ungleich physiologisch wirken, *Pogg. Ann.*, XLIX, 72.

1840. Riess, Ueber die Verzögerung der elektrischen Entladung durch Leiter welche dem Schliessungsdrahte der Batterie nahe stehen, *Pogg. Ann.*, XLIX, 393.

1840. Riess, Fortgesetzte Untersuchungen über den Nebenstrom der elektrischen Batterie, *Pogg. Ann.*, L, 1.

1840. Böttger, Vermischte physikalische Erfahrungen, *Pogg. Ann.*, L, 35.

1840. Böttger, Construction des aiguilles aimantées destinées aux expé-

450

BIBLIOGRAPHIE.

riences du magnétisme par rotation, *Ann. de chim. et de phys.*, (2), LXXV, 326.

1840.   Matteucci, Induction de la décharge de la batterie, *Bibl. univ.*, octobre 1840, 122; *Arch. de l'Élect.*, I, 136.

1840.   Riess, Ueber das Maximum der Wirkung eines Nebendrahts auf die Entladung der elektrischen Batterie, *Pogg. Ann.*, LI, 177.

1840.   Riess, Ueber die Richtung des elektrischen Nebenstromes, *Pogg. Ann.*, LI, 351.

1841.   Weber, Unipolare Induction, *Pogg. Ann.*, LII, 353.

1841.   De la Rive, Nouvelles recherches sur les propriétés des courants électriques discontinus et dirigés alternativement en sens contraires, *Arch. de l'Élect.*, I.

1841.   De Haldat, Recherches sur les causes du magnétisme par rotation. Nancy, 1841.

1841.   Pfaff, Ueber galvanische Ströme unter gewissen besonderen Verhältnissen und über sogenaunte secundäre Ströme, *Pogg. Ann.*, LIII, 20 et 394.

1841.   Abria, Recherches sur les lois de l'induction des courants par les courants, *Ann. de chim. et de phys.*, (3), III, 5, et VII, 462, et *Comptes rendus*, XII, 890; XIII, 427; XIV, 478, et XVI, 913.

1841.   Dove, Ueber die durch Magnetisirung des Eisens vermittelst Reibungselektricität inducirten Ströme, *Abhandl. der Berl. Akad.*, 1841, et *Pogg. Ann.*, LIV, 305.

1841.   Henry, Contributions to electricity and magnetism, *Trans. of the American Phil. Soc.*, VI; *Ann. de chim. et de phys.*, (3), III, 394 et 407, et *Pogg. Ann.*, Ergänzungsband I, 282 (1842).

1842.   Bréguet et Masson, Mémoire sur l'induction, *Ann. de chim. et de phys.*, (3), IV, 129, et *Comptes rendus*, XIII, 426.

1842.   Lenz, Beiträge zur Theorie der magnetischen Maschinen, *Pogg. Ann.*, LVI, 211.

1842.   Dove, Ueber den Gegenstrom zu Anfang und zu Ende eines primären, *Pogg. Ann.*, LVI, 251.

1842.   Dove, Ueber die durch Annäherung von massivem Eisen und eisernen Drahtbündeln an einen Stahlmagneten inducirten elektrischen Ströme, *Pogg. Ann.*, LVI, 268.

1842.   Dove, Recherches sur les courants d'induction dus à l'aimantation du fer par l'électricité ordinaire, *Ann. de chim. et de phys.*, (3), IV, 336, et *Comptes rendus*, XIV, 171 et 252.

1842.   Matteucci, Sur l'induction de la décharge de la bouteille, *Ann. de chim. et de phys.*, (3), IV, 153.

1843.   Wartmann, Mémoire sur divers phénomènes d'induction. *Bull. de l'Acad. de Brux.*, X (2e partie), 381.

1843. Knochenhauer, Versuche über die gebundene Elektricität, *Pogg. Ann.*, LVIII, 391.

1843. Palmieri et Santi-Linari, Sur les courants d'induction provenant de l'action de la terre, *Ann. de chim. et de phys.*, (3), VIII, 503, et *Comptes rendus*, XVI, 1442.

1844. Marianini, Mémoire sur le rhéélectromètre, *Ann. de chim. et de phys.*, (3), X, 491.

1844. Marianini, Des courants d'induction produits par les courants électriques instantanés, *Ann. de chim. et de phys.*, (3), X, 491, et 2ᵉ mémoire, XI, 385.

1844. Dujardin, Note sur les phénomènes d'induction, *Ann. de chim. et de phys.*, (3), XI, 115.

1844. Marianini, Mémoire sur le courant qui se produit dans un circuit métallique fermé, quand on arrête le courant voltaïque qui circule près de ce fil, *Ann. de chim. et de phys.*, (3), XI, 395.

1844. Delezenne, Notions élémentaires sur les phénomènes d'induction, *Mém. de la Soc. des sc. de Lille*, (1), XXIII, 1.

1845. Page, An improved form of Saxton's magneto-electric machine, *Silliman's Journ.*, XLVIII (1845).

1845. Page, New electro-magnetic machine, *Silliman's Journ.*, XLIX (1845).

1845. Melloni, Aperçu sur l'histoire des courants électriques induits par le magnétisme terrestre, *Ann. de chim. et de phys.*, (3), XV, 34.

1845. Fechner, Ueber die Verknüpfung der Faraday'schen Inductionserscheinungen mit den Ampère'schen elektrodynamischen Erscheinungen, *Pogg. Ann.*, LXIV, 337.

1845. Neumann (F.-E.), Die mathematischen Gesetze der inducirten elektrischen Ströme, présenté à l'Académie des sciences de Berlin le 27 octobre 1845, *Abhandl. der Berl. Akad. der Wissensch.*, 1845, 1, et *Journ. de Liouville*, XIII, 113 (1848).

1846. Knochenhauer, Des courants induits électriques, *Ann. de chim. et de phys.*, (3), XVII, 130.

1846. Page, Law of electro-magnetic induction, *Silliman's Journ.*, new ser., II, (1846).

1846. Stöhrer, Einige Versuche, diejenige Kraft, welche die elektrische Spirale auf einen in derselben befindlichen Magnet ausübt, zur rotirenden Bewegung anzuwenden, *Pogg. Ann.*, LXIX, 81.

1846. Weber, Abhandlungen über elektrodynamische Maassbestimmungen, aus den *Abhandlungen bei Begründung der königlich-Sächsischen Gesellschaft der Wissenschaften*, Leipzig, 1846.

1846. Bréguet, De l'induction par différents métaux, *Comptes rendus*, XXIII, 1155.

1846. Sinsteden, Elektrische Spannungserscheinungen, nebst Funken an ungeschlossenen Inductionsspiralen und an Magneten, welche

Elektricität in diese Spiralen induciren. *Pogg. Ann.*, LXIX, 353.

1847. Delezenne, Addition aux notions élémentaires sur les phénomènes d'induction, *Mém. de la Soc. des sc. de Lille*, (1), XXVII, 10.

1847. Froment, Note sur un instrument électrique à lame vibrante, *Comptes rendus*, XXIV, 428.

1847. Neumann (F. E.), Ueber ein allgemeines Princip der mathematischen Theorie inducirter elektrischer Ströme, présenté à l'Académie des sciences de Berlin le 9 août 1847, *Abhandl. der Berl. Akad. der Wissenschaften von 1847*.

1847. Wartmann, Sur divers phénomènes d'induction, *Ann. de chim. et de phys.*, (3), XIX, 257; 2ᵉ mémoire, 281; 3ᵉ mémoire, 385.

1848. Wartmann, Sur divers phénomènes d'induction, 4ᵉ mémoire, *Ann. de chim. et de phys.*, (3), XXII, 5; 5ᵉ mémoire, XXIV, 213; 6ᵉ et 7ᵉ mémoires, 360.

1848. Lallemand, Attractions et répulsions mutuelles des courants instantanés, *Ann. de chim. et de phys.*, (3), XXII, 19.

1848. Verdet, Recherches sur les phénomènes d'induction produits par les décharges électriques, *Ann. de chim. et de phys.*, (3), XXIV, 377.

1848. Lenz, Ueber den Einfluss der Geschwindigkeit des Drehens auf den durch magneto-elektrische Maschinen erzeugten Inductionsstrom, *Bull. scient. de l'Acad. de Saint-Pétersbourg*, n° 17, 7. et n° 18. 257; *Pogg. Ann.*, LXXVI, 494 (1849); *Arch. des sc. phys. et nat.*, X, 48, et *l'Instit.*, XVII, 141.

1849. Thomson, Sur la théorie de l'induction magnéto-électrique, *l'Instit.*, XVII, 63.

1849. Kirchhoff, Bestimmung der Constanten von welchen die Intensität inducirter elektrischer Ströme abhängt, *Pogg. Ann.*, LXXVI, 412.

1849. Sinsteden, Beiträge zur weiteren Vervollkommnung des magneto-elektrischen Rotationsapparats, *Pogg. Ann.*, LXXVI, 524.

1849. Verdet, Note sur les courants induits d'ordres supérieurs, *l'Instit.*, XVII, 410, et *Ann. de chim. et de phys.*, (3), XXIX, 501 (1850).

1849. Edlund, Untersuchungen über die beim Öffnen und Schliessen einer galvanischen Kette entstehenden Inductionsströme, *Pogg. Ann.*, LXXVII, 161. et *Ann. de chim. et de phys.*, (3), LIII, 51 (1858).

1850. Masson, Études de photométrie électrique (3ᵉ mémoire), *Ann. de chim. et de phys.*, (3), XXX, 5.

1850. Verdet, Recherches sur les phénomènes d'induction produits par le mouvement des métaux magnétiques ou non magnétiques, *Ann. de chim. et de phys.*, (3), XXXI, 187, et *Comptes rendus*, XXXI, 267.

1851. Masson, Études de photométrie électrique (4ᵉ et 5ᵉ mémoires), *Ann. de chim. et de phys.*, (3), XXXI, 295.

1851. Riess, Ueber die elektrischen Ströme höherer Ordnung, *Pogg. Ann.*, LXXXIII, 309.

1851. Helmholtz, Ueber die Dauer und den Verlauf der durch Stromesschwankungen inducirten Ströme, *Pogg. Ann.*, LXXXIII, 505.

1851. Sinsteden, Eine wesentliche Verstärkung des magneto-elektrischen Rotationsapparats, etc., *Pogg. Ann.*, LXXXIV, 181.

1851. Lallemand, Étude des lois de l'induction à l'aide de la balance électro-dynamique, *Ann. de chim. et de phys.*, (3), XXXII, 431.

1851. Koosen, Ueber den Inductionsstrom der elektro-magnetischen Maschine, *Pogg. Ann.*, LXXXV, 226.

1851. Page, Sparks of secundary currents, *Silliman's Journ.*, new ser., XI (1851).

1852. Du Bois-Reymond, *Untersuchungen über thierische Elektricität*, 1, 258, et *Monatsb. d. Berlin. Akademie*, 1852 et 1853.

1852. Grove, Mémoire sur la polarité électro-chimique des gaz, suivi d'une note sur les décharges obscures, *Ann. de chim. et de phys.*, (3), XXXVII, 376 (1853), et *Phil. Trans.* f. 1852, 87.

1852. Felici, Mémoire sur l'induction électro-dynamique, *Ann. de chim. et de phys.*, (3), XXXIV, 64.

1852. Sinsteden, Zur Kenntniss der Natur der Spannungselektricität an ungeschlossenen Inductionsspiralen und Angabe einer bequemen Ladungstafel für dieselbe, *Pogg. Ann.*, LXXXV, 465.

1852. Quet, Sur quelques faits relatifs au courant et à la lumière électrique. *Comptes rendus*, XXXV, 949.

1852. Koosen, Zur Theorie der Saxton'schen Maschine, *Pogg. Ann.*, LXXXVII, 286.

1852. Koosen, Ueber die elektromagnetische Wirkung galvanischer Ströme von sehr kurzer Dauer, *Pogg. Ann.*, LXXXVII, 514.

1853. Matteucci, Sur la distribution des courants électriques dans le disque tournant d'Arago, *Ann. de chim. et de phys.*, (3), XXXIX, 129, et *Comptes rendus*, XXXVII, 303.

1853. Du Moncel, Note sur les étincelles d'induction échangées à travers des conducteurs de conductibilité inférieure, *Comptes rendus*, XXXVII, 991.

1853. Matteucci, Sur le magnétisme de rotation dans les masses de bismuth cristallisé, *Ann. de chim. et de phys.*, (3), XXXIX, 134.

1853. Matteucci, Sur le magnétisme de rotation développé dans des masses formées de particules métalliques très-petites reliées entre elles, *Ann. de chim. et de phys.*, (3), XXXIX, 136.

1853. Rijke, Erklärung der Verstärkung, die das durch einen galvanischen Funken verursachte Geräusch erleidet, wenn der Strom unter gewissen Umständen unterbrochen wird. *Algemeinen Konst-en-Letterbode*, n° 11. et *Pogg. Ann.*, LXXXIX. 166.

1853.   Masson, Note sur la lumière électrique, *Comptes rendus*, XXXVI, 255.

1853.   Fizeau, Sur les machines inductives et sur un moyen d'accroître leur effet, *Comptes rendus*, XXXVI. 418.

1853.   Quet, Sur divers phénomènes électriques, *Comptes rendus*, XXXVI. 1012.

1853.   Masson, Observations sur quelques effets produits par les courants électriques, *Comptes rendus*, XXXVI, 1130.

1853.   Despretz, Observations sur le charbon et sur la différence de la température des pôles lumineux d'induction, *Comptes rendus*, LXXXVII, 369.

1853.   Grüel, Ueber eine elektro-magnetische Maschine mit oscillirendem Anker, *Pogg. Ann*, LXXXIX, 153.

1853.   Osann, Neue Beobachtungen über das Neef'sche Lichtphänomenon, *Pogg. Ann.*, LXXXIX. 600.

1853.   Masson, Sur les phénomènes produits par deux courants électriques qui se propagent dans un même circuit en agissant dans le même sens ou en sens opposé, *Comptes rendus*, XXXVII, 849.

1853.   Felici, Note sur les phénomènes d'induction, *Ann. de chim. et de phys.*, (3). XXXIX, 222.

1853.   Buff, Ueber die Richtung des durch Entladung angehäufter Reibungselektricität erregten Inductionsstroms, *Ann. der Chem. und Pharm.*, LXXXVI, 293, et *Ann. de chim. et de phys.*, (3), XXXIX, 502.

1854.   Lenz, Ueber den Einfluss der Geschwindigkeit des Drehens auf den durch magneto-elektrische Maschinen erzeugten Inductionsstrom, *Bull. phys.-math. de l'Acad. de Saint-Pétersbourg*, XII (1854) et XVI (1858), et *Pogg. Ann.*, XCII, 128.

1854.   Melloni, Recherches sur l'induction électrostatique, *Comptes rendus*, XXXIX, 177.

1854.   Abria, Recherches sur les lois du magnétisme de rotation, *Comptes rendus*, XXXIX, 200.

1854.   Matteucci, *Cours spécial sur l'induction, le magnétisme de rotation*, etc., Paris, 1854.

1854.   Faraday, Lettre à M. de la Rive sur le développement des courants induits dans les liquides, *Ann. de chim. et de phys.*, (3), XLI. 196.

1854.   Gassiot, On some experiments made with Ruhmkorff's induction coil, *Phil. Mag.*, (4), VII, 97.

1855.   Du Moncel, Expériences sur l'atmosphère lumineuse qui entoure l'étincelle d'induction. *Comptes rendus*, XL. 313.

1855. Grove, Note sur un nouveau moyen d'accroître certains effets de l'électricité d'induction, *Ann. de chim. et de phys.*, (3), XLIII. 379.

1855. Abria, Recherches sur les lois du magnétisme de rotation, *Ann. de chim. et de phys.*, (3), XLIV, 172, et *Comptes rendus*, XL, 694.

1855. Sinsteden, Ueber die Einrichtung und Wirkung eines verbesserten Inductionsapparats, *Pogg. Ann.*, XCVI, 353.

1855. Felici, Sur les courants induits par la rotation d'un conducteur autour d'un aimant, *Ann. de chim. et de phys.*, (3), XLIV, 343.

1855. Du Moncel, Expériences tendant à démontrer que le courant inverse, dans les courants induits secondaires, est un courant de charge et le courant direct un courant de décharge. *Comptes rendus*, XLI, 1059.

1855. Poggendorff, Mémoire sur les appareils d'induction, *Ann. de chim. et de phys.*, (3), XLIV, 375.

1855. Poggendorff, Note sur un nouveau moyen d'augmenter la puissance des courants d'induction, *Ann. de chim. et de phys.*, (3), XLIV, 383.

1855. Du Moncel, Expériences nouvelles sur la lumière électrique stratifiée, *Comptes rendus*, XL, 844.

1855. E. Becquerel, Recherches sur les effets électriques produits au contact des solides en mouvement, *Ann. de chim. et de phys.*, (3), XLIV, 401.

1855. Foucault, De la chaleur produite par l'influence de l'aimant sur les corps en mouvement, *Ann. de chim. et de phys.*, (3), XLV, 316.

1855. Masson, Études de photométrie électrique, *Ann. de chim. et de phys.*, (3), XLV, 385.

1856. Rijke, Notiz über die Schlagweite des Ruhmkorff'schen Apparats, *Pogg. Ann.*, XCVII, 67.

1856. Koosen, Ueber die Ladung der Leydener Batterie durch elektro-magnetische Induction, *Pogg. Ann.*, XCVII, 212.

1856. Beer, Allgemeine Methode zur Bestimmung der elektrischen und magnetischen Induction, *Pogg. Ann.*, XCVIII, 137.

1856. Foucault, Études sur l'emploi des appareils d'induction; effets des machines multiples. *Comptes rendus*, XLII, 215.

1856. Marianini, Dell' induzione leido-magneto-elettrica. *Il nuovo Cimento*, IV (1856).

1856. Foucault, Sur l'emploi des appareils d'induction: interrupteur à mercure. *Comptes rendus*, XLIII, 44.

1856. Matteucci, Sur l'état électrique induit dans un disque métallique tournant en présence d'un aimant. *Comptes rendus*, XLIII, 286.

1856. Masson, Mémoire sur l'induction, *Comptes rendus*, XLIII, 1115.

1857. Séguin, Expériences sur les effets de l'influence électrique, considérés

456 BIBLIOGRAPHIE.

dans leurs rapports avec ceux de l'induction, *Comptes rendus*,
XLIV, 1315.

1857. Matteucci, Sur l'état électrique induit dans un disque métallique
tournant en présence d'un aimant, *Ann. de chim. et de phys.*, (3),
XLIX, 129.

1857. Matteucci, Note sur l'induction axiale, *Ann. de chim. et de phys.*, (3),
XLIX, 303.

1857. Felici, Mémoire sur la loi de Lenz, *Ann. de chim. et de phys.*, (3),
LI, 378.

1857. Felici, Expérience sur un cas d'induction où serait nulle l'action
électro-dynamique exercée par l'aimant inducteur, si le circuit
était traversé par un courant, *Ann. de chim. et de phys.*, (3),
LI, 501.

1857. Matteucci, Nouvelles recherches sur certains cas de magnétisme par
rotation, *Comptes rendus*, XLV, 353.

1857. Rijke, Ueber die Extraströme, *Pogg. Ann.*, CII, 481, et *Ann. de chim.
et de phys.*, (3), LIII, 57 (1858).

1857. Du Moncel, *Notice sur l'appareil d'induction électrique de Ruhmkorff*,
Paris, 1857.

1858. Matteucci, Sur un nouveau phénomène d'induction, *Comptes rendus*,
XLVI, 120.

1858. Quet et Séguin, Sur la stratification de la lumière électrique, *Comptes
rendus*, XLVII, 964.

1858. Masson, Sur la constitution des courants induits de divers ordres, *Ann.
de chim. et de phys.*, (3), LII, 418; Note de M. Verdet à ce sujet,
Ann. de chim. et de phys., (3), LIII, 46; Réponse de M. Masson,
Ann. de chim. et de phys., (3), LIII, 459.

1858. Plücker, Ueber die Einwirkung des Magnets auf die elektrischen
Entladungen in verdünnten Gasen, *Pogg. Ann.*, CIII, 88 et 151,
et *Ann. de chim. et de phys.*, LIV, 243.

1858. Gassiot, On a Ruhmkorff's induction apparatus, *Phil. Mag.*, (4),
XV, 466.

1858. Gassiot, On the stratifications and darkbands in electrical discharges,
Phil. Mag., (4), XVI, 305, et *Ann. de chim. et de phys.*, (3),
LIV, 250.

1858. Plücker, Fortgesetzte Beobachtungen über die elektrische Entladung
durch gasverdünnte Räume, *Pogg. Ann.*, CIV, 113, et *Ann. de
chim. et de phys.*, (3), LV, 241.

1858. Matteucci, Recherches sur les relations des courants induits et du
pouvoir mécanique de l'électricité, *Ann. de chim. et de phys.*, (3),
LIV, 297.

1858. Plana, Mémoire sur l'application du principe de l'équilibre magnétique à la détermination du mouvement qu'une plaque horizon-

tale de cuivre, tournant uniformément sur elle-même, imprime par réaction à une aiguille aimantée. *Mém. de Turin*, sér. II, XVII (1858).

1859.   Quet et Séguin, Sur la stratification de la lumière électrique, *Comptes rendus*, XLVIII, 338.

1859.   Du Moncel, Sur l'aspect de l'étincelle d'induction, etc., *Comptes rendus*, XLIX, 40.

1859.   Perrot, Sur la non-homogénéité de l'étincelle d'induction et sur la nature de l'action chimique de cette étincelle, *Comptes rendus*, XLIX, 175, 204, 355.

1859.   Du Moncel, Des réactions exercées par les aimants sur l'étincelle lumineuse qui entoure l'étincelle d'induction, etc., *Comptes rendus*, XLIX, 296, 392, 542, 579 et 825.

1859.   Koosen, Ueber die Wirkung des unterbrochenen Inductionsstroms auf die Magnetnadel. *Pogg. Ann.*, CVII, 193.

1859.   Matteucci, Nouvelles expériences sur l'induction axiale, *Comptes rendus*, XLIX, 846.

1859.   Lissajous, Note sur l'étincelle d'induction, *Comptes rendus*, XLIX, 1009.

1859.   Felici, Sur la cause des courants que l'on obtient dans un circuit dont les bouts immobiles s'appuient sur un conducteur tournant autour de l'axe d'un aimant cylindrique, *Ann. de chim. et de phys.*, (3), LVI. 106.

1859.   Volpicelli, Sur l'induction électrostatique, *Ann. de chim. et de phys.*, (3), LVII, 415.

1860.   Guillemin, Direction des courants induits lorsque le fil inducteur fait partie d'un fil télégraphique, *Comptes rendus*, LI, 142.

1861.   Reitlinger, Sur la stratification de la lumière électrique, *Sitzungsberichte der kaiserl. Akad. der Wissenschaften zu Wien*, 3 janvier 1861, et *Ann. de chim. et de phys.*, (3), LXVII, 114 (1863).

1861.   Perrot, Recherches sur l'action chimique de l'étincelle d'induction de l'appareil de M. Ruhmkorff, *Ann. de chim. et de phys.*, (3), LXI, 161.

1861.   Perrot, Sur la nature de l'étincelle d'induction de l'appareil de M. Ruhmkorff, *Ann. de chim. et de phys.*, (3), LXI, 200.

1861.   Faye, Effet des vapeurs métalliques sur les stratifications de l'étincelle d'induction, *Comptes rendus*, LIII, 493.

1861.   Abria, Sur les lois de l'induction électrique dans les plaques épaisses, *Comptes rendus*, LIII, 964, et *Ann. de chim. et de phys.*, (3), LXV, 257 (1862).

1862.   De la Rive, Description d'un appareil qui reproduit les aurores boréales et australes avec les phénomènes qui les accompagnent. *Comptes rendus*, LIV, 1171.

458   BIBLIOGRAPHIE.

1862. Séguin. Sur l'analogie de l'étincelle d'induction avec les autres décharges électriques, *Ann. de chim. et de phys.*, LXIV, 97.

1862. Séguin et Quet, Mémoire sur la théorie de la lumière électrique stratifiée. *Ann. de chim. et de phys.*, (3). LXV, 317.

1863. Lallemand, Sur le rapport de l'intensité du courant inducteur au courant induit, *Comptes rendus*, LVI. 128, et *Ann. de chim. et de phys.*, (4), II, 444.

1864. Poggendorff, Ueber den Extrastrom des Inductionsstroms, *Pogg. Ann.*, CXXI, 307, et *Ann. de chim. et de phys.*, (4), I, 501.

1864. Riess. Der Nebenstrom im Schliessungsdrahte der Leydener Batterie. *Pogg. Ann.*, CXXI. 613, et *Ann. de chim. et de phys.*, (4), II. 500.

1864. Jochmann, Ueber die durch Magnetpole in rotirenden körperlichen Leitern inducirten elektrischen Ströme, *Pogg. Ann.*, CXXII, 214, et *Ann. de chim. et de phys.*, (4), III, 494.

1864. Lamy, Expériences relatives à l'intensité des effets physiologiques produits par les commotions de la grande bobine de M. Ruhmkorff. *Mém. de la Soc. des sc. de Lille*, (2), I, 67.

1864. Poggendorff, Ueber eine neue Klasse von Inductionserscheinungen. *Pogg. Ann.*, CXXIII, 448.

1865. Poggendorff, Ueber Störung der Funken-Entladung des Inductoriums durch seitliche Nähe isolirender Substanzen, *Pogg. Ann.*, CXXVI, 57.

1865. Fernet, Sur les courants d'induction et la lumière stratifiée. *Comptes rendus*, LXI. 257.

1866. Buff, Experimental-Untersuchungen über die volta-elektrische Induction, *Pogg. Ann.*, CXXVII, 57.

1867. Blaserna, Sur la durée des courants d'induction, *Comptes rendus*, LXV, 206.

1868. Buff, Ueber die Inductionsströme höherer Ordnung. *Pogg. Ann.*, CXXXIV, 481, et *Ann. de chim. et de phys.*, (4), XV, 483.

1868. Jamin et Roget, Note sur les lois de l'induction, *Comptes rendus*, LXVI. 1250, et LXVII. 33.

VITESSE DE PROPAGATION DE L'ÉLECTRICITÉ.

271. Deux significations possibles de l'expression : vitesse de l'électricité. — Avant de décrire les divers procédés que l'on a imaginés pour mesurer la vitesse de propagation de l'électricité, il est nécessaire de nous faire une idée nette du sens qu'on attache à cette expression. On peut lui donner deux significations distinctes.

1° On appelle vitesse de l'électricité la vitesse avec laquelle les molécules électriques circulent dans un courant ou une décharge; la vitesse des molécules sera alors la vitesse avec laquelle le courant se propage. Ce qui tend à justifier cette idée, c'est l'égalité d'action du courant en tous ses points; le mouvement de l'électricité est alors assimilé à celui d'un fluide dans un canal; on comprend alors que la vitesse soit en raison inverse de la section et proportionnelle à l'intensité du courant. Les lois de Ohm nous apprennent comment cette vitesse varie, mais nous n'avons aucune idée de sa valeur absolue; c'est comme en optique pour les vibrations de l'éther.

2° Le deuxième sens est indépendant de toute idée théorique. Si un courant électrique se propage dans un fil, l'équilibre est troublé à une des extrémités du fil ou aux deux extrémités, mais il n'est pas détruit instantanément dans toute la longueur du fil. On peut appeler vitesse de l'électricité la vitesse avec laquelle cette perturbation se propage. C'est sur la vitesse entendue de la sorte que l'on a voulu effectuer des mesures directes.

On a longtemps cherché à déterminer cette vitesse sans savoir quelles sont les circonstances qui peuvent influer sur sa valeur et que Faraday a fait connaître le premier.

On peut diviser les expériences qui ont été faites sur ce sujet en trois séries : 1° expériences grossières, d'où l'on déduit, pour la vitesse de l'électricité, une valeur très-grande, et qui ont servi uniquement à poser la question; 2° expériences directes analogues à celles

de MM. Fizeau et Foucault pour la lumière; 3° expériences indirectes analogues aux observations astronomiques.

Les expériences directes ont été faites par M. Wheatstone et
M. Fizeau; elles ont précédé les expériences indirectes, puis les ont
accompagnées. Elles sont loin de s'accorder entre elles, et les valeurs
qu'on en déduit pour la vitesse de l'électricité présentent des différences considérables.

272. 1° Période des mesures grossières. — **Expériences de
Watson.** — De toutes les nombreuses recherches dues aux expérimentateurs du siècle dernier, les plus complètes sont celles que Watson
entreprit aux environs de Londres, en 1747. Il se proposa de mesurer le temps que met la décharge d'une bouteille de Leyde à parcourir une chaîne continue formée de plusieurs observateurs réunis
entre eux par des fils métalliques et munis de chronomètres. Il avait
pour observateurs les savants les plus distingués de l'époque :
Folkes, président de la Société Royale; docteur Bradley, J. Burrow,
G. Graham, R. Graham, Birch, Ellicot, Lawrie, Ch. Stanhope, etc.
On constata que le choc était reçu sensiblement au même instant
par les diverses personnes qui formaient la chaîne. Comme l'électricité avait à parcourir 3,500 mètres de fil de fer, Watson conclut
de son expérience que la vitesse de l'électricité était trop grande
pour pouvoir être mesurée. Ces expériences étaient faites en rase
campagne, et la diffusion de l'électricité dans le sol changeait l'intensité aux divers points du circuit.

273. 2° Période des mesures directes. — **Expériences de
M. Wheatstone.** — Les expériences entreprises par M. Wheatstone, en 1834, peuvent être considérées comme ayant servi de base
aux recherches faites plus tard sur la lumière par MM. Fizeau et
Foucault; elles furent exécutées par la méthode des miroirs tour-
nants, que M. Wheatstone inventa à cette occasion. Son appareil se
compose d'un miroir de verre étamé, monté sur l'axe d'une sirène
et mis en mouvement par le vent d'une soufflerie; le son que rend
la sirène permet de connaître le nombre de tours qu'elle fait en une
seconde. Ce miroir est placé devant un système de deux boules, entre

lesquelles part l'étincelle électrique. Pour cela, le miroir porte une tige qui à un certain point de son mouvement ferme le circuit et fait jaillir l'étincelle entre les boules. Cette étincelle se produirait à chaque tour du miroir, mais un mécanisme particulier permet de ne produire la fermeture du circuit qu'au moment où on le veut. Si l'on produit de la sorte plusieurs étincelles, l'électricité ayant à parcourir de grandes longueurs de fil pour passer d'un système de boules à l'autre système, on reconnaîtra que les étincelles n'ont pas lieu au même instant, si les images de ces étincelles occupent des positions qui ne soient pas symétriques de celles des boules. La déviation de ces images permettra de déterminer l'ordre de production de ces étincelles; on pourra même apprécier le temps qui s'est écoulé entre les deux par la distance angulaire qui sépare les deux étincelles.

274. Résultats généraux. — 1° Durée sensible de la décharge. — 2° Elle commence à la fois aux deux extrémités et se propage vers le milieu. — M. Wheatstone s'est proposé de rechercher si, lorsqu'il n'y a qu'une seule étincelle, elle commence simultanément aux deux extrémités. A cet effet, on place sur la même verticale les deux boules entre lesquelles doit jaillir l'étincelle; si le circuit qui établit la communication entre les deux boules est très-conducteur, on n'observe dans le miroir qu'une ligne verticale très-déliée; donc l'étincelle a lieu au même instant en tous les points de son trajet. Si le circuit est plus résistant, on observe un rectangle limité par deux côtés verticaux, ce qui montre que le miroir a tourné d'un angle sensible pendant que l'étincelle se produisait; par suite, l'étincelle a une durée sensible. M. Wheatstone s'est contenté d'apprécier les dimensions de ce rectangle à l'œil, sans faire de mesures précises: il a trouvé ainsi que la durée de l'étincelle croît avec la résistance du circuit, mais il n'a pas pris de mesure. Il est bon de remarquer que cette conclusion n'est valable que pour les conditions de l'expérience, lorsque la distance entre les deux boules est petite; on ne pourrait rien en conclure pour les éclairs dans lesquels l'électricité franchit des distances infiniment plus grandes.

M. Wheatstone a recherché en outre s'il y a une différence de temps entre la production des diverses étincelles, ou si les décharges sont simultanées; enfin, si le mouvement commence à la fois au contact des deux armatures et si la vitesse est la même dans les deux sens. Pour cela, il prit six boules métalliques formant trois paires (fig. 179). La distance entre les boules d'une même paire est de $2^{mm},5$. Ces six boules sont situées sur la même verticale. On fait communiquer a et b'' avec les deux armatures d'une bouteille de Leyde; b et a'' communiquent ensemble par un

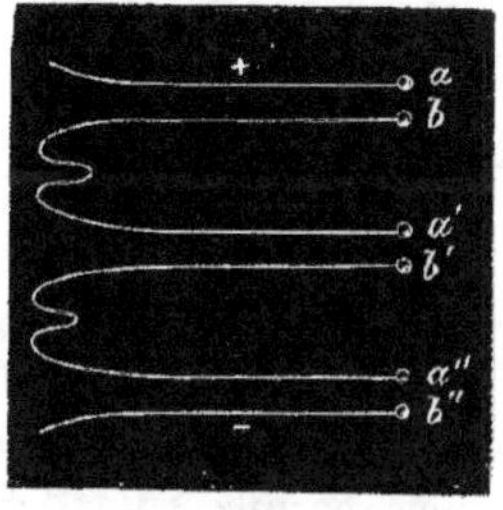

Fig. 179.

fil de cuivre de $731^{m},5$ de long et $1^{mm},7$ de diamètre, formant vingt lignes parallèles séparées par des intervalles de 15 centimètres. Si la décharge va du pôle positif au pôle négatif, on verra d'abord l'étincelle en ab, puis en $a'b'$, puis en $a''b''$; si la vitesse est infinie, les trois décharges sont simultanées. Enfin, l'électricité peut marcher avec une vitesse finie et qui soit la même dans les deux sens : on verra alors l'étincelle simultanément en ab et en $a''b''$, et plus tard en $a'b'$.

En réalité, on observe trois rectangles allongés : les extrémités du premier et du dernier sont sur la même verticale, le deuxième est rejeté de côté. L'appréciation de la distance angulaire qui sépare les deux extrémités du rectangle permet de juger du temps de la décharge, qui est d'environ $\frac{1}{24,000}$ de seconde. La verticale de l'étincelle intermédiaire est éloignée d'environ $\frac{1}{2}$ degré de la verticale qui passe par les bords extrêmes des deux autres étincelles : le miroir faisait 800 tours par seconde. On peut en conclure que $731^{m},5$ de fil sont parcourus pendant $\frac{1}{1,152,000}$ de seconde, et par suite que la vitesse de l'électricité dans le fil de $1^{mm},7$ de diamètre est de 463.392 kilomètres par seconde. Mais ce raisonnement n'est nullement justifié, car il n'est pas démontré que le temps employé par l'électricité à parcourir une distance est proportionnel à cette distance.

275. Expériences de M. Fizeau. — M. Fizeau opéra en 1850 sur les courants électriques à l'aide des lignes télégraphiques récemment établies en France, et, afin de pouvoir se servir de ces lignes, il s'adjoignit M. Gounelle, inspecteur des télégraphes. Le principe de son appareil est le même que celui qu'il avait déjà employé pour déterminer la vitesse de propagation de la lumière. Il se sert d'une roue dentée (fig. 180) qui interrompt le circuit en deux points assez éloignés pour que l'électricité mette un temps sensible à aller de l'un à l'autre. La roue porte trente-six dents de platine et trente-six dents de bois; elle est placée dans le voisinage d'un des pôles d'une pile P. Deux lames de platine s'appuient en *a* et en *b*

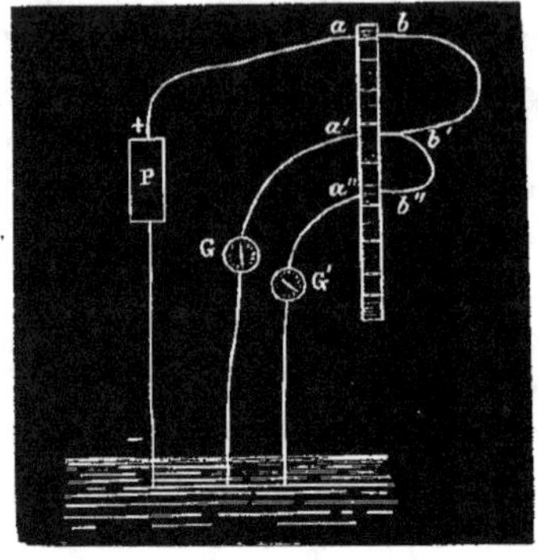

Fig. 180.

contre les dents de la roue, et, tant qu'elles touchent une dent de métal, le courant passe. Si l'on fait tourner la roue, le circuit est alternativement ouvert et fermé en *ab*; il en est de même en *a'b'*; seulement, en *a'b'*, le circuit est ouvert ou fermé, lorsqu'il est fermé ou ouvert en *ab*; il y a donc toujours un intervalle de temps tel que la roue tourne d'une dent entre l'ouverture du circuit en *ab* et l'ouverture en *a'b'*. Si la durée de la propagation de *ab* en *a'b'* est précisément égale au temps que met la roue à tourner d'une dent, le courant passera librement en *a'b'* comme en *ab*; il agira alors sur un galvanomètre G. placé sur la partie du circuit qui va de la roue au sol, dans lequel plonge le deuxième pôle de la pile ; l'action sur le galvanomètre sera continue comme si le courant n'éprouvait pas d'interruption. Si la vitesse de propagation de l'électricité est telle que la roue marche de deux dents pendant que l'électricité va de *ab* en *a'b'*, le courant, arrivant en *a'b'* quand le circuit est ouvert, ne passera pas, et il n'y aura par conséquent pas d'action sur le galvanomètre G. Mais ce cas théorique n'est jamais réalisé complétement; on observe cependant un minimum qui est toujours notablement différent du maximum. On peut aussi disposer, en pareil cas, un deuxième fil $a''b''$ qui soit dans la même position que ab, c'est-à-dire qui établisse la communication quand le courant ne passe pas en $a'b'$; sur ce nouveau circuit on place un second galvanomètre G'. que l'on observe comme le premier. Mais ceci suppose que le courant suit le chemin ab, $b'a'$,..., et que de plus l'électricité a une vitesse uniforme de propagation.

Les expériences de M. Fizeau furent faites sur un fil télégraphique de fer de 4 millimètres de diamètre et de 314 kilomètres de longueur, allant de Paris à Amiens ; et sur un deuxième fil composé de 96 kilomètres de fil de fer de 4 millimètres de diamètre et de 192 kilomètres de fil de cuivre de $2^{mm},5$ de diamètre, appartenant à la ligne télégraphique de Paris à Rouen. Ces expériences amenèrent M. Fizeau à penser que le nombre des éléments de la pile, la section du fil et la nature du métal influent sur la vitesse de propagation de l'électricité. Il trouva ainsi que la vitesse de l'électricité était de 102,000 kilomètres par seconde dans le fil de fer de 4 millimètres, et de 180,000 kilomètres dans le fil de cuivre de $2^{mm},5$.

276. Procédé de M. Siemens. — M. Siemens, qui s'est beaucoup occupé de tout ce qui concerne la télégraphie, a proposé de se servir, pour trouver la vitesse de l'électricité, d'un cylindre portant des plaques conductrices polies et de faire passer des étincelles entre leur surface et des pointes métalliques. Ces étincelles devaient laisser des traces visibles à l'œil, lorsqu'on couvrait les plaques de gouttelettes d'eau, par le moyen de l'haleine. On devait reconnaître si ces étincelles avaient eu lieu au même instant, en regardant si elles étaient sur la même verticale ; sinon on pouvait apprécier le temps par la vitesse angulaire, comme dans l'expérience de M. Wheatstone. Ces expériences n'ont jamais été effectuées.

277. 3° MESURES INDIRECTES. — **Durée de la propagation de l'électricité rendue sensible par le télégraphe de Bain.** — La pratique des appareils télégraphiques montre bien que le courant ne se détruit pas instantanément en un point. On peut bien

en effet transmettre plusieurs signaux par seconde; mais, si le nombre
des signaux transmis devient trop considérable, ils disparaissent
complétement, ce qui s'explique très-bien par la persistance du
courant. En effet, supposons qu'on établisse un courant entre deux
stations éloignées; en ouvrant ensuite le circuit, on détruit le courant; en fermant de nouveau le circuit, on aura un deuxième courant qui pourra arriver à la station avant que le premier ait cessé.
de sorte que le passage de l'électricité est continu à la station d'arrivée, et on n'obtient pas de signal. De plus, la durée des signaux
est considérable par rapport au temps que met l'électricité à parcourir les distances, et en outre il faut tenir compte de l'inertie des
électro-aimants.

Le procédé de M. Bain, qui consiste dans l'emploi de l'électro-
chimie, a l'avantage de ne pas exiger d'intermédiaire. Une pointe
de fer appuie sur un cylindre, sur lequel est enroulée une feuille de
papier mouillée de prussiate de potasse; chaque fois que le courant
passe, la pointe de fer qui se trouve au pôle positif de la pile, mise
en contact avec le papier mouillé communiquant avec le pôle négatif, se dissout en partie et donne une tache bleue par suite de l'action du prussiate de potasse sur le fer qui se dissout. On comprend
que le plus simple moyen de réaliser un système télégraphique à
l'aide de cette donnée consistera à enrouler le papier mouillé sur
un cylindre métallique qui sera toujours en communication avec le
pôle négatif de la pile et à imprimer à ce cylindre un mouvement
régulier de rotation à l'aide d'un mécanisme d'horlogerie. On pourra
alors, à l'aide d'ouvertures et de fermetures du circuit effectuées successivement. obtenir une série de traits et de points pouvant représenter tous les mots. Ici l'électricité agit sans intermédiaire. et on
peut ainsi transmettre plus de deux cents signaux par seconde. sur
un circuit de plus de 400 kilomètres. Mais si le nombre des signaux
transmis est de 400 à 500 par seconde. les traits et les points se
confondent et on n'a plus rien de net.

**278. Principe de la détermination télégraphique des
longitudes et de la vitesse de l'électricité.** — Lorsqu'on a
voulu se servir de la télégraphie pour déterminer la différence de

longitude de deux observatoires, on a dû tenir compte du temps que met l'électricité à parcourir la distance qu'il y a entre les deux stations. Seulement, si l'on emploie des récepteurs, il faut tenir compte de l'inertie de ces appareils et ne pas ajouter ce temps à celui que met l'électricité à franchir la distance qui sépare les deux observatoires. Des déterminations ont été faites pour les principaux observatoires, par exemple entre Greenwich et Paris, entre Greenwich et Bruxelles.

Voici comment on peut déterminer à la fois la différence de longitude de deux observatoires et le temps que met l'électricité à se propager de l'un à l'autre. Supposons qu'à l'observatoire le plus oriental on transmette un signal au moment où une certaine étoile passe au méridien : ce signal est reçu au deuxième observatoire au bout d'un temps θ. L'étoile passe au méridien du deuxième observatoire t secondes après être passée au premier, et t_1 secondes après la réception du signal envoyé par le premier observatoire. On aura donc $t = t_1 + \theta$. Alors le deuxième observatoire envoie un signal qui arrive à l'autre, non pas t secondes après le passage de l'étoile au méridien de ce lieu, mais t_2 secondes après, et on a $t_2 = t + \theta$. Or t_1 et t_2 sont donnés par l'observation : on en tire t et θ :

$$\theta = \frac{t_2 - t_1}{2}, \qquad t = \frac{t_1 + t_2}{2}.$$

279. Expériences de M. Walker. — M. Walker a opéré aux États-Unis, entre Cambridge, dans le Massachusets, et Philadelphie, le 23 juin 1849 et le 31 octobre de la même année; pour ces deux localités, t et θ sont du même ordre et les conditions de l'expérience sont très-favorables. Cependant les conclusions de l'auteur n'inspirent pas grande confiance : il n'a trouvé qu'une vitesse de 25 à 30.000 kilomètres par seconde.

280. Expériences de M. Gould. — M. Gould a profité de l'énorme développement qu'offrent les lignes télégraphiques aux États-Unis, et de l'appareil de Morse qui fonctionne sur toutes ces lignes, pour arriver à une détermination expérimentale de la vitesse de l'électricité, d'après un principe imaginé par M. Walker.

On sait qu'avec l'appareil de Morse, lorsqu'on ferme le circuit à l'une des stations, le courant aimante un électro-aimant à l'autre station, et par suite attire un morceau de fer doux retenu par un ressort qui tend à le ramener toujours à sa position première. Ce mouvement de la lame de fer doux a pour unique effet de fermer le courant d'une forte pile locale : ce deuxième courant agit comme le premier sur un électro-aimant qui s'aimante, attire une lame de fer doux, et par suite fait appuyer une pointe mousse sur une feuille de papier qui se déroule d'une manière uniforme. Tant que le courant passe, la pointe laisse une empreinte : on comprend qu'en établissant ainsi et interrompant le courant on aura une série de traits séparés par des espaces intacts ; si les mouvements sont périodiques, on aura une série de traits égaux et régulièrement espacés.

Soient A la station de départ et B celle d'arrivée. Supposons qu'on ait placé en A une horloge à secondes qui ferme le circuit aux temps t, $t+1$, $t+2$, ..., et que de plus la fermeture du circuit ait lieu pendant un temps τ ; l'ouverture aura lieu par suite aux instants $t+\tau$, $t+\tau+1$, $t+\tau+2$, ... Lorsque le circuit a été fermé en A, l'électro-aimant de A ne s'est pas aimanté instantanément. Soit m le temps nécessaire pour que le premier électro-aimant attire le fer ; soit h le temps que met l'armature de fer attirée pour fermer le circuit local ; soient de même μ le temps que met le deuxième électro-aimant de A à s'aimanter sous l'action de la pile locale, et n le temps qu'emploie l'armature pour amener la pointe mousse au contact du papier : le trait produit lorsqu'on ferme le circuit à l'instant t commencera à se produire à l'époque $t+m+h+\mu+n$.

Soit θ le temps que mettent les fils télégraphiques à transmettre le courant de A en B ; soient μ_1, m_1, h_1, n_1 les quantités relatives à la station B qui correspondent à μ, m, h, n. La pointe mousse commencera à appuyer en B sur le papier au temps

$$t+\theta+m_1+h_1+\mu_1+n_1.$$

De même, l'interruption a lieu en A au temps $t+\tau$; mais il faut un temps m' pour que l'armature du premier électro-aimant quitte cet électro-aimant. Le circuit local auxiliaire est alors interrompu :

mais il faut encore un temps μ' pour que la pointe mousse quitte le papier en A, de sorte que le trait cesse en A au temps $t + \tau + m' + \mu'$. De même en B, m'_1 et μ'_1 représentant les quantités qui correspondent à m' et μ' en A, le trait tracé sur le papier cessera à l'époque $t + \tau + \theta + m'_1 + \mu'_1$. Comme le circuit est fermé à des instants qui diffèrent entre eux d'une seconde, il en résulte que les traits et les intervalles entre les traits sont constamment égaux.

L'observateur en A ou en B peut, à l'aide d'un interrupteur qui fonctionne avec le doigt, interrompre le courant pendant un temps très-court. Il produit ainsi une solution de continuité dans un des traits; la distance qui sépare le point où le trait est interrompu de l'extrémité de ce trait peut facilement s'estimer en temps et permet d'apprécier l'instant auquel l'effet de l'interruption irrégulière s'est fait sentir.

Supposons que l'interruption du courant se fasse en B à l'époque t_1, elle se manifestera dans le trait à l'époque $t_1 + m'_1 + \mu'_1$: le courant sera interrompu en A à l'époque $t_1 + \theta$, et par suite l'interruption du trait en A aura lieu à l'époque $t_1 + \theta + m' + \mu'$. En B l'abandon périodique du papier par la pointe mousse avait lieu à l'époque $t + n + \tau + \theta + m'_1 + \mu'_1$, n étant égal au nombre des traits qui ont été produits depuis que l'expérience est commencée; d'un autre côté, l'abandon accidentel a lieu à l'époque $t_1 + m'_1 + \mu'_1$. L'intervalle de temps qui s'écoule entre le premier abandon et le deuxième, intervalle que des mesures directes de longueurs donnent égal à α, peut donc se représenter par

$$t + n + \tau + \theta - t_1 = \alpha.$$

Nous aurons en A des relations analogues : l'abandon périodique du papier par la pointe mousse a lieu à l'époque $t + n + \tau + m' + \mu'$; l'abandon accidentel se fait à l'époque $t_1 + \theta + m' + \mu'$; le temps qui s'écoule entre ces deux abandons est donc égal à $t + n + \tau - t_1 - \theta$, et ce temps est donné par une mesure directe; soit β ce temps, on a donc

$$t + n + \tau - t_1 - \theta = \beta.$$

En combinant cette équation avec celle que nous avons trouvée pour B, on en tire

$$2\theta = \alpha - \beta.$$

Ces expériences sont donc de nature à nous donner le temps nécessaire pour produire l'interruption du courant, ou bien le temps qui s'écoule entre l'émission de deux signaux, pour que les signaux arrivent nettement séparés à la deuxième station. Ces expériences donnent directement la vitesse de rétablissement de l'équilibre dans un circuit.

Il suffit, pour réaliser ces expériences, que l'interruption périodique ait lieu à une seule station, et on examine l'effet produit dans les diverses stations par les interruptions arbitraires. Les expériences furent faites dans la nuit du 4 février 1851. Le nombre des observations faites dans cette seule nuit n'alla pas à moins de 656. La première station où se trouvait l'interrupteur était Washington; la deuxième Pitsburg (Pensylvanie), distante de Washington de 464 kilomètres; la troisième Cincinnati (Ohio), distante de Washington de 1101 kilomètres, en passant par Pitsburg; la quatrième Louisville (Kentucky), distante de Washington de 1202 kilomètres, en passant par les stations précédentes; enfin la cinquième, Saint-

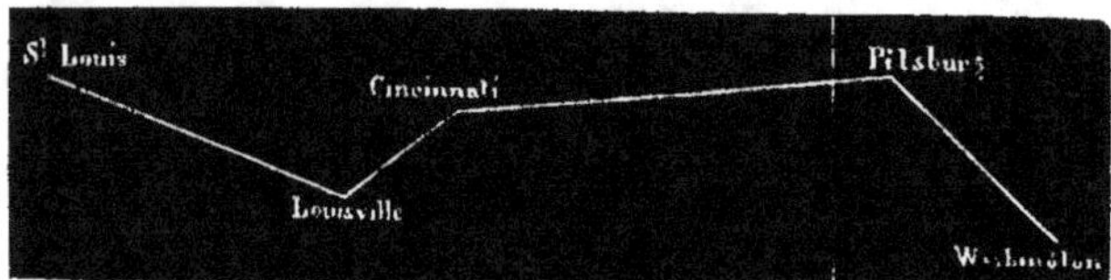

Fig. 181.

Louis (Missouri), distante de la première station de 1682 kilomètres, en passant par les autres stations. Ces distances sont comptées à vol d'oiseau; pour tenir compte des zigzags de la ligne télégraphique, M. Gould ajoute un dixième aux distances estimées de la sorte. Ces cinq stations forment une ligne brisée analogue à celle que représente la figure 181. Le fil qui reliait ces diverses stations est du fil de fer portant dans le commerce le nom de fil n° 9 et ayant 3 millimètres de diamètre environ.

M. Gould a trouvé ainsi 656 valeurs différentes qui ont varié depuis 17,580 kilomètres par seconde jusqu'à 38,980 kilomètres par seconde. Quelque imparfait que soit l'accord que présentent entre elles ces diverses valeurs, il suffit néanmoins pour réfuter l'hypothèse du passage du courant par la terre, et non par le fil.

Le résultat de ces expériences est plus faible que celui qu'a obtenu M. Fizeau. Du reste, on a trouvé encore dans certains cas des résultats bien plus faibles pour la vitesse de l'électricité. Ainsi, dans un fil de cuivre entre Greenwich et Édimbourg, on a trouvé, par des observations astronomiques, une vitesse de 12,200 kilomètres par seconde; entre Greenwich et Bruxelles, 4,300 kilomètres seulement, en partie par le fil sous-marin.

281. Expériences de Faraday sur les fils plongés dans l'eau ou ensevelis en terre. — C'est à Faraday[1] qu'on doit d'avoir trouvé les circonstances qui font ainsi varier la vitesse de l'électricité dans le rapport de 1 à 100. Une circonstance dont on ne tenait pas compte avant lui est la présence de corps conducteurs dans le voisinage du fil. Il fut conduit à cette découverte par des expériences qu'il fit pour s'assurer de la perfection de fils anglais isolés par de la gutta-percha et destinés à la construction de lignes télégraphiques souterraines qui sont maintenant abandonnées. Pour cela, il prit dans la fabrique 160 kilomètres de fil formant quatre longueurs disposées en séries de 50 bobines lâches, contenant chacune à peu près 800 mètres de fil; il réunit par des fils métalliques les extrémités de ces quatre conducteurs dépouillées de leur enveloppe isolante, de façon à constituer un fil conducteur unique, laissa dans des barques les extrémités de jonction des fils et immergea le reste dans de l'eau salée.

Il plaça alors en A_1 (fig. 182) une forte pile composée de 360 éléments zinc et cuivre chargés d'eau acidulée et parfaitement isolés; l'un des pôles de la pile communiquait avec les fils recouverts de gutta-percha, par l'intermédiaire du fil d'un galvanomètre G; l'autre se rendait dans l'eau salée. S'il y avait eu solution de continuité dans l'enveloppe de gutta-percha, on s'en serait aperçu rapidement par la

[1] Leçon faite à l'Institution royale de Londres le 20 janvier 1854. Voir *Annales de chimie et de physique*, [3], XLI, 123.

déviation énergique du galvanomètre. En général, on obtenait une
déviation fixe de l'aiguille qui ne dépassait pas 5 degrés, et, si l'on
réfléchit à l'énorme étendue de la surface de contact de la gutta-

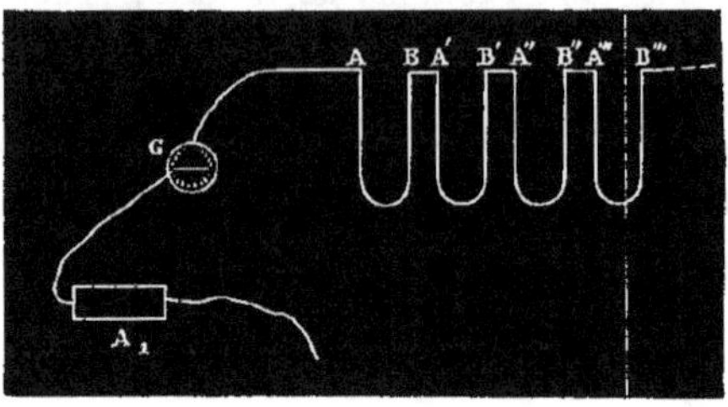

Fig. 182.

percha et de l'eau, on sera frappé de la perfection de travail qui
est attestée par ce résultat. En supprimant la communication de la
pile avec le galvanomètre, pour mettre fin à l'expérience, il reçut
une commotion puissante; cette commotion *avait une certaine durée,*
et, en ne laissant subsister qu'un instant le contact du doigt et du fil,
on pouvait décomposer la commotion totale en une quarantaine de
secousses successives. La commotion était encore sensible lorsqu'on
laissait un intervalle de cinq minutes entre le moment où l'on séparait le fil de la batterie et le moment où on le touchait avec le doigt.
En faisant communiquer l'extrémité du fil avec un galvanomètre,
Faraday observa une déviation considérable de l'aiguille. Cet effet
était encore appréciable lorsque l'intervalle entre l'expérience et la
séparation du fil avec la pile était d'une demi-heure.

Ces divers phénomènes indiquent évidemment que le fil, après
avoir communiqué avec un des pôles de la pile, est encore chargé
d'une certaine quantité d'électricité qui met quelque temps à se décharger. Rien n'est d'ailleurs plus facile à comprendre : le fil de
cuivre, l'enveloppe isolante et le liquide conducteur qu'il environne
forment évidemment une bouteille de Leyde d'immense surface qui,
même en communiquant avec une source électrique de très-faible
tension, doit se charger d'une quantité d'électricité considérable. En
effet, lorsqu'on suspend le fil dans l'air au lieu de l'immerger dans
l'eau, c'est-à-dire lorsqu'on supprime l'armature externe de la bou-

teille de Leyde, tous les phénomènes disparaissent : ils sont d'ailleurs d'autant plus marqués que la pile voltaïque a un plus grand nombre d'éléments et qu'en conséquence la tension électrique est plus forte à son extrémité isolée. La surface des éléments est, au contraire, indifférente.

Au moment où l'on fait communiquer l'une des extrémités du fil avec la pile par l'intermédiaire du galvanomètre, l'aiguille est fortement déviée et indique ainsi le passage de la quantité d'électricité qui est nécessaire pour charger l'appareil. Si, en supprimant la communication avec la pile, on laisse le galvanomètre attaché au fil et qu'ensuite on fasse communiquer le galvanomètre avec le sol, une forte déviation, contraire à la précédente, manifeste la décharge.

282. Transmission du courant dans un fil souterrain. — Une ligne souterraine, qui se trouve à peu près dans les conditions des expériences précédentes, fonctionne entre Londres et Manchester. Il est clair que le courant ne sera sensible que lorsque la totalité du fil sera chargée comme bouteille de Leyde. Tant qu'il n'en sera pas ainsi, toute l'électricité qui arrivera sera employée à charger ce condensateur, et le courant parti de Londres n'arrivera pas à Manchester. Il faut un temps sensible pour obtenir ce résultat, et de même pour le détruire. Cette ligne souterraine est formée de quatre fils de 600 kilomètres chacun. Pour vérifier expérimentalement ce que nous venons d'indiquer, Faraday fit relier ensemble les extrémités de deux fils contigus; le courant était ainsi obligé de

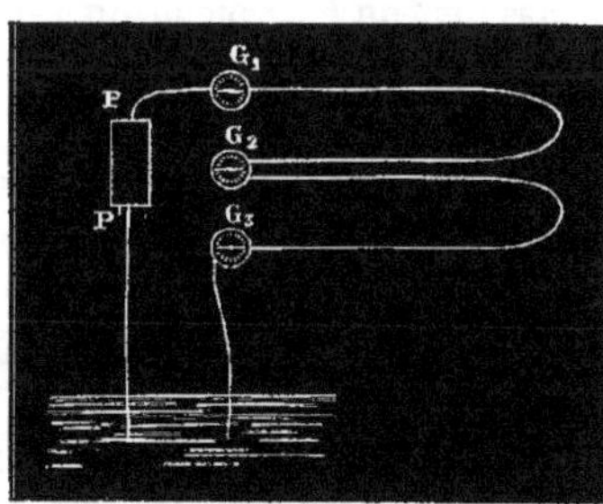

Fig. 183.

parcourir les quatre fils avant de revenir au point de départ. De plus, on avait disposé à Londres trois galvanomètres G_1, G_2, G_3 (fig. 183). En fermant le circuit à Londres, on voit l'aiguille du galvanomètre G_1 dévier presque instantanément; le galvanomètre G_3 n'est dévié qu'au bout d'une seconde environ, et le galvanomètre G_3 au bout de deux secondes à peu près.

Lorsqu'on supprime la communication du premier galvanomètre G_1 et de la pile, l'aiguille de ce galvanomètre se rapproche du zéro, celle du second G_2 ne se déplace qu'un peu de temps après, et celle du troisième G_3 plus tard encore.

En établissant et supprimant la communication du premier galvanomètre G_1 avec la pile, à des intervalles suffisamment rapprochés, on peut, en quelque sorte, lancer dans le fil des ondes électriques successives. de telle façon que les trois galvanomètres soient traversés au même instant par trois ondes différentes. Enfin si, après avoir supprimé la communication de la pile et du galvanomètre G_1, on fait communiquer ce galvanomètre avec le sol, l'électricité dont le fil est chargé se décharge simultanément par ses deux extrémités, en sorte que G_1 et G_3 sont traversés par des courants électriques de directions opposées.

Ainsi, dans ce circuit souterrain, l'électricité parcourt environ 2,400 kilomètres en deux secondes. Avec quatre fils aériens de même longueur que les fils souterrains, on constate une déviation presque simultanée des trois galvanomètres. Comme le galvanomètre G_3 ne se met en mouvement qu'au bout du temps nécessaire à l'électricité pour parcourir toute la longueur des fils, on en conclut qu'à travers le sol la vitesse de l'électricité est infiniment plus faible qu'à travers un fil, et le principe des expériences se trouve justifié.

Il est clair que, dans cette circonstance, nous avons l'exagération de l'effet que nous voulons produire: toutefois, dans la plupart des cas et dans des circonstances moins exagérées, on aura encore une réduction sensible de vitesse. En effet, les appareils télégraphiques ordinaires ont des bobines longues dans lesquelles se produisent des phénomènes particuliers d'influence. La diversité des conditions dans lesquelles les fils sont placés donne lieu à la divergence des résultats observés. Les résultats si faibles qu'a donné le télégraphe de Greenwich à Bruxelles s'expliquent par la grande longueur du fil qui est immergé de Douvres à Ostende. Le télégraphe transatlantique, ayant de 6 à 7,000 kilomètres, doit exiger au moins trois secondes pour transmettre un signal, ce qui fait vingt signaux par minute. Or, une dépêche de vingt mots exige environ, par le télégraphe de Morse, deux cents signaux; on ne pourrait donc transmettre que quatre ou cinq dépêches par heure, ou environ cent par jour, par les procédés ordinaires.

283. Expériences de M. Wheatstone. — M. Wheatstone a opéré sur un télégraphe établi entre le port de la Spezzia et l'île de Corse[1]. Le câble télégraphique consiste en six fils de cuivre de 177,000 mètres de longueur sur 1 millimètre de diamètre, isolés les uns des autres par des enveloppes de gutta-percha de $2^{mm},5$ d'épaisseur et réunis en un seul faisceau par douze gros fils de fer enroulés en hélice tout autour. L'ensemble de ces gros fils de fer formait une sorte de couverture métallique de $8^{mm},4$ d'épaisseur. Ce câble était placé dans un puits parfaitement sec, de manière que ses deux extrémités fussent à la disposition de l'observateur. Réunissant d'une manière convenable les bouts des six fils qui le constituaient, M. Wheatstone avait transformé le système en un fil unique de 1,062,000 mètres de longueur. La pile voltaïque employée se composait de 144 éléments réunis en 12 éléments multiples.

Les fils, leurs enveloppes de gutta-percha et l'enveloppe extérieure de fer constituaient évidemment une immense bouteille de Leyde qu'on pouvait charger à l'aide de la pile. M. Wheatstone a répété ainsi les expériences de Faraday sur la charge que prend un fil enfoui sous le sol, par rapport auquel la terre joue le rôle d'une armature externe de bouteille de Leyde. Il a confirmé les résultats obtenus par Faraday, sans d'ailleurs rien observer de nouveau. Dans les expériences de Faraday rapportées plus haut, les galvanomètres G_1. G_2 et G_3 (fig. 183) étaient successivement déviés. M. Wheatstone est parvenu à renverser l'ordre successif des déviations. A cet effet, il a fait communiquer le premier galvanomètre avec la pile, en laissant isolée l'extrémité du troisième. A l'instant où cette extrémité a été mise en communication avec le sol, l'aiguille du troisième galvanomètre a dévié: celle du deuxième a dévié un instant après, et,

[1] *Philosophical Magazine*, [4], X, 56 (1855), et *Annales de chimie et de physique*, [3], XLVI, 121 (1856).

en dernier lieu, celle du premier. Dans une autre expérience, on a fait communiquer les deux galvanomètres extrêmes avec la pile sans l'intermédiaire du sol. A l'instant où le circuit a été fermé, les deux galvanomètres extrêmes ont dévié en même temps, et le galvanomètre intermédiaire quelque temps après. Lorsque, au contraire, le circuit a été interrompu au milieu, à l'instant de la fermeture, le galvanomètre intermédiaire a dévié immédiatement, et les deux galvanomètres extrêmes quelque temps après.

M. Wheatstone a fait communiquer l'un des pôles de la pile avec le sol et l'autre avec le fil, par l'intermédiaire d'un galvanomètre très-sensible. La seconde extrémité du fil étant isolée, il n'y avait point de circuit fermé. Néanmoins, l'aiguille du galvanomètre a dévié et s'est maintenue dans une position constante, environ à 33 degrés du zéro, manifestant ainsi un très-faible courant, qui ne peut être attribué qu'à la déperdition continuelle de l'électricité statique dont le fil est chargé dans toute sa longueur. En introduisant successivement dans l'expérience les divers fils qui composaient le câble, M. Wheatstone a obtenu des déviations sensiblement proportionnelles au nombre des fils mis en usage. Le courant dont il s'agit serait donc à peu près proportionnel à la longueur du fil qui communique avec la pile.

Mais cette intensité n'est pas la même dans toute l'étendue du fil. Si, dans une expérience où les six fils du câble sont employés, on place successivement le galvanomètre près de la pile, entre le premier et le second fil, entre le second et le troisième, et ainsi de suite, la déviation galvanométrique diminue à peu près proportionnellement à la distance du galvanomètre à l'extrémité du sixième fil. En comparant ensemble les nombres obtenus dans ces deux dernières séries d'expériences, M. Wheatstone a vu que la déviation du galvanomètre ne dépend que de la longueur du fil dont il est suivi et est indépendante de la longueur du fil qui le sépare de la pile. Ainsi, un galvanomètre, communiquant directement avec la pile et suivi d'un fil de 177 kilomètres de longueur, dévie exactement de la même quantité qu'un galvanomètre séparé de la pile par cinq fils de 177 kilomètres et suivi d'un seul fil de cette longueur. Il semble résulter de là que la charge électrique, aux divers points d'un fil qui communique avec l'un des pôles de la pile, est la même dans toute l'étendue du fil et est indépendante de sa longueur.

284. Conséquences relatives à la difficulté de la question et à l'insuffisance des expériences antérieures. — On voit, d'après cela, que pendant longtemps la question de la vitesse de l'électricité n'a pas été bien comprise et que l'on ne peut attacher aucune importance aux mesures qui ne sont pas faites dans des conditions nettement définies. Le voisinage des corps bons conducteurs, des parois des tunnels, la grandeur des bobines, exercent une grande influence sur la vitesse de l'électricité. Il sera donc nécessaire de tenir compte de ces diverses circonstances dans la détermination de cette vitesse.

BIBLIOGRAPHIE.

1747.   WATSON, An account of the experiments made to discover whether the electrical power when the conductors of it were not supported by electrics per se, would be sensible at great distances : with an Inquiry concerning the respective velocities of Electricity and Sound; *Philos. Trans.* f. 1747, 49.

1748.   WATSON, An account of the experiments made by some gentlemen of the Roy. Society in order to measure the absolute celerity of electricity, *Phil. Trans.* f. 1748, 491.

1834.   WHEATSTONE (Ch.); An account of some experiments to measure the velocity of electricity and the duration of electric light, *Phil. Trans.* f. 1834, 583, et *Pogg. Ann.*, XXXIV, 464.

1837.   POUILLET, Sur la vitesse de l'électricité, *Traité de physique,* I, 847 (5ᵉ édition, 1847).

1838.   ETTRICK, On the two electricities and Pr. Wheatstone's determination of the celerity of electric light, *Sturg. Ann.*, II, 39.

1838.   JACOBI (M.-H.), Ueber die Zeit zur Entwickelung eines galvanischen Stromes, *Pogg. Ann.*, XLV, 281.

1849.   WALKER, On the velocity of galvanic wave, *Sill. new Journ.*, VIII.

1850.   BACHE, Letter to Dᵣ Patterson : Walker's report on the velocity of propagation of the galvanic wave, *Proceed. Americ. phil. Soc.*, V, 76, et *Gould's Astron. Journ.*, I, 49, 105.

1850.   FIZEAU et GOUNELLE, Recherches sur la vitesse de l'électricité, *Comptes rendus,* XXX, 437, et *Pogg. Ann.*, LXXX, 158.

1850.   MITCHELL, Experiments on the velocity of electric waves or currents performed at the Cincinnati Observatory, *Gould's Astron. Journ.*, I, 13, et *Pogg. Ann.*, LXXX, 161.

1851. WALKER, On the velocity of current in telegraph wires. *Sill. new Journ.*, XI.

1851. GOULD, On the velocity of the galvanic current in telegraph wires, *American Journ. of science and arts*, [2], XI (janv. 1851), New Haven, et *Pogg. Ann. Ergänzungsband*, III, 374.

1851. HELMHOLTZ, Ueber die Dauer und den Verlauf der durch Stromesschwankungen inducirten elektrischen Ströme, *Pogg. Ann.*, LXXXII, 505.

1851. FIZEAU, Remarques sur les expériences faites en 1848 et 1849 aux États-Unis, pour déterminer la vitesse de propagation de l'électricité, *Comptes rendus*, XXXII, 47.

1852. MOIGNO, *Traité de télégraphie électrique*, Paris, 1852.

1854. GOUNELLE, Mesure de la vitesse de l'électricité, *Comptes rendus*, XXXIX, 469.

1854. FARADAY, On subterraneous electro-telegraph wires, *Phil. Mag.*, [4], VII, 396, et *Ann. de chim. et de phys.*, [3], XLI, 123.

1854. MELLONI, Sull' egaglianza di velocita che le correnti elettriche di varia tensione assumono nello stesso conduttore metallico, *Annali di matematica pura ed applicata da B. Tortolini*, 1854, p. 319, et *Archiv. des sc. phys.*, XXVII, 30.

1855. FARADAY et L. CLARK, Farther observations on associated cases in electric induction, of current and static effects, *Phil. Mag.*, [4], IX, 161, et *Arch. des sc. phys.*, XXX, 328.

1855. WHEATSTONE, An account of some experiments made with the submarine cable of the Mediterranean electric telegraph, *Phil. Mag.*, [4], X, 56, et *Ann. de chim. et de phys.*, [3], XLVI, 121 (1856).

1855. E. O. WILDMAN WHITEHOUSE, Experimental observations of an electric cable, *Mech. Mag.*, LXIII, 320; *Arch. des sc. phys.*, XXX, 328.

1855. W. THOMSON, On the theory of the electric telegraph (mai 24, 1855), *Phil. Mag.*, [4], XI, 146 (1856).

1856. W. THOMSON, On the peristatic induction of electric currents in submarine telegraph wires, *Phil. Mag.*, [4], XIII, 135 (1857).

1858. GAUGAIN, Sur la propagation de l'électricité à la surface des corps isolants, *Comptes rendus*, XLVII, 735.

1858. GOUNELLE, Résumé des travaux faits pour déterminer la vitesse de propagation de l'électricité, *Ann. télégr.*, nov. et déc. 1858.

1859. T. KELLER, Sopra alcune proprieta della propagazion della corrente elettrica nei fili telegrafici dedotte della teoria di Ohm, *Tortolini Ann.*, 1859, 305.

1859. FLEEMING JENKIN, On the retardation of signals through long submarine cables. *Athenæum*, 1859, [2], 402.

478   BIBLIOGRAPHIE.

1860. GUILLEMIN et BURNOUF, Recherches sur la transmission de l'électricité dans les fils télégraphiques, *Comptes rendus*, L, 181.

1860. GAUGAIN, Sur les lois de la propagation de l'électricité dans l'état variable des tensions, *Comptes rendus*, L, 395, et *Ann. de chim. et de phys.*, [3], LX, 326.

1860. GUILLEMIN, Recherches sur la propagation de l'électricité, *Comptes rendus*, L, 473.

1860. GUILLEMIN, Recherches sur les modifications qu'on peut faire subir à la durée de la transmission des courants dans les fils télégraphiques, *Comptes rendus*, L, 913.

1860. GUILLEMIN, Mémoire sur la propagation des courants dans les fils télégraphiques, *Ann. de chim. et de phys.*, [3], LX, 385.

1860. GUILLEMIN, Sur les câbles télégraphiques, *Comptes rendus*, LI, 554.

1860. GAUGAIN, Note sur la propagation de l'électricité : Perturbation résultant de l'action de l'air ou de l'isolement imparfait des conducteurs, *Comptes rendus*, LI, 932, et *Ann. de chimie et de phys.*, [3], LXIII, 213 (1864).

1860. W. THOMSON, Analytical and synthetical attempts to ascertain the cause of the differences of electric conductivity discovered in wires of nearly pure copper, *Proceed. of the Roy. Soc.*, X, 300.

1861. MARIÉ-DAVY, Recherches sur la vitesse de l'électricité, *Comptes rendus*, LII, 958.

1862. FLEEMING JENKIN, Experimental researches on the transmission of electric signals through submarine cables; Laws of transmission through various lengths of one cable, *Proceed. of the Roy. Soc.*, XII, 198.

1862. CROMWELL F. VARLEY, On the relative speed of the electric wave through submarine cables of different lengths, and a unit of speed for comparing electric cables by bisecting the electric wave, *Proceed. of the Roy. Soc.*, XII, 211.

1862. FELICI, Expériences sur la vitesse de l'électricité et sur la durée de l'étincelle, *Nuoro Cimento* (mai et juin 1862), et *Ann. de chim. et de phys.*, [3], LXIX, 179 et 248 (1863).

1864. FARADAY, Résumé d'une leçon faite à l'Institution royale de Londres, le 20 janvier 1864, sur la propagation de l'électricité, *Ann. de chim. et de phys.*, [3], XLI, 123.

FIN DE LA PREMIÈRE PARTIE DU TOME QUATRIÈME.

CONDITIONS DE LA PUBLICATION

Les *OEuvres de Verdet* forment 8 volumes grand in-8, imprimés par l'Imprimerie nationale, et accompagnés de près de 1,000 figures dans le texte toutes dessinées et gravées spécialement pour cette publication.

LES VOLUMES SONT AINSI COMPOSÉS :

Tome I. — Introduction par M. DE LA RIVE; NOTES ET MÉMOIRES ORIGINAUX.

Tomes II et III. — Cours DE PHYSIQUE, professé à l'École polytechnique, publié par M. É. FERNET, répétiteur à l'École polytechnique.

Tome IV. — CONFÉRENCES DE PHYSIQUE, faites à l'École normale, publiées par M. GERNEZ, ancien élève de l'École normale.

Tomes V et VI. — LIÇONS D'OPTIQUE PHYSIQUE, publiées par M. LEVISTAL, ancien élève de l'École normale.

Tomes VII et VIII. — THÉORIE MÉCANIQUE DE LA CHALEUR, cours professé à la Sorbonne, recueilli et publié par MM. PRUDHON et VIOLLE, anciens élèves de l'École normale.

Le prix des huit volumes, pour les souscripteurs aux OEuvres complètes est fixé à 75 francs.

Chaque partie est en outre vendue séparément 12 francs le volume.

Le tome IV, qui est publié en deux parties, est vendu séparément 18 francs.

PARIS. — IMP. SIMON RAÇON ET COMP., RUE D'ERFURTH, 1.

www.ingramcontent.com/pod-product-compliance
Lightning Source LLC
LaVergne TN
LVHW050457060726
842526LV00001B/189